Controlling mit SAP®

SAP PRESS ist eine gemeinschaftliche Initiative von SAP SE und der Rheinwerk Verlag GmbH. Ziel ist es, Anwendern qualifiziertes SAP-Wissen zur Verfügung zu stellen. SAP PRESS vereint das fachliche Know-how der SAP und die verlegerische Kompetenz von Rheinwerk. Die Bücher bieten Expertenwissen zu technischen wie auch zu betriebswirtschaftlichen SAP-Themen.

Wolfgang Fitznar
SAP für Anwender – Tipps & Tricks
2015, 418 S., brosch.
ISBN 978-3-8362-2907-4

Ana Carla Psenner
Buchhaltung mit SAP: Der Grundkurs für Anwender
3. Auflage 2016, 415 S., brosch.
ISBN 978-3-8362-4206-6

Olaf Schulz
Der SAP-Grundkurs für Einsteiger und Anwender
3. Auflage 2016, 408 S., brosch.
ISBN 978-3-8362-4077-2

Tobias Then
Einkauf mit SAP: Der Grundkurs für Einsteiger und Anwender
2. Auflage 2014, 363 S., brosch.
ISBN 978-3-8362-2846-6

Salmon, Kunze, Reinelt, Kuhn, Giera
SAP S/4HANA Finance
2016, 517 S., geb.
ISBN 978-3-8362-4193-9

Aktuelle Angaben zum gesamten SAP PRESS-Programm finden Sie unter *www.sap-press.de.*

Uwe Brück

Controlling mit SAP®

Der Grundkurs für Anwender

Liebe Leserin, lieber Leser,

arbeiten Sie im Controlling und sollen sich nun in das SAP-System einarbeiten? Oder haben Sie eine Stellenanzeige gefunden, die SAP-Kenntnisse voraussetzt?

Aus jahrelanger Erfahrung als SAP-Trainer und -Berater weiß Uwe Brück genau, welche Fragen Sie in diesen Situationen am meisten umtreiben. Mit verständlichen Anleitungen, vielen Abbildungen und Übungen zu allen wichtigen Aufgaben hilft er Ihnen in diesem Buch, beim Buchen und Planen richtig vorzugehen. Und dank der 24 Videos mit über zwei Stunden Spielzeit meistern Sie auch komplexe Aufgaben. Selbst wenn Sie keinen Zugriff auf ein SAP-System haben, können Sie auf diese Weise jeden Klick nachvollziehen.

Hat Ihnen das Buch gefallen? Wir freuen uns stets über Lob, aber auch über kritische Anmerkungen und Anregungen, die uns helfen, unsere Bücher zu verbessern. Falls Sie nach der Lektüre dieses Buches Fragen, Wünsche oder konstruktive Kritik haben, freue ich mich, wenn Sie mir schreiben.

Ihr Martin Angenendt
Lektorat SAP PRESS

Rheinwerk Verlag
Rheinwerkallee 4
53227 Bonn

martin.angenendt@rheinwerk-verlag.de
www.sap-press.de

Auf einen Blick

Lektorat Martin Angenendt
Korrektorat Isolde Kommer, Großerlach
Herstellung Sebastian Gerber
Typografie und Layout Vera Brauner
Einbandgestaltung Nadine Kohl
Titelbild Shutterstock: 113190919 © Andresr
Satz SatzPro, Krefeld
Druck und Bindung Beltz Bad Langensalza GmbH, Bad Langensalza

Gerne stehen wir Ihnen mit Rat und Tat zur Seite:
martin.angenendt@rheinwerk-verlag.de bei Fragen und Anmerkungen zum Inhalt des Buches
service@rheinwerk-verlag.de für versandkostenfreie Bestellungen und Reklamationen
hauke.drefke@rheinwerk-verlag.de für Rezensionsexemplare

Bibliografische Information der Deutschen Nationalbibliothek
Die Deutsche Nationalbibliothek verzeichnet diese Publikation in der Deutschen Nationalbibliografie; detaillierte bibliografische Daten sind im Internet über *http://dnb.d-nb.de* abrufbar.

ISBN 978-3-8362-4182-3

2., aktualisierte und erweiterte Auflage 2017

Inhalt

Anhang

Video-Anleitungen zum Buch

Was Sie zum Arbeiten mit SAP wissen sollten

- So finden Sie sich im SAP-System zurecht
  http://s-prs.de/v4140bz
- Favoriten anlegen und pflegen
  http://s-prs.de/v4140fj

Kostenarten

- Primäre Kostenarten pflegen
  http://s-prs.de/v4140sk
- Sekundäre Kostenarten pflegen
  http://s-prs.de/v4140wv
- Kostenartengruppen pflegen
  http://s-prs.de/v4140js

Kostenstellen

- Kostenstellen anlegen
  http://s-prs.de/v4140uv
- Kostenstellengruppen und -hierarchien
  http://s-prs.de/v4140eb

Statistische Kennzahlen und Leistungsarten

- Statistische Kennzahlen
  http://s-prs.de/v4140kg
- Eine neue Leistungsart anlegen
  http://s-prs.de/v4140lq

Mit Kostenstellen fixe Kosten planen

- Plankosten erfassen
  http://s-prs.de/v4140us
- Plankosten in einem Bericht anzeigen
  http://s-prs.de/v4140ow
- Statistische Kennzahlen planen
  http://s-prs.de/v4140xa

- Kosten per Umlage im Plan verrechnen
  http://s-prs.de/v4140ha

Mit Kostenstellen und Leistungsarten planen

- Leistungsarten mit Kostenstellen verknüpfen
  http://s-prs.de/v4140jz
- Fixe und variable Kosten mit Leistungsarten planen
  http://s-prs.de/v4140yu
- Leistungsverrechnung zwischen Kostenstellen planen
  http://s-prs.de/v4140jw
- Tarife ermitteln und Be- und Entlastungen buchen
  http://s-prs.de/v4140ks

Ist-Buchungen mit Kostenstellen

- Kosten manuell umbuchen
  http://s-prs.de/v4140zh
- Statistische Kennzahlen im Ist erfassen
  http://s-prs.de/v4140fh
- Kosten per Umlage im Ist verrechnen
  http://s-prs.de/v4140gk
- Leistungsverrechnung im Ist
  http://s-prs.de/v4140eg

Innenaufträge

- Order Manager nutzen und Innenauftrag anlegen
  http://s-prs.de/v4140kb
- Mit primären Kosten und Innenaufträgen planen
  http://s-prs.de/v4140gc
- Innenauftrag im Plan abrechnen und Ergebnisse analysieren
  http://s-prs.de/v4140pc

Über dieses Buch

Die SAP SE entwickelt als einer der größten Softwarehersteller der Welt EDV-Lösungen, die die Geschäftsprozesse von Unternehmen unterstützen. Für jeden Kernprozess eines Unternehmens, wie die Buchhaltung, das Controlling, das Personalwesen, den Einkauf, die Produktion und den Vertrieb, gibt es Softwarekomponenten von SAP. Die zentrale Lösung der SAP SE heißt SAP ERP (ERP steht dabei für Enterprise Resource Planning). Sie ist der Nachfolger des bekannten SAP R/3.

Eine Besonderheit des SAP-Systems ist, dass alle SAP-Anwender in den unterschiedlichen Bereichen des Unternehmens dasselbe System nutzen. Dadurch entfallen mehrfache Dateneingaben. Die Daten zu allen Geschäftsprozessen werden in Echtzeit verarbeitet und zentral gespeichert. So können alle Anwender stets auf aktuelle Daten zugreifen.

In diesem Buch steht die SAP-Komponente Controlling (kurz CO) im Mittelpunkt. Ich zeige Ihnen in den folgenden Kapiteln, wie Sie Ihre tägliche Arbeit im Controlling mit SAP bewältigen.

Wie ist dieses Buch aufgebaut?

In **Kapitel 1**, »Was Sie zum Arbeiten mit SAP wissen sollten«, erhalten Sie grundlegendes Wissen über die Navigation im SAP-System. Sie erfahren Schritt für Schritt, wie Sie sich am System anmelden, Ihre Benutzeroberfläche optimieren und die Hilfefunktionen verwenden. So können auch Leser ohne SAP-Vorkenntnisse mit diesem Buch arbeiten. Um die Zusammenhänge im Controlling besser zu verstehen, erhalten Sie in diesem Kapitel außerdem Informationen über die Organisationsstrukturen im SAP-System.

In den nächsten vier Kapiteln widmen Sie sich Stammdaten, die für die Arbeit im Controlling von SAP unbedingt erforderlich sind. In **Kapitel 2**, »Kostenarten«, geht es erstens darum, wie die Finanzbuchhaltung und das Controlling mittels Stammdaten verknüpft sind, und zweitens, wie Kosten innerhalb des Controllings verrechnet werden. Kostenstellen sind die zentralen Objekte für die Kostenrechnung, dazu erhalten Sie in **Kapitel 3**, »Kostenstellen pflegen«, und **Kapitel 4**, »Kostenstellengruppen und -hierarchien«, die ersten Informationen. Die Verrechnung von Kosten zwischen Kostenstellen erfolgt im Controlling oft mit der Hilfe von Verteilungsschlüsseln oder Leistungsmengen. Wie Sie die Stammdaten für die Verteilungsschlüssel und Leistungsmengen pflegen, erfahren Sie in **Kapitel 5**, »Statistische Kennzahlen und Leistungsarten«.

Auch in den folgenden drei Kapiteln sind Kostenstellen das Thema. Wie Sie mit Kostenstellen planen, erfahren Sie in **Kapitel 6**, »Mit Kostenstellen fixe Kosten planen«, und **Kapitel 7**, »Mit Kostenstellen und Leistungsarten planen«. Mit Ist-Buchungen auf Kostenstellen beschäftigen Sie sich dann in **Kapitel 8**, »Ist-Buchungen mit Kostenstellen«.

Oft werden Vorgänge im SAP-System, wie zum Beispiel die Buchung von Erlösen oder Kosten für Projekte und Maßnahmen, nicht über Kostenstellen, sondern über Innenaufträge abgewickelt. Wie Sie mit diesen Innenaufträgen umgehen, erfahren Sie in **Kapitel 9**, »Innenaufträge pflegen«, **Kapitel 10**, »Mit Innenaufträgen planen«, und **Kapitel 11**, »Ist-Buchungen mit Innenaufträgen«.

Weiter geht es mit Profit-Centern: Diese werden im SAP-System genutzt, um Daten aus verschiedenen Bereichen zusammenzuführen, zum Beispiel von Kostenstellen und Innenaufträgen und aus der Ergebnis- und Marktsegmentrechnung. Einen Einblick in dieses Thema erhalten Sie in **Kapitel 12**, »Profit-Center-Rechnung«.

Im letzten **Kapitel 13**, »Ergebnis- und Marktsegmentrechnung« (kurz: Ergebnisrechnung) zeige ich Ihnen, wie Kosten und Erlöse im SAP-Controlling zusammengeführt werden und mit welchen Berichten Sie die finanzielle Situation Ihres Unternehmens analysieren können.

Eine Reihe weiterer nützlicher Informationen habe ich im **Anhang** zusammengestellt. Sie finden hier ein Glossar und eine Liste der Menüpfade und Transaktionen, die in diesem Buch besprochen werden. Das Glossar und die Liste der Pfade und Transaktionen finden Sie auch auf der Webseite zum Buch unter *https://www.rheinwerk-verlag.de/4140/*. Unten auf der Seite klicken Sie im Kasten **Materialien zum Buch** auf den Link **Zu den Materialien**. Es öffnet sich ein Fenster, in dem die verfügbaren Materialien zum Download angezeigt werden.

So arbeiten Sie mit diesem Buch

Dieses Buch richtet sich an SAP-Anwender im Controlling und an diejenigen, die es einmal werden möchten. Grundkenntnisse im Controlling sind hilfreich, SAP-Kenntnisse benötigen Sie nicht. Sie werden auch ohne SAP-Vorkenntnisse mit diesem Buch zurechtkommen, wenn Sie sich etwas Zeit für das erste Kapitel nehmen. Dort finden Sie grundlegende Informationen über die Navigation im SAP-System und lernen die Hilfefunktionen sowie Organisationsstrukturen kennen.

Die Kapitel in diesem Buch bauen aufeinander auf. Wenn Sie dieses Buch als Einsteiger in das Controlling zur Hand nehmen, dann empfehle ich Ihnen, das Buch einmal vom Anfang bis zum Ende durchzulesen. Später können Sie dann zum Nachschlagen oder zum Vertiefen einzelner Themen direkt in einzelne Kapitel einsteigen. Am Ende jedes Kapitels fordere ich Sie auf, Ihr erlangtes Wissen zu testen. Im Abschnitt »Probieren Sie es aus!« stelle ich Ihnen Aufgaben, mit denen Sie das Thema des jeweiligen Kapitels vertiefen und festigen können.

Zu jeder Aufgabe finden Sie auf der Webseite des Verlages einen Hinweis auf die Lösung. Diese Lösungshinweise können Sie ebenfalls auf der Webseite zum Buch unter *https://www.rheinwerk-verlag.de/4140/* herunterladen.

HINWEIS

Systembeispiele in diesem Buch

In jedem Kapitel finden Sie Beispiele mit ausführlichen Schritt-für-Schritt-Anleitungen. Diese Beispiele habe ich in einem SAP-Schulungssystem eingerichtet, dem International Demonstration and Education System (IDES). Das IDES in diesem Buch basiert auf dem Release SAP ERP 6.0 EHP 6.

Zum Nachstellen der Beispiele und zum Durchführen der Aufgaben am Ende jedes Kapitels sollten Sie ebenfalls ein solches Schulungssystem IDES nutzen. Nur auf einem solchen System passen die Basiseinstellungen und die Stammdaten exakt zu dem, was ich in diesem Buch beschreibe. Sollten Sie auf einem anderen Schulungssystem arbeiten, sind mehr oder weniger aufwendige Vorbereitungen notwendig, um Ihr Schulungssystem an die Einstellungen des IDES anzupassen.

Beim Vergleich der Screenshots in diesem Buch mit den Bildschirmbildern im produktiven SAP-System Ihres Unternehmens werden Ihnen Unterschiede auffallen. Das liegt daran, dass jedes System unterschiedlich eingestellt ist. Diese Systemeinstellungen haben auch Einfluss auf die Gestaltung der Bildschirmbilder.

Und hier der wichtigste Hinweis: Nutzen Sie zum Nachstellen der Beispiele und zum Üben niemals das produktive System in Ihrem Unternehmen! Sprechen Sie im Zweifelsfall mit Ihrem SAP-Systembetreuer oder mit erfahrenen Kollegen.

Videos zum Buch

Um Ihnen den Einstieg und die Arbeit mit dem SAP-System noch leichter zu machen, finden Sie zu den wichtigsten Vorgängen im SAP-System kurze Filme, die Ihnen wirklich jeden Klick im System zeigen und ausführlich erklären (insgesamt mehr als zwei Stunden Spielzeit). So können Sie alle Aufgaben im Controlling mit SAP sicher meistern. Auch diejenigen unter Ihnen, die keinen Systemzugang haben, können einen detaillierten Eindruck vom Look & Feel der SAP-Software gewinnen.

Über einen kurzen Link an der entsprechenden Stelle im Buch werden Sie auf die Webseite zum Buch geführt, auf der Sie das gewünschte Video direkt abspielen können. Außer einem Internetzugang sind keine weiteren Systemvoraussetzungen nötig. In den unten genannten Abschnitten finden Sie einen kurzen Link, der Sie zu dem passenden Video führt. Eine Zusammenfassung dieser Links finden Sie auch übersichtlich im Verzeichnis der Videos am Anfang dieses Buches. Alternativ können Sie die QR-Codes nutzen, die Sie ebenfalls in den Abschnitten zu den im jeweiligen Video dargestellten Abläufen finden.

Wie für die Screenshots im Buch, so nutzen wir auch für die Videos ein IDES auf dem Releasestand SAP ERP 6.0. Die verwendeten Buchungsdaten weichen in den Videos teilweise von den im Buch verwendeten Beispielen ab, die gezeigte Vorgehensweise ist jedoch identisch.

Zu den folgenden Themen finden Sie jeweils ein eigenes Video:

- **Abschnitt 1.3: So finden Sie sich im SAP-System zurecht**
  In diesem Video sehen Sie den Einstiegsbildschirm eines SAP-Systems. Sie erfahren, wie die Bildschirmbereiche heißen. Sie lernen außerdem, wie Sie auf eine Transaktion zugreifen – entweder über den Menübaum oder direkt mit dem Transaktionscode.
- **Abschnitt 1.4: Favoriten anlegen und pflegen**
  In diesem Video sehen Sie, wie Sie mit Favoriten Ihren persönlichen Menübaum gestalten. Sie lernen, wie Sie häufig genutzte Transaktionen als Favoriten anlegen und wie Sie die Texte der Favoriten ändern.
- **Abschnitt 2.1: Primäre Kostenarten pflegen**
  In diesem Video sehen Sie, wie Sie eine primäre Kostenart anlegen. Sie lernen den Zusammenhang zwischen einem Sachkonto im Finanzwesen und einer primären Kostenart im Controlling kennen. Sie erfahren, welche Sachkonten als primäre Kostenart ausgeprägt werden können und welchen Kostenartentyp Sie für Primärkosten verwenden müssen.

- **Abschnitt 2.2: Sekundäre Kostenarten pflegen**
  In diesem Video sehen Sie, wie Sie eine sekundäre Kostenart anlegen. Sie lernen den Unterschied zwischen primären und sekundären Kostenarten kennen. Darüber hinaus erfahren Sie, welche Kostenartentypen bei sekundären Kostenarten genutzt werden.
- **Abschnitt 2.4: Kostenartengruppen pflegen**
  In diesem Video sehen Sie, wie Sie für Kostenarten Gruppen und Hierarchien anlegen. Sie lernen wie Kostenarten Gruppen zugeordnet werden und wie durch die Zuordnung von Gruppen zu Gruppen eine Kostenartenhierarchie entsteht.
- **Abschnitt 3.2: Kostenstellen anlegen**
  In diesem Video sehen Sie, wie Sie eine Kostenstelle anlegen. Sie erfahren, welche Felder Sie pflegen können und welche Felder zwingend gepflegt werden müssen. Darüber hinaus lernen Sie, wofür die Grunddaten einer Kostenstelle genutzt werden.
- **Abschnitt 4.4: Kostenstellengruppen und -hierarchien**
  In diesem Video lernen Sie die Standardhierarchie für Kostenstellen kennen. Sie sehen, wie Sie Gruppen oder Kostenstellen in der Standardhierarchie suchen. Sie erfahren außerdem, wie Sie die Standardhierarchie bearbeiten können.
- **Abschnitt 5.3: Statistische Kennzahlen**
  In diesem Video sehen Sie, wie Sie statistische Kennzahlen anlegen. Sie lernen den Unterschied zwischen einer statistischen Kennzahl vom Typ Summenwert und einer vom Typ Festwert kennen. Darüber hinaus erfahren Sie, wofür statische Kennzahlen genutzt werden.
- **Abschnitt 5.5: Eine neue Leistungsart anlegen**
  In diesem Video sehen Sie, wie Sie eine Leistungsart anlegen. Sie lernen den Zusammenhang zwischen fixen und variablen Kosten und Leistungsarten kennen. Sie erfahren außerdem, welche Felder in den Stammdaten der Leistungsarten zu welchem Zweck genutzt werden.
- **Abschnitt 6.2: Plankosten erfassen**
  In diesem Video sehen Sie, wie Sie fixe Kosten auf einer Kostenstelle als Belastung planen. Sie sehen, wie Kosten mit primären Kostenarten erfasst werden. Sie lernen auch, wie das System geplante Jahreswerte automatisch auf die Monate des Jahres verteilt.
- **Abschnitt 6.2: Plankosten in einem Bericht anzeigen**
  In diesem Video lernen Sie, wie Sie geplante Kosten mit dem Bericht »Kostenstellen: Ist/Plan/Abweichung« analysieren. Sie sehen eine Kostenstelle

mit einer Kostenbelastung im Plan. Sie erfahren außerdem, wie Sie die Zeile »Über-/Unterdeckung« richtig interpretieren.

- **Abschnitt 6.3: Statistische Kennzahlen planen**
  In diesem Video sehen Sie, wie Sie Werte für statistische Kennzahlen planen. Sie lernen die Planung für eine statistische Kennzahl vom Typ Summenwert und für eine statische Kennzahl vom Typ Festwert kennen. Darüber hinaus lernen Sie den Unterschied bei der Periodenverteilung für diese beiden Kennzahltypen kennen.
- **Abschnitt 6.4: Kosten per Umlage im Plan verrechnen**
  In diesem Video sehen Sie, wie Sie Kosten per Umlage zwischen Kostenstellen verrechnen. Sie erfahren, wie Sie einen Umlagezyklus anlegen und ausführen und wie Sie anschließend das Ergebnis der Umlage beim Sender und bei den Empfängern analysieren.
- **Abschnitt 7.2: Leistungsarten mit Kostenstellen verknüpfen**
  In diesem Video sehen Sie, wie Sie die Leistung einer Kostenstelle mit Leistungsart planen. Sie erfahren, welche Voraussetzung für die Planung von fixen und variablen Anteilen bei der Kostenplanung erfüllt sein muss. Sie lernen außerdem, wie Sie für die spätere Kostenentlastung einer Kostenstelle die zu erbringende Leistungsmenge planen.
- **Abschnitt 7.3: Fixe und variable Kosten mit Leistungsarten planen**
  In diesem Video sehen Sie, wie Sie fixe und variable Kosten auf einer Kostenstelle als Belastung planen. Die Kostenplanung für zwei Kostenarten wird mit der Transaktion »Kosten/Leistungsaufnahmen« erfasst und anschließend mit dem Bericht »Kostenstellen: Planungsübersicht« analysiert.
- **Abschnitt 7.4: Leistungsverrechnung zwischen Kostenstellen planen**
  In diesem Video sehen Sie, wie Sie Leistungen im Plan zwischen Kostenstellen verrechnen. Sie planen für zwei Empfängerkostenstellen den Bezug von Leistungen, die eine Senderkostenstelle erbringt. Sie Anschließend analysieren Sie die Leistungsverrechnung mit dem Bericht »Kostenstellen: Planungsübersicht«.
- **Abschnitt 7.5: Tarife ermitteln und Be- und Entlastungen buchen**
  In diesem Video sehen Sie, wie Sie die Tarifermittlung für Kostenstellen durchführen. Sie analysieren die drei Effekte der Tarifermittlung: erstens die Berechnung der Tarife, zweitens die Kostenentlastung des Senders der Leistung und drittens die Kostenbelastung der Empfänger der Leistung.
- **Abschnitt 8.1: Kosten manuell umbuchen**
  In diesem Video sehen Sie, wie Sie Kosten im Controlling manuell umbuchen. Sie korrigieren eine in der Buchhaltung falsch erfasste Kostenstelle.

Durch diese manuelle Umbuchung wird die Kostenstellenzuordnung im Controlling korrigiert, der Buchhaltungsbeleg bleibt unverändert falsch.

- **Abschnitt 8.2: Statistische Kennzahlen im Ist erfassen**
  In diesem Video sehen Sie, wie Sie Werte für statistische Kennzahlen im Ist erfassen. Sie buchen Werte für eine statistische Kennzahl vom Typ Festwert und analysieren diese Buchung mit dem Bericht »Kostenstellen Ist/Plan/Abweichung«.
- **Abschnitt 8.3: Kosten per Umlage im Ist verrechnen**
  In diesem Video sehen Sie, wie Sie Kosten im Ist per Umlage zwischen Kostenstellen verrechnen. Sie legen einen Umlagezyklus an. Mit dem Ausführen des Zyklus wird der Sender mit Kosten entlastet, die Empfänger werden mit Kosten belastet. Sie sehen, dass der Schlüssel für die Verteilung der Kosten auf der Basis einer statistischen Kennzahl ermittelt wird.
- **Abschnitt 8.4: Leistungsverrechnung im Ist**
  In diesem Video sehen Sie, wie Sie die Leistungsverrechnung im Ist erfassen. Sie buchen die geleistete Menge mit Sender- und Empfängerkostenstelle. Außerdem lernen Sie, wie die gebuchte Menge vom System mit Kosten bewertet wird.
- **Abschnitt 9.2: Order Manager nutzen und Innenauftrag anlegen**
  In diesem Video sehen Sie, wie Sie den Order Manager zum Anlegen und Pflegen von Innenaufträgen nutzen. Sie legen einen neuen Innenauftrag an und die Auftragsnummer wird automatisch vom System ermittelt. Für den Innenauftrag pflegen Sie wichtige Steuerungskennzeichen sowie die Vorschrift zur Auftragsabrechnung.
- **Abschnitt 10.1: Mit primären Kosten und Innenaufträgen planen**
  In diesem Video sehen Sie, wie Sie Kosten für einen Innenauftrag planen. Sie planen die Belastung mit primären Kosten. Der geplante Jahreswert wird automatisch auf die Monate des Jahres verteilt. Anschließend analysieren Sie Ihren Plan mit dem Bericht »Auftrag Ist/Plan/Abweichung«.
- **Abschnitt 10.3: Innenauftrag im Plan abrechnen und Ergebnisse analysieren**
  In diesem Video sehen Sie, wie Sie einen Innenauftrag im Plan an eine Kostenstelle abrechnen. Der Innenauftrag wird mit Kosten entlastet, die Kostenstelle wird mit Kosten belastet. Das Ergebnis der Abrechnung analysieren Sie mit den Berichten »Auftrag Ist/Plan/Abweichung« und »Kostenstellen Ist/Plan/Abweichung«.

Jetzt aber los! Ich wünsche Ihnen viel Spaß beim Lesen, viel Erfolg beim Üben und bei der Arbeit mit dem Controlling von SAP.

1 Was Sie zum Arbeiten mit SAP wissen sollten

Bevor Sie sich mit dem Controlling in SAP im Speziellen beschäftigen, erhalten Sie in diesem Kapitel grundlegende Informationen über die Arbeit mit dem SAP-System im Allgemeinen. Diese Informationen werden Ihnen helfen, sich mit der Software und in diesem Buch besser zurechtzufinden.

In diesem Kapitel lernen Sie,

- wie Sie sich am SAP-System anmelden,
- wie die Benutzeroberfläche personalisiert wird,
- wie Sie im SAP-System navigieren,
- wie Sie die Favoritenfunktionen verwenden,
- wie Sie die Hilfefunktionen nutzen können,
- welche Organisationseinheiten im Controlling wichtig sind.

1.1 Am SAP-System anmelden

Bevor Sie mit dem SAP-System arbeiten können, müssen Sie sich mit einem Benutzernamen und einem persönlichen Kennwort am System anmelden. Wenn Sie sich das erste Mal am SAP-System in Ihrer Organisation oder in Ihrem Unternehmen anmelden, benötigen Sie einige Informationen, die Ihnen Ihr Systemadministrator oder Ihre Kollegen geben:

- das System, mit dem Sie arbeiten
- den Mandantenschlüssel (dreistellig, numerisch)
- Ihren Benutzernamen (alphanumerisch)
- das Erstkennwort

HINWEIS

Beispiele für die Dateneingabe

Für die Beispiele in diesem Buch verwende ich ein Trainingssystem der SAP, ein International Demonstration and Education System (IDES). Wenn Ihnen ein solches System zur Verfügung steht, empfehle ich Ihnen, die Beispiele und Übungen in diesem Buch in Ihrem IDES nachzustellen.

Achtung! Üben und testen Sie niemals in einem produktiven System in Ihrer Organisation oder Ihrem Unternehmen.

Um sich am SAP-System anzumelden, gehen Sie folgendermaßen vor:

1. Suchen Sie auf Ihrem PC nach der Anwendung **SAP Logon**, und starten Sie sie.

Im geöffneten SAP Logon sehen Sie nun bei **Verbindungen** die konfigurierten SAP-Systeme, die Ihnen zur Verfügung stehen. Markieren Sie das gewünschte System (hier Idesaccess E84) durch einen Mausklick, und klicken Sie dann auf die Schaltfläche **Anmelden**.

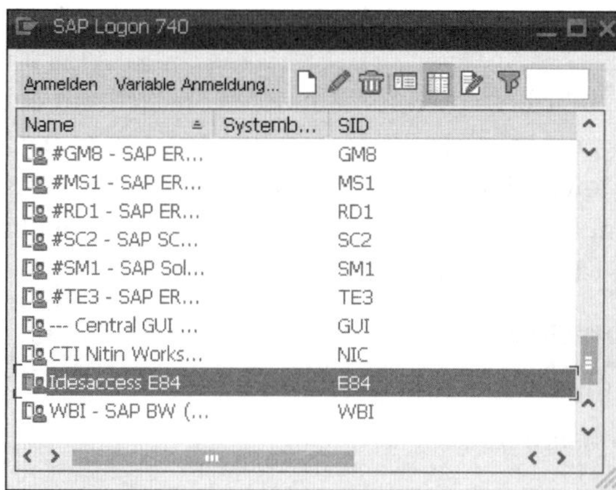

2. Wenn die Verbindung zum SAP-System hergestellt ist, erscheint die Anmeldemaske. In der Anmeldemaske geben Sie in den Feldern **Client**, **User** und **Password** die Anmeldedaten ein, die Sie von Ihrem Systemadministrator oder von Ihren Kollegen erhalten haben. Im Feld **Logon Language**

geben Sie »DE« für Deutsch ein, um nach der Anmeldung mit einer deutschen Oberfläche arbeiten zu können.

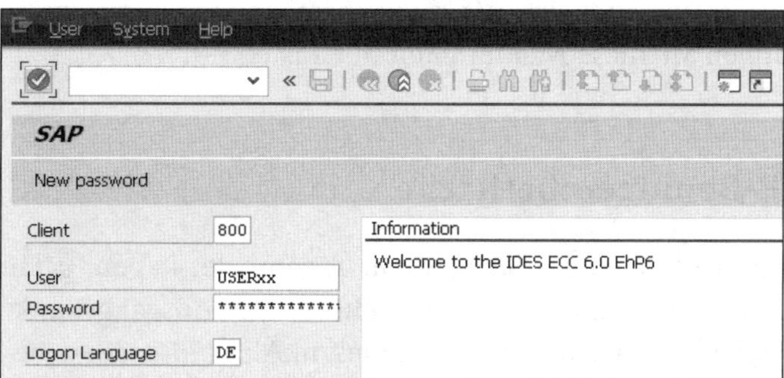

HINWEIS

Anmeldung

Achten Sie darauf, dass Sie die Anmeldedaten, insbesondere das Kennwort, bei der ersten Anmeldung exakt so eingeben, wie Sie sie vom Systemadministrator oder von Ihren Kollegen erhalten haben. Das SAP-System unterscheidet zwischen Groß- und Kleinschreibung.

3 Wenn Sie alle Angaben eingetragen haben, klicken Sie auf die Schaltfläche (**Weiter**).

4 Sie haben sich erfolgreich angemeldet. Bei der ersten Anmeldung werden Sie aufgefordert, ein neues Kennwort einzugeben. Bestätigen Sie diese Aufforderung durch einen Klick auf die Schaltfläche **OK**.

5 Zum Eingeben eines neuen Kennworts erscheint ein Dialogfenster mit dem Titel **SAP**. Tragen Sie das neue Kennwort in der Zeile **Neues Kennwort** und in der Zeile **Kennwort wiederholen** ein.

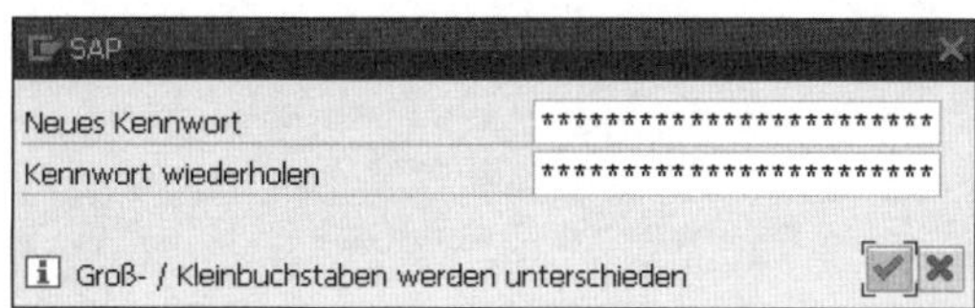

6 Achten Sie bei der Wahl des Kennworts auf die Konventionen, die für Kennwörter in diesem System gelten. Die Kennwortkonventionen betreffen die Länge des Kennworts sowie die Art der Zeichen, die Sie verwenden müssen (Großbuchstaben, Kleinbuchstaben, Zahlen und Sonderzeichen). Die Kennwortkonventionen erfahren Sie von Ihrem Systemadministrator oder Ihren Kollegen.

7 Bestätigen Sie Ihre Eingaben durch einen Klick auf die Schaltfläche ✔ (**Übernehmen**).

8 Sie erhalten anschließend eine Meldung, dass das Kennwort geändert wurde. Bestätigen Sie diese Meldung mit der Taste [↵].

1.2 Die SAP-Benutzeroberfläche

Nachdem Sie sich erfolgreich am SAP-System angemeldet haben, gelangen Sie in das SAP Easy Access Menü. Dieses Menü ist der Ausgangspunkt für alle weiteren Tätigkeiten im SAP-System. In diesem Abschnitt sehen Sie sich dieses Menü genauer an.

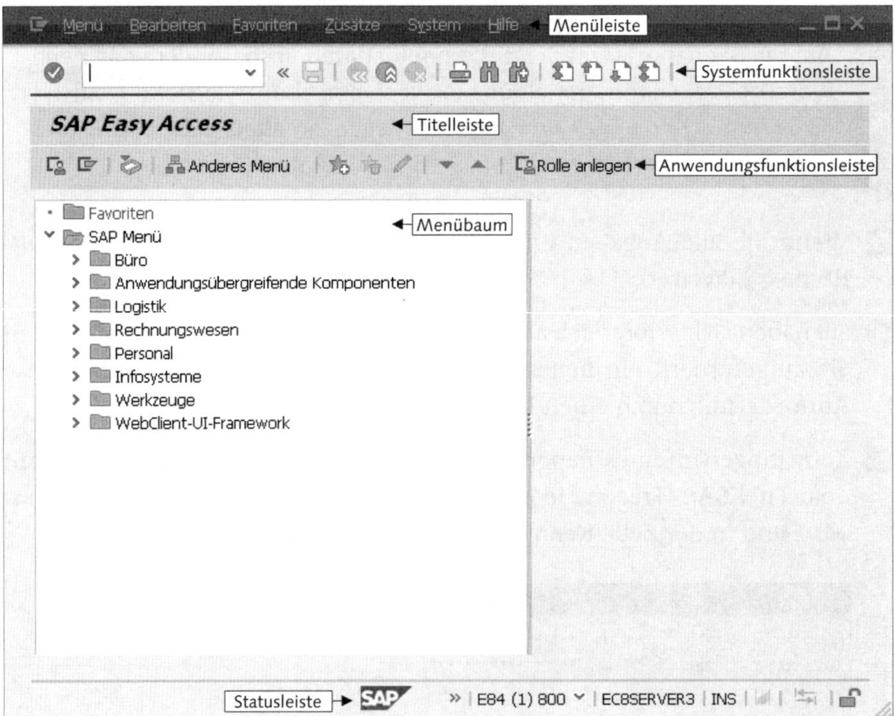

Das Einstiegsbild »SAP Easy Access Menü«

Das Einstiegsbild umfasst folgende Bestandteile:

Die *Menüleiste* enthält unterschiedliche Menüeinträge. Welche Menüpunkte hier angeboten werden, hängt von der jeweiligen Anwendung (Transaktion) ab und auch von der Ebene, auf der Sie sich innerhalb der Anwendung befinden. Die Menüpunkte **System** und **Hilfe** sind immer verfügbar, gleichgültig, in welcher Transaktion Sie gerade arbeiten.

Die *Systemfunktionsleiste* enthält Schaltflächen für die wichtigsten Funktionen. Wenn Sie den Mauszeiger ohne zu klicken über die Schaltflächen bewegen, wird eine kurze Hilfe zur Funktion (Quick-Info) angezeigt.

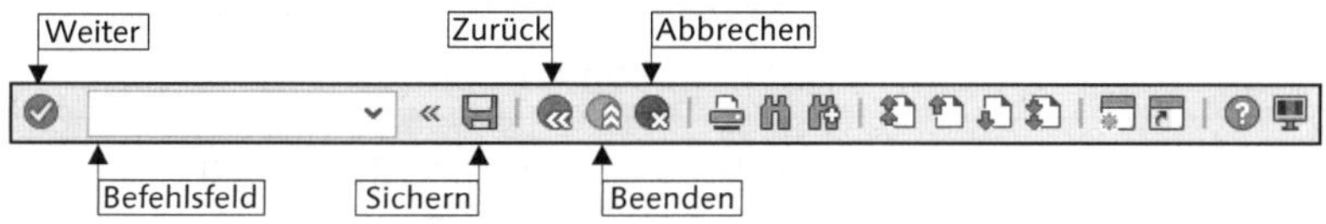

Die Systemfunktionsleiste

Innerhalb der Systemfunktionsleiste befindet sich das Befehlsfeld (Kommandofeld). Hier können Sie Transaktionscodes eingeben, mit denen Sie im System schneller navigieren. Sie gelangen so direkt zur gewünschten Transaktion und müssen sich nicht Schritt für Schritt über die verschiedenen Ebenen im Menübaum bewegen.

Die folgenden Schaltflächen der Systemfunktionsleiste werden besonders häufig zur Steuerung des SAP-Systems verwendet.

Schaltfläche	Funktion	Erklärung
	Weiter	Durch Anklicken dieser Schaltfläche bestätigen Sie die in einem Bild vorgenommenen Eingaben. Sie können die gleiche Funktion auch durch Drücken der Taste ↵ auf Ihrer Tastatur ausführen. Achtung: Ihre Arbeit wird mit dieser Aktion noch nicht gesichert.
	Befehlsfeld	Dieses Feld dient zur Eingabe von Befehlen, zum Beispiel Transaktionscodes.
	Sichern	Durch Anklicken dieser Schaltfläche sichern Sie Ihre Arbeit. Die Schaltfläche führt die gleiche Aktion aus wie die Funktion **Sichern** im Menü **Bearbeiten**.

Schaltflächen der Systemfunktionsleiste

Schaltfläche	Funktion	Erklärung
	Zurück	Durch Anklicken dieser Schaltfläche gehen Sie eine Stufe in der Anwendungshierarchie zurück. Falls Daten verloren gehen können, erscheint ein Dialogfenster, über das Sie die Daten sichern können.
	Beenden	Durch Anklicken dieser Schaltfläche beenden Sie die aktuelle Anwendung, ohne Ihre Daten zu sichern. Das SAP-System kehrt zur vorhergehenden Ebene oder zum Menübaum im SAP Easy Access Menü zurück.
	Abbrechen	Durch Anklicken dieser Schaltfläche brechen Sie die aktuelle Anwendung ab, ohne Ihre Daten zu sichern. Die Schaltfläche führt die gleiche Aktion aus wie die Funktion **Abbrechen** im Menü **Bearbeiten**.
	Drucken	Durch Anklicken dieser Schaltfläche können Sie im aktuellen Bild angezeigte Daten ausdrucken.
	Suchen	Durch Anklicken dieser Schaltfläche können Sie nach Daten suchen, die Sie im aktuellen Bild benötigen.
	Weitersuchen	Durch Anklicken dieser Schaltfläche wird die Suche mit dem letzten Suchbegriff fortgesetzt. Im aktuellen Bild wird die Stelle angezeigt, an der der letzte Suchbegriff das nächste Mal auftritt.
	Erste Seite	Durch Anklicken dieser Schaltfläche blättern Sie zur ersten Seite der aktuellen Anwendung. Die Schaltfläche führt die gleiche Aktion aus wie die Tastenkombination [Strg]+[Bild ↑].

Schaltflächen der Systemfunktionsleiste (Forts.)

Schaltfläche	Funktion	Erklärung
	Vorige Seite	Durch Anklicken dieser Schaltfläche blättern Sie zur vorigen Seite in der aktuellen Anwendung. Die Schaltfläche führt die gleiche Aktion aus wie die Taste [Bild ↑].
	Nächste Seite	Durch Anklicken dieser Schaltfläche blättern Sie zur nächsten Seite in der aktuellen Anwendung. Die Schaltfläche führt die gleiche Aktion aus wie die Taste [Bild ↓].
	Letzte Seite	Durch Anklicken dieser Schaltfläche blättern Sie zur letzten Seite in der aktuellen Anwendung. Die Schaltfläche führt die gleiche Aktion aus wie die Tastenkombination [Strg]+[Bild ↓].
	Modus erzeugen	Durch Anklicken dieser Schaltfläche erzeugen Sie einen neuen SAP-Modus. Diese Schaltfläche führt die gleiche Aktion aus wie die Funktion **Erzeugen Modus** im Menü **System**.
	SAP-GUI-Verknüpfung erstellen	Durch Anklicken dieser Schaltfläche können Sie eine SAP-GUI-Verknüpfung zu einem SAP-Report, einer SAP-Transaktion oder einer SAP-Anwendung erstellen.
	[F1]-Hilfe	Durch Anklicken dieser Schaltfläche zeigen Sie die Hilfe zu dem Feld an, in dem Sie den Cursor positioniert haben. Alternativ dazu drücken Sie die Taste [F1] auf Ihrer Tastatur.
	Layout-Menü	Durch Anklicken dieser Schaltfläche können Sie die Anzeigeoptionen anpassen.

Schaltflächen der Systemfunktionsleiste (Forts.)

Die *Titelleiste* zeigt Ihnen die Bezeichnung der Transaktion an, in der Sie gerade arbeiten. Sie können jederzeit erkennen, an welcher Stelle bzw. auf welcher Ebene im SAP-System Sie sich gerade befinden.

In der *Anwendungsfunktionsleiste* stehen Ihnen alle nötigen Funktionen zur Verfügung, die in der aktuell geöffneten Anwendung (Transaktion) benötigt werden. Die Schaltflächen in der Anwendungsfunktionsleiste ändern sich je nach Anwendung.

Im rechten Bereich der *Statusleiste* können Sie zwischen Einfügemodus (INS, Abkürzung für »insert«; englisch: einfügen) und Überschreibmodus (OVR, Abkürzung für »overwrite«; englisch: überschreiben) wechseln. Mit einem Klick auf INS bzw. OVR wechselt der Modus. Im Einfügemodus können Sie den Cursor zwischen zwei Buchstaben oder Ziffern in einem Wort oder einer Zahl positionieren. Der Text, den Sie dann schreiben, wird zwischen diesen beiden Buchstaben oder Ziffern eingefügt. Die vorhandenen Buchstaben und Ziffern rechts vom Cursor werden mit jedem neuen Zeichen nach rechts verschoben. Im Überschreibmodus wird der Cursor breiter. Sie können den Cursor nicht mehr zwischen zwei Buchstaben oder Ziffern positionieren. Stattdessen markieren Sie im Überschreibmodus mit dem Cursor immer einen oder mehrere Buchstaben oder Ziffern. Beim Schreiben wird der markierte Buchstabe bzw. die markierte Ziffer überschrieben.

Die Statusleiste

Durch Anklicken des kleinen Hakens ✔ rechts von **E84 (1) 800** in der Statusleiste werden aktuelle Informationen zum System angezeigt. Sie erhalten hier Informationen über Ihre Anmeldedaten, wie zum Beispiel den Systemnamen, den Mandanten und den aktuell angemeldeten Benutzernamen. Auf der linken Seite der Statusleiste werden Systemmeldungen angezeigt. SAP unterscheidet zwischen Fehlermeldungen (rot), Warnungen (gelb) und Informationen (grün).

1.3 Im SAP-System navigieren

Nach der Anmeldung am SAP-System gelangen Sie in das bereits beschriebene Einstiegsbild des SAP Easy Access Menüs. Sie haben nun mehrere Möglichkeiten, um zu der gewünschten Anwendung (Transaktion) zu navigieren:

- über den Menübaum
- über Transaktionscodes
- über Favoriten

Sie gelangen über den *Menübaum* zur gewünschten Transaktion, indem Sie die Baumstruktur Schritt für Schritt öffnen. Die einzelnen Ordner (Knotenpunkte) öffnen und schließen Sie durch Anklicken der Pfeilsymbole. Die Transaktionen sind durch Bausteinsymbole gekennzeichnet.

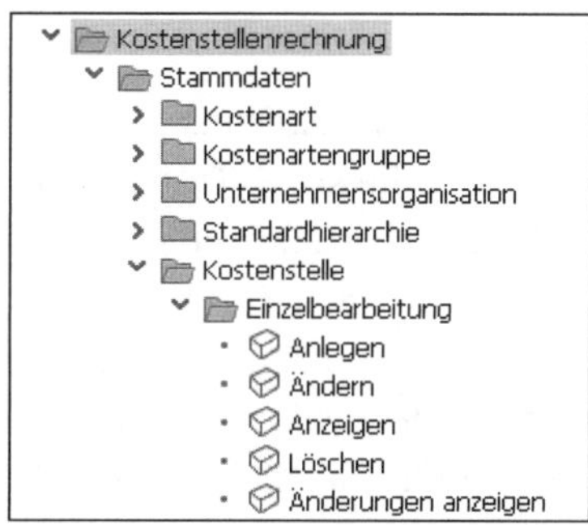

Navigieren über den Menübaum

Die gewünschte Transaktion öffnen Sie, indem Sie sie doppelt anklicken (zum Beispiel öffnet **Anzeigen** hier die Transaktion *Kostenstelle anzeigen*). Sie können eine Transaktion auch öffnen, indem Sie sie mit einem einfachen Klick markieren und dann die Taste ↵ drücken.

TIPP

SAP Easy Access Menü einstellen

Das Einstiegsbild in das SAP Easy Access Menü können Sie benutzerspezifisch einstellen, wenn Sie die Schaltfläche **(Benutzermenü)** anklicken. Mit dem Benutzermenü wird die Baumstruktur entsprechend Ihrem Tätigkeitsfeld (Ihrer Rolle) aufgebaut. So stehen Ihnen nur die Transaktionen zur Verfügung, in denen Sie entsprechend Ihrer Rolle und Ihren Befugnissen arbeiten dürfen. Durch Anklicken der Schaltfläche (SAP-Menü) wird die Baumstruktur wieder auf den SAP-Standard mit allen Anwendungen zurückgesetzt.

Benutzermenü oder SAP-Menü aktivieren

Ist Ihnen der Transaktionscode der gewünschten Anwendung bekannt, können Sie ihn direkt in das Befehlsfeld eingeben. So gelangen Sie auf direktem Weg zur Anwendung.

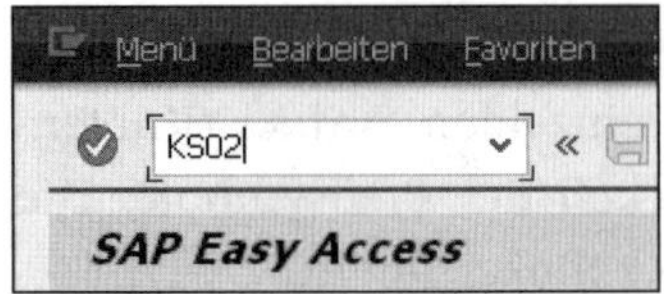

Navigieren über Transaktionscode

Die Anwendungsprogramme im SAP-System heißen Transaktionen. Häufig verwendete Transaktionen im Controlling sind zum Beispiel Transaktion KS01 (Kostenstelle anlegen) und Transaktion KS02 (Kostenstelle ändern). Die einzelnen Transaktionen sind im SAP Easy Access Menü nach Komponenten gegliedert. *Controlling* ist zum Beispiel eine Komponente im SAP-System mit den Teilkomponenten *Kostenartenrechnung*, *Kostenstellenrechnung* und *Innenaufträge*. Jede Transaktion können Sie erreichen, indem Sie sich im Menübaum über die Komponenten durchklicken. Wenn Sie den Transaktionscode kennen, können Sie die Transaktion direkt über das Befehlsfeld anwählen.

In der folgenden Tabelle finden Sie Beispiele für häufig verwendete Transaktionen im Controlling mit ihren Transaktionscodes. In den weiteren Kapiteln dieses Buches finden Sie weitere Transaktionen. Für jede Transaktion werde ich Ihnen den vollständigen Menüpfad und den Transaktionscode nennen. Im Anhang des Buches finden Sie eine Übersicht mit allen in diesem Buch besprochenen Transaktionen, jeweils mit Menüpfad und Transaktionscodes.

Transaktion	Transaktionscode
Kostenart, Anlegen primär	KA01
Kostenart, Anlegen sekundär	KA06
Kostenart, Ändern	KA02
Kostenart, Anzeigen	KA03
Kostenstelle, Anlegen	KS01
Kostenstelle, Ändern	KS02
Kostenstelle, Anzeigen	KS03

Wichtige Transaktionen im SAP-Controlling

Transaktion	Transaktionscode
Innenaufträge, Order Manager	KO04
Planerprofil setzen	KP04
Kosten/Leistungsaufnahmen ändern	KP06
Leistungserbringung/Tarife ändern	KP26
Manuelle Umbuchung Kosten, Erfassen	KB11N
Leistungsverrechnung, Erfassen	KB21N
Kostenstellen, Umlage	KSU5
Berichte, Kostenstellen: Ist/Plan/Abweichung	S_ALR_87013611

Wichtige Transaktionen im SAP-Controlling (Forts.)

HINWEIS

Transaktionscode im Befehlsfeld

Wenn Sie vom SAP Easy Access Menü aus starten, den Transaktionscode in das Befehlsfeld eingeben und [↵] drücken, springt das System direkt in die gewünschte Transaktion (Anwendung).

Befinden Sie sich allerdings bereits in einer Transaktion und möchten von der aktuellen Transaktion direkt in eine andere Transaktion wechseln, müssen Sie im Befehlsfeld vor den Transaktionscode ein »/N« setzen, zum Beispiel /NKS02.

Wenn Sie möchten, können Sie sich die Transaktionscodes im Menübaum anzeigen lassen. Dazu nehmen Sie die folgende Einstellung vor:

1 Wählen Sie in der Menüleiste **Zusätze**. Ein Dropdown-Menü erscheint, hier wählen Sie den Menüpunkt **Einstellungen**.

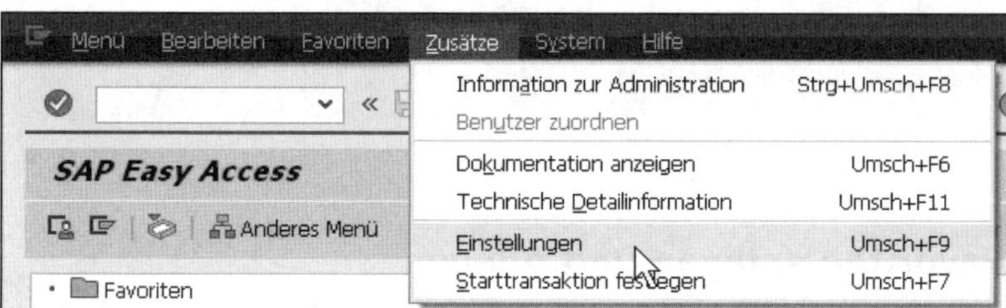

2 Es öffnet sich das Fenster **Einstellungen**. Markieren Sie das Ankreuzfeld **Technische Namen anzeigen**. Damit werden die Transaktionscodes im

Menübaum für jede Transaktion dargestellt. Bestätigen Sie Ihre Eingabe mit einem Klick auf die Schaltfläche ✔ (**Weiter**) oder mit der Taste [↵].

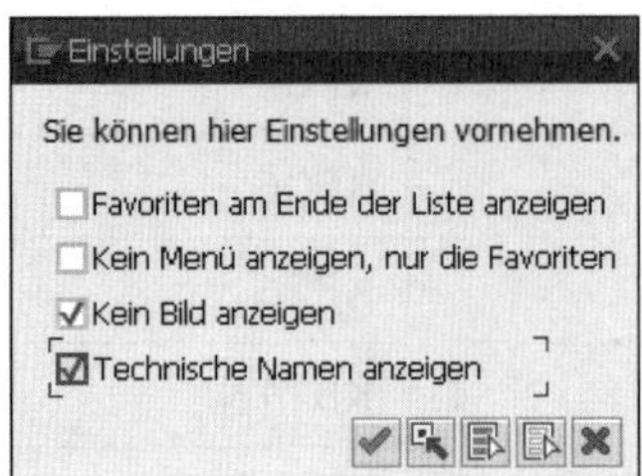

3 Jetzt werden im Menübaum bei allen Transaktionen die Transaktionscodes angezeigt, zum Beispiel der Transaktionscode KS01 für die Transaktion *Kostenstelle anlegen*.

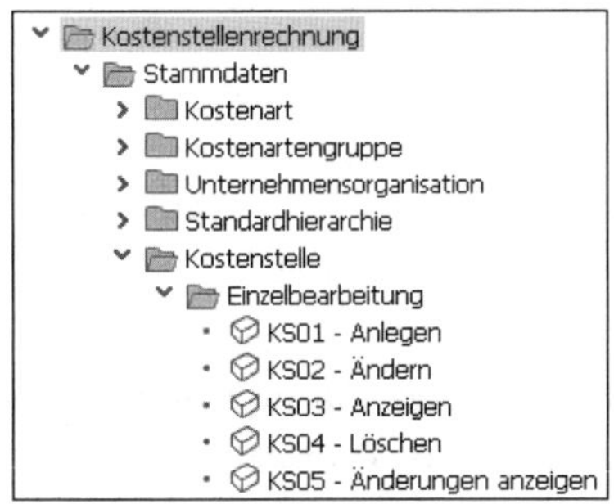

Transaktionen im Menübaum mit Transaktionscodes

VIDEO

So finden Sie sich im SAP-System zurecht

In diesem Video lernen Sie den Einstiegsbildschirm des SAP-Systems kennen und erfahren wie die Bildschirmbereiche heißen. Sie lernen außerdem, wie Sie auf eine Transaktion zugreifen – entweder über den Menübaum oder direkt mit dem Transaktionscode.

http://s-prs.de/v4140bz

1.4 Favoriten anlegen und pflegen

Für die Transaktionen, die Sie immer wieder aufrufen, können Sie sich Favoriten anlegen. Damit haben einen schnellen Zugriff auf die Anwendungen, die Sie regelmäßig nutzen.

Im SAP Easy Access Menü können Sie sich eine eigene, benutzerspezifische Liste mit Favoriten anlegen. Als Favoriten sind sowohl SAP-Transaktionen als auch Verknüpfungen zu Dateien und Internetadressen möglich. In der Anwendungsfunktionsleiste finden Sie drei Schaltflächen, mit denen Sie Favoriten bearbeiten können. Markieren Sie die gewünschte Transaktion im Menübaum, und klicken Sie auf die Schaltfläche (**Zu den Favoriten hinzufügen**), um einen neuen Favoriten anzulegen. Markieren Sie einen bestehenden Favoriten, und klicken Sie auf die Schaltfläche (**Favoriten löschen**), um den Favoriten zu löschen. Markieren Sie einen bestehenden Favoriten, und klicken Sie auf die Schaltfläche (**Favoriten ändern**), um den Text für den Favoriten zu ändern.

Möchten Sie zum Beispiel die Transaktion *Kostenstelle ändern* mit dem Transaktionscode KS02 als Favorit anlegen, gehen Sie so vor:

1. Wählen Sie im SAP Easy Access Menü den Pfad **Rechnungswesen ▸ Controlling ▸ Kostenstellenrechnung ▸ Stammdaten ▸ Kostenstelle ▸ Einzelbearbeitung**.
2. Markieren Sie **Ändern**, indem Sie einmal auf **Ändern** klicken. Klicken Sie *nicht* doppelt auf **Ändern**, weil Sie mit einem Doppelklick die Transaktion ausführen würden.
3. Klicken Sie nun auf die Schaltfläche (**Zu den Favoriten hinzufügen**).
4. Alternativ dazu können Sie auch in der Menüleiste die Funktion **Favoriten ▸ Hinzufügen** nutzen.

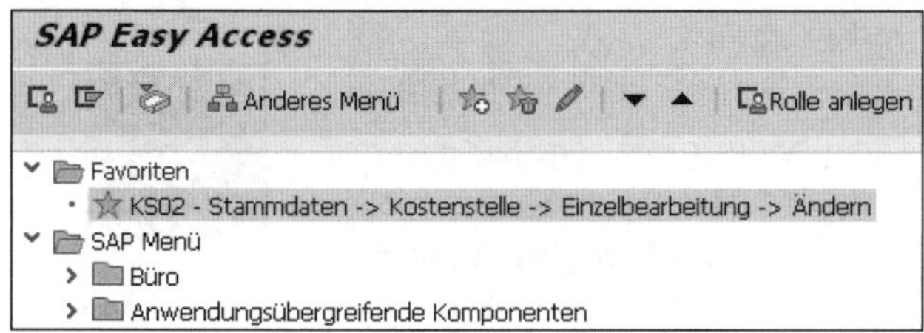

Nachdem Sie erfolgreich einen Favoriten angelegt haben, sehen Sie ihn oben im Menübaum. Der Pfad der Transaktion wird Ihnen als Text angezeigt. Sie haben nun die Möglichkeit, statt des Pfades eine selbst gewählte Bezeichnung einzugeben:

1. Dazu markieren Sie Ihren Favoriten mit einem einfachen Mausklick. Der doppelte Mausklick würde die Transaktion ausführen.

2 Klicken Sie nun auf die Schaltfläche (**Favoriten ändern**). Anschließend haben Sie zwei Möglichkeiten, weiter vorzugehen:

- Alternative 1: Nachdem Sie den Favoriten mit einem einfachen Mausklick markiert haben, wählen Sie in der Menüleiste **Favoriten ▸ Ändern**.
- Alternative 2: Sie können zum Ändern des Textes auch das Kontextmenü zu einem Favoriten nutzen. Dazu klicken Sie mit der rechten Maustaste auf den Favoriten. Im Kontextmenü, das jetzt erscheint, wählen Sie **Favoriten ändern**.

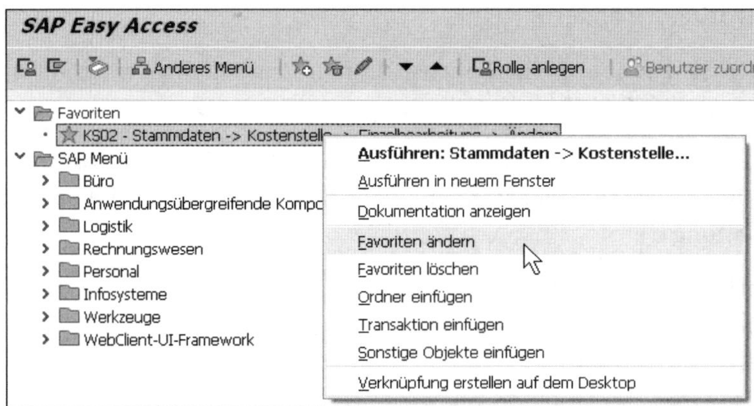

3 Ändern Sie den Text wie gewünscht. Bestätigen Sie Ihre Eingabe mit einem Klick auf die Schaltfläche (**Weiter**) oder mit der Taste [↵].

VIDEO

Favoriten anlegen und pflegen

In diesem Video sehen Sie, wie Sie mit Favoriten Ihren persönlichen Menübaum gestalten. Sie lernen, wie Sie häufig genutzte Transaktionen als Favoriten anlegen und wie Sie die Texte der Favoriten ändern.

http://s-prs.de/v4140fj

1.5 Benutzereinstellungen ändern

Sie haben die Möglichkeit, Ihre Benutzereinstellungen zu personalisieren: Sie können Werte festlegen, um diese nicht immer wieder manuell eingeben zu müssen. Sie können sich Statusmeldungen in Dialogfenstern anzeigen lassen und das Layout des SAP-Bildes verändern. Wie das funktioniert, lesen Sie in den folgenden Abschnitten.

Werte festlegen

Müssen Sie einen bestimmten Wert wiederholt in verschiedene Eingabemasken einfügen, können Sie sich diese Eingabe ersparen, indem Sie den Wert als Benutzervorgabe speichern. Das SAP-System setzt diesen Wert dann automatisch in die entsprechenden Felder ein, gleichgültig, in welcher Transaktion das Feld erscheint. Diese Einstellung ist benutzerspezifisch, das heißt für andere Benutzer nicht sichtbar. So geht's:

1. Navigieren Sie zu einer Transaktion, in der sich das Feld befindet, in dem immer ein bestimmter Wert stehen soll. Zum Beispiel soll im Feld **Kostenrechnungskreis** immer der Wert 1000 stehen, weil Sie nur mit diesem Kostenrechnungskreis arbeiten. Wählen Sie im SAP Easy Access Menü **Rechnungswesen ▸ Controlling ▸ Kostenstellenrechnung ▸ Stammdaten ▸ Kostenstelle ▸ Einzelbearbeitung ▸ Ändern**, Transaktion KS02. Die Transaktion öffnen Sie durch einen Doppelklick. Im folgenden Dialogfenster werden Sie zur Eingabe eines Kostenrechnungskreises aufgefordert.

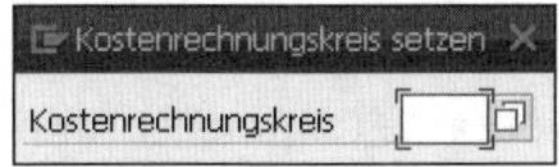

2. Ermitteln Sie jetzt die Parameter-ID für das Feld **Kostenrechnungskreis**, um dieses Feld in Zukunft immer mit 1000 vorzubelegen. Um die Parameter-ID zu ermitteln, setzen Sie den Cursor in das Feld **Kostenrechnungskreis** und drücken die Taste [F1].

3. Es öffnet sich das Bild **Performance Assistant**. Von hier aus können Sie in verschiedene Hilfe-Anwendungen abspringen, zum Beispiel in **Hilfe zur Anwendung** oder in das **Glossar**. Was Sie im Moment interessiert, finden Sie mit dem Klick auf die Schaltfläche (**Technische Informationen**).

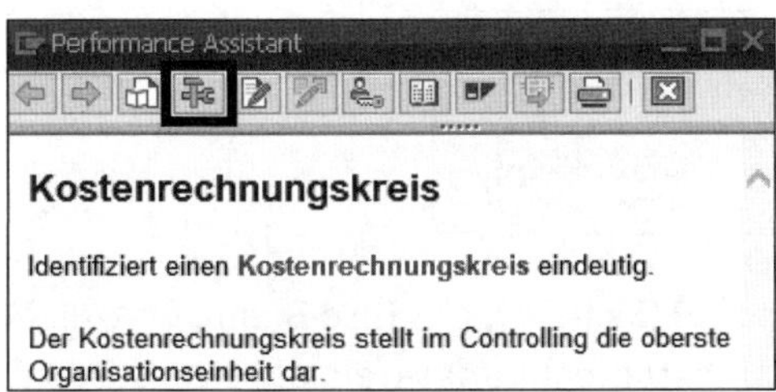

4 Es öffnet sich ein Fenster, das die technischen Informationen im Detail anzeigt. Die Parameter-ID finden Sie im Bereich **Feld-Daten**. In unserem Beispiel lautet sie **CAC**.

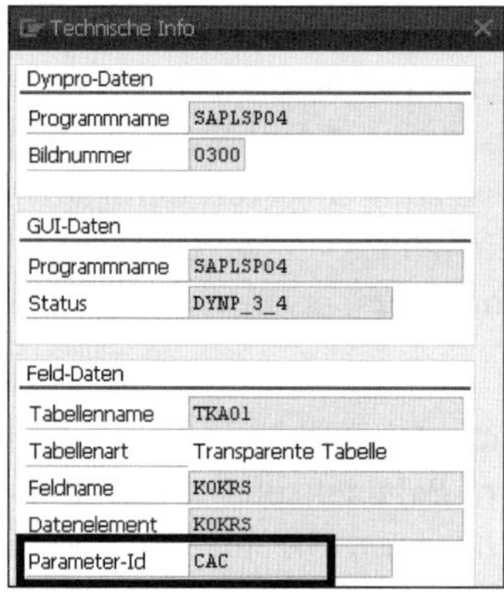

Nachdem Sie die **Parameter-ID** (**CAC**) für das Feld **Kostenrechnungskreis** ermittelt haben, legen Sie den Wert für den **Kostenrechnungskreis**, mit dem Sie arbeiten möchten, in Ihren Benutzervorgaben als Vorschlagswert fest:

1 Wählen Sie dazu in der Menüleiste **System ▸ Benutzervorgaben ▸ Eigene Daten**.

2 Wählen Sie im darauffolgenden Bild die Registerkarte **Parameter**, und geben Sie »CAC« in das Feld **Parameter-ID** ein. Tragen Sie in das Feld **Parameterwert** den Wert »1000« für Ihren Kostenrechnungskreis ein. Bestätigen Sie Ihre Eingabe mit einem Klick auf die Schaltfläche (**Weiter**) oder mit der Taste [↵]. Ihr Eintrag wird in die Parameterliste eingefügt.

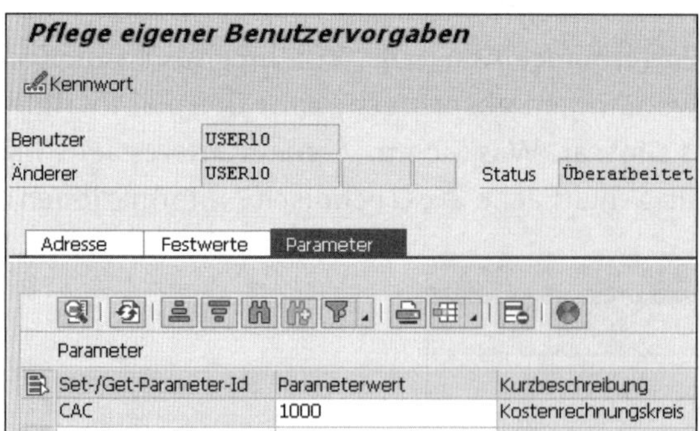

3 Klicken Sie auf die Schaltfläche (**Sichern**), um Ihre Benutzervorgabe zu speichern. Wenn Sie das Feld **Kostenrechnungskreis** das nächste Mal benötigen, ist es bereits mit dem Wert »1000« gefüllt.

System- und Warnmeldungen in einem Dialogfenster anzeigen

Es gibt drei Arten von Meldungen, die vom SAP-System ausgegeben werden:

- **Erfolgsmeldung**
  Diese Art von Meldung erhalten Sie zum Beispiel, wenn Sie Stammdaten zu einer Kostenstelle ändern und Ihre Änderungen erfolgreich im System gespeichert wurden. Erfolgsmeldungen werden in Grün dargestellt.
- **Warnung/Hinweis**
  Diese Art von Meldung wird in Gelb dargestellt und gibt Ihnen einen Hinweis in Bezug auf den aktuellen Vorgang. Warnungen werden vom SAP-System immer dann ausgegeben, wenn bei einem Buchungsvorgang Datenkonstellationen auftreten, die auffällig, aber nicht falsch sind. Der Benutzer wird mit der Warnmeldung aufgefordert, die entsprechende Datenkonstellation zu prüfen und gegebenenfalls anzupassen. Trotz der Warnung kann der Vorgang gebucht werden.
- **Fehler**
  Eine Fehlermeldung erhalten Sie immer dann, wenn ein Fehler aufgetreten ist. Der Fehler führt dazu, dass der Vorgang nicht abgeschlossen werden kann. Stammdatenänderungen können bei Fehlern nicht gespeichert werden. Buchungsvorgänge werden bei Fehlern nicht abgeschlossen. Sie müssen den Fehler beseitigen, bevor das SAP-System eine vollständige Buchung bzw. Speicherung des Vorgangs erlaubt. Fehler werden in Rot dargestellt.

Meldungen werden in der Regel unten links in der Statusleiste angezeigt. Insbesondere SAP-Einsteiger übersehen wichtige Meldungen manchmal und klicken sie zu schnell weg.

Um zu vermeiden, dass Sie Meldungen versehentlich übersehen, können Sie sich die Meldungen in einem Dialogfenster anstatt in der Statusleiste anzeigen lassen. So geht's:

1. Klicken Sie in der Systemfunktionsleiste rechts auf die Schaltfläche (**Lokales Layout anpassen**).
2. Ein Dropdown-Menü öffnet sich. Wählen Sie **Optionen**.
3. Im Fenster **SAP-GUI-Optionen** sehen Sie links eine Baumstruktur mit verschiedenen Einstellungsmöglichkeiten. Mit einem Doppelklick auf **Interaktionsdesign** öffnen Sie den Zweig in der Baumstruktur, der jetzt interessiert.

4 Klicken Sie nun auf **Benachrichtigungen**. Rechts im Fenster **Optionen für SAP GUI** sehen Sie jetzt einen Bereich **Meldungen**.

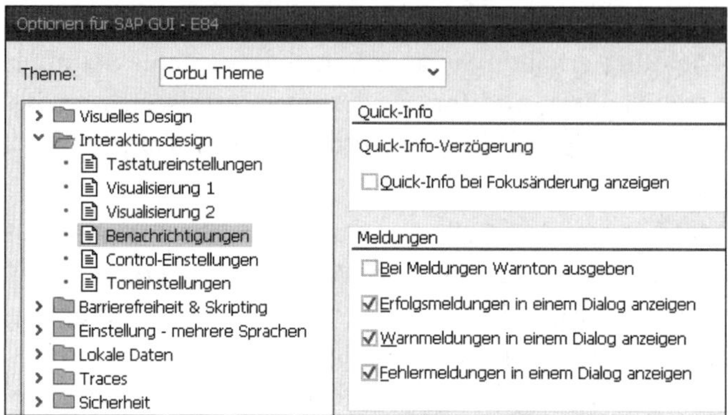

5 Markieren Sie im Bereich **Meldungen** diese drei Ankreuzfelder:
   - Erfolgsmeldungen in einem Dialog anzeigen
   - Warnmeldungen in einem Dialog anzeigen
   - Fehlermeldungen in einem Dialog anzeigen

6 Bestätigen Sie Ihre Einstellungen mit einem Klick auf **OK**.

Datums- und Dezimaldarstellung prüfen

Um zu prüfen, ob die Datums- und Dezimaldarstellung Ihren Anforderungen entsprechen, gehen Sie wie folgt vor:

1 Wählen Sie in der Menüleiste **System ▸ Benutzervorgaben ▸ Eigene Daten**. Das Fenster **Pflege eigener Benutzervorgaben** wird geöffnet.

2 Sollten Sie nicht direkt in das Fenster **Pflege eigener Benutzervorgaben** gelangen, drücken Sie die Tastenkombination `Alt`+`⭾`.

3 Öffnen Sie im Fenster **Pflege eigener Benutzervorgaben** die Registerkarte **Festwerte**.

4 Überprüfen Sie die Einstellung im Feld **Dezimaldarstellung**. Hier können Sie eine von drei Optionen wählen:
   - 1.234.567,89: Tausendertrennzeichen: Punkt und Dezimaltrennzeichen: Komma
   - 1,234,567.89: Tausendertrennzeichen: Komma und Dezimaltrennzeichen: Punkt

- 1 234 567,89: Tausendertrennzeichen: Leerzeichen und Dezimaltrennzeichen: Komma

5 Überprüfen Sie die Einstellung im Feld **Datumsdarstellung**. Hier können Sie eine von zwölf Optionen wählen. Sie bestimmen hier die Reihenfolge von Tag, Monat und Jahr sowie das Datumstrennzeichen.

6 Überprüfen Sie die Einstellung im Feld **Zeitformat (12/24h)**. Hier können Sie eine von fünf Optionen wählen.

7 Klicken Sie auf die Schaltfläche (**Sichern**), um Ihre Benutzervorgabe zu speichern.

8 Sie erhalten eine Meldung, dass Ihre Benutzereinstellungen gesichert wurden. Diese Erfolgsmeldung wird nun als Dialogfenster und danach in der Statusleiste angezeigt. Die Anzeige der Meldung im Dialogfenster haben Sie im vorangehenden Abschnitt »System- und Warnmeldungen in einem Dialogfenster anzeigen« aktiviert.

1.6 Hilfefunktionen

Nicht nur zu Beginn Ihrer Arbeit mit dem SAP-System werden immer wieder Fragen auftreten. Beispielsweise könnte die Bedeutung eines bestimmten Feldes oder einer Transaktion unklar sein. Sie benötigen Informationen darüber, welche Werte eingegeben werden dürfen. Um Ihnen solche Fragen zu beantworten, verfügt das SAP-System über verschiedene Hilfefunktionen.

Die Hilfe ist immer über die Menüleiste verfügbar. Die wichtigsten SAP-Hilfefunktionen sind:

- **Hilfe zur Anwendung**
  Sie erhalten umfassende Informationen über die aktuelle Transaktion, in der Sie sich befinden. Hier finden Sie auch Anleitungen, die Sie zur Durchführung einer Anwendung benötigen. Die Hilfe zur Anwendung können Sie in jeder SAP-Komponente aufrufen.
- **SAP-Bibliothek**
  In der SAP-Bibliothek finden Sie die vollständige Onlinedokumentation zum SAP-System.
- **Glossar**
  Im Glossar finden Sie Definitionen zahlreicher SAP-Begriffe.

- **Release-Infos**
  Hier werden Funktionsänderungen der einzelnen Release-Stände des SAP-Systems beschrieben.

Hilfe über die Menüleiste

- **SAP-Feldhilfe** [F1]
  Über die Tastatur erhalten Sie durch Drücken der Taste [F1] Hilfe zu einzelnen Feldern. Platzieren Sie den Cursor in dem entsprechenden Feld, und drücken Sie die Taste [F1]. Daraufhin öffnet sich der **Performance Assistant** und gibt Ihnen Informationen über das Feld und die Anwendung. Der **Performance Assistant** enthält eine Menüleiste, über die Sie weitere Hilfefunktionen erreichen können, zum Beispiel die technischen Informationen zum Feld.
- **Wertehilfe** [F4]
  Mit der Wertehilfe listen Sie die Werte auf, die in ein Feld eingegeben werden können. Platzieren Sie den Cursor in einem Feld, und drücken Sie die Taste [F4]. Die Werte-Feldhilfe können Sie alternativ über die Schaltfläche rechts neben dem jeweiligen Feld aufrufen.

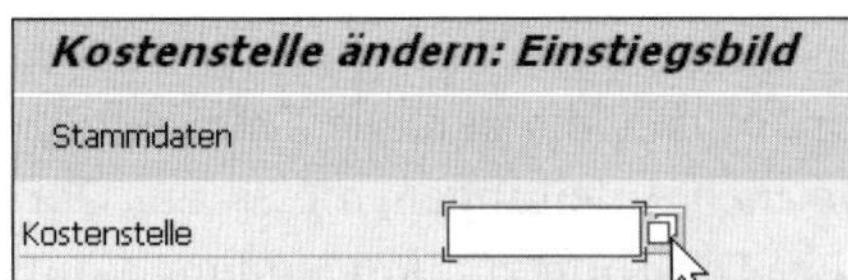

Schaltfläche für die Werte-Feldhilfe alternativ zur Taste F4

1.7 Organisationseinheiten im Controlling

Über das *Customizing* (Systemkonfiguration) werden die Strukturen des SAP-Systems an die speziellen Anforderungen und betrieblichen Abläufe des Anwenders angepasst. Customizing könnte man übersetzen mit »für den Kunden anpassen«. »Kunde« bedeutet in diesem Zusammenhang SAP-Kunde bzw. SAP-Anwender. Innerhalb der SAP-Struktur bewegen Sie sich in Organisationseinheiten. Im SAP-System werden alle Daten mit Bezug auf Organisationseinheiten abgelegt.

Die wichtigsten Organisationseinheiten für alle Komponenten des SAP-Controllings sind der Kostenrechnungskreis und der Buchungskreis. Die Controllingkomponente *Ergebnis- und Marktsegmentrechnung* nutzt zusätzlich den Ergebnisbereich. Wenn Sie die Controllingkomponente *Produktkostenrechnung* nutzen, müssen Sie sich zusätzlich zu Kostenrechnungskreis und Buchungskreis mit der Organisationseinheit *Werk* auseinandersetzen.

Buchungskreis

Der *Buchungskreis* steht für ein rechtlich selbstständiges Unternehmen, also zum Beispiel für eine GmbH oder AG. Für jedes rechtlich selbstständige Unternehmen innerhalb eines Konzerns (Mandant) wird ein eigener Buchungskreis definiert. Im SAP-System wird ein Buchungskreis durch einen eindeutigen vierstelligen Schlüssel dargestellt, der alphanumerisch sein kann. Jedem Buchungskreis wird eine Hauswährung zugeordnet, das ist die Währung des Landes, in dem das entsprechende Unternehmen seinen Sitz hat. Bei Buchungen in Fremdwährung werden die gebuchten Beträge automatisch in die Hauswährung umgerechnet. Mit jedem Beleg werden automatisch der Fremdwährungsbetrag aus dem Beleg und der Hauswährungsbetrag des Buchungskreises gespeichert.

Kostenrechnungskreis

Der *Kostenrechnungskreis* ist die Organisationseinheit, in der die Kosten- und Leistungsrechnung mit Kostenstellen und Innenaufträgen sowie die Profit-Center-Rechnung abgebildet werden. Einem Kostenrechnungskreis muss mindestens ein Buchungskreis zugeordnet werden. In der folgenden Abbildung ist zum Beispiel der Buchungskreis »Israel« dem Kostenrechnungskreis »Naher Osten« zugeordnet. Einem Kostenrechnungskreis können allerdings auch mehrere Buchungskreise zugeordnet werden, wie in der Abbildung zum Beispiel die Buchungskreise »Deutschland« und »Polen« dem Kostenrechnungskreis »Europa« zugeordnet sind.

Die Verknüpfung von mehreren Buchungskreisen mit einem Kostenrechnungskreis heißt *buchungskreisübergreifende Kostenrechnung*. Möchten Sie für mehrere Buchungskreise eine konsolidierte Kosten- und Leistungsrechnung durchführen, entscheiden Sie sich für diese Art der Kostenrechnung.

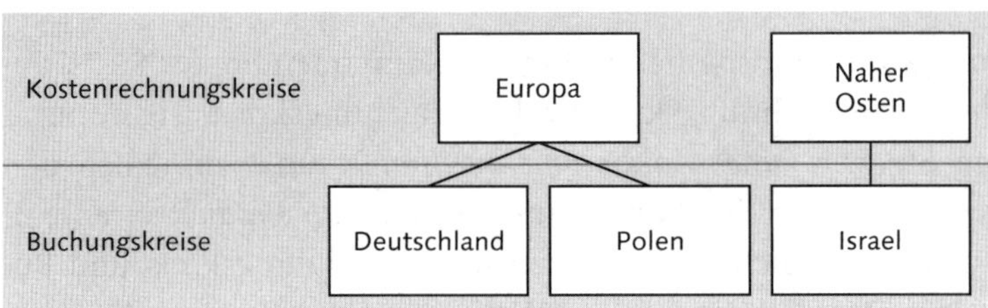

Buchungskreise und Kostenrechnungskreise

Voraussetzung für die Verknüpfung eines Buchungskreises mit einem Kostenrechnungskreis ist, dass beide Organisationseinheiten denselben operativen Kontenplan nutzen und dieselbe Geschäftsjahresvariante verwenden. Eine gemeinsame Währung von Kostenrechnungskreis und Buchungskreis ist *keine* Voraussetzung für die Verknüpfung. So könnten zum Beispiel ein Buchungskreis für ein polnisches Unternehmen mit der Hauswährung polnische Złoty und ein Buchungskreis für ein deutsches Unternehmen mit der Hauswährung Euro in einem gemeinsamen Kostenrechnungskreis mit der Kostenrechnungskreiswährung Euro zusammengeführt werden. Wenn dann im polnischen Buchungskreis eine Eingangsrechnung in polnischen Złoty gebucht wird, rechnet das SAP-System diesen Beleg in Euro um und bucht zeitgleich zum Złoty-Wert im Buchungskreisbeleg den Euro-Wert in einem Kostenrechnungskreisbeleg.

Ergebnisbereich

In der Controllingkomponente *Ergebnis- und Marktsegmentrechnung* werden die Umsätze aus dem Vertrieb mit Kosten aus der Kosten- und Leistungsrechnung zu einer Deckungsbeitragsrechnung verknüpft. Die Organisationseinheit für die Ergebnis- und Marktsegmentrechnung heißt *Ergebnisbereich*. Der Ergebnisbereich ist dem Kostenrechnungskreis übergeordnet. Das heißt, einem Ergebnisbereich können mehrere Kostenrechnungskreise zugeordnet sein.

In der folgenden Abbildung sind zum Beispiel die Kostenrechnungskreise »Europa« und »Naher Osten« dem Ergebnisbereich »EMEA« zugeordnet

(EMEA steht für »Europe, Middle East, Africa«). Manchmal finden Sie zu einem Ergebnisbereich allerdings nur einen Kostenrechnungskreis, wie zum Beispiel beim Ergebnisbereich »Amerika«, dem in der Abbildung nur der Kostenrechnungskreis »Amerika« zugeordnet ist.

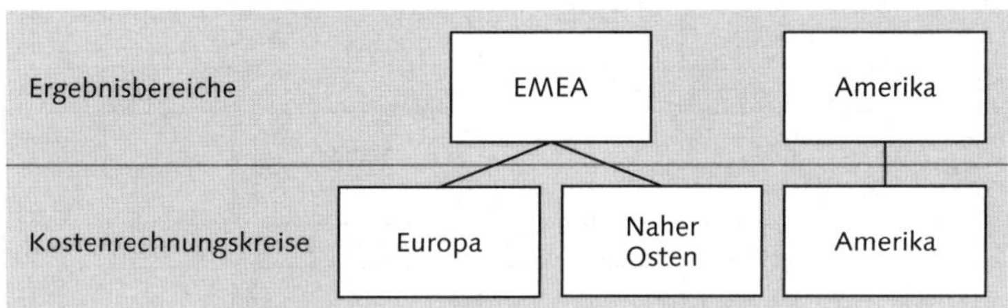

Kostenrechnungskreise und Ergebnisbereiche

Werk

Das *Werk* ist die Organisationseinheit, in der produziert und gelagert wird. Das Produktkostencontrolling findet auf Werksebene statt. Werke sind Buchungskreisen untergeordnet. Einem Buchungskreis können mehrere Werke zugeordnet sein. In dem Beispiel in der folgenden Abbildung sind die Werke »München« und »Berlin« dem Buchungskreis »Deutschland« zugeordnet. Bei anderen Buchungskreisen finden Sie möglicherweise nur ein Werk, wie zum Beispiel beim Buchungskreis »Polen«, dem in der Abbildung nur das Werk »Warschau« zugeordnet ist.

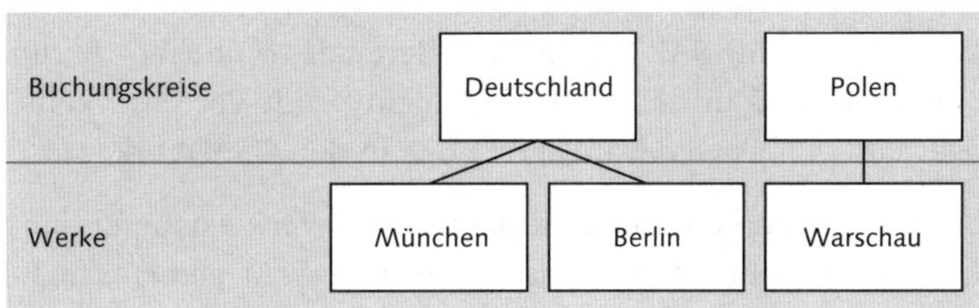

Werke und Buchungskreise

Beispiel

Die Organisationseinheiten *Mandant*, *Ergebnisbereich*, *Kostenrechnungskreis*, *Buchungskreis* und *Werk* könnten in einem Unternehmen so ausgeprägt sein, wie in der folgenden Abbildung dargestellt.

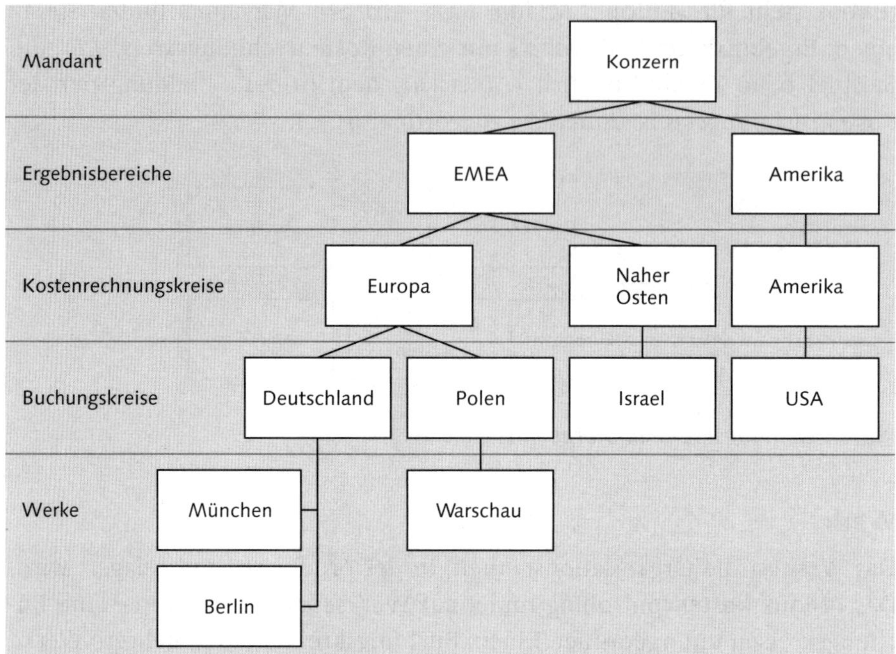

Organisationseinheiten im Überblick

Zum Unternehmen gehören vier Landesgesellschaften in Deutschland, Polen, Israel und den USA. Jede Landesgesellschaft wird als rechtlich selbstständige Einheit geführt und als Buchungskreis im SAP-System abgebildet.

Produktionsstätten, Werke im SAP-System, existieren in München, Berlin und Warschau. In Israel und in den USA wird nicht produziert und keine Ware gelagert. Deshalb gibt es weder in Israel noch in den USA Werke.

Zwischen den deutschen Werken und dem polnischen Werk existieren umfangreiche Liefer- und Leistungsbeziehungen, die in einem gemeinsamen Kostenrechnungskreis »Europa« analysiert werden. Dem Buchungskreis in Israel ist möglicherweise ein eigener landesspezifischer Kontenplan zugeordnet. Der Buchungskreis in den USA hat möglicherweise seinen Geschäftsjahresbeginn immer am 01. September und nicht wie die anderen Landesgesellschaften am 01. Januar. Beides, abweichender Kontenplan in Israel und abweichende Geschäftsjahresvariante in den USA, sind technische Gründe, die eine Zusammenführung dieser Buchungskreise in einem Kostenrechnungskreis verhindern.

Die Produkte aus Deutschland und Polen werden auch in Israel vertrieben. Für eine konsolidierte Deckungsbeitragsrechnung, bei der die Produktion in Deutschland und Polen sowie der Vertrieb in Deutschland, Polen und Israel gemeinsam dargestellt werden, wurde der Ergebnisbereich EMEA eingerichtet. In Amerika verfügt das Unternehmen derzeit weder über Produktionsstätten noch über Vertriebsbüros. Die Aktivitäten in den USA beschränken sich zum Beispiel auf Lizenzgeschäfte ohne Zusammenhang mit der Produktion und dem Vertrieb in Europa und dem Nahen Osten. Deshalb wurde die Ergebnisrechnung in den USA von der in den anderen Ländern getrennt.

Das Unternehmen verfügt über ein einziges SAP-System mit einem einzigen Mandanten. Auf dieses System wird von allen Standorten zugegriffen.

1.8 Stammdaten

Bestimmte Informationen, zum Beispiel für Kostenarten, Kostenstellen, Leistungsarten, Innenaufträge, Profit-Center, Lieferanten, Kunden oder Materialien, werden als Stammdaten im SAP-System abgelegt. Diese Informationen sind dann immer wieder abrufbar und werden an verschiedenen Stellen innerhalb des SAP-Systems benötigt. Das System zieht die notwendigen Informationen aus den Stammdaten und fügt sie in die entsprechenden Felder im Beleg ein. Das erspart dem Benutzer viel Zeit bei der Eingabe und mindert die Gefahr von Fehleingaben.

Die *Stammsätze* für Kunden, Lieferanten und Materialien bestehen aus mehreren Ebenen für unterschiedliche Organisationseinheiten. Ein Teil der der Materialstammdaten, zum Beispiel die Materialnummer und die Bezeichnung, werden zentral für alle Organisationseinheiten gepflegt. Die Informationen für die Materialbewertung, die Lagerhaltung und die Kalkulation werden in Bezug auf ein Werk gepflegt.

HINWEIS

Redundante Eingaben werden vermieden

Durch die verschiedenen Ebenen des Materialstamms werden die Daten so abgelegt, dass es nicht zu Doppeleingaben kommen kann.

Informationen, die sich auf Mandantenebene befinden, sind allgemeine Daten und gelten für alle Werke und damit für alle Buchungskreise.

HINWEIS

Bedeutung von Stammdaten

Die Pflege von Stammdaten ist eine sehr verantwortungsvolle Tätigkeit, denn die Informationen in den Stammdaten ziehen sich durch alle Buchungen und Verarbeitungsschritte im SAP-System. Wenn Sie zum Beispiel die Bestellung eines Materials mit Bezug auf eine Kostenstelle buchen, werden die Bewertungs- und Steuerungsinformationen aus dem Materialstamm gezogen und an alle Folgebelege weitergegeben.

In Kapitel 2, »Kostenarten«, Kapitel 3, »Kostenstellen pflegen«, Kapitel 4, »Kostenstellengruppen und -hierarchien«, Kapitel 5, »Statistische Kennzahlen und Leistungsarten«, Kapitel 9, »Innenaufträge pflegen«, und Kapitel 12, »Profit-Center-Rechnung«, lernen Sie alles, was Sie über Stammdaten bei der Arbeit mit dem SAP-Controlling wissen müssen.

1.9 Probieren Sie es aus!

HINWEIS

Hinweise zur Übung

Die folgenden Übungen können Sie auf einem SAP IDES (International Demonstration and Education System) selbst durchführen. Die beiden Übungen zu diesem Kapitel sind voneinander und auch von den Übungen in anderen Kapiteln unabhängig.

Die Lösungshinweise können Sie auf der Webseite zum Buch unter *https://www.rheinwerk-verlag.de/4140/* herunterladen.

Aufgabe 1

Melden Sie sich am SAP-System an. Legen Sie zwei Transaktionen Ihrer Wahl als Favoriten an. Ändern Sie die Bezeichnungen der beiden Favoriten, die Sie gerade angelegt haben.

Aufgabe 2

Ermitteln Sie die Parameter-ID des Feldes **Kostenstelle**. Pflegen Sie in Ihren Benutzervorgaben den Wert »4120« für Kostenstellen.

Öffnen Sie die Transaktion KS03, **Kostenstelle anzeigen**. Mit welchem Wert wird das Feld **Kostenstelle** vorbelegt?

Löschen Sie den Eintrag für **Kostenstelle** wieder aus Ihren Benutzervorgaben.

2 Kostenarten

In Kapitel 1, »Was Sie zum Arbeiten mit SAP wissen sollten«, konnten Sie sich mit dem SAP-System im Allgemeinen vertraut machen. Wir wenden uns nun der Komponente *Controlling* von SAP zu. In diesem Kapitel sowie Kapitel 3, »Kostenstellen pflegen«, und Kapitel 4, »Kostenstellengruppen und -hierarchien«, lernen Sie Stammdaten kennen, die für die Arbeit in der Kostenstellenrechnung des Controllings erforderlich sind.

In diesem Kapitel lernen Sie,

- wodurch sich primäre und sekundäre Kostenarten unterscheiden,
- wie Sie primäre und sekundäre Kostenarten pflegen,
- wie Sie Gruppen und Hierarchien für Kostenarten anlegen.

2.1 Primäre Kostenarten pflegen

Das Controlling von SAP kann für sich allein nicht sinnvoll genutzt werden. Im Controlling sind Sie auf gute Freunde in Form von anderen Komponenten angewiesen, die Ihnen Daten liefern. Einer dieser guten Freunde ist die Komponente *Buchhaltung* (FI). Ohne Buchhaltung geht im Controlling gar nichts. Die erste Schnittstelle zwischen Buchhaltung und Controlling besteht darin, dass Sie ausgewählte Sachkonten aus der Buchhaltung in das Controlling übernehmen. Sachkonten in der Buchhaltung, das sind *Aufwandskonten* für die Buchung von Ausgaben und *Erlöskonten* für die Buchung von Einnahmen. Im Controlling heißen diese Sachkonten dann *primäre Kostenarten*, wenn sie sich auf Aufwandskonten beziehen, oder *Erlösarten*, wenn sie sich auf Erlöskonten beziehen.

Für die Übernahme von Sachkonten aus der Buchhaltung in primäre Kostenarten oder Erlösarten kommen nur Erfolgskonten infrage, das sind die Konten der Gewinn- und Verlustrechnung (GuV) in der Buchhaltung. Bestandskonten, das sind die Konten der Bilanz in der Buchhaltung, können nicht als

Kostenarten oder Erlösarten im Controlling genutzt werden. Innerhalb des Controllings arbeiten die folgenden Komponenten im Hinblick auf die Verknüpfung mit der Buchhaltung ausschließlich mit primären Kostenarten und Erlösarten:

- Kostenstellenrechnung
- Innenauftragscontrolling
- Produktkostenrechnung
- Ergebnis- und Marktsegmentrechnung

Das heißt, mit diesen vier Komponenten können Sie die Gewinn- und Verlustrechnung differenzierter betrachten.

Die Profit-Center-Rechnung ist die einzige Komponente des Controllings, bei der der direkte Zugriff auf Sachkonten in der Buchhaltung auch ohne Kostenarten oder Erlösarten möglich ist. Auch der Zugriff auf Bestandskonten (Bilanzkonten) ist über die Profit-Center-Rechnung möglich. So können Sie in der Profit-Center-Rechnung Rendite-Kennzahlen auf Basis ausgewählter Bilanzpositionen berechnen, zum Beispiel Gewinn in Bezug auf das gebundene Kapital pro Profit-Center oder Umsatz in Bezug auf die ausstehenden Kundenforderungen pro Profit-Center.

Aufwandskonten und primäre Kostenarten analysieren

Primäre Kostenarten im Controlling beziehen sich immer auf Sachkonten in der Buchhaltung. Gehen Sie folgendermaßen vor, um ein Sachkonto in der Buchhaltung anzuzeigen:

1. Folgen Sie dem Pfad **Rechnungswesen ▸ Finanzwesen ▸ Hauptbuch ▸ Stammdaten ▸ Sachkonten ▸ Einzelbearbeitung ▸ Zentral** im SAP Easy Access Menü, oder verwenden Sie den Transaktionscode FS00.

2. Analysieren Sie jetzt ein Aufwandskonto in Ihrem Buchungskreis. Tragen Sie zum Beispiel »476000« in das Feld **Sachkonto** und »1000« in das Feld **Buchungskreis** ein. Das ist das Sachkonto »Bueromaterial« im Buchungskreis »BestRun Germany«. Bestätigen Sie Ihre Eingabe mit einem Klick auf die Schaltfläche ✓ (**Weiter**) oder mit der Taste [↵].

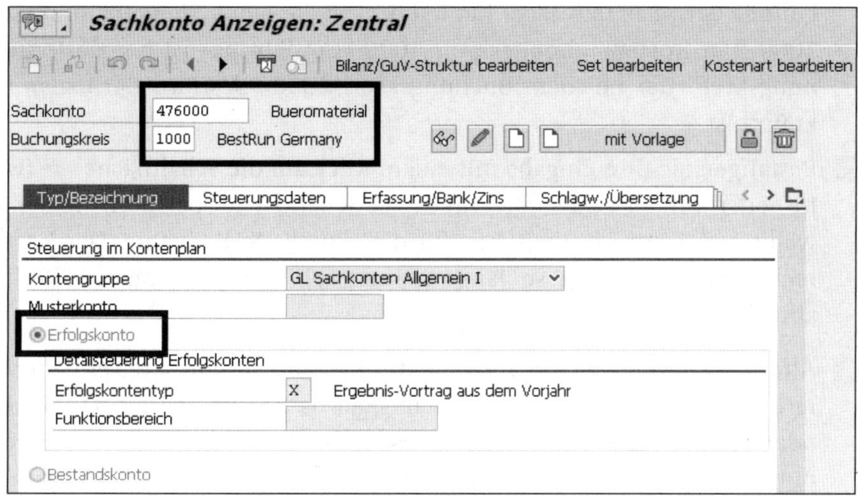

3. Die Detaildaten auf der Registerkarte **Typ/Bezeichnung** werden eingeblendet. Schließen Sie die Transaktion mit einem Klick auf die Schaltfläche (**Zurück**).

Bei dem Sachkonto »Bueromaterial« handelt es sich um ein Erfolgskonto. Daran erkennen Sie, dass dieses Konto als primäre Kostenart im Controlling genutzt werden kann.

Bevor Sie nun die primäre Kostenart, die zum Sachkonto »Bueromaterial« gehört, untersuchen können, müssen Sie sicherstellen, dass Sie den richtigen Kostenrechnungskreis gesetzt haben.

Gehen Sie folgendermaßen vor, um den Kostenrechnungskreis für Ihren Benutzer zu setzen:

1. Folgen Sie dem Pfad **Rechnungswesen ▸ Controlling ▸ Kostenartenrechnung ▸ Umfeld ▸ Kostenrechnungskreis setzen** im SAP Easy Access Menü, oder verwenden Sie den Transaktionscode OKKS.

2. Es öffnet sich ein Dialogfenster, in dem Sie im Feld **Kostenrechnungskreis** den Schlüssel des Kostenrechnungskreises eintragen, mit dem Sie arbeiten möchten.

Für alle Beispiele in diesem Kapitel nutzen Sie den Kostenrechnungskreis 1000. Der Kostenrechnungskreis 1000 »CO Europe« ist der Kostenrechnungskreis, der mit dem Buchungskreis 1000 »BestRun Germany« verknüpft ist.

3 Bestätigen Sie Ihre Eingabe mit einem Klick auf die Schaltfläche (**Weiter**) oder mit der Taste [↵]. Mit dieser Schaltfläche speichern Sie den gewählten Kostenrechnungskreis für die aktuelle SAP-Sitzung. Der Kostenrechnungskreis bleibt so lange gesetzt, bis Sie sich vom SAP-System abmelden.

4 Alternativ können Sie die Eingabe des Kostenrechnungskreises dauerhaft mit einem Klick auf die Schaltfläche (**Als Benutzerparameter sichern**) oder mit der Taste [F5] speichern. Dann bleibt der gewählte Kostenrechnungskreis auch über die aktuelle SAP-Sitzung hinaus gesetzt. Wenn Sie sich ab- und wieder anmelden, weiß das System bereits, mit welchem Kostenrechnungskreis Sie arbeiten möchten.

Prüfen Sie jetzt, ob das Sachkonto »Bueromaterial« schon als primäre Kostenart angelegt wurde, und sehen Sie sich die Einstellungen an, die für die primäre Kostenart vorgenommen wurden.

Gehen Sie folgendermaßen vor, um die primäre Kostenart zum Sachkonto »Bueromaterial« anzuzeigen:

1 Folgen Sie dem Pfad **Rechnungswesen ▸ Controlling ▸ Kostenartenrechnung ▸ Stammdaten ▸ Kostenart ▸ Einzelbearbeitung ▸ Anzeigen** im SAP Easy Access Menü, oder verwenden Sie den Transaktionscode KA03.

2 Es öffnet sich das Einstiegsbild der Transaktion. Tragen Sie im Feld **Kostenart** den Schlüssel der Kostenart ein, die Sie untersuchen möchten. Primäre Kostenarten im Controlling haben immer den gleichen Schlüssel wie die zugehörigen Sachkonten in der Buchhaltung. Sie suchen die primäre Kostenart, die zum Sachkonto 476000 »Bueromaterial« gehört. Tragen Sie 476000 in das Feld **Kostenart** ein. Bestätigen Sie Ihre Eingabe mit einem Klick auf die Schaltfläche (**Weiter**) oder mit der Taste [↵].

3 Das Einstiegsbild wird geschlossen. Jetzt sehen Sie das Grundbild zur Kostenart »Bueromaterial« mit der ersten Registerkarte **Grunddaten**. Die Kostenart 476000 »Bueromaterial« existiert in diesem SAP-System bereits. Wie Sie an den Feldern **Gültig ab** und **bis** erkennen, ist diese Kostenart vom 01.01.1994 bis zum 31.12.2400 gültig. Der Kostenartentyp **1 Primärkosten/kostenmindernde Erlöse** zeigt Ihnen an, dass Sie mit dieser

Kostenart Kosten buchen können, keine Erlöse. Die Buchungen der Kosten erfolgen zum Beispiel auf Kostenstellen oder Innenaufträgen.

4 Schließen Sie die Transaktion, indem Sie zweimal hintereinander auf die Schaltfläche (**Zurück**) klicken.

Erlöskonten und Erlösarten analysieren

Erlöskonten in der Buchhaltung müssen im Controlling als Erlösarten definiert werden. Gehen Sie folgendermaßen vor, um ein Sachkonto in der Buchhaltung – jetzt ein Erlöskonto – anzuzeigen:

1 Folgen Sie dem Pfad **Rechnungswesen ▸ Finanzwesen ▸ Hauptbuch ▸ Stammdaten ▸ Sachkonten ▸ Einzelbearbeitung ▸ Zentral** im SAP Easy Access Menü, oder verwenden Sie den Transaktionscode FS00.

2 Für den gesetzten Kostenrechnungskreis, hier »1000«, werden jetzt Kostenarten bearbeitet. Wie Sie den Kostenrechnungskreis setzen, habe ich Ihnen am Anfang dieses Kapitels gezeigt.

3 Nutzen Sie jetzt ein Erlöskonto in Ihrem Buchungskreis. Tragen Sie zum Beispiel »800000« in das Feld **Sachkonto** und »1000« in das Feld **Buchungskreis** ein. 800000 ist das Sachkonto »Umsatzerlöse Inland Eigenerzeugnisse« im Buchungskreis »BestRun Germany«. Bestätigen Sie Ihre Eingabe mit einem Klick auf die Schaltfläche (**Weiter**) oder mit der Taste [↵].

4 Die Details zum Erlöskonto »Umsatzerlöse Inland Eigenerzeugnisse« auf der Registerkarte **Typ/Bezeichnung** werden angezeigt.

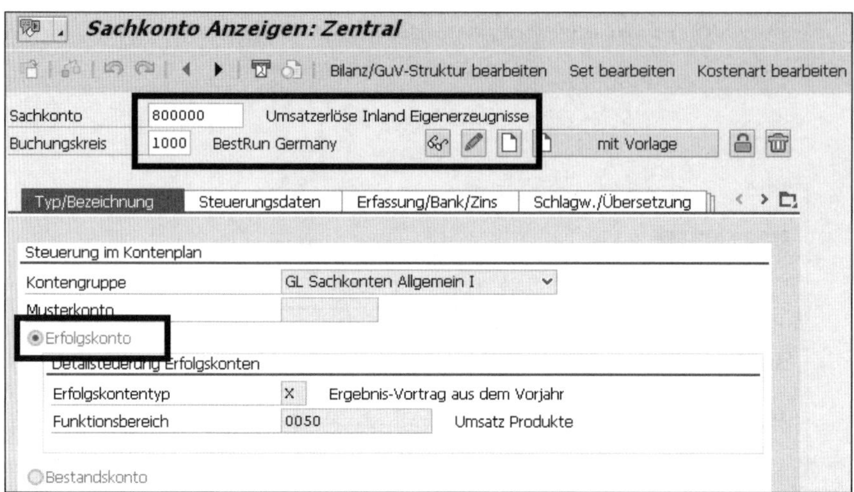

5 Schließen Sie die Transaktion mit einem Klick auf die Schaltfläche (**Zurück**).

Bei dem Sachkonto »Umsatzerlöse Inland Eigenerzeugnisse« handelt es sich wieder um ein Erfolgskonto, also wieder um ein Konto aus der Gewinn- und Verlustrechnung (GuV). Dieses Konto kann im Controlling als Erlösart angelegt werden.

Erlösarten werden im SAP-Controlling mit denselben Transaktionen verwaltet wie primäre Kostenarten. Prüfen Sie jetzt, ob das Sachkonto »Umsatzerlöse Inland Eigenerzeugnisse« schon als Erlösart angelegt wurde, und sehen Sie sich die Einstellungen an, die für die Erlösart vorgenommen wurden. Gehen Sie folgendermaßen vor, um die Erlösart zum Erlöskonto »Umsatzerlöse Inland Eigenerzeugnisse« anzuzeigen:

1 Folgen Sie dem Pfad **Rechnungswesen ▸ Controlling ▸ Kostenartenrechnung ▸ Stammdaten ▸ Kostenart ▸ Einzelbearbeitung ▸ Anzeigen** im SAP Easy Access Menü, oder verwenden Sie den Transaktionscode KA03.

2 Es öffnet sich das Einstiegsbild der Transaktion. Tragen Sie im Feld **Kostenart** den Schlüssel der Erlösart ein, die Sie untersuchen möchten. Erlösarten im Controlling haben immer den gleichen Schlüssel wie die zugehörigen Sachkonten in der Buchhaltung. Sie suchen die Erlösart, die zum Sachkonto 800000 »Umsatzerlöse Inland Eigenerzeugnisse« angelegt wurde. Tragen Sie »800000« in das Feld **Kostenart** ein. Bestätigen Sie

Ihre Eingabe mit einem Klick auf die Schaltfläche (**Weiter**) oder mit der Taste [↵].

3 Das Einstiegsbild wird geschlossen. Jetzt sehen Sie das Grundbild zur Erlösart »Umsatzerlöse Inland« mit der ersten Registerkarte **Grunddaten**. Die Kostenart 800000 »Umsatzerlöse Inland« existiert in diesem SAP-System. Wie Sie an den Feldern **Gültig ab** und **bis** erkennen, ist diese Kostenart vom 01.01.1994 bis zum 31.12.2400 gültig. Der Kostenartentyp **11 Erlöse** zeigt Ihnen an, dass Sie mit dieser Kostenart Erlöse buchen können, aber keine Kosten.

Sie buchen mit dieser Kostenart zum Beispiel direkt in die Ergebnis- und Marktsegmentrechnung oder auf erlöstragende Innenaufträge. Die Buchung von Erlösen mit Kostenarten dieses Typs **11 Erlöse** auf Kostenstellen ist im SAP-System grundsätzlich *nicht* möglich.

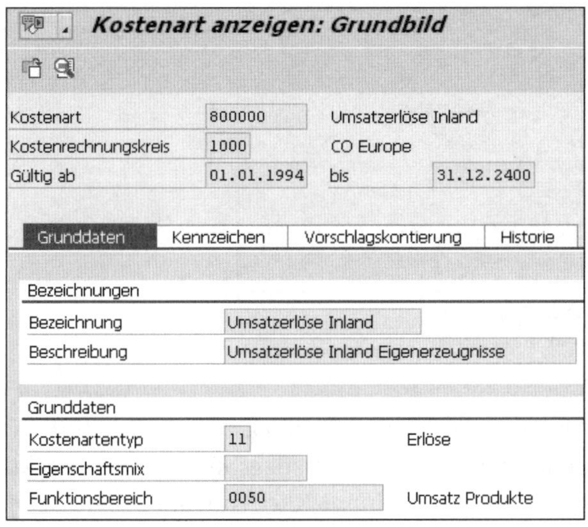

4 Schließen Sie die Transaktion, indem Sie zweimal hintereinander auf die Schaltfläche (**Zurück**) klicken.

Primäre Kostenarten oder Erlösarten ändern

Gehen Sie folgendermaßen vor, um eine primäre Kostenart oder eine Erlösart zu ändern:

1 Folgen Sie dem Pfad **Rechnungswesen ▸ Controlling ▸ Kostenartenrechnung ▸ Stammdaten ▸ Kostenart ▸ Einzelbearbeitung ▸ Ändern** im SAP Easy Access Menü, oder verwenden Sie den Transaktionscode KA02.

2 Für den gesetzten Kostenrechnungskreis, hier »1000«, werden jetzt Kostenarten bearbeitet. Wie Sie den Kostenrechnungskreis setzen, habe ich Ihnen am Anfang dieses Kapitels gezeigt.

3 Es öffnet sich das Einstiegsbild der Transaktion. Tragen Sie im Feld **Kostenart** den Schlüssel der Kostenart oder der Erlösart ein, die Sie ändern möchten, hier »476000«. Bestätigen Sie Ihre Eingabe mit einem Klick auf die Schaltfläche (**Weiter**) oder mit der Taste [↵].

4 Das Einstiegsbild wird geschlossen. Jetzt sehen Sie das Grundbild zur Kostenart »Bueromaterial« mit der ersten Registerkarte **Grunddaten**.

5 Ändern Sie die **Bezeichnung** und die **Beschreibung** für die Kostenart. Tragen Sie in beide Felder »Bueromaterial Ordner« ein. Die **Bezeichnung** kann bis zu 20 Stellen, die **Beschreibung** bis zu 40 Stellen lang sein.

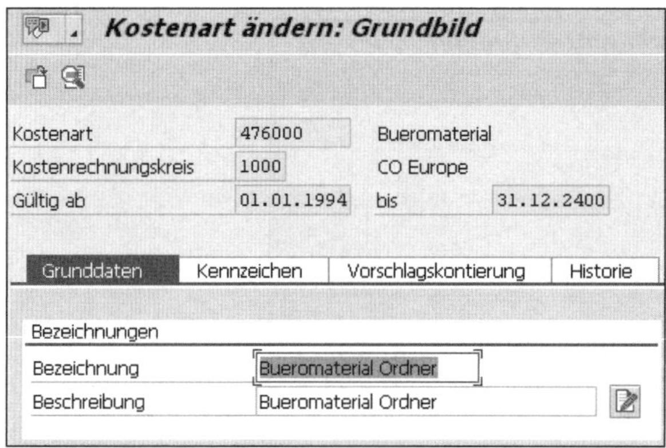

6 Speichern Sie Ihre Änderungen mit einem Klick auf die Schaltfläche (**Sichern**). Es erscheint wieder das Einstiegsbild der Transaktion. Schließen Sie die Transaktion mit einem Klick auf die Schaltfläche (**Zurück**).

HINWEIS

Änderungen des Kostenartentyps im laufenden Jahr nicht möglich

Sobald mit einer Kostenart eine Buchung im SAP-System erfasst wurde, kann der Kostenartentyp für das laufende Geschäftsjahr nicht mehr geändert werden. Falls die Änderung des Kostenartentyps zum Beispiel von **1 Primärkosten/kostenmindernde Erlöse** auf **11 Erlöse** erforderlich sein sollte, kann diese Anpassung für das nächste Geschäftsjahr hinterlegt werden. Wenden Sie sich für diese Einstellungsänderung an Ihren Systemadministrator.

Primäre Kostenarten oder Erlösarten anlegen

Primäre Kostenarten oder Erlösarten im Controlling können Sie nur in Bezug auf neue Aufwands- bzw. Erlöskonten der Buchhaltung anlegen. Nehmen wir an, die Kollegen in der Buchhaltung haben ein neues Aufwandskonto 476010 »Bueromaterial Papier« angelegt, und Sie werden gebeten, zu diesem Sachkonto eine primäre Kostenart zu definieren. Gehen Sie folgendermaßen vor, um eine primäre Kostenart oder Erlösart anzulegen:

1. Folgen Sie dem Pfad **Rechnungswesen ▸ Controlling ▸ Kostenartenrechnung ▸ Stammdaten ▸ Kostenart ▸ Einzelbearbeitung ▸ Anlegen primär** im SAP Easy Access Menü, oder verwenden Sie den Transaktionscode KA01.
2. Für den gesetzten Kostenrechnungskreis, hier »1000«, werden jetzt Kostenarten bearbeitet. Wie Sie den Kostenrechnungskreis setzen, habe ich Ihnen am Anfang dieses Kapitels gezeigt.
3. Es öffnet sich das Einstiegsbild der Transaktion. Tragen Sie im Feld **Kostenart** den Schlüssel der Kostenart ein, die Sie anlegen möchten, hier »476010«.
4. Tragen Sie bei **Gültig ab** den ersten Tag des laufenden Geschäftsjahres ein, zum Beispiel »01.01.2016«, und tragen Sie bei **bis** das maximal gültige Datum ein: »31.12.9999«. Bestätigen Sie Ihre Eingaben mit einem Klick auf die Schaltfläche ✓ (**Weiter**) oder mit der Taste [↵].
5. Das Einstiegsbild wird geschlossen. Jetzt sehen Sie das Grundbild zur Kostenart mit der ersten Registerkarte **Grunddaten**. Die Bezeichnung und die Beschreibung werden aus dem Stammsatz des Sachkontos in der Buchhaltung übernommen.

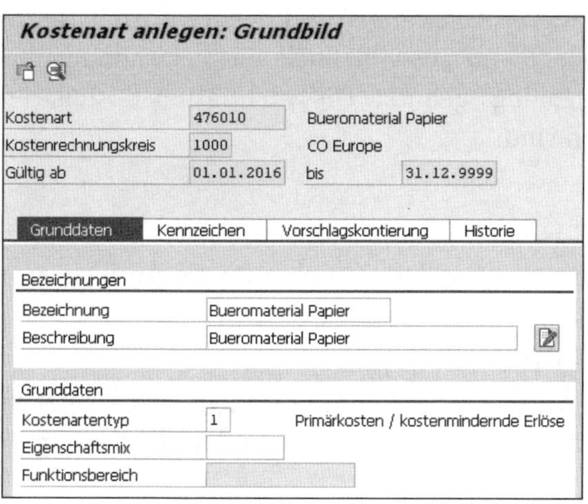

6 Tragen Sie bei **Kostenartentyp** den gewünschten Wert ein. Für Aufwandskonten in der Buchhaltung nutzen Sie hier den Wert **1 Primärkosten/kostenmindernde Erlöse**; Sie erzeugen so eine primäre Kostenart. Für Erlöskonten in der Buchhaltung nutzen Sie hier den Wert **11 Erlöse**; Sie erzeugen so eine Erlösart.

7 Speichern Sie Ihren neuen Stammsatz mit einem Klick auf die Schaltfläche (**Sichern**). Es erscheint das Einstiegsbild der Transaktion. Schließen Sie die Transaktion mit einem Klick auf die Schaltfläche (**Zurück**).

VIDEO

Primäre Kostenarten pflegen

In diesem Video sehen Sie, wie Sie eine primäre Kostenart anlegen. Sie lernen den Zusammenhang zwischen einem Sachkonto im Finanzwesen und einer primären Kostenart im Controlling kennen. Sie erfahren, welche Sachkonten als primäre Kostenart ausgeprägt werden können und welchen Kostenartentyp Sie für Primärkosten verwenden müssen.

http://s-prs.de/v4140sk

2.2 Sekundäre Kostenarten pflegen

Im vorhergehenden Abschnitt 2.1 zum Pflegen von primären Kostenarten und Erlösarten waren Sie auf Vorarbeit von den Kollegen in der Buchhaltung angewiesen. Jetzt, beim Pflegen von sekundären Kostenarten, sind Sie unabhängig von der Zuarbeit anderer Abteilungen. Sekundäre Kostenarten werden vom Controlling angelegt und ausschließlich für Verrechnungen von Kosten innerhalb des Controllings genutzt. Die wichtigsten Kostenartentypen sekundärer Kostenarten sind:

- **Umlage (Typ 42)**
  Kostenarten dieses Typs werden genutzt, um Kosten von Kostenstellen nach definierten Schlüsseln auf andere Objekte im Controlling zu verrechnen.
- **Verrechnung Leistungen/Prozesse (Typ 43)**
  Kostenarten dieses Typs werden genutzt, um Kosten von Kostenstellen im Rahmen der Kosten- und Leistungsrechnung auf andere Objekte im Controlling zu verrechnen.

- **Abrechnung intern (Typ 21)**
  Kostenarten dieses Typs werden genutzt, um Kosten von Innenaufträgen auf andere Objekte im Controlling zu verrechnen.

Senderobjekte für Kostenarten der Typen 42 und 43 sind Kostenstellen. Bei Kostenarten des Typs 21 sind Aufträge die Senderobjekte, zum Beispiel Innenaufträge. Empfängerobjekte für die Verrechnung von Kosten sind bei allen drei Kostenartentypen 42, 43 und 21 Kostenstellen, Innenaufträge, Ergebnisobjekte in der Ergebnis- und Marktsegmentrechnung und andere. Bei der Verrechnung von Kosten mit sekundären Kostenarten ist der Entlastungsbetrag auf dem sendenden Controllingobjekt immer gleich groß wie die Summe der Belastungsbeträge auf den empfangenden Controllingobjekten. Jede Kostenverrechnung mit sekundären Kostenarten ist insgesamt betrachtet ein Nullsummenspiel. Diese Verrechnungen sind in der Buchhaltung nicht sichtbar.

Sekundäre Kostenarten werden immer in Bezug auf einen Kostenrechnungskreis angelegt. Sie arbeiten in diesem Beispiel mit dem Kostenrechnungskreis 1000. Am Beginn dieses Kapitels habe ich beschrieben, wie Sie den Kostenrechnungskreis setzen.

Sekundäre Kostenarten anlegen

Gehen Sie folgendermaßen vor, um eine sekundäre Kostenart anzulegen:

1. Folgen Sie dem Pfad **Rechnungswesen ▸ Controlling ▸ Kostenartenrechnung ▸ Stammdaten ▸ Kostenart ▸ Einzelbearbeitung ▸ Anlegen sekundär** im SAP Easy Access Menü, oder verwenden Sie den Transaktionscode KA06.

2. Für den gesetzten Kostenrechnungskreis, hier »1000«, werden jetzt Kostenarten bearbeitet. Wie Sie den Kostenrechnungskreis setzen, habe ich Ihnen am Anfang dieses Kapitels gezeigt.

3. Es öffnet sich das Einstiegsbild der Transaktion. Tragen Sie im Feld **Kostenart** den Schlüssel der Kostenart ein, die Sie anlegen möchten, hier »630100«.

4. Tragen Sie bei **Gültig ab** den ersten Tag des laufenden Geschäftsjahres ein, zum Beispiel »01.01.2016«, und tragen Sie bei **bis** das maximal gültige Datum ein: »31.12.9999«.

5. Bestätigen Sie Ihre Eingaben mit einem Klick auf die Schaltfläche ✓ (**Weiter**) oder mit der Taste [↵].

6 Das Einstiegsbild wird geschlossen. Jetzt sehen Sie das Grundbild zur Kostenart 630100 mit der ersten Registerkarte **Grunddaten**.

7 Pflegen Sie **Bezeichnung** und **Beschreibung** der sekundären Kostenart, hier »Umlage Verwaltung«.

8 Tragen Sie bei **Kostenartentyp** den gewünschten Wert ein. »42« steht für **Umlage**, »43« für **Verrechnung Leistungen/Prozesse** und »21« für **Abrechnung intern**.

9 Speichern Sie Ihren neuen Stammsatz mit einem Klick auf die Schaltfläche (**Sichern**). Es erscheint das Einstiegsbild der Transaktion. Schließen Sie die Transaktion mit einem Klick auf die Schaltfläche (**Zurück**).

VIDEO

Sekundäre Kostenarten pflegen

In diesem Video sehen Sie, wie Sie eine sekundäre Kostenart anlegen. Sie lernen den Unterschied zwischen primären und sekundären Kostenarten kennen. Darüber hinaus erfahren Sie, welche Kostenartentypen bei sekundären Kostenarten genutzt werden.

http://s-prs.de/v4140wv

Sekundäre Kostenarten anzeigen

Für die meisten Stammdaten im Controlling existieren neben den Transaktionen zum Anlegen und zum Ändern auch Transaktionen, mit denen Sie einzelne Stammdatensätze anzeigen können. Eine solche Transaktion finden Sie auch für sekundäre Kostenarten. Gehen Sie folgendermaßen vor, um eine sekundäre Kostenart anzuzeigen:

1. Folgen Sie dem Pfad **Rechnungswesen ▸ Controlling ▸ Kostenartenrechnung ▸ Stammdaten ▸ Kostenart ▸ Einzelbearbeitung ▸ Anzeigen** im SAP Easy Access Menü, oder verwenden Sie den Transaktionscode KA03.

2. Für den gesetzten Kostenrechnungskreis, hier »1000«, werden jetzt Kostenarten bearbeitet. Wie Sie den Kostenrechnungskreis setzen, habe ich Ihnen am Anfang dieses Kapitels gezeigt.

3. Es öffnet sich das Einstiegsbild der Transaktion. Tragen Sie im Feld **Kostenart** den Schlüssel der sekundären Kostenart ein, die Sie untersuchen möchten, zum Beispiel »630000«. Bestätigen Sie Ihre Eingabe mit einem Klick auf die Schaltfläche ✓ **(Weiter)** oder mit der Taste [↵].

4. Das Einstiegsbild wird geschlossen. Jetzt sehen Sie das Grundbild zur Kostenart mit der ersten Registerkarte **Grunddaten**. Sie sehen die Stammdaten zur Kostenart 630000 »Umlage allg.«. Es handelt sich um eine sekundäre Kostenart vom Typ **42 Umlage**. Mit dieser Kostenart können Umlagen von Kostenstellen an andere Kostenstellen, aber zum Beispiel auch an Innenaufträge durchgeführt werden.

5. Schließen Sie die Transaktion, indem Sie zweimal hintereinander auf die Schaltfläche « **(Zurück)** klicken.

Sekundäre Kostenarten ändern

Gehen Sie folgendermaßen vor, um eine sekundäre Kostenart zu ändern:

1. Folgen Sie dem Pfad **Rechnungswesen ▸ Controlling ▸ Kostenartenrechnung ▸ Stammdaten ▸ Kostenart ▸ Einzelbearbeitung ▸ Ändern** im SAP Easy Access Menü, oder verwenden Sie den Transaktionscode KA02.

2. Für den gesetzten Kostenrechnungskreis, hier »1000«, werden jetzt Kostenarten bearbeitet. Wie Sie den Kostenrechnungskreis setzen, habe ich Ihnen am Anfang dieses Kapitels gezeigt.

3. Es öffnet sich das Einstiegsbild der Transaktion. Tragen Sie im Feld **Kostenart** den Schlüssel der Kostenart oder der Erlösart ein, die Sie untersu-

chen möchten, hier »630000«. Bestätigen Sie Ihre Eingabe mit einem Klick auf die Schaltfläche (**Weiter**) oder mit der Taste [↵].

4 Das Einstiegsbild wird geschlossen. Jetzt sehen Sie das Grundbild zur Kostenart »Umlage allg.« mit der ersten Registerkarte **Grunddaten**.

5 Ändern Sie die **Bezeichnung** und die **Beschreibung** für die Kostenart. Die Bezeichnung kann bis zu 20 Stellen, die Beschreibung kann bis zu 40 Stellen lang sein.

6 Speichern Sie Ihre Änderung mit einem Klick auf die Schaltfläche (**Sichern**). Es erscheint das Einstiegsbild der Transaktion. Schließen Sie die Transaktion mit einem Klick auf die Schaltfläche (**Zurück**).

2.3 Kostenarten im Überblick anzeigen

Sie können sich die im SAP-System vorhandenen Kostenarten mit Bezeichnung und den wichtigsten Steuerungsfeldern anzeigen lassen. Diese Sammelanzeige funktioniert sowohl für primäre Kostenarten als auch für Erlösarten und sekundäre Kostenarten.

Gehen Sie folgendermaßen vor, um eine Übersicht der vorhandenen Kostenarten anzuzeigen:

1 Folgen Sie dem Pfad **Rechnungswesen ▸ Controlling ▸ Kostenartenrechnung ▸ Stammdaten ▸ Kostenart ▸ Sammelbearbeitung ▸ Anzeigen** im SAP Easy Access Menü, oder verwenden Sie den Transaktionscode KA23.

2 Für den gesetzten Kostenrechnungskreis, hier »1000«, werden jetzt Kostenarten angezeigt. Wie Sie den Kostenrechnungskreis setzen, habe ich Ihnen am Anfang dieses Kapitels gezeigt.

3 Es öffnet sich das Einstiegsbild der Transaktion. Tragen Sie bei **Kostenart** und **bis** den Bereich der Kostenarten ein, die Sie auflisten möchten, zum Beispiel »630000« bei **Kostenart** und »639999« bei **bis**.

4 Tragen Sie bei **Gültig ab** und **bis** den Zeitraum ein, der Sie interessiert, zum Beispiel den Anfang und das Ende des laufenden Geschäftsjahres.

5 Führen Sie Ihre Anfrage mit einem Klick auf die Schaltfläche (**Ausführen**) oder mit der Taste [F8] aus. Die Anfrage wird ausgeführt. Sie sehen eine Liste der Kostenarten, die sich im gewählten Nummernbereich befinden und im gewählten Zeitraum gültig sind.

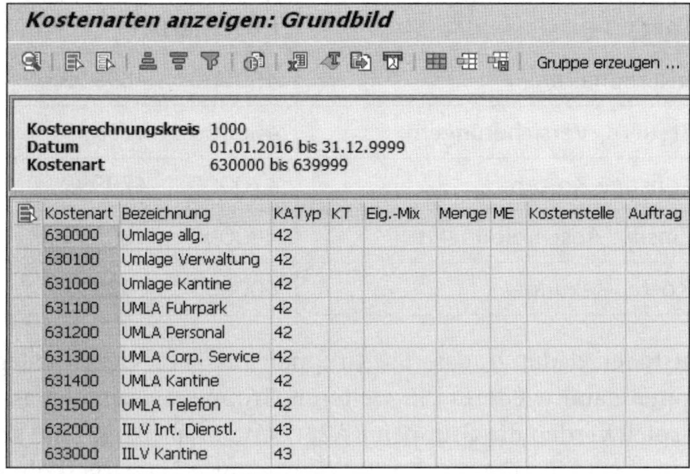

Kostenarten anzeigen: Grundbild

Gruppe erzeugen ...

Kostenrechnungskreis	1000
Datum	01.01.2016 bis 31.12.9999
Kostenart	630000 bis 639999

Kostenart	Bezeichnung	KATyp	KT	Eig.-Mix	Menge	ME	Kostenstelle	Auftrag
630000	Umlage allg.	42						
630100	Umlage Verwaltung	42						
631000	Umlage Kantine	42						
631100	UMLA Fuhrpark	42						
631200	UMLA Personal	42						
631300	UMLA Corp. Service	42						
631400	UMLA Kantine	42						
631500	UMLA Telefon	42						
632000	IILV Int. Dienstl.	43						
633000	IILV Kantine	43						

In diesem System befinden sich im Bereich 630000 bis 639999 sekundäre Kostenarten vom Typ **42 Umlage** sowie vom Typ **43 Verrechnung Leistungen/Prozesse**.

6 Schließen Sie die Transaktion mit einem Klick auf die Schaltfläche (**Zurück**).

2.4 Kostenartengruppen pflegen

Für sinnvolle Auswertungen müssen Sie die Kostenarten in Ihrem SAP-System gruppieren oder noch besser hierarchisch anordnen. In produktiven Systemen sind mehrere Hundert Kostenarten im Einsatz. Manchmal werden sogar mehrere Tausend Kostenarten genutzt.

Im Schulungssystem IDES ist die folgende Vorlage für eine Kostenartenhierarchie sinnvoll:

Nr.	Text	Kostenarten
KA000	Kosten- und Erlösarten	
KA100	Erlöse	800000 ... 899999
KA200	Kosten primär	
KA210	Material	400000 ... 419999
KA220	Personal	420000 ... 449999

Nr.	Text	Kostenarten
KA230	Instandhaltung	450000 ... 459999
KA240	Steuern, Versicherungen	460000 ... 469999
KA250	Sonstige Kosten	470000 ... 479999
KA260	Zinsen, Abschreibungen	480000 ... 489999
KA300	Kosten sekundär	600000 ... 699999

Hierarchien entstehen dadurch, dass Sie Gruppen für Kostenarten anlegen und diese Gruppen dann wiederum in weiteren Gruppen zusammenfassen. In unserem Beispiel werden die Gruppen KA210 »Material« bis KA260 »Zinsen, Abschreibungen« in der Gruppe KA200 »Kosten primär« dargestellt. Die Gruppe KA200 »Kosten primär« wiederum ist der Gruppe KA000 »Kosten- und Erlösarten« untergeordnet.

Kostenartengruppen anlegen

Gehen Sie folgendermaßen vor, um eine Kostenartenhierarchie nach der bereits erwähnten Vorlage anzulegen:

1. Folgen Sie dem Pfad **Rechnungswesen ▸ Controlling ▸ Kostenartenrechnung ▸ Stammdaten ▸ Kostenartengruppe ▸ Anlegen** im SAP Easy Access Menü, oder verwenden Sie den Transaktionscode KAH1.

2. Für den gesetzten Kostenrechnungskreis, hier »1000«, werden jetzt Kostenartengruppen bearbeitet. Wie Sie den Kostenrechnungskreis setzen, habe ich Ihnen am Anfang dieses Kapitels gezeigt.

3. Es öffnet sich das Einstiegsbild der Transaktion. Tragen Sie im Feld **Kostenartengruppe** die Nummer für den obersten Knoten der Kostenartenhierarchie ein: »KA000«. Bestätigen Sie Ihre Eingabe mit einem Klick auf die Schaltfläche ✓ (**Änderg.Übernehmen**) oder mit der Taste [↵].

4. Das Bild **Struktur** der Transaktion wird geöffnet. Sie sehen die Gruppennummer »KA000«. Direkt daneben tragen Sie den Text für diese Gruppe ein: »Kosten- und Erlösarten«.

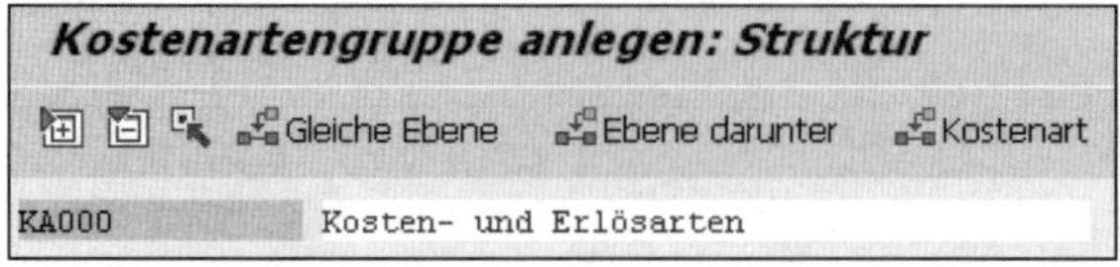

5. Klicken Sie jetzt auf die Schaltfläche **Ebene darunter**. Hierarchisch unter KA000 »Kosten- und Erlösarten« öffnen sich zwei Felder für eine neue Kostenartengruppe. Tragen Sie in das linke neue Feld die Nummer »KA100« und in das rechte neue Feld den Text »Erlöse« ein.

6. Klicken Sie jetzt auf die Schaltfläche **Gleiche Ebene**. Hierarchisch unter KA000 »Kosten- und Erlösarten« und als Nachbar von KA100 »Erlöse« öffnen sich wieder zwei neue Felder. Tragen Sie in die neuen Felder links »KA200« und rechts »Kosten primär« ein.

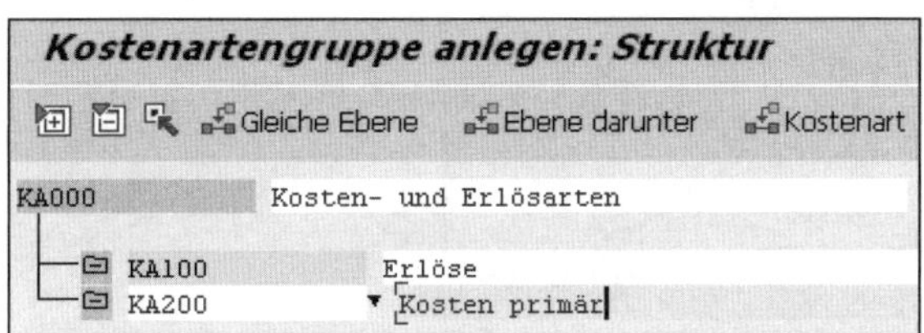

7. Klicken Sie jetzt noch einmal auf die Schaltfläche **Gleiche Ebene**. Hierarchisch unter KA000 »Kosten- und Erlösarten« und jetzt als Nachbar von KA200 »Kosten primär« öffnen sich wieder zwei neue Felder. Tragen Sie in die neuen Felder links »KA300« und rechts »Kosten sekundär« ein.

8. Wählen Sie mit einem einfachen Klick die Gruppe KA200 »Kosten primär« aus. Fahren Sie fort, indem Sie beim ersten Mal mit der Schaltfläche **Ebene darunter** und bei jedem weiteren Mal mit der Schaltfläche **Gleiche Ebene** sechs neue Gruppen unterhalb von KA200 »Kosten primär« einfügen. Alle sechs Gruppen sollen sich auf derselben Ebene befinden. Tragen Sie für diese sechs neuen Gruppen diese Nummern und Bezeichnungen ein:
   - KA210 Material
   - KA220 Personal
   - KA230 Instandhaltung
   - KA240 Steuern, Versicherungen
   - KA250 Sonstige Kosten
   - KA260 Zinsen, Abschreibungen

9. Sie haben nun alle Kostenartengruppen angelegt und angeordnet. Jetzt ordnen Sie den Gruppen die jeweils passenden Kostenarten zu. Wählen Sie die Gruppennummer KA100 mit einem einfachen Klick aus, und klicken Sie dann auf die Schaltfläche **Kostenart (Kostenart einfügen)**.

10 Unterhalb der Gruppe KA100 »Erlöse« erscheinen fünf neue Zeilen mit jeweils zwei Feldern. Tragen Sie in die erste Zeile links »800000« und rechts »899999« ein.

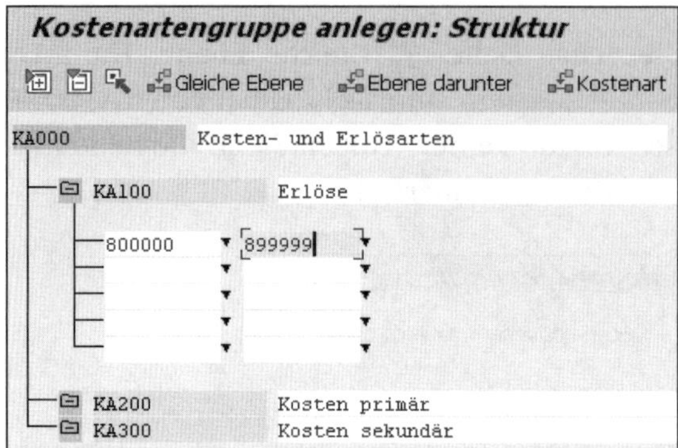

11 Bestätigen Sie Ihre Eingabe mit einem Klick auf die Schaltfläche (**Änderg.Übernehmen**) oder mit der Taste [↵]. Jetzt werden in der Gruppe KA100 »Erlöse« alle Kostenarten eingeblendet, die sich zwischen 800000 und 899999 befinden.

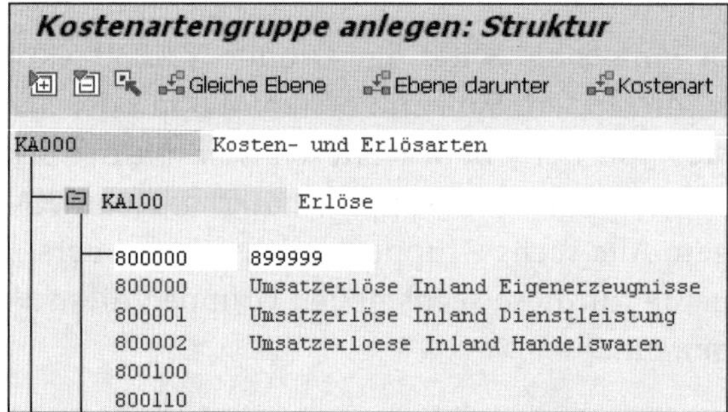

12 Klicken Sie jetzt auf das Symbol links neben der Kostenartengruppe KA100 »Erlöse«. Damit wird die Liste der Kostenarten in dieser Gruppe geschlossen, und Sie erhalten wieder einen Überblick über die Gruppen, die Sie angelegt haben.

13 Fahren Sie fort, indem Sie nacheinander die Gruppen KA210 bis KA260 und KA300 und für jede Gruppe die Schaltfläche **Kostenart** (**Kostenart einfügen**) anklicken. Für die einzelnen Gruppen tragen Sie diese Kostenarten (links und rechts) ein:

Nr.	Text	Kostenart links (von)	Kostenart rechts (bis)
KA210	Material	400000	419999
KA220	Personal	420000	449999
KA230	Instandhaltung	450000	459999
KA240	Steuern, Versicherungen	460000	469999
KA250	Sonstige Kosten	470000	479999
KA260	Zinsen, Abschreibungen	480000	489999
KA300	Kosten sekundär	600000	699999

14 Speichern Sie Ihre Kostenartenhierarchie mit einem Klick auf die Schaltfläche **(Sichern)**. Schließen Sie die Transaktion, indem Sie zweimal hintereinander auf die Schaltfläche **(Zurück)** klicken.

Kostenartengruppen ändern

Kostenartengruppen müssen wie alle Stammdaten nach Bedarf geändert werden. Mögliche Änderungen sind:

- neue Gruppen einfügen
- bestehende Gruppen verschieben
- Kostenartenbereiche bei bestehenden Gruppen ändern

Für die soeben angelegte Kostenartenhierarchie KA000 »Kosten- und Erlösarten« zeige ich Ihnen jetzt, wie Sie

- eine neue Gruppe KA150 »Kosten« einfügen,
- die beiden Gruppen »Kosten primär« und »Kosten sekundär« unter die neue Gruppe »Kosten« verschieben,
- den Kostenartenbereich für die bestehende Gruppe »Kosten sekundär« ändern.

Gehen Sie folgendermaßen vor, um eine neue Gruppe in eine bestehende Kostenartenhierarchie einzufügen:

1 Folgen Sie dem Pfad **Rechnungswesen ▸ Controlling ▸ Kostenartenrechnung ▸ Stammdaten ▸ Kostenartengruppe ▸ Ändern** im SAP Easy Access Menü, oder verwenden Sie den Transaktionscode KAH2.

2. Für den gesetzten Kostenrechnungskreis, hier »1000«, werden jetzt Kostenartengruppen bearbeitet. Wie Sie den Kostenrechnungskreis setzen, habe ich Ihnen am Anfang dieses Kapitels gezeigt.

3. Es öffnet sich das Einstiegsbild der Transaktion. Tragen Sie im Feld **Kostenartengruppe** die Nummer für den obersten Knoten der Kostenartenhierarchie ein: »KA000«. Bestätigen Sie Ihre Eingabe mit einem Klick auf die Schaltfläche (**Weiter**) oder mit der Taste [↵].

4. Das Bild **Struktur** der Transaktion wird geöffnet. Wählen Sie die Gruppe »Erlöse« mit dem Schlüssel »KA100« mit einem einfachen Klick aus.

5. Klicken Sie auf die Schaltfläche **Gleiche Ebene**. Damit öffnen sich zwei Felder für die neue Kostenartengruppe: Tragen Sie in das neue Feld links den Schlüssel »KA150« und in das neue Feld rechts den Text »Kosten« ein.

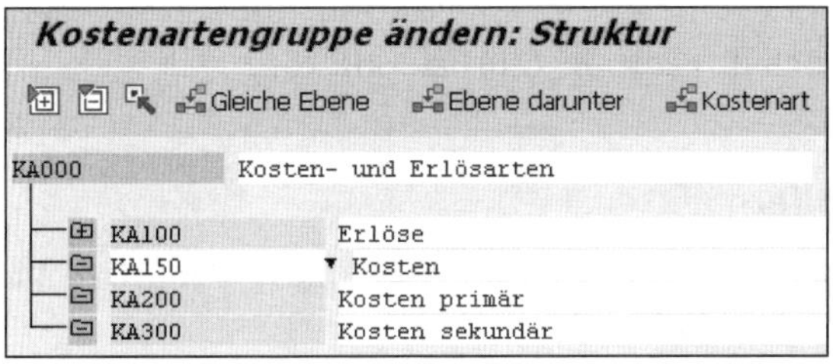

Kostenartengruppe ändern: Struktur

Gleiche Ebene   Ebene darunter   Kostenart

KA000   Kosten- und Erlösarten
KA100   Erlöse
KA150   Kosten
KA200   Kosten primär
KA300   Kosten sekundär

6. Speichern Sie Ihre Kostenartenhierarchie mit einem Klick auf die Schaltfläche (**Sichern**). Schließen Sie die Transaktion, indem Sie zweimal hintereinander auf die Schaltfläche (**Zurück**) klicken.

Jetzt haben Sie eine neue Kostenartengruppe »Kosten« in Ihrer Kostenartenhierarche angelegt. Dieser neuen Gruppe sind allerdings bis jetzt noch keine anderen Gruppen oder Kostenarten zugeordnet. Bis jetzt ist die Gruppe »Kosten« noch leer. Ordnen Sie dieser Gruppe jetzt die beiden Kostenartengruppen »Kosten primär« und »Kosten sekundär« zu. Die Elemente (Gruppen und Kostenarten), die bisher den »Kosten primär« und »Kosten sekundär« zugeordnet waren, werden bei diesem Vorgang automatisch mit verschoben.

Gehen Sie folgendermaßen vor, um Kostenartengruppen in einer bestehenden Kostenartenhierarchie zu verschieben:

1. Folgen Sie dem Pfad **Rechnungswesen ▸ Controlling ▸ Kostenartenrechnung ▸ Stammdaten ▸ Kostenartengruppe ▸ Ändern** im SAP Easy Access Menü, oder verwenden Sie den Transaktionscode KAH2.

2 Für den gesetzten Kostenrechnungskreis, hier »1000«, werden jetzt Kostenartengruppen bearbeitet. Wie Sie den Kostenrechnungskreis setzen, habe ich Ihnen am Anfang dieses Kapitels gezeigt.

3 Das Einstiegsbild der Transaktion wird geöffnet. Tragen Sie im Feld **Kostenartengruppe** die Nummer für den obersten Knoten der Kostenartenhierarchie ein: »KA000«. Bestätigen Sie Ihre Eingabe mit einem Klick auf die Schaltfläche (**Weiter**) oder mit der Taste [↵].

4 Das Bild **Struktur** der Transaktion wird geöffnet. Wählen Sie die Kostenartengruppe, die Sie verschieben möchten, mit einem einfachen Klick aus. Das ist die Gruppe »Kosten primär« mit dem Schlüssel »KA200«.

5 Markieren Sie diese Gruppe »Kosten primär«. Klicken Sie dazu auf die Schaltfläche (**Markieren**). Die Anwendungsfunktionsleiste verändert sich, es erscheinen die beiden Schaltflächen **Gleichordnen** und **Unterordnen**.

6 Wählen Sie jetzt die Kostenartengruppe, der die Gruppe »Kosten primär« untergeordnet werden soll, mit einem einfachen Klick aus. Das ist die Gruppe »Kosten« mit dem Schlüssel »KA150«.

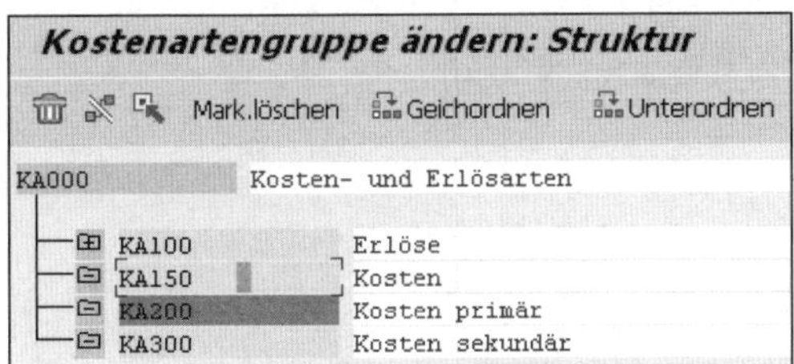

7 Klicken Sie auf die Schaltfläche **Unterordnen**. Damit wird die Kostenartengruppe »Kosten primär« zusammen mit allen untergeordneten Gruppen und Kostenarten unter die Gruppe »Kosten« verschoben.

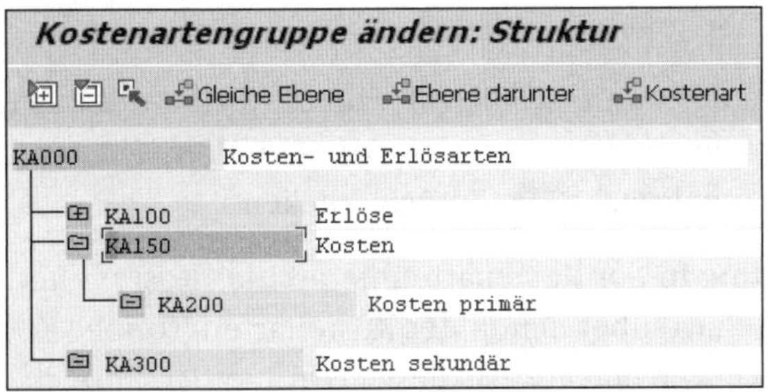

8 Klicken Sie jetzt auf das Symbol [icon] links neben der Kostenartengruppe KA200 »Kosten primär«. Damit wird die Liste der untergeordneten Gruppen geschlossen.

9 Jetzt verschieben Sie die Kostenartengruppe »Kosten sekundär« ebenfalls unter die Gruppe »Kosten«. »Kosten sekundär« soll der Gruppe »Kosten primär« gleichgeordnet sein.

10 Wählen Sie die Kostenartengruppe, die Sie verschieben möchten, mit einem einfachen Klick aus. Das ist jetzt die Gruppe »Kosten sekundär« mit dem Schlüssel »KA300«.

11 Markieren Sie diese Kostenartengruppe »Kosten sekundär«. Klicken Sie auf die Schaltfläche [icon] (**Markieren**). Die Anwendungsfunktionsleiste verändert sich wieder, es erscheinen die beiden Schaltflächen [icon] **Gleichordnen** und [icon] **Unterordnen**.

12 Wählen Sie jetzt die Kostenartengruppe, neben der die »Kosten sekundär« eingefügt werden soll, mit einem einfachen Klick aus. Das ist die Gruppe »Kosten primär« mit dem Schlüssel »KA200«.

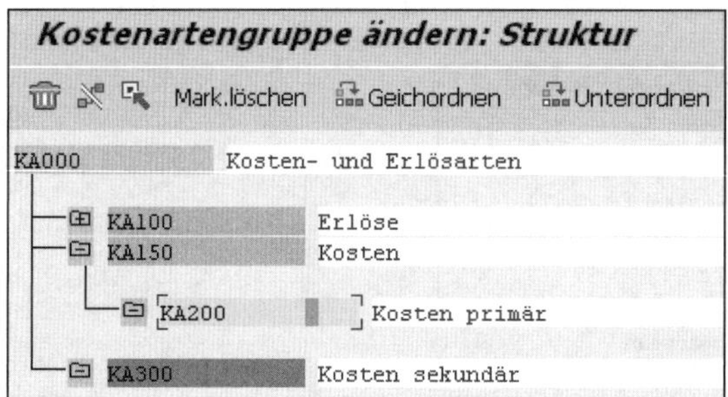

13 Klicken Sie auf die Schaltfläche [icon] **Gleichordnen**. Damit wird die Kostenartengruppe »Kosten sekundär« zusammen mit allen untergeordneten Gruppen und Kostenarten neben die Gruppe »Kosten primär« und unter die Gruppe »Kosten« verschoben.

14 Speichern Sie Ihre Kostenartenhierarchie mit einem Klick auf die Schaltfläche [icon] (**Sichern**). Schließen Sie die Transaktion, indem Sie zweimal hintereinander auf die Schaltfläche [icon] (**Zurück**) klicken.

Als dritte und letzte Änderung in der Kostenartenhierarchie »Kosten- und Erlösarten« soll jetzt der Kostenartenbereich in der Kostenartengruppe »Kosten sekundär« eingeschränkt werden. Bisher ist dieser Gruppe der Bereich von

Kostenart 600000 bis 699999 zugeordnet. Schränken Sie den Bereich auf 600000 bis 689999 ein. Mit der Transaktion KAH2 (Kostenartengruppe ändern) können bestehende Kostenartenbereiche nicht geändert werden. Deshalb müssen Sie den bestehenden Kostenartenbereich löschen und einen neuen Kostenartenbereich definieren.

Gehen Sie folgendermaßen vor, um den Kostenartenbereich in einer Kostenartengruppe zu entfernen und neu zu definieren:

1. Folgen Sie dem Pfad **Rechnungswesen ▸ Controlling ▸ Kostenartenrechnung ▸ Stammdaten ▸ Kostenartengruppe ▸ Ändern** im SAP Easy Access Menü, oder verwenden Sie den Transaktionscode KAH2.
2. Für den gesetzten Kostenrechnungskreis, hier »1000«, werden jetzt Kostenartengruppen bearbeitet. Wie Sie den Kostenrechnungskreis setzen, habe ich Ihnen am Anfang dieses Kapitels gezeigt.
3. Das Einstiegsbild der Transaktion wird geöffnet. Tragen Sie im Feld **Kostenartengruppe** die Nummer für den obersten Knoten der Kostenartenhierarchie ein: »KA000«. Bestätigen Sie Ihre Eingabe mit einem Klick auf die Schaltfläche (**Weiter**) oder mit der Taste [↵].
4. Das Bild **Struktur** der Transaktion wird geöffnet. Klicken Sie jetzt auf das Symbol links neben der Kostenartengruppe KA300 »Kosten sekundär«. Damit wird die Liste der untergeordneten Kostenarten expandiert.
5. Entfernen Sie die bestehende Zuordnung des Kostenartenbereiches 600000 bis 699999. Wählen Sie den Kostenartenbereich mit einem einfachen Klick auf »600000« aus.
6. Markieren Sie diesen Bereich, indem Sie auf die Schaltfläche (**Markieren**) klicken. Die Anwendungsfunktionsleiste ändert sich. Ganz links erscheint die Schaltfläche (**Entfernen**).
7. Klicken Sie auf die Schaltfläche (**Entfernen**). Der Kostenartenbereich mit allen einzelnen Kostenarten verschwindet.
8. Jetzt ordnen Sie der Gruppe KA300 »Kosten sekundär« einen neuen Kostenartenbereich zu. Wählen Sie die Nummer KA300 mit einem einfachen Klick aus, und klicken Sie dann auf die Schaltfläche **Kostenart** (**Kostenart einfügen**). Unterhalb der Gruppe KA300 »Kosten sekundär« erscheinen fünf neue Zeilen mit jeweils zwei Feldern. Tragen Sie in die erste Zeile links »600000« und rechts »689999« ein.

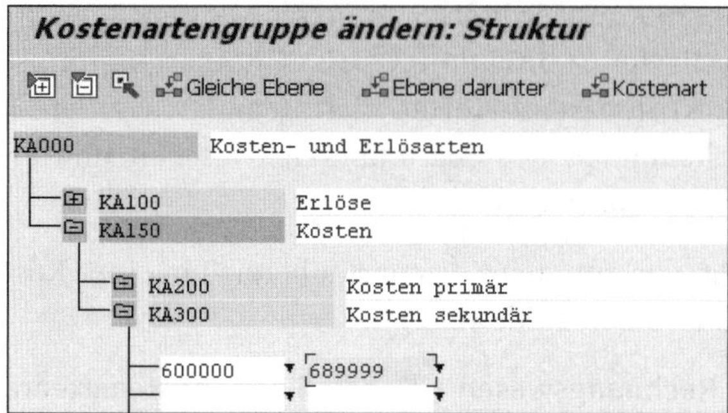

9 Bestätigen Sie Ihre Eingabe mit einem Klick auf die Schaltfläche (**Änderg.Übernehmen**) oder mit der Taste [↵]. Jetzt werden in der Gruppe KA300 »Kosten sekundär« alle Kostenarten eingeblendet, die sich zwischen 600000 und 689999 befinden.

10 Speichern Sie Ihre Kostenartenhierarchie mit einem Klick auf die Schaltfläche (**Sichern**). Schließen Sie die Transaktion, indem Sie zweimal hintereinander auf die Schaltfläche (**Zurück**) klicken.

VIDEO

Kostenartengruppen pflegen

In diesem Video sehen Sie, wie Sie für Kostenarten Gruppen und Hierarchien anlegen. Sie lernen wie Kostenarten Gruppen zugeordnet werden und wie durch die Zuordnung von Gruppen zu Gruppen eine Kostenartenhierarchie entsteht.

http://s-prs.de/v4140js

2.5 Probieren Sie es aus!

HINWEIS

Hinweise zur Übung

Die folgenden Übungen können Sie auf einem SAP IDES (International Demonstration and Education System) selbst durchführen. Die fünf Übungen zu diesem Kapitel sind voneinander und auch von den Übungen in anderen Kapiteln unabhängig.

Die Lösungshinweise können Sie auf der Webseite zum Buch unter *https://www.rheinwerk-verlag.de/4140/* herunterladen.

Aufgabe 1

Überprüfen Sie ein Aufwandskonto in den Stammdaten der Buchhaltung, zum Beispiel 476000. Handelt es sich um ein Erfolgskonto oder ein Bestandskonto?

Aufgabe 2

Überprüfen Sie eine primäre Kostenart in den Stammdaten des Controllings, zum Beispiel 476000. Welcher Kostenartentyp ist dieser Kostenart zugeordnet?

Aufgabe 3

Überprüfen Sie eine sekundäre Kostenart in den Stammdaten des Controllings, zum Beispiel 630000. Welcher Kostenartentyp ist dieser Kostenart zugeordnet? Wofür kann eine Kostenart dieses Typs verwendet werden?

Aufgabe 4

Legen Sie eine neue sekundäre Kostenart mit der Nummer 630200, dem Text »Umlage Verwaltung« und dem Kostenartentyp 42 an.

Aufgabe 5

Legen Sie eine neue Kostenartengruppe mit dem Schlüssel KA-100 und dem Text »Kosten primär« an. Ordnen Sie dieser Kostenartengruppe alle Kostenarten von 400000 bis 499999 zu.

3 Kostenstellen pflegen

In Kapitel 1, »Was Sie zum Arbeiten mit SAP wissen sollten«, haben Sie die Grundlagen des SAP-Systems kennengelernt. Aus Kapitel 2, »Kostenarten«, wissen Sie, wie Sie die Voraussetzungen schaffen, um im SAP-System mit dem Controlling arbeiten zu können. Jetzt geht's weiter zu den vielleicht wichtigsten Stammdaten des Controllings: Wir beschäftigen uns mit Kostenstellen.

In diesem Kapitel lernen Sie,

- wofür Kostenstellen genutzt werden,
- wie Sie eine Kostenstelle anlegen und pflegen,
- wie Sie Bezeichnungen von Kostenstellen in anderen Sprachen pflegen,
- wie Sie Daten von Kostenstellen für verschiedene Zeiträume pflegen.

3.1 Was Sie über Kostenstellen wissen sollten

Kostenstellen sind die zentralen Strukturen des Gemeinkostencontrollings. Das Gemeinkostencontrolling ist eine der drei großen Säulen im Controlling des SAP-Systems. Die anderen beiden Säulen heißen Kostenträgerrechnung sowie Ergebnis- und Marktsegmentrechnung.

Bei der Kostenträgerrechnung geht es darum, den Produkten eines Unternehmens die anfallenden Kosten möglichst verursachungsgerecht zuzuordnen. Bei der Ergebnis- und Marktsegmentrechnung werden die Kosten aus verschiedenen Quellen mit den Rechnungspositionen aus den Vertriebsbelegen verknüpft. Voraussetzung sowohl für die Ergebnis- und Marktsegmentrechnung als auch für die Kostenträgerrechnung ist ein funktionierendes Gemeinkostencontrolling mit Kostenstellenrechnung.

Das Gemeinkostencontrolling mit der Kostenstellenrechnung steht also am Anfang der Buchungsfolge im Controlling des SAP-Systems. Viele Belege aus der Finanzbuchhaltung, der Materialwirtschaft oder dem Personalwesen werden sofort auf Kostenstellen »mit kontiert«. Das heißt, die Daten sind zeitgleich in der ursprünglichen Komponente (Buchhaltung, Materialwirtschaft, Personalwesen) und in der Kostenstellenrechnung verfügbar.

Kostenstellen werden angelegt, um

- Kosten nach Verantwortlichkeiten zu gliedern,
- Kosten auf andere Kostenstellen, Kostenträger oder in die Ergebnisrechnung zu verrechnen (Verrechnungszweck).

Der Kostenstellenschlüssel (die Kostenstellennummer) kann innerhalb eines Kostenrechnungskreises nur ein einziges Mal verwendet werden. Falls innerhalb Ihres Kostenrechnungskreises in mehreren Buchungskreisen ähnliche Organisationsstrukturen abgebildet werden sollen, kann diese Einschränkung hinderlich sein.

BEISPIEL

Verwaltungskostenstellen in mehreren Buchungskreisen

Sie möchten Verwaltungskostenstellen in den beiden Buchungskreisen 1000 und 2000 anlegen. Beide Buchungskreise sind demselben Kostenrechnungskreis zugeordnet. In Ihrem ersten Entwurf (auf Papier) werden alle Verwaltungskostenstellen in den verschiedenen Buchungskreisen mit der Nummer 7000 identifiziert. Da aber die Kostenstellennummer 7000 innerhalb eines Kostenrechnungskreises nur einmal vergeben werden kann, müssen Sie kreativ werden. Eine Lösungsmöglichkeit besteht darin, die Kostenstellennummer aus der Nummer des Buchungskreises und die Kostenstellennummer aus Ihrem Papierentwurf zusammenzusetzen. Im Buchungskreis 1000 erhält die Verwaltungskostenstelle die Nummer 10007000 und im Buchungskreis 2000 die Nummer 20007000.

3.2 Kostenstellen anlegen

Bevor Sie mit der Arbeit mit Kostenstellenstammdaten beginnen, müssen Sie sicherstellen, dass Sie den richtigen Kostenrechnungskreis gesetzt haben. Nutzen Sie für alle Beispiele in diesem Kapitel den Kostenrechnungskreis 1000 »CO Europe«.

Gehen Sie folgendermaßen vor, um den Kostenrechnungskreis für Ihren Benutzer zu setzen:

1. Folgen Sie dem Pfad **Rechnungswesen ▸ Controlling ▸ Kostenstellenrechnung ▸ Umfeld ▸ Kostenrechnungskreis setzen** im SAP Easy Access Menü, oder verwenden Sie den Transaktionscode OKKS.

2. Es öffnet sich ein Dialogfenster, in dem Sie im Feld **Kostenrechnungskreis** den Schlüssel des Kostenrechnungskreises eintragen, mit dem Sie arbeiten möchten. Für alle Beispiele in diesem Kapitel nutzen Sie den Kostenrechnungskreis 1000.

3. Bestätigen Sie Ihre Eingabe mit einem Klick auf die Schaltfläche ✔ **(Weiter)** oder mit der Taste [↵]. Mit dieser Schaltfläche speichern Sie den gewählten Kostenrechnungskreis für die aktuelle SAP-Sitzung. Der Kostenrechnungskreis bleibt so lange gesetzt, bis Sie sich vom SAP-System abmelden.

4. Alternativ können Sie die Eingabe des Kostenrechnungskreises dauerhaft mit einem Klick auf die Schaltfläche 💾 **(Als Benutzerparameter sichern)** oder mit der Taste [F5] speichern. Dann bleibt der gewählte Kostenrechnungskreis auch über die aktuelle SAP-Sitzung hinaus gesetzt. Wenn Sie sich ab- und wieder anmelden, weiß das System bereits, mit welchem Kostenrechnungskreis Sie arbeiten möchten.

Grunddaten zur Kostenstelle anlegen

Kostenstellen werden immer in Bezug auf einen Kostenrechnungskreis und einen Buchungskreis angelegt. Für den Fall, dass Ihrem Kostenrechnungskreis nur ein Buchungskreis zugeordnet ist, findet das SAP-System den einzigen infrage kommenden Buchungskreis automatisch. In diesem Fall müssen Sie den Buchungskreis nicht zusätzlich erfassen. Bei den meisten Unternehmen gehören zu einem Kostenrechnungskreis allerdings mehrere Buchungskreise. Dann muss die Kostenstelle sowohl dem Kostenrechnungskreis als auch einem Buchungskreis zugeordnet werden.

Gehen Sie folgendermaßen vor, um eine Kostenstelle anzulegen:

1. Folgen Sie dem Pfad **Rechnungswesen ▸ Controlling ▸ Kostenstellenrechnung ▸ Stammdaten ▸ Kostenstelle ▸ Einzelbearbeitung ▸ Anlegen** im SAP Easy Access Menü, oder verwenden Sie den Transaktionscode KS01.

2 Es öffnet sich das Einstiegsbild der Transaktion. Tragen Sie im Feld **Kostenstelle** den Schlüssel ein, mit dem die Kostenstelle identifiziert werden soll (hier 4150). Dieser Schlüssel kann bis zu zehn Zeichen lang sein. Buchstaben und Ziffern sind erlaubt. Um bei der manuellen Datenerfassung die Buchung auf Kostenstellen mit dem Ziffernblock zu ermöglichen, werden für Kostenstellenschlüssel meist nur Ziffern und keine Buchstaben verwendet.

3 Bei **Gültig ab** und **bis** tragen Sie den Zeitraum ein, für den diese Kostenstelle gültig sein soll. Buchungen auf diese Kostenstelle sind nur innerhalb dieses Zeitraums möglich. Seien Sie deshalb hier nicht zu schüchtern. Im Zweifelsfall wählen Sie lieber einen zu großen Zeitraum. Tragen Sie »01.01.2016« in das Feld **Gültig ab** und »31.12.9999« in das Feld **bis** ein.

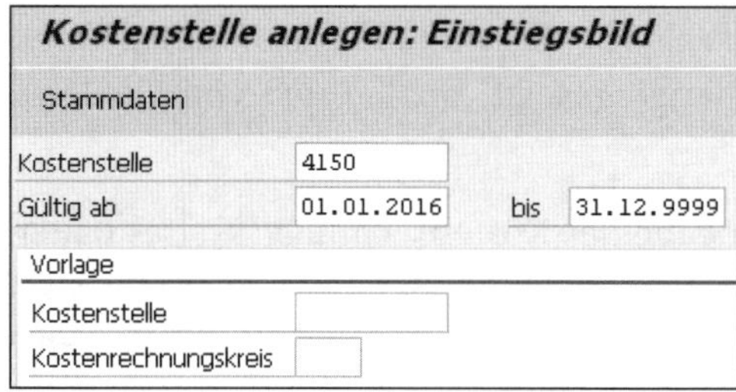

4 Fahren Sie mit einem Klick auf die Schaltfläche **Stammdaten** oder mit der Taste [↵] fort.

HINWEIS

Kostenstellen von einer Vorlage kopieren

Mit **Kostenstelle** und **Kostenrechnungskreis** im Bereich **Vorlage** können Sie Daten von einer bereits existierenden Kostenstelle in die neue Kostenstelle (hier 4150) kopieren. Falls Sie bereits eine Kostenstelle im System haben, die in einigen Feldern mit der neuen Kostenstelle übereinstimmt, nutzen Sie diese Möglichkeit der Kopie.

5 Im nächsten Bild sehen Sie das Grundbild zu Ihrer neuen Kostenstelle mit der Registerkarte **Grunddaten**. Das Feld **Bezeichnung** beschreibt die Kostenstelle mit maximal 20 Zeichen. Im Feld **Beschreibung** stehen Ihnen 40 Zeichen zur Verfügung. Füllen Sie immer beide Felder aus, weil in unterschiedlichen Listen mal der eine, mal der andere Text genutzt wird.

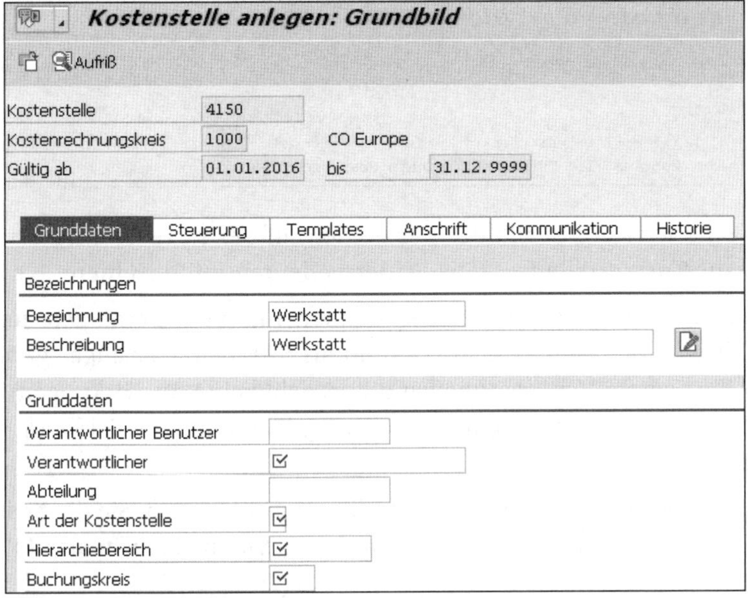

6. Die Mussfelder, also die Felder, bei denen Eingaben zwingend erforderlich sind, sind mit ☑ gekennzeichnet. Im Bereich **Bezeichnungen** ist das Feld **Bezeichnung** ein Mussfeld. Im Bereich **Grunddaten** finden Sie vier Mussfelder: **Verantwortlicher**, **Art der Kostenstelle**, **Hierarchiebereich** und **Buchungskreis**.

7. Für eine ausführlichere Dokumentation der Kostenstelle in einem Textdokument steht Ihnen rechts neben dem Feld **Beschreibung** die Schaltfläche (**Langtext anlegen**) zur Verfügung. Wenn Sie diese Schaltfläche anklicken, erscheint das Dialogfenster.

8. Es erscheint das Dialogfenster **Textverarbeitung**. Hier wählen Sie die Sprache des Langtextes. DE für Deutsch wird als Sprache vorgeschlagen. Bestätigen Sie dieses Dialogfenster mit einem Klick auf die Schaltfläche (**Weiter**) oder mit der Taste [↵].

9. Sie sehen jetzt ein leeres Microsoft-Word-Dokument innerhalb Ihres SAP-Bildschirmbildes. Erfassen Sie die Dokumentation zur Kostenstelle in diesem Microsoft-Word-Dokument. Speichern Sie die Dokumentation über die Schaltfläche (**Sichern**). Das Microsoft-Word-Dokument wird im SAP-System abgelegt. Sie müssen keinen Pfad in Ihrem Dateiverzeichnis angeben. Kehren Sie mit einem Klick auf die Schaltfläche (**Zurück**) zum Grundbild der Kostenstelle zurück.

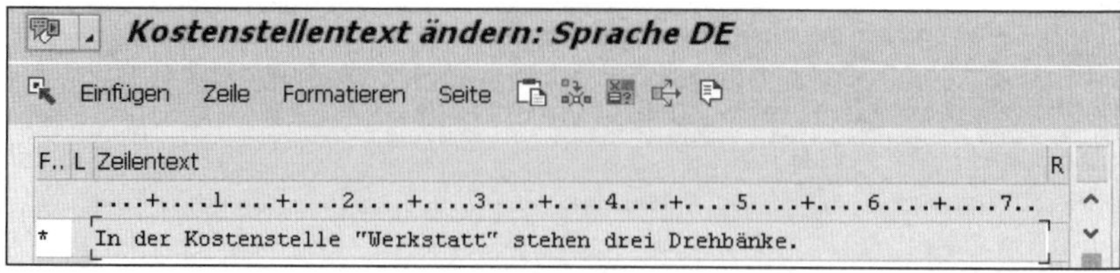

10 Fahren Sie jetzt mit der Pflege der Felder auf der Registerkarte **Grunddaten** zur Kostenstelle fort. Die Felder bedeuten im Einzelnen:

- **Verantwortlicher Benutzer**: Hier können nur Benutzernamen ausgewählt werden, die in diesem System als SAP-Benutzer angelegt sind. Für die weitere Verarbeitung hat dieses Feld keine Auswirkungen. Insbesondere eine Berechtigungsverwaltung ist mit diesem Feld *nicht* verknüpft.
- **Verantwortlicher**: Freitextfeld. Mit diesem Feld können Sie die Kostenstellenverantwortlichen auch dann pflegen, wenn Sie nicht als SAP-Benutzer angelegt sind.
- **Abteilung**: Freitextfeld. Tragen Sie hier die Abteilung ein, der die Kostenstelle zugeordnet ist.
- **Art der Kostenstelle**: Einstelliger Schlüssel, der für die Steuerung der Leistungsverrechnung relevant ist. In den Stammdaten der Leistungsarten wird dieser Schlüssel ebenfalls gepflegt. Nur wenn der Schlüssel der Leistungsart zum Schlüssel der Kostenstelle passt, kann die Leistungsart für die Leistungsverrechnung bei dieser Kostenstelle genutzt werden.
- **Hierarchiebereich**: Eine Kostenstellengruppe in der Kostenstellen-Standardhierarchie des Kostenrechnungskreises. Näheres zur Kostenstellen-Standardhierarchie erfahren Sie in Kapitel 4, »Kostenstellengruppen und -hierarchien«.
- **Buchungskreis**: der Buchungskreis, zu dem diese Kostenstelle gehört
- **Geschäftsbereich**: Ordnungskriterium für die Buchhaltung
- **Funktionsbereich**: Ordnungskriterium für das Umsatzkostenverfahren in der Buchhaltung. In diesem System wird ein Vorschlagswert für den Funktionsbereich automatisch ermittelt.
- **Währung**: Die Objektwährung, also die Währung der Kostenstelle, wird hier automatisch aus der Währung des Buchungskreises abgeleitet. Die Währung kann nicht geändert werden.

- **Profitcenter**: Die Profit-Center-Rechnung kann für einen Kostenrechnungskreis aktiviert werden. Das ist in unserem System im Kostenrechnungskreis 1000 der Fall. Deshalb werden Sie beim Erfassen der Kostenstellendaten mit einer Warnung darauf aufmerksam gemacht, dass die Erfassung eines Profit-Centers sinnvoll wäre. Wenn Sie diese Warnung ignorieren und das Feld **Profitcenter** leer lassen, werden alle Buchungen auf dieser Kostenstelle dem Dummy-Profit-Center zugeordnet. Näheres dazu finden Sie in Kapitel 12, »Profit-Center-Rechnung«.

Grunddaten		
Verantwortlicher Benutzer		
Verantwortlicher	Thomas Müller	
Abteilung		
Art der Kostenstelle	2	Hilfskostenstelle
Hierarchiebereich	H1410	Dienstleistungen
Buchungskreis	1000	BestRun Germany
Geschäftsbereich	9900	Verwaltung/Sonstige
Funktionsbereich	0100	Herstellung (CoGs)
Währung	EUR	
Profitcenter	1400	Interner Service

11 Wenn Sie alle Felder ausgefüllt haben, speichern Sie Ihre Daten mit einem Klick auf die Schaltfläche (**Sichern**). Es erscheint jetzt das Einstiegsbild zum Anlegen von Kostenstellen. Schließen Sie die Transaktion mit einem Klick auf die Schaltfläche (**Zurück**).

HINWEIS

Währungen im Gemeinkostencontrolling von SAP

Für jeden Beleg werden im SAP-Gemeinkostencontrolling drei Währungen gespeichert: Kostenrechnungskreiswährung, Belegwährung und Objektwährung (gleich Buchungskreiswährung). Die *Kostenrechnungskreiswährung* wurde über die Auswahl des Kostenrechnungskreises vorgegeben. Die *Belegwährung* ergibt sich in jedem einzelnen Beleg neu. Sie können im SAP-System Belege in jeder denkbaren Währung erfassen. Die Umrechnung von der Belegwährung in die Kostenrechnungskreiswährung und die Buchungskreiswährung erfolgt online und automatisch (vorausgesetzt, dass die entsprechenden Tabellen mit Währungsumrechnungskursen gepflegt sind).

VIDEO

Kostenstellen anlegen

In diesem Video sehen Sie, wie Sie eine Kostenstelle anlegen. Sie erfahren, welche Felder Sie pflegen können und welche Felder zwingend gepflegt werden müssen. Darüber hinaus lernen Sie, wofür die Grunddaten einer Kostenstelle genutzt werden.

http://s-prs.de/v4140uv

Bezeichnung in anderen Sprachen pflegen

Nahezu jedes Unternehmen, das SAP einsetzt, ist international tätig. Die Bezeichnungen und Beschreibungen für Kostenstellen müssen deshalb in mehreren Sprachen gepflegt werden. Leider ist im SAP-System keine komfortable Funktion für die Pflege dieser Texte in mehreren Sprachen verfügbar.

An anderen Stellen im SAP-System sind komfortable Übersetzungsfunktionen vorhanden. Die Bezeichnungen für Sachkonten in der Buchhaltung oder die Texte für Materialien können in übersichtlichen Bildschirmmasken mit mehreren Sprachen gleichzeitig in einem Bild gepflegt werden. Die Pflege von Bezeichnungen und Beschreibungen der Kostenstellen in mehreren Sprachen ist leider nicht so komfortabel.

Gehen Sie folgendermaßen vor, um Texte für Kostenstellen in unterschiedlichen Sprachen zu pflegen:

1. Melden Sie sich vom SAP-System ab.
2. Melden Sie sich neu am SAP-System an. Geben Sie Mandant, Benutzer und Kennwort ein, und wählen Sie im Feld **Sprache** die Sprache, in der die Kostenstellenbezeichnung gepflegt werden soll, hier EN für Englisch. Schließen Sie die Anmeldung ab, indem Sie [↵] drücken.

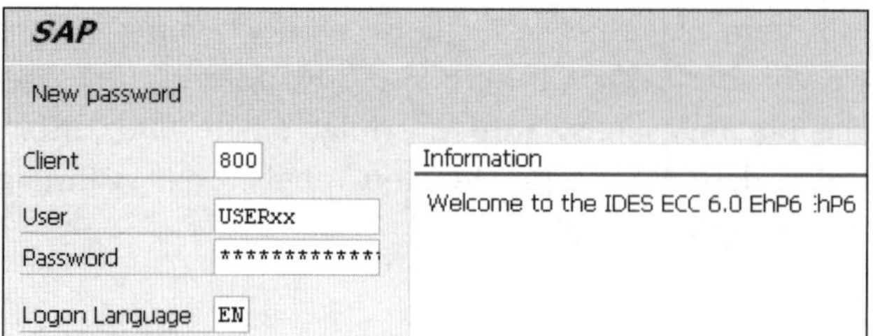

3 Es öffnet sich das SAP Easy Access Menü, das Sie bereits kennen, nun in englischer Sprache. Folgen Sie dem Pfad **Accounting ▸ Controlling ▸ Cost Center Accounting ▸ Master Data ▸ Individual Processing ▸ Change**, oder verwenden Sie den Transaktionscode KS02.

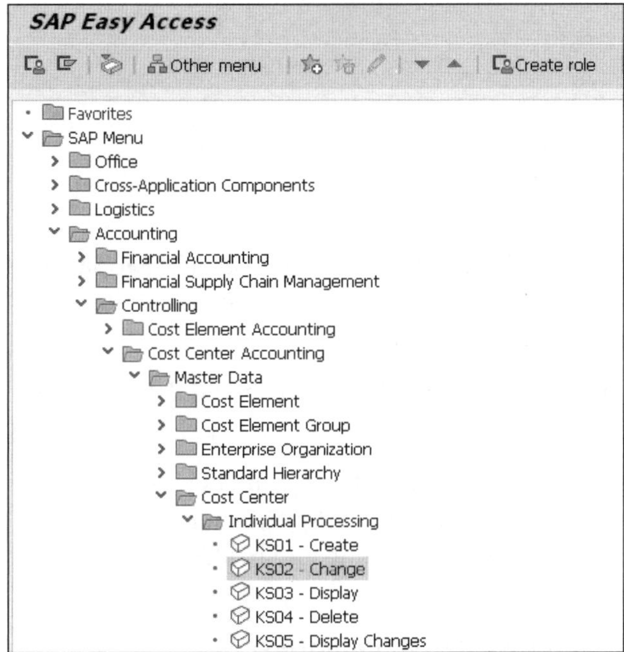

4 Es öffnet sich das Bild **Initial Screen** der Transaktion zum Ändern einer Kostenstelle (englisch: **Change Cost Center**). Tragen Sie bei **Cost Center** die Kostenstelle ein, für die Sie die englische Bezeichnung erfassen möchten, hier »4150«. Fahren Sie fort mit einem Klick auf die Schaltfläche **Master Data** oder mit der Taste [↵].

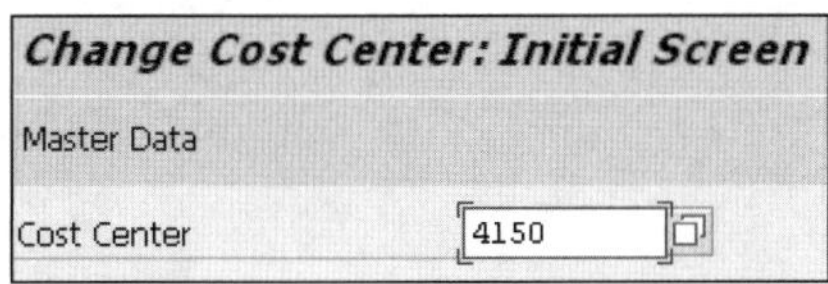

5 Es öffnet sich das Bild **Basic Screen** der Transaktion zum Ändern einer Kostenstelle (englisch: **Change Cost Center**). In den Feldern **Name** (deutsch: **Bezeichnung**) und **Description** (deutsch: **Beschreibung**) tragen Sie jetzt die passenden Übersetzungen ein: »Workshop«.

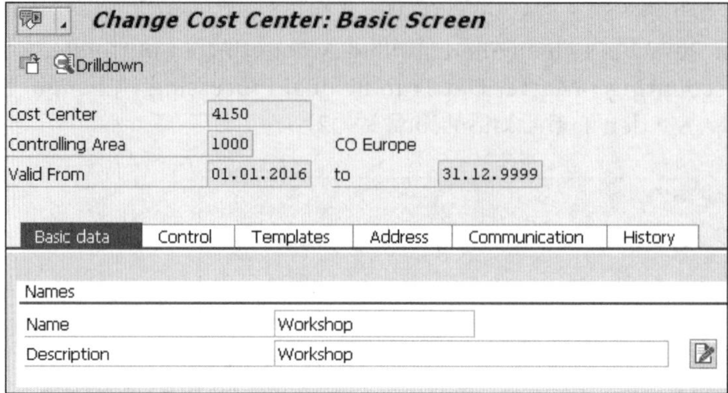

6 Zum Speichern der Daten klicken Sie auf die Schaltfläche (**Save**). Es erscheint wieder das Bild **Entry Screen**. Schließen Sie die Transaktion mit einem Klick auf die Schaltfläche (**Back**).

7 Melden Sie sich jetzt wieder vom SAP-System ab und danach wieder mit der Sprache Deutsch (DE) an.

Jetzt hat die Kostenstelle 4150 eine Bezeichnung und eine Beschreibung auf Englisch. Wenn Sie sich mit Englisch am SAP-System anmelden, werden diese englischen Begriffe bei der Datenerfassung und bei Listen verwendet.

Weitere Stammdaten für Kostenstellen pflegen

Kehren Sie wieder zurück zum deutschen SAP-System und zur Transaktion KS02 (Kostenstelle ändern). In den Stammdaten zur Kostenstelle gibt es außer der Registerkarte **Grunddaten** noch fünf weitere Registerkarten:

- Steuerung
- Templates
- Anschrift
- Kommunikation
- Historie

Auf der Registerkarte **Steuerung** legen Sie mit dem Haken bei **Menge führen** fest, ob für diese Kostenstelle Mengen mitgebucht werden. Mengen, das heißt die Kilowattstunden auf der Stromrechnung oder die Kubikmeter auf der Wasserrechnung, können in der Finanzbuchhaltung erfasst werden. Wenn Sie Ihre Buchhalter dazu überreden können, solche Mengen zu erfassen, sollten Sie das tun. Mit den gebuchten Mengen haben Sie auf den Kostenstellen zusätzliche, wichtige Daten für das Controlling zur Verfügung. So können Sie Mehrkosten im Vergleich zum Vorjahr analysieren, welcher Teil des Kostenanstiegs auf eine Veränderung des Einkaufspreises und welcher Teil auf die Veränderung der verbrauchten Menge zurückzuführen ist.

Mengen entstehen auf Kostenstellen auch durch Verbrauchsbuchungen aus der Materialwirtschaft und durch die Verrechnung von Leistungsmengen (zum Beispiel Handwerkerstunden) zwischen verschiedenen Kostenstellen. Da im Controlling immer Mengen (Kilogramm, Stunden, Stück, Kilowattstunden etc.) parallel zu Werten (EUR, CHF, GBP etc.) analysiert werden, sollte der Haken **Menge führen** grundsätzlich gesetzt sein.

Im Bereich **Sperren** der Registerkarte **Steuerung** steuern Sie die verschiedenen betriebswirtschaftlichen Vorgänge, die auf dieser Kostenstelle erlaubt sind. Beachten Sie, dass die Haken im Bereich **Sperren** genau die entgegengesetzte Bedeutung des Hakens bei **Menge führen** haben. Der Haken bei **Menge führen** bedeutet: *Ja*, Mengen werden gebucht. Ein Haken im Bereich **Sperren** bedeutet: *Nein*, dieser Vorgang ist *nicht* erlaubt.

Die Vorgänge im Bereich **Sperren** bedeuten im Einzelnen:

- **Primärkosten**
  Primärkosten sind Buchungen auf primären Kostenarten, also auf Sachkonten in der Gewinn- und Verlustrechnung der Buchhaltung. Diese Buchungen entstehen zum Beispiel durch direkte Buchungen in der Finanzbuchhaltung, durch Materialentnahmen in der Materialwirtschaft oder die Buchung von Personalkosten durch das System für die Lohn- und Gehaltsabrechnung.
- **Sekundärkosten**
  Sekundärkosten sind Buchungen auf sekundären Kostenarten, also die Verrechnungen von anderen Objekten des Controllings auf diese Kostenstelle. Objekte des Controllings, die Kosten auf Kostenstellen verrechnen, sind zum Beispiel andere Kostenstellen, Innenaufträge und PSP-Elemente des Projektsystems.
- **Erlöse**
  Erlöse sind Buchungen auf Erlösarten, also auf Erlöskonten in der Gewinn- und Verlustrechnung der Buchhaltung. Die Buchung von Erlösen kann grundsätzlich *nicht* auf Kostenstellen erfolgen. Falls Sie die Buchung von Erlösen dennoch erlauben sollten, erfolgen diese Buchungen nur statistisch. Bei der Erlösbuchung muss dann zusätzlich zur Kostenstelle ein weiteres Kontierungsobjekt für den »echten« Erlöswert angegeben wer-

den. Das »echte« Kontierungsobjekt kann ein Objekt in der Ergebnisrechnung sein oder ein erlöstragender Innenauftrag.

- **Obligofortschreibung**
  Obligofortschreibung für Bestellungen oder Bestellanforderungen, die noch nicht in der Finanzbuchhaltung sichtbar sind. In der Finanzbuchhaltung werden Beschaffungsvorgänge erst mit dem Eingang der Lieferantenrechnung sichtbar. Mit den Obligos haben Sie die Möglichkeit, den Wert von beschafften Waren oder Dienstleistungen schon früher auf Kostenstellen sichtbar zu machen, eben schon zum Zeitpunkt der Bestellung oder der Bestellanforderung.

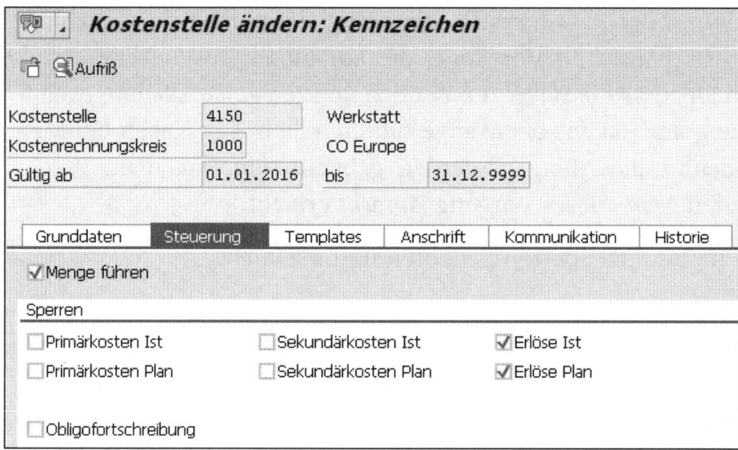

Die Registerkarte »Steuerung« in den Stammdaten zur Kostenstelle

Auf der Registerkarte **Templates** legen Sie fest, wie diese Kostenstelle bei der Formelplanung, der Prozesskostenrechnung und in Bezug auf Gemeinkostenzuschläge behandelt wird. Die Formelplanung und die Prozesskostenrechnung werden in diesem Buch nicht behandelt, beide Themen würden den Rahmen überschreiten. Nähere Informationen zu Gemeinkostenzuschlägen lesen Sie in Kapitel 6, »Mit Kostenstellen fixe Kosten planen«, und Kapitel 8, »Ist-Buchungen mit Kostenstellen«.

Die Registerkarten **Anschrift** (Name, Adresse) und **Kommunikation** (Telefon, Fax, E-Mail) enthalten keine Informationen, die für die Verarbeitung innerhalb des SAP-Systems relevant sind. Ob die Informationen auf diesen Registerkarten in Ihrem Unternehmen, zum Beispiel für den Versand von Kostenstellenberichten, genutzt werden, erfragen Sie bei Ihrem Projektteam.

Auf der Registerkarte **Historie** sehen Sie, wann die Kostenstelle angelegt wurde. Die Schaltfläche **Änderungsbelege** führt Sie zu einer Übersicht aller Änderungen in den einzelnen Feldern der Kostenstellenstammdaten mit Benutzer und Datum.

Die Registerkarte »Historie« in den Stammdaten zur Kostenstelle

Falls Sie Änderungen an den Stammdaten der Kostenstelle vorgenommen haben, klicken Sie zum Speichern der Daten auf die Schaltfläche (**Sichern**).

3.3 Stammdaten für unterschiedliche Zeiträume verwalten

Kostenstellen ändern sich im Lauf der Zeit. Durch Umstrukturierungen kommen neue Kostenstellen hinzu, bei bestehenden Kostenstellen ändern sich die Bezeichnung oder die Verantwortlichkeit. Andere Kostenstellen sollen ab einem bestimmten Zeitpunkt nicht mehr genutzt werden. Die Änderungen in der Organisation des Unternehmens wirken sich auf die Textfelder **Bezeichnung**, **Beschreibung**, **Verantwortlicher**, **Abteilung**, aber auch auf die steuerungsrelevanten Felder **Art der Kostenstelle**, **Geschäftsbereich**, **Funktionsbereich** und **Profitcenter** aus.

Selbst die Zuordnung einer Kostenstelle zum Buchungskreis und damit einhergehend zu einer Währung kann sich für eine künftige Periode ändern. Die Änderung der steuerungsrelevanten Felder und des Buchungskreises kann nur für eine zukünftige Periode im SAP-System erfasst werden. Voraussetzung ist, dass die zukünftige Periode noch jungfräulich ist, das heißt, für diese zukünftige Periode dürfen noch keine Buchungen erfasst worden sein.

Die zukünftige Periode darf für die Kostenstelle sowohl bezüglich Ist- als auch bezüglich Plandaten noch nicht bebucht sein.

Beachten Sie für die Änderung von Stammdaten der Kostenstellen die folgenden technischen Rahmenbedingungen:

- Einmal bebuchte Kostenstellen können nicht mehr gelöscht werden.
- Steuerungsrelevante Felder (**Geschäftsbereich**, **Funktionsbereich**, **Profitcenter**, **Buchungskreis**) können nur für zukünftige, noch nicht genutzte Perioden geändert werden.
- Textfelder (**Bezeichnung**, **Beschreibung**, **Verantwortlicher**, **Abteilung**) können jederzeit geändert werden. Dennoch kann es für eine kontinuierliche Dokumentation der Kostenstelle sinnvoll sein, die Textfelder mit Bezug zu definierten Betrachtungszeiträumen mit neuen Inhalten zu füllen, anstatt die Textfelder einfach zu überschreiben.

Ich zeige Ihnen nun, wie Sie die Stammdaten einer Kostenstelle für einen definierten Zeitraum in der Zukunft ändern. Die Einträge für die laufende Periode bleiben unverändert. Die Möglichkeit, in unterschiedlichen Betrachtungszeiträumen mit verschiedenen Stammdateneinträgen für dieselbe Kostenstelle arbeiten zu können, ist insbesondere bei der gleichzeitigen Bearbeitung von Ist- und Plandaten für unterschiedliche Zeiträume wichtig.

Zum Zeitpunkt der Datenerfassung, zum Beispiel im Oktober 2016, sollen die Ist-Daten dem Profit-Center »Interner Service« zugeordnet werden. Ab dem nächsten Jahr 2017 sollen die Buchungen auf derselben Kostenstelle bei einem anderen Profit-Center »Kundenservice« ausgewiesen werden. Das heißt, die Plandaten für 2017, die ebenfalls im Oktober 2016 erfasst werden, müssen bereits dem neuen Profit-Center »Kundenservice« zugeordnet werden.

Gehen Sie folgendermaßen vor, um die Stammdaten einer Kostenstelle für definierte Zeiträume in der Zukunft zu ändern:

1. Folgen Sie dem Pfad **Rechnungswesen ▸ Controlling ▸ Kostenstellenrechnung ▸ Stammdaten ▸ Kostenstelle ▸ Einzelbearbeitung ▸ Ändern** im SAP Easy Access Menü, oder verwenden Sie den Transaktionscode KS02.

2. Für den gesetzten Kostenrechnungskreis, hier »1000«, werden jetzt Kostenstellen bearbeitet. Wie Sie den Kostenrechnungskreis setzen, habe ich Ihnen am Anfang dieses Kapitels gezeigt.

3. Es erscheint das Einstiegsbild zum Ändern von Kostenstellen. Tragen Sie im Feld **Kostenstelle** ein, welche Kostenstelle Sie ändern möchten, hier 4150. Fahren Sie mit einem Klick auf die Schaltfläche **Stammdaten** oder mit der Taste [↵] fort.

4. Das Grundbild der Transaktion erscheint. Wählen Sie in der Menüleiste zu dieser Transaktion **Bearbeiten ▸ Betracht.zeitraum**.

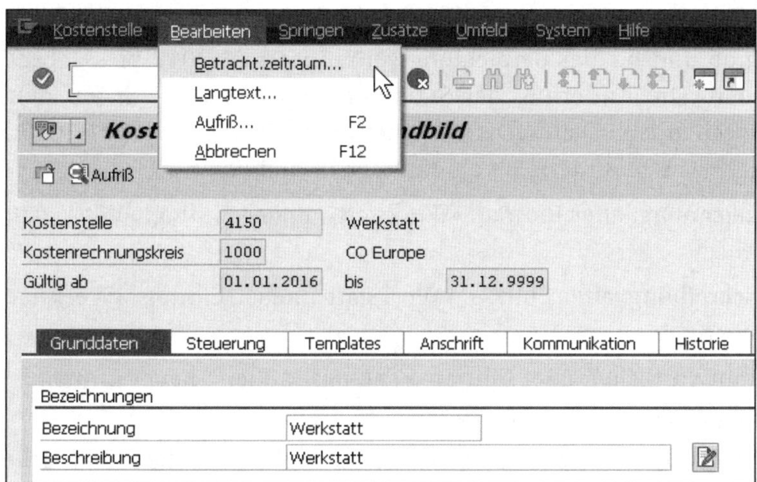

5. Jetzt erscheint das Dialogfenster **Betrachtungszeitraum: Auswählen**. Sie sehen hier die Betrachtungszeiträume, für die diese Kostenstelle bereits gepflegt wurde. In unserem Beispiel ist das eine Zeile mit dem Zeitraum 01.01.2016 bis 31.12.9999. Klicken Sie jetzt auf die Schaltfläche **Anderer Zeitraum**, um einen neuen Betrachtungszeitraum zu definieren.

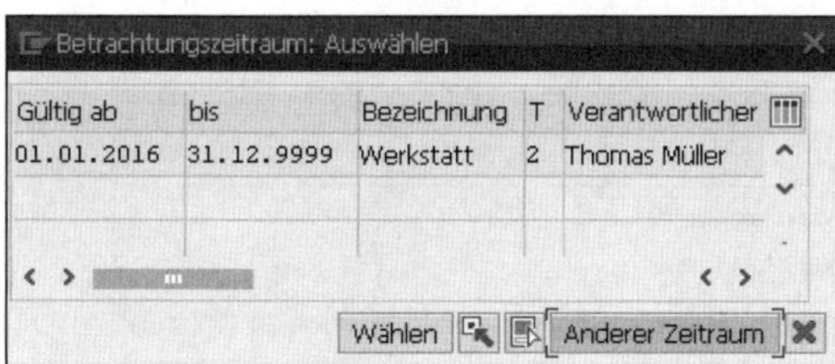

6. Es öffnet sich ein weiteres Dialogfenster mit dem Titel **Anderer Betrachtungszeitraum**. Tragen Sie jetzt in den Feldern **Gültig ab** und **Gültig bis** den Zeitraum ein, für den die neuen Stammdateneinträge gelten sollen. Meistens beginnt dieser Zeitraum mit dem Beginn des nächsten Ge-

schäftsjahres, hier 01.01.2017. Bestätigen Sie Ihre Eingabe mit einem Klick auf die Schaltfläche **Wählen** oder mit der Taste [↵].

7 Das Grundbild der Transaktion erscheint. In den Kopfdaten ist jetzt bei **Gültig ab** und **bis** der Betrachtungszeitraum 01.01.2017 bis 31.12.9999 zu sehen. Die Änderung der Stammdaten wirkt sich nur auf den im vorhergehenden Dialogfenster gewählten Zeitraum 01.01.2017 bis 31.12.9999 aus. Ändern Sie die Einträge in drei Feldern:

- **Bezeichnung**: alter Eintrag: »Werkstatt«, neuer Eintrag: »Werkstatt Dreher«
- **Beschreibung**: alter Eintrag: »Werkstatt«, neuer Eintrag: »Werkstatt Dreher«
- **Verantwortlicher**: alter Eintrag: »Thomas Müller«, neuer Eintrag: »Peter Maier«

  Speichern Sie Ihre Änderungen mit einem Klick auf die Schaltfläche (**Sichern**).

8 Es erscheint das Einstiegsbild der Transaktion. Schließen Sie die Transaktion mit einem Klick auf die Schaltfläche (**Zurück**).

Die alten Stammdaten »Werkstatt« und »Thomas Müller« bleiben für den Zeitraum 01.01.2016 bis 31.12.2016 gespeichert. Die neuen Einträge »Werkstatt Dreher« und »Peter Maier« gelten für den Zeitraum 01.01.2017 bis 31.12.9999. Beim nächsten Einstieg in die Transaktion *Kostenstelle ändern* werden Sie auf die unterschiedlichen Betrachtungszeiträume hingewiesen.

Gehen Sie folgendermaßen vor, um die Stammdaten für eine Kostenstelle zu ändern, bei der bereits verschiedene Betrachtungszeiträume verfügbar sind.

1. Folgen Sie dem Pfad **Rechnungswesen ▸ Controlling ▸ Kostenstellenrechnung ▸ Stammdaten ▸ Kostenstelle ▸ Einzelbearbeitung ▸ Ändern** im SAP Easy Access Menü, oder verwenden Sie den Transaktionscode KS02.

2. Für den gesetzten Kostenrechnungskreis, hier »1000«, werden jetzt Kostenstellen bearbeitet. Wie Sie den Kostenrechnungskreis setzen, habe ich Ihnen am Anfang dieses Kapitels gezeigt.

3. Das Einstiegsbild der Transaktion öffnet sich. Tragen Sie im Feld **Kostenstelle** ein, welche Kostenstelle Sie ändern möchten, hier 4150. Bestätigen Sie die Auswahl der Kostenstelle mit einem Klick auf die Schaltfläche **Stammdaten** oder mit der Taste [↵].

4. Markieren Sie mit einem Klick denjenigen der beiden Betrachtungszeiträume, für den die Änderung durchgeführt werden soll, zum Beispiel 01.01.2017 bis 31.12.9999. Bestätigen Sie Ihre Auswahl mit einem Klick auf die Schaltfläche **Wählen** oder mit der Taste [↵].

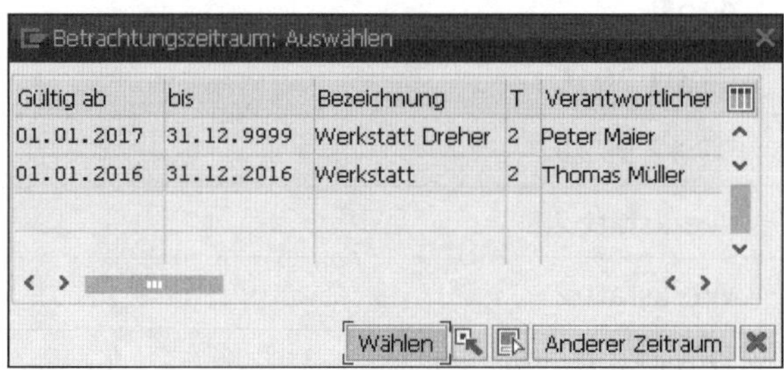

5. Das Grundbild der Transaktion erscheint. Ändern Sie die gewünschten Felder. Für jungfräuliche Perioden in der Zukunft sind Änderungen in allen Feldern möglich.

6. Speichern Sie Änderungen mit einem Klick auf die Schaltfläche (**Sichern**). Es erscheint das Einstiegsbild der Transaktion. Schließen Sie die Transaktion mit einem Klick auf die Schaltfläche (**Zurück**).

Die Änderung der Stammdaten für den Zeitraum 01.01.2017 bis 31.12.9999 ist abgeschlossen.

In diesem Kapitel haben Sie die wichtigsten Funktionen kennengelernt, die Sie zur Pflege von Kostenstellenstammdaten benötigen. Im nächsten Kapitel 4, »Kostenstellengruppen und -hierarchien«, lernen Sie, wie Sie die Standardhierarchie der Kostenstellen pflegen.

3.4 Probieren Sie es aus!

HINWEIS

Hinweise zur Übung

Die folgenden Übungen können Sie auf einem SAP IDES (International Demonstration and Education System) selbst durchführen. Die drei Übungen zu diesem Kapitel bauen aufeinander auf. Sie sind unabhängig von den Übungen in anderen Kapiteln.

Die Lösungshinweise können Sie auf der Webseite zum Buch unter *https://www.rheinwerk-verlag.de/4140/* herunterladen.

Aufgabe 1

Legen Sie eine neue Kostenstelle 4151 »Werkstatt 2« an.

Feld	Dateneingabe
Kostenstelle	4151
Gültig von	01.01.2016
Gültig bis	31.12.9999
Bezeichnung	Werkstatt 2
Beschreibung	Werkstatt 2
Verantwortlicher	Thomas Müller
Art der Kostenstelle	2
Hierarchiebereich	H1410
Buchungskreis	1000

Feld	Dateneingabe
Geschäftsbereich	9900
Funktionsbereich	0100
Profit-Center	1400

Aufgabe 2

Pflegen Sie für die Kostenstelle 4150 eine englische Bezeichnung und Beschreibung.

Feld	Dateneingabe
Controlling Area	1000
Cost Center	4150
Name	Workshop 2
Description	Workshop 2

Aufgabe 3

Ändern Sie für die Kostenstelle 4151 ab dem kommenden Jahr **Bezeichnung**, **Beschreibung** und **Verantwortlicher**.

Feld	Dateneingabe
Kostenrechnungskreis	1000
Kostenstelle	4151
Gültig von	01.01.2017
Gültig bis	31.12.9999
Bezeichnung	Werkstatt Dreher
Beschreibung	Werkstatt Dreher
Verantwortlicher	Peter Maier

4 Kostenstellengruppen und -hierarchien

In mittelgroßen Unternehmen werden Hunderte und in großen Unternehmen Tausende Kostenstellen genutzt. Um sinnvoll mit so vielen Objekten arbeiten zu können, sind Gruppen und Hierarchien erforderlich. In Berichten können mit den Gruppen und Hierarchien die Daten von Kostenstellen zusammengefasst werden. Bei der Verrechnung von Kosten werden die Gruppen und Hierarchien genutzt, um die Pflege der Verrechnungsregeln zu vereinfachen. Die Verrechnungsregeln, zum Beispiel bei der Umlage, werden nicht für jede Kostenstelle einzeln gepflegt, sondern für eine Gruppe von Kostenstellen mit denselben Regeln nur einmal.

In diesem Kapitel lernen Sie,

- wie Sie die Zuordnung einer Kostenstelle zur Standardhierarchie in den Stammdaten pflegen,
- wie Sie in der Kostenstellen-Standardhierarchie navigieren,
- wie Sie Kostenstellen zwischen Kostenstellengruppen verschieben,
- wie Sie Kostenstellen innerhalb von Kostenstellengruppen verschieben,
- wie Sie neue Kostenstellengruppen in der Standardhierarchie anlegen und nutzen,
- wie Sie mit alternativen Kostenstellengruppen und -hierarchien arbeiten.

4.1 Den Hierarchiebereich in den Stammdaten pflegen

Im SAP-System ist jede Kostenstelle zwingend der Standardhierarchie des Kostenrechnungskreises zugeordnet. Diese Zuordnung haben Sie in Abschnitt 3.2, »Kostenstellen anlegen«, bereits kennengelernt. Im Feld **Hierarchiebereich** auf der Registerkarte **Grunddaten** wird die Zuordnung der Kostenstelle innerhalb der Standardhierarchie gepflegt. Das Feld ist ein Mussfeld; leere Einträge sind nicht möglich.

Hierarchiebereich: Zuordnung der Kostenstelle in der Standardhierarchie

Die Änderung des Feldes **Hierarchiebereich** ist hingegen möglich, allerdings nur, wenn Sie beim Einstieg in die Transaktion den gesamten Existenzzeitraum der Kostenstelle ausgewählt haben. Damit wirkt sich die Änderung des Hierarchiebereichs auf alle Betrachtungszeiträume der Kostenstelle aus. Unterschiedliche Hierarchiebereiche in verschiedenen Betrachtungszeiträumen sind nicht möglich.

Bevor Sie mit der Arbeit mit der Standardhierarchie und den Stammdaten von Kostenstellen beginnen, müssen Sie sicherstellen, dass Sie den richtigen Kostenrechnungskreis gesetzt haben. Nutzen Sie für alle Beispiele in diesem Kapitel den Kostenrechnungskreis 1000 »CO Europe«.

Gehen Sie folgendermaßen vor, um den Kostenrechnungskreis für Ihren Benutzer zu setzen:

1. Folgen Sie dem Pfad **Rechnungswesen ▸ Controlling ▸ Kostenstellenrechnung ▸ Umfeld ▸ Kostenrechnungskreis setzen** im SAP Easy Access Menü, oder verwenden Sie den Transaktionscode OKKS.
2. Es öffnet sich ein Dialogfenster, in dem Sie im Feld **Kostenrechnungskreis** den Schlüssel des Kostenrechnungskreises eintragen, mit dem Sie

arbeiten möchten. Für alle Beispiele in diesem Kapitel nutzen Sie den Kostenrechnungskreis 1000.

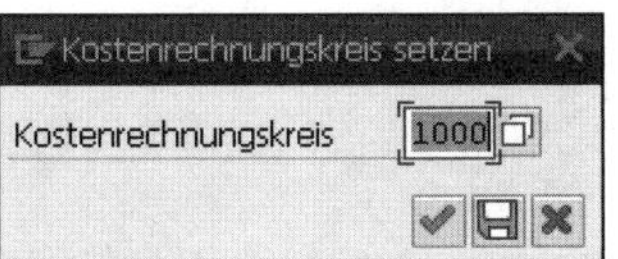

3 Bestätigen Sie Ihre Eingabe mit einem Klick auf die Schaltfläche (**Weiter**) oder mit der Taste [↵]. Mit dieser Schaltfläche speichern Sie den gewählten Kostenrechnungskreis für die aktuelle SAP-Sitzung. Der Kostenrechnungskreis bleibt so lange gesetzt, bis Sie sich vom SAP-System abmelden.

4 Alternativ können Sie die Eingabe des Kostenrechnungskreises dauerhaft mit einem Klick auf die Schaltfläche (**Als Benutzerparameter sichern**) oder mit der Taste [F5] speichern. Dann bleibt der gewählte Kostenrechnungskreis auch über die aktuelle SAP-Sitzung hinaus gesetzt. Wenn Sie sich ab- und wieder anmelden, weiß das System bereits, mit welchem Kostenrechnungskreis Sie arbeiten möchten.

Gehen Sie folgendermaßen vor, um den Hierarchiebereich bei einer Kostenstelle zu ändern, für die unterschiedliche Betrachtungszeiträume existieren:

1 Folgen Sie dem Pfad **Rechnungswesen ▸ Controlling ▸ Kostenstellenrechnung ▸ Stammdaten ▸ Kostenstelle ▸ Einzelbearbeitung ▸ Ändern** im SAP Easy Access Menü, oder verwenden Sie den Transaktionscode KS02.

2 Es erscheint das Einstiegsbild der Transaktion mit einem einzigen Feld: **Kostenstelle**. Tragen Sie hier den Schlüssel der Kostenstelle ein, die Sie ändern möchten, zum Beispiel 4150.

Für diese Kostenstelle »Werkstatt« bzw. »Werkstatt Dreher« haben Sie in Abschnitt 3.3, »Stammdaten für unterschiedliche Zeiträume verwalten«, unterschiedliche Bezeichnungen und Verantwortliche in verschiedenen Betrachtungszeiträumen hinterlegt. Bestätigen Sie Ihre Auswahl mit einem Klick auf die Schaltfläche **Stammdaten** oder mit der Taste [↵].

3 Das Dialogfenster **Betrachtungszeitraum: Auswählen** erscheint. In diesem Beispiel sehen Sie in diesem Dialogfenster zwei Zeilen, eine für den Zeitraum vom 01.01.2016 bis 31.12.2016 und eine zweite für den Zeitraum vom 01.01.2017 bis 31.12.9999. Die Änderung des Hierarchiebereiches soll für beide Betrachtungszeiträume gemeinsam durchgeführt werden. Klicken Sie auf die Schaltfläche **Anderer Zeitraum**.

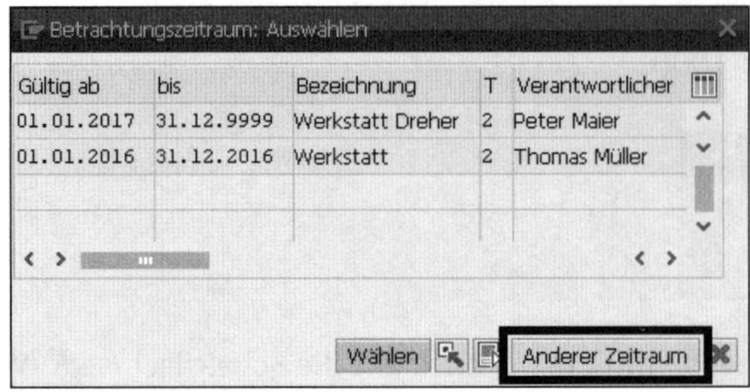

4 Im nächsten Dialogfenster **Anderer Betrachtungszeitraum** wird der gesamte Existenzzeitraum der Kostenstelle vom 01.01.2016 bis zum 31.12.9999 vorgeschlagen. Übernehmen Sie diesen Vorschlag ohne Änderungen mit einem Klick auf die Schaltfläche **Wählen** oder mit [↵].

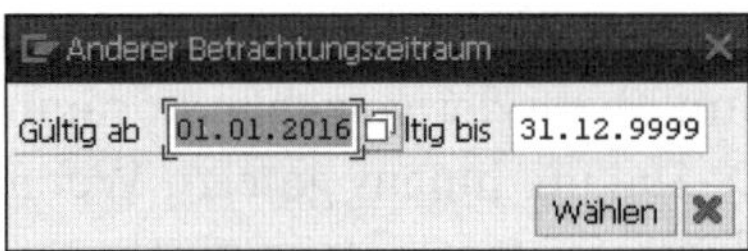

5 Die Felder **Bezeichnung**, **Beschreibung** und **Verantwortlicher** sind für verschiedene Betrachtungszeiträume unterschiedlich gepflegt und können mit der getroffenen Auswahl des Betrachtungszeitraums 01.01.2016 bis 31.12.9999 nicht geändert werden. Deshalb sind diese Felder grau hinterlegt und mit einem »+« gefüllt.

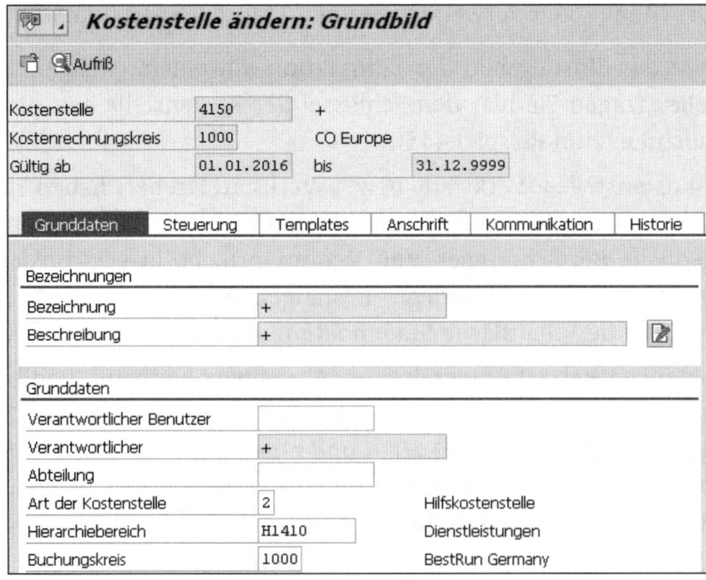

6 Sie können das Feld **Hierarchiebereich** noch anpassen: Ändern Sie den Eintrag in diesem Feld von H1410 »Dienstleistungen« auf H1420 »Produktion«. Bestätigen Sie Ihre Eingabe mit der Taste [↵]. Die Bezeichnung des Hierarchiebereiches H1420 »Produktion« wird hinter dem Feld eingeblendet.

7 Speichern Sie Ihre Änderungen mit einem Klick auf die Schaltfläche (**Sichern**). Es erscheint das Einstiegsbild der Transaktion. Schließen Sie die Transaktion mit einem Klick auf die Schaltfläche (**Zurück**).

Die Änderung der Zuordnung einer Kostenstelle innerhalb der Standardhierarche ist, wie Sie gesehen haben, mit der Änderung des Feldes **Hierarchiebereich** in den Stammdaten möglich.

Eine zweite, vielleicht elegantere Möglichkeit bietet die Transaktion OKEON (Kostenstellen-Standardhierarchie ändern). Sie lernen diese Transaktion zur Pflege der Standardhierarchie im folgenden Abschnitt kennen. Ich zeige Ihnen zunächst, wie Sie in diesem Bild navigieren. Danach lernen Sie, wie Sie Änderungen in der Standardhierarchie durchführen, zum Beispiel wie Sie Kostenstellen mit dieser Transaktion verschieben.

4.2 In der Standardhierarchie navigieren

Die Transaktion OKEON zur Pflege der Standardhierarchie zeigt ein aufwendig gestaltetes, dreigeteiltes Bild (siehe Abbildung). Links sehen Sie den *Objektmanager* ❶ mit den Bereichen **Suche nach** und **Trefferliste**. Der Objektmanager unterstützt Sie dabei, Kostenstellen und Kostenstellengruppen in der Hierarchie zu lokalisieren. Rechts oben sehen Sie den *Hierarchiebereich* ❷ und rechts unten den *Detailbereich* ❸ für das Objekt, das Sie in der Hierarchie ausgewählt haben. In diesem Beispiel ist die oberste Kostenstellengruppe der Standardhierarchie H1 »Standardhier. Ko.re.kr 1000« ausgewählt. Für diese Kostenstellengruppe sind rechts unten die Details eingeblendet.

Die Kostenstellen-Standardhierarchie im SAP-System wird aus Kostenstellen und Kostenstellengruppen gebildet. Das oberste Element der Hierarchie ist immer eine Kostenstellengruppe, hier H1 »Standardhier. Ko.re.kr 1000«. Dadurch, dass die Gruppe H1 »Standardhier. Ko.re.kr 1000« weitere Kostenstellengruppen enthält, zum Beispiel H1000 »IDES Deutschland – BK 1000« und H2000 »IDES UK – BK 2000«, entsteht die Hierarchie. Die Gruppe H1000 »IDES Deutschland – BK 1000« enthält weitere Kostenstellengruppen, so entsteht eine weitere Ebene in der Hierarchie. In diesem Schulungssystem sind die Kostenstellen den Kostenstellengruppen auf der vierten Ebene zugeordnet.

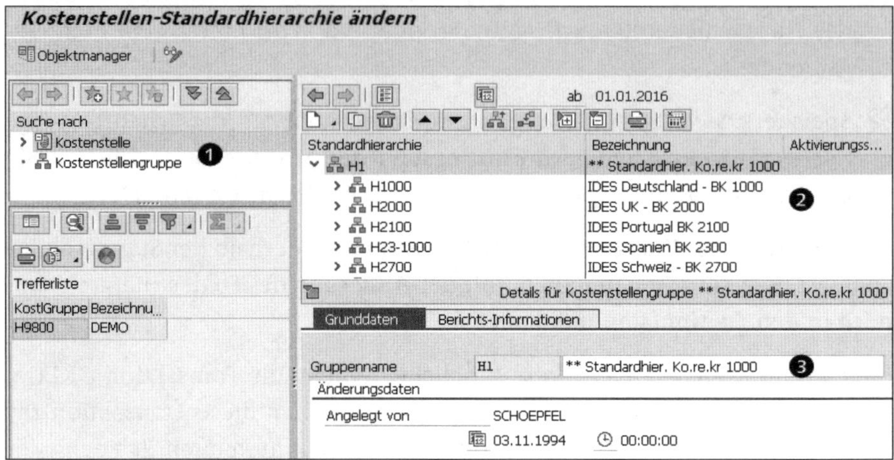

Transaktion »Kostenstellen-Standardhierarchie ändern« mit drei Bildbereichen: Objektmanager, Hierarchie, Details

Gehen Sie folgendermaßen vor, um in der Standardhierarchie zu navigieren:

1. Folgen Sie dem Pfad **Rechnungswesen ▸ Controlling ▸ Kostenstellenrechnung ▸ Stammdaten ▸ Standardhierarchie ▸ Ändern** im SAP Easy Access Menü, oder verwenden Sie den Transaktionscode OKEON.
2. Für den gesetzten Kostenrechnungskreis, hier »1000«, wird die Standardhierarchie geöffnet. Wie Sie den Kostenrechnungskreis setzen, habe ich Ihnen am Anfang dieses Kapitels gezeigt.
3. Suchen Sie jetzt die Kostenstelle 4120 »EDV-Abteilung« in der Standardhierarchie. Dazu klicken Sie auf die Schaltfläche **Kostenstelle** im Bereich **Suche nach** des Objektmanagers. Das Dialogfenster **Suchen nach Kostenstelle** öffnet sich.

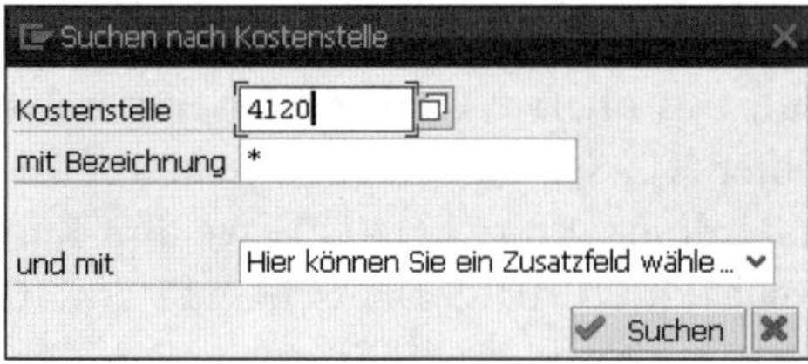

4 Tragen Sie in das Feld **Kostenstelle** den Schlüssel der gesuchten Kostenstelle ein, hier 4120. Starten Sie die Suche mit einem Klick auf die Schaltfläche **Suchen** oder mit der Taste [↵].

> HINWEIS
>
> **Suchen mit Wildcards**
>
> Sie können wie hier nach einem eindeutigen Wert »4120« oder mithilfe der sogenannten Wildcard »*« nach einem Wertebereich suchen:
>
> - »41*« sucht nach allen Kostenstellen, die mit 41 beginnen.
> - »4*20« sucht nach allen Kostenstellen, die mit 4 beginnen und mit 20 enden.
> - »*20« sucht nach allen Kostenstellen, die mit 20 enden.

5 Das Ergebnis der Suche, die Kostenstelle 4120 »EDV-Abteilung«, wird in der Trefferliste des Objektmanagers eingeblendet. Mit einem Doppelklick auf die gefundene Kostenstelle in der Trefferliste wird diese Kostenstelle (hier 4120) im Hierarchiebereich (rechts oben) dargestellt.

Die Kostenstelle ist der Kostenstellengruppe H1410 »Dienstleistungen« zugeordnet. Diese Kostenstellengruppe H1410 wird als Startobjekt im Hierarchiebereich dargestellt. Im Detailbereich (rechts unten) sind jetzt die Stammdaten zu dieser Kostenstelle zu sehen.

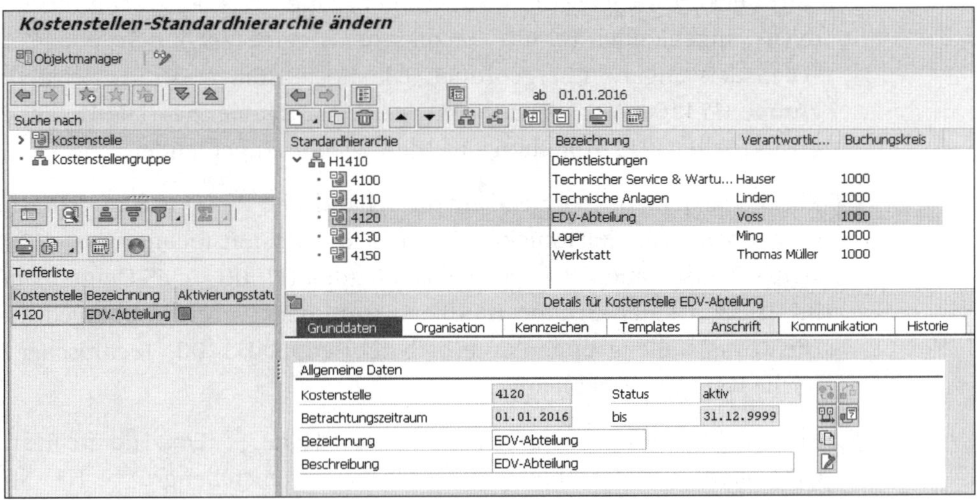

6 Sie können sowohl den Objektmanager als auch den Detailbereich ein- und ausblenden. Das ist insbesondere bei kleinen Bildschirmen sinnvoll. Sie verschaffen sich so einen besseren Überblick über die Hierarchie.

- Blenden Sie den **Objektmanager** mit einem Klick auf die Schaltfläche **Objektmanager** (**Objektmanager einblenden/ausblenden**) ein bzw. aus.
- Blenden Sie den Detailbereich mit einem Klick auf die Schaltfläche (**Detailbereich schließen**) aus.

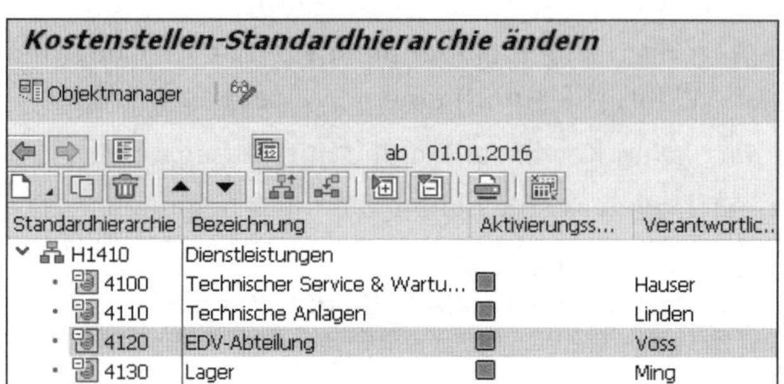

7 Sie sehen in dieser Darstellung, welcher Kostenstellengruppe die Kostenstelle 4120 »EDV-Abteilung« direkt zugeordnet ist. Das ist die Gruppe H1410 »Dienstleistungen«. Um herauszufinden, wo sich diese Gruppe in der Standardhierarchie befindet, müssen Sie sich Stufe für Stufe zu den jeweils übergeordneten Gruppen in der Kostenstellenhierarchie »hangeln«.

8 Klicken Sie auf die Schaltfläche (**Eine Hierarchiestufe nach oben**). Als Startobjekt wird jetzt die Kostenstellengruppe H1400 »Technischer Bereich« eingeblendet. H1400 »Technischer Bereich« ist der Gruppe H1410 »Dienstleistungen« übergeordnet. Die Kostenstellen der Kostenstellengruppe H1410 »Dienstleistungen« werden ausgeblendet. Die Details zur Kostenstelle »EDV-Abteilung« werden wieder eingeblendet.

9 Klicken Sie jetzt noch einmal auf die Schaltfläche (**Eine Hierarchiestufe nach oben**). Als Startobjekt wird jetzt die Kostenstellengruppe H1000 »IDES Deutschland – BK 1000« eingeblendet. H1000 »IDES Deutschland – BK 1000« ist der Gruppe H1400 »Technischer Bereich« übergeordnet. Die Kostenstellengruppen unterhalb der Gruppe H1400 »Technischer Bereich« werden ausgeblendet.

10 Klicken Sie jetzt noch einmal auf die Schaltfläche (**Eine Hierarchiestufe nach oben**). Als Startobjekt wird jetzt die Kostenstellengruppe H1 »Standardhier. Ko.re.kr 1000« eingeblendet. H1 »Standardhier. Ko.re.kr 1000« ist die oberste Kostenstellengruppe der Standardhierarchie des Kostenrechnungskreises 1000. Die Kostenstellengruppen unterhalb der Gruppe H1000 »IDES Deutschland – BK 1000« werden ausgeblendet.

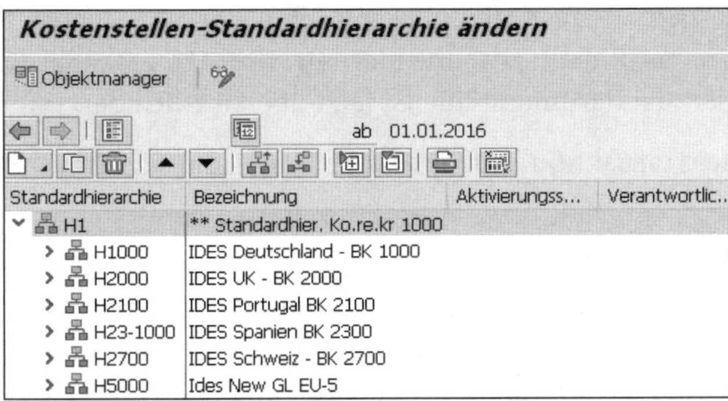

11 Jetzt haben Sie Schritt für Schritt die Hierarchie für die Kostenstelle 4120 »EDV-Abteilung« von unten nach oben durchlaufen. Um die Position der Kostenstelle in der gesamten Standardhierarchie anzuzeigen, gehen Sie jetzt den umgekehrten Weg. Schließen Sie zunächst die Details für die Kostenstelle mit einem Klick auf die Schaltfläche (**Detailbereich schließen**). Öffnen Sie nun Schritt für Schritt die einzelnen Kostenstellengruppen bis hinunter zur Kostenstelle 4120:

- Klicken Sie auf den Pfeil links neben der Gruppe H1000 »IDES Deutschland – BK 1000«. Die Gruppen, die dieser Kostenstellengruppe H1000 zugeordnet sind, werden eingeblendet.
- Klicken Sie jetzt auf den Pfeil links neben der Gruppe H1400 »Technischer Bereich«. Die Gruppen, die dieser Kostenstellengruppe H1400 zugeordnet sind, werden eingeblendet.
- Klicken Sie jetzt auf den Pfeil links neben der Gruppe H1410 »Dienstleistungen«. Die Kostenstellen, die dieser Kostenstellengruppe H1400 zugeordnet sind, werden eingeblendet.

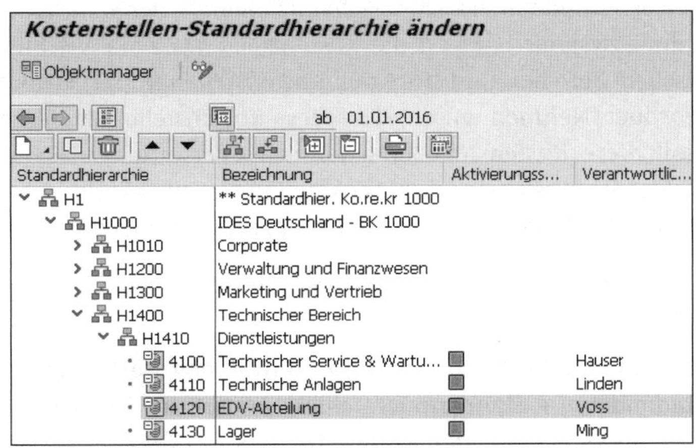

12 Die Kostenstelle 4120 »EDV-Abteilung« mit allen übergeordneten Kostenstellengruppen bis hinauf zur obersten Gruppe H1 »Standardhier. Ko.re.kr 1000« der Standardhierarchie ist jetzt übersichtlich dargestellt.

13 Schließen Sie die Transaktion mit einem Klick auf die Schaltfläche (Zurück).

Sie kennen jetzt einige wichtige Funktionen der Transaktion OKEON (Kostenstellen-Standardhierarchie ändern). Sie wissen nun, wie Sie Objekte finden, und Sie können in der Standardhierarchie navigieren. Jetzt lernen Sie, wie Sie diese Transaktion nutzen, um die Standardhierarchie zu verändern.

4.3 Kostenstellen zwischen Gruppen verschieben

Möchten Sie Objekte in einer Hierarchie verschieben, gehen Sie bei moderner Software davon aus, dass dieses Verschieben per Drag & Drop funktioniert.

Denken Sie zum Beispiel an den Datei-Explorer von Microsoft Windows. Wenn Sie mit dem Datei-Explorer von Microsoft Windows eine Datei von einem Verzeichnis in ein anderes verschieben möchten, klicken Sie auf die Datei und halten die linke Maustaste gedrückt. Sie ziehen (englisch: drag) die Datei mit gedrückter Maustaste in das Zielverzeichnis. Wenn der Mauszeiger das Zielverzeichnis erreicht hat, lassen Sie die Maustaste los, und die Datei fällt (englisch: drop) gewissermaßen in das Zielverzeichnis.

Im SAP-System können Sie mit der Transaktion OKEON (Kostenstellen-Standardhierarchie ändern) Kostenstellen und Kostenstellengruppen per Drag & Drop verschieben. Veränderungen in der Organisation lassen sich so sehr einfach in der Kostenstellenhierarchie nachvollziehen. In der Standardhierarchie des Schulungssystems IDES ist die Kostenstelle 4120 »EDV-Abteilung« dem »Technischen Bereich« und dort der Kostenstellengruppe »Dienstleistungen« zugeordnet. Nehmen wir an, dass diese Kostenstelle neu organisiert wird. Jetzt soll diese Kostenstelle dem Bereich »Verwaltung« zugeordnet werden. Wie Sie die Kostenstelle »EDV-Abteilung« vom »Technischen Bereich« in den Bereich »Verwaltung« verschieben, sehen Sie jetzt.

Gehen Sie folgendermaßen vor, um Kostenstellen in der Standardhierarchie zu verschieben.

1 Folgen Sie dem Pfad **Rechnungswesen ▸ Controlling ▸ Kostenstellenrechnung ▸ Stammdaten ▸ Standardhierarchie ▸ Ändern** im SAP Easy Access Menü, oder verwenden Sie den Transaktionscode OKEON.

2 Für den gesetzten Kostenrechnungskreis, hier »1000«, wird die Standardhierarchie geöffnet. Wie Sie den Kostenrechnungskreis setzen, habe ich Ihnen am Anfang dieses Kapitels gezeigt.

3 Navigieren Sie zur obersten Kostenstellengruppe der Standardhierarchie, das ist die Kostenstellengruppe H1 »Standardhier. Ko.re.kr 1000«. Dazu klicken Sie auf die Schaltfläche **Kostenstellengruppe** im Bereich **Suche nach** des Objektmanagers. Das Dialogfenster **Suchen nach Kostenstellengruppe** öffnet sich.

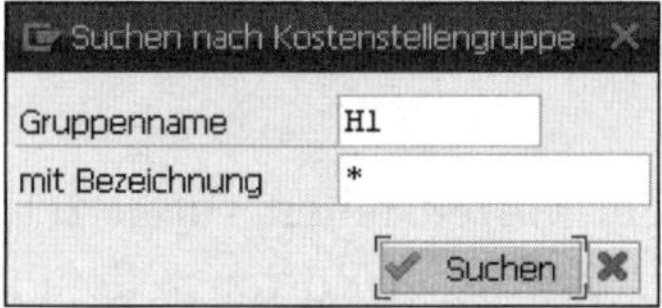

4 Tragen Sie in das Feld **Gruppenname** den Schlüssel der gesuchten Kostenstellengruppe ein, hier H1. Starten Sie die Suche mit einem Klick auf die Schaltfläche **Suchen** oder mit der Taste [↵].

5 Das Ergebnis der Suche, die Kostenstellengruppe H1 »Standardhier. Ko.re.kr 1000«, wird in der **Trefferliste** des Objektmanagers eingeblendet. Mit einem Doppelklick auf die gefundene Kostenstellengruppe in der **Trefferliste** wird diese Kostenstellengruppe (hier H1) als Startobjekt im Hierarchiebereich (rechts oben) dargestellt. Im Detailbereich (rechts unten) sind jetzt die Details für diese Kostenstellengruppe zu sehen.

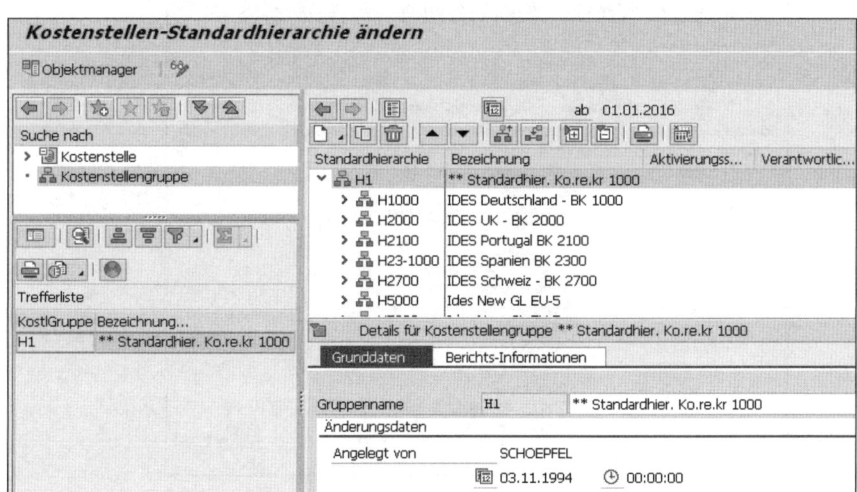

6 Öffnen Sie die Standardhierarchie jetzt so, dass Sie die Kostenstellen zur Gruppe H1210 »Verwaltung« und die Kostenstellen zur Gruppe H1410 »Dienstleistungen« sehen:

- Klicken Sie auf den Pfeil ❯ links neben der Kostenstellengruppe H1000 »IDES Deutschland – BK 1000«. Die Kostenstellengruppen, die dieser Gruppe untergeordnet sind, unter anderem die Gruppe H1200 »Verwaltung und Finanzwesen«, werden sichtbar.
- Klicken Sie auf den Pfeil ❯ links neben der Kostenstellengruppe H1200 »Verwaltung und Finanzwesen«. Die Kostenstellengruppen, die dieser Gruppe untergeordnet sind, unter anderem die Gruppe H1210 »Verwaltung«, werden sichtbar.
- Klicken Sie auf den Pfeil ❯ links neben der Kostenstellengruppe H1210 »Verwaltung«. Die beiden Kostenstellen, die dieser Kostenstellengruppe untergeordnet sind, werden sichtbar.
- Jetzt richten Sie den Blick etwas weiter nach unten auf die Kostenstellengruppe H1400 »Technischer Bereich«. Klicken Sie auf den Pfeil ❯ links neben der Kostenstellengruppe. Die Kostenstellengruppen, die dieser Gruppe untergeordnet sind, unter anderem die Gruppe H1410 »Dienstleistungen«, werden sichtbar.
- Klicken Sie auf den Pfeil ❯ links neben der Kostenstellengruppe H1410 »Dienstleistungen«. Die Kostenstellen, die dieser Kostenstellengruppe untergeordnet sind, werden sichtbar.

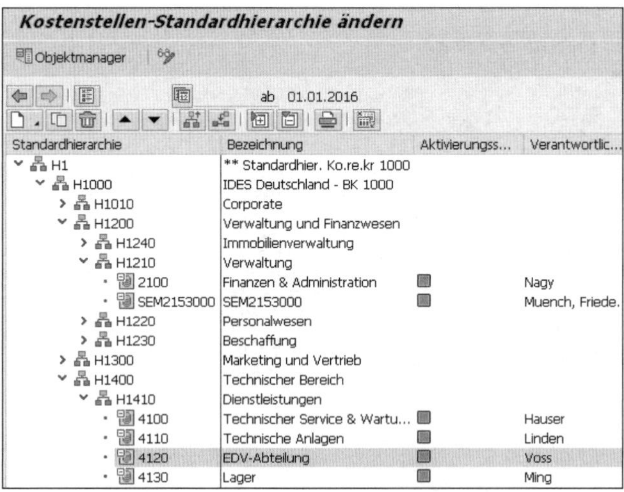

7 Jetzt verschieben Sie die Kostenstelle 4120 »EDV-Abteilung« aus der Kostenstellengruppe H1410 »Dienstleistungen« in die Gruppe H1210 »Ver-

waltung«. Klicken Sie auf die Kostenstelle 4120 »EDV-Abteilung«, und halten Sie die linke Maustaste gedrückt. Bewegen Sie die Maus mit gedrückter Maustaste auf die Kostenstellengruppe H1210 »Verwaltung«.

Während Sie die Maus mit gedrückter Maustaste bewegen, verändert sich das Aussehen des Mauszeigers. Immer dann, wenn sich der Mauszeiger über einer Kostenstelle befindet, wird statt des Mauszeigers ein durchgestrichener Kreis (⊘) angezeigt. Damit wird sichtbar gemacht, dass eine Kostenstelle nicht in eine andere Kostenstelle verschoben werden kann.

Immer dann, wenn sich der Mauszeiger über einer Kostenstellengruppe befindet, wird der Mauszeiger zusammen mit einem kleinen transparenten Rechteck (⬚) dargestellt. Damit wird sichtbar gemacht, dass die Kostenstelle in eine Kostenstellengruppe verschoben werden kann.

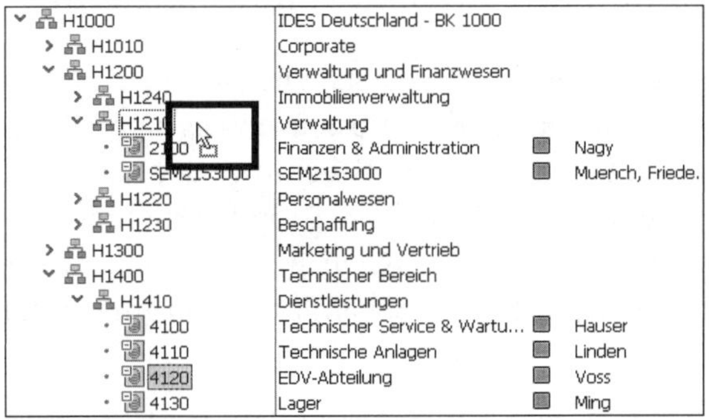

8. Lassen Sie die Maustaste los, wenn der Mauszeiger (⬚) auf die Kostenstellengruppe H1210 »Verwaltung« zeigt. Die Kostenstelle 4120 »EDV-Abteilung« verschwindet aus der Gruppe H1410 »Dienstleistungen« und erscheint gleichzeitig als erstes Element in der Gruppe H1210 »Verwaltung«.

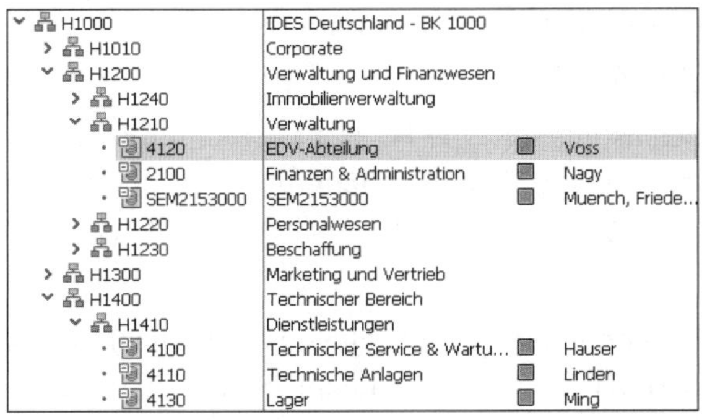

9 Speichern Sie Ihre Änderung mit einem Klick auf die Schaltfläche (**Sichern**). Schließen Sie die Transaktion OKEON (Kostenstellen-Standardhierarchie ändern) mit einem Klick auf die Schaltfläche (**Zurück**).

Per Drag & Drop können Sie Kostenstellen auf jede beliebige Ebene der Hierarchie verschieben. Auch das Verschieben von Kostenstellen in Kostenstellengruppen, die ihrerseits wieder Gruppen enthalten, ist technisch möglich. Für die verständliche Abbildung der Organisation empfehle ich Ihnen allerdings, Kostenstellen nur auf die jeweils unterste Ebene der Hierarchie zu setzen. Kostenstellengruppen, die Gruppen enthalten, sollten keine Kostenstellen enthalten, und Gruppen mit Kostenstellen sollten keine anderen Gruppen enthalten.

4.4 Kostenstellen innerhalb einer Gruppe verschieben

Nach der Lektüre des letzten Abschnitts wissen Sie, wie Sie eine Kostenstelle von einer Kostenstellengruppe in eine andere Kostenstellengruppe verschieben können. Aber was müssen Sie tun, um die Reihenfolge der Kostenstellen innerhalb einer Gruppe zu verändern? Per Drag & Drop funktioniert das leider nicht. Für das Verschieben von Kostenstellen innerhalb einer Gruppe nach vorn oder nach hinten müssen Sie die Schaltflächen im Anwendungsmenü nutzen.

Gehen Sie folgendermaßen vor, um Kostenstellen in der Standardhierarchie innerhalb einer Gruppe zu verschieben.

1 Folgen Sie dem Pfad **Rechnungswesen ▸ Controlling ▸ Kostenstellenrechnung ▸ Stammdaten ▸ Standardhierarchie ▸ Ändern** im SAP Easy Access Menü, oder verwenden Sie den Transaktionscode OKEON.

2 Für den gesetzten Kostenrechnungskreis, hier »1000«, wird die Standardhierarchie geöffnet. Wie Sie den Kostenrechnungskreis setzen, habe ich Ihnen am Anfang dieses Kapitels gezeigt.

3 Navigieren Sie zur Kostenstellengruppe H1210 »Verwaltung«. Dazu klicken Sie auf die Schaltfläche **Kostenstellengruppe** im Bereich **Suche nach** des Objektmanagers. Das Dialogfenster **Suchen nach Kostenstellengruppe** öffnet sich.

4 Tragen Sie in das Feld **Gruppenname** den Schlüssel der gesuchten Kostenstellengruppe ein, hier H1210. Starten Sie die Suche mit einem Klick auf die Schaltfläche (**Suchen**) oder mit der Taste [↵].

5 Das Ergebnis der Suche, die Kostenstellengruppe H1210 »Verwaltung«, wird in der **Trefferliste** des Objektmanagers eingeblendet. Mit einem Doppelklick auf die gefundene Kostenstellengruppe in der **Trefferliste** wird diese Kostenstellengruppe (hier H1210) als Startobjekt im Hierarchiebereich (rechts oben) dargestellt.

Die Kostenstellen, die zu dieser Gruppe gehören, werden eingeblendet. Die erste Kostenstelle in dieser Gruppe ist 4120 »EDV-Abteilung«, die Sie in Abschnitt 4.3, »Kostenstellen zwischen Gruppen verschieben«, hierher verschoben haben. Im Detailbereich (rechts unten) sind jetzt die Details für diese Kostenstellengruppe zu sehen.

6 Die Kostenstelle 4120 »EDV-Abteilung« soll eine Position weiter hinten dargestellt werden, also hinter der Kostenstelle 2100 »Finanzen & Administration«. Klicken Sie auf die Kostenstelle 4120 »EDV-Abteilung« und dann auf die Schaltfläche ▼ (**Nach hinten verschieben**). Die Kostenstelle 4120 »EDV-Abteilung« springt an die gewünschte Position hinter die Kostenstelle 2100 »Finanzen & Administration«.

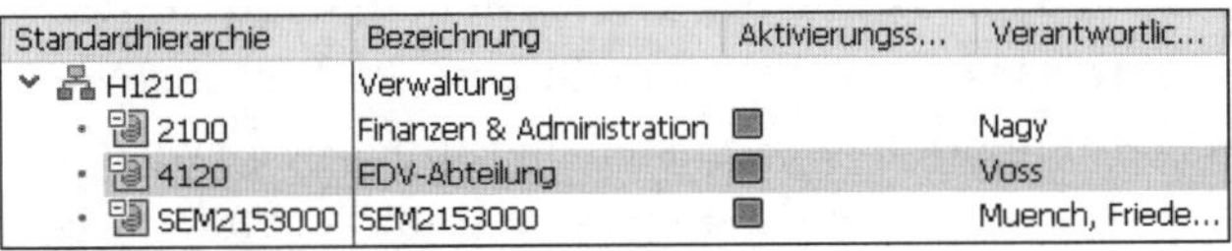

7 Um die Kostenstelle in die umgekehrte Richtung, also nach vorn zu bewegen, klicken Sie auf die Schaltfläche ▲ (**Nach vorne verschieben**). Die Kostenstelle 4120 »EDV-Abteilung« springt wieder zurück auf die erste Position innerhalb der Kostenstellengruppe 1210 »Verwaltung«. Klicken Sie jetzt wieder auf die Schaltfläche ▼ (**Nach hinten verschieben**), damit die Kostenstelle 4120 »EDV-Abteilung« wieder an die gewünschte Position hinter 2100 »Finanzen & Administration« springt.

8 Speichern Sie Ihre Änderung mit einem Klick auf die Schaltfläche (**Sichern**).

9 Schließen Sie die Transaktion OKEON (Kostenstellen-Standardhierarchie ändern) mit einem Klick auf die Schaltfläche (Zurück).

VIDEO

Kostenstellengruppen und -hierarchien

In diesem Video lernen Sie die Standardhierarchie für Kostenstellen kennen. Sie sehen, wie Sie Gruppen oder Kostenstellen in der Standardhierarchie suchen. Sie erfahren außerdem, wie Sie die Standardhierarchie bearbeiten.

http://s-prs.de/v4140eb

Sie können jetzt in der Kostenstellen-Standardhierarchie navigieren, Sie können Kostenstellen zwischen Kostenstellengruppen und innerhalb von Gruppen verschieben. Die Funktionen zum Verschieben von Kostenstellen funktionieren ohne Einschränkungen auch beim Verschieben von bestehenden Gruppen. Kostenstellengruppen können Sie per Drag & Drop in andere Gruppen verschieben. Um die Position einer Gruppe innerhalb der übergeordneten Gruppe zu verändern, nutzen Sie wie bei den Kostenstellen die Schaltflächen ▲ **(Nach vorne verschieben)** und ▼ **(Nach hinten verschieben)**. Im nächsten Abschnitt erfahren Sie, wie Sie in der Standardhierarchie neue Kostenstellengruppen anlegen und mit Kostenstellen füllen.

4.5 Neue Gruppen in der Standardhierarchie anlegen

Um Änderungen in der Organisation der Kostenstellen-Standardhierarchie nachbilden zu können, reicht es manchmal nicht aus, die Kostenstellen einfach zwischen den bestehenden Kostenstellengruppen zu verschieben. Manchmal sind die Organisationsänderungen so grundlegend, dass neue Kostenstellengruppen angelegt werden müssen.

Gehen Sie folgendermaßen vor, um neue Kostenstellengruppen in der Kostenstellen-Standardhierarchie anzulegen:

1 Folgen Sie dem Pfad **Rechnungswesen ▸ Controlling ▸ Kostenstellenrechnung ▸ Stammdaten ▸ Standardhierarchie ▸ Ändern** im SAP Easy Access Menü, oder verwenden Sie den Transaktionscode OKEON.

2 Für den gesetzten Kostenrechnungskreis, hier »1000«, wird die Standardhierarchie geöffnet. Wie Sie den Kostenrechnungskreis setzen, habe ich Ihnen am Anfang dieses Kapitels gezeigt.

3 Navigieren Sie zur Kostenstellengruppe H1310 »Vertrieb«. Dazu klicken Sie auf die Schaltfläche **Kostenstellengruppe** im Bereich **Suche nach** des Objektmanagers. Das Dialogfenster **Suchen nach Kostenstellengruppe** öffnet sich.

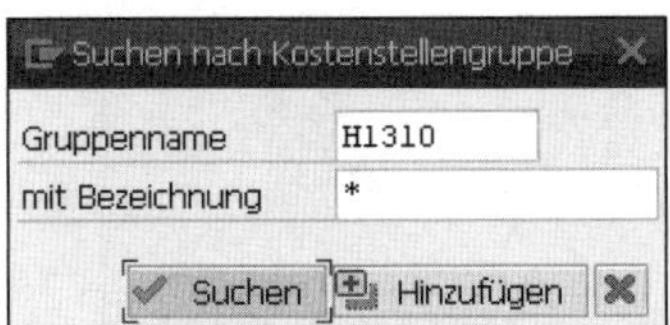

4 Tragen Sie in das Feld **Gruppenname** den Schlüssel der gesuchten Kostenstellengruppe ein, hier H1310. Starten Sie die Suche mit einem Klick auf die Schaltfläche **(Suchen)** oder mit der Taste [↵].

5 Das Ergebnis der Suche, die Kostenstellengruppe H1310 »Vertrieb«, wird in der Trefferliste des Objektmanagers eingeblendet. Mit einem Doppelklick auf die gefundene Kostenstellengruppe in der Trefferliste wird diese Kostenstellengruppe (hier H1310) als Startobjekt im Hierarchiebereich (rechts oben) dargestellt.

6 Die Kostenstellen, die zu dieser Gruppe gehören, werden eingeblendet. Die ersten Kostenstellen in dieser Gruppe sind 3100 »Vertrieb Motorräder« und 3105 »Vertrieb Automotive«. Im Detailbereich (rechts unten) sind jetzt die Details für die Kostenstellengruppe »Vertrieb« zu sehen.

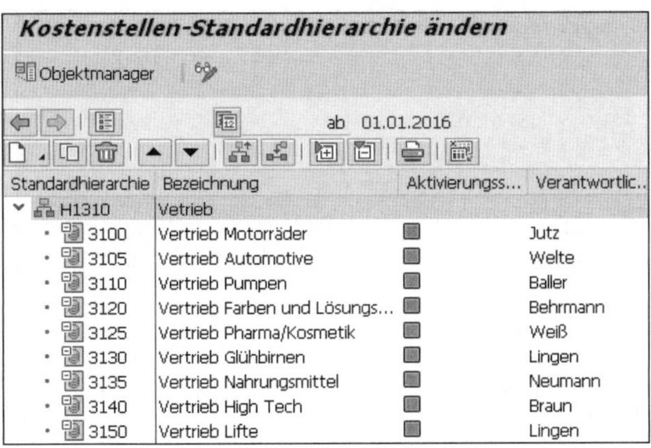

Kostenstellen-Standardhierarchie ändern

Objektmanager

ab 01.01.2016

Standardhierarchie	Bezeichnung	Aktivierungss...	Verantwortlic...
H1310	Vetrieb		
3100	Vertrieb Motorräder		Jutz
3105	Vertrieb Automotive		Welte
3110	Vertrieb Pumpen		Baller
3120	Vertrieb Farben und Lösungs...		Behrmann
3125	Vertrieb Pharma/Kosmetik		Weiß
3130	Vertrieb Glühbirnen		Lingen
3135	Vertrieb Nahrungsmittel		Neumann
3140	Vertrieb High Tech		Braun
3150	Vertrieb Lifte		Lingen

7 Legen Sie jetzt zwei Kostenstellengruppen an, die der Gruppe H1310 »Vertrieb« untergeordnet sind:

- H1310-1 »Vertrieb Fahrzeuge«
- H1310-2 »Vertrieb Sonstige«

8 Klicken Sie zum Anlegen der untergeordneten Kostenstellengruppen zunächst auf die Kostenstellengruppe H1310 »Vertrieb«. Klicken Sie dann auf die Schaltfläche (**Anlegen**) und in dem Dropdown-Menü, das sich dann öffnet, auf **Untergeordnete Gruppe**.

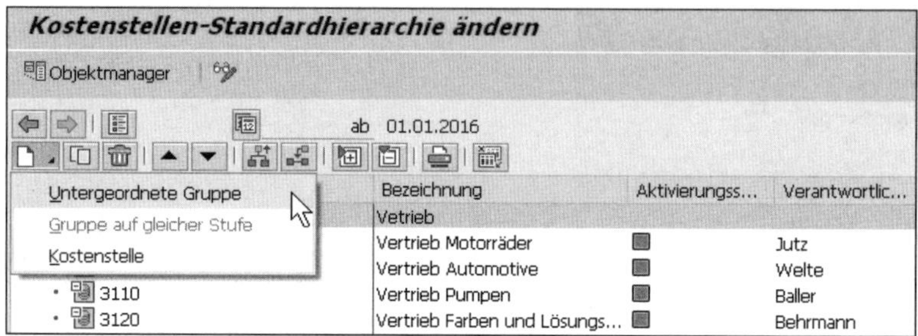

9 Als letztes Element unterhalb der Gruppe H1310 »Vertrieb« wird eine neue Kostenstellengruppe angelegt. Diese neue Gruppe hat die Bezeichnung »Neue Gruppe« und noch keinen Namen. Im Bereich **Details für Kostenstellengruppe Neue Gruppe** können Sie den Namen für die neue Gruppe festlegen und die Bezeichnung ändern.

10 Tragen Sie in das Feld **Gruppenname** »H1310-1« ein, und ändern Sie die Bezeichnung von »Neue Gruppe« auf »Vertrieb Fahrzeuge«. Bestätigen Sie Ihre Eingabe mit einem Klick auf die Schaltfläche (**Weiter**) oder mit der Taste [↵].

11 Der Name »H1301-1« und die Bezeichnung »Vertrieb Fahrzeuge« werden aus dem Detailbereich für die Kostenstellengruppe in den Hierarchiebereich übernommen.

12 Um noch eine neue Kostenstellengruppe anzulegen, klicken Sie jetzt noch einmal auf die Kostenstellengruppe H1310 »Vertrieb«. Klicken Sie dann wieder auf die Schaltfläche (**Anlegen**) und in dem Dropdown-Menü, das sich dann öffnet, auf **Untergeordnete Gruppe**.

13 Als letztes Element unterhalb der Gruppe H1310 »Vertrieb« wird wieder eine neue Kostenstellengruppe angelegt. Im Bereich **Details für Kostenstellengruppe Neue Gruppe** tragen Sie in das Feld **Gruppenname** »H1310-2« ein und ändern die Bezeichnung von »Neue Gruppe« auf »Vertrieb Sonstige«. Bestätigen Sie Ihre Eingabe mit einem Klick auf die Schaltfläche (**Weiter**) oder mit der Taste ↵.

14 Der Name »H1301-2« und die Bezeichnung »Vertrieb Sonstige« werden aus dem Detailbereich für die Kostenstellengruppe in den Hierarchiebereich übernommen. Sie haben jetzt zwei neue Kostenstellengruppen angelegt, H1310-1 »Vertrieb Fahrzeuge« und H1320-2 »Vertrieb Sonstige«. Beide Kostenstellengruppen sind noch leer.

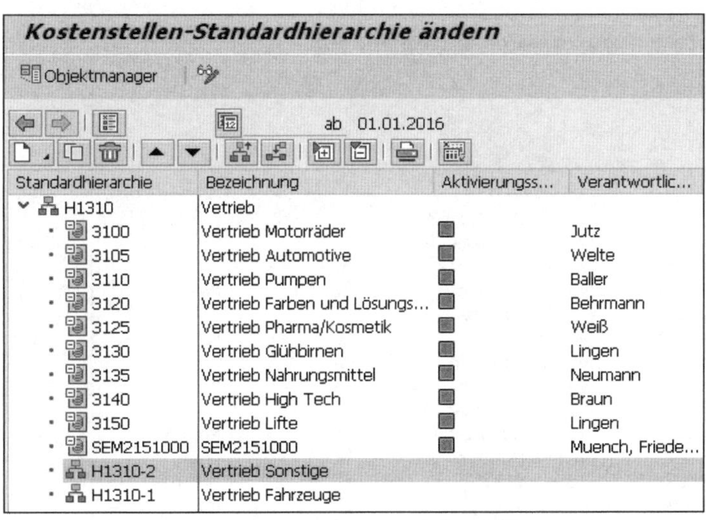

15 Verschieben Sie jetzt die Gruppe H1320-2 »Vertrieb Sonstige« hinter die Gruppe H1310-1 »Vertrieb Fahrzeuge«. Klicken Sie auf die Gruppe H1320-2 »Vertrieb Sonstige« und dann auf die Schaltfläche ▼ (**Nach hinten verschieben**). Die beiden Gruppen wechseln die Reihenfolge, H1310-1 »Vertrieb Fahrzeuge« steht jetzt vor H1320-2 »Vertrieb Sonstige«.

16 Verschieben Sie jetzt per Drag & Drop die Kostenstellen 3100 »Vertrieb Motorräder« und 3105 »Vertrieb Automotive« in die Kostenstellengruppe H1310-1 »Vertrieb Fahrzeuge«. Beginnen Sie »von hinten«, verschieben Sie also zunächst 3105 »Vertrieb Automotive« und erst dann 3100 »Vertrieb Motorräder«. Damit bleibt die ursprüngliche Reihenfolge erhalten, und Sie ersparen es sich, die Reihenfolge der Kostenstellen nachträglich zu korrigieren. Die beiden Kostenstellen verschwinden aus der Gruppe H1310 »Vertrieb« und sind jetzt eine Ebene tiefer in der Gruppe H1310-1 »Vertrieb Fahrzeuge« zu sehen.

17 Verschieben Sie jetzt die anderen sieben Kostenstellen 3110 »Vertrieb Pumpen« bis 3150 »Vertrieb Lifte« in die Kostenstellengruppe H1310-2 »Vertrieb Sonstige« per Drag & Drop. Beginnen Sie wieder »von hinten«, verschieben Sie also zunächst 3150 »Vertrieb Lifte«, dann 3140 »Vertrieb High Tech« etc.

Damit bleibt die ursprüngliche Reihenfolge erhalten, und Sie ersparen es sich, die Reihenfolge der Kostenstellen nachträglich zu korrigieren. Die sieben Kostenstellen verschwinden aus der Gruppe H1310 »Vertrieb« und sind jetzt eine Ebene tiefer in der Gruppe H1310-2 »Vertrieb Sonstige« zu sehen.

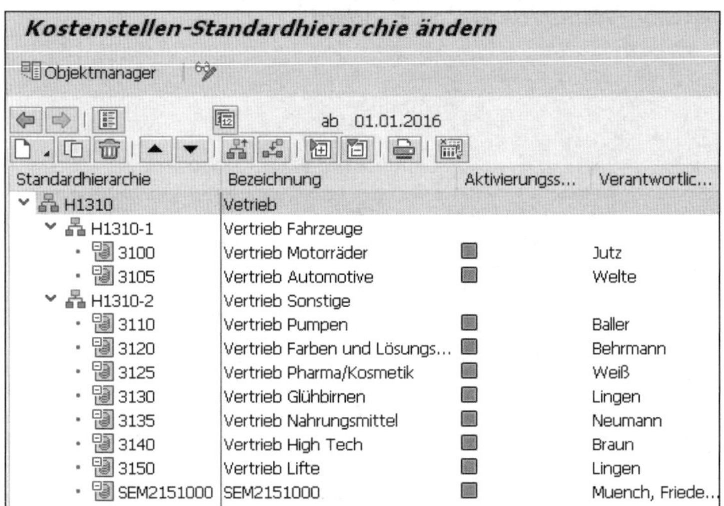

18 Speichern Sie Ihre Änderung mit einem Klick auf die Schaltfläche (**Sichern**).

19 Schließen Sie die Transaktion OKEON (Kostenstellen-Standardhierarchie ändern) mit einem Klick auf die Schaltfläche (**Zurück**).

Die Anlage von Kostenstellengruppen in der Kostenstellen-Standardhierarchie ist damit abgeschlossen. Sie sind jetzt mit allen wichtigen Funktionen in Bezug auf die Pflege von Standardhierarchien vertraut. Zusätzlich zur Standardhierarchie und den darin enthaltenen Kostenstellengruppen können Sie Ihre Kostenstellen in weiteren, alternativen Kostenstellengruppen und -hierarchien anordnen und sortieren. Einen Hinweis auf die entsprechende Transaktion finden Sie im folgenden Abschnitt.

4.6 Mit alternativen Kostenstellengruppen und -hierarchien arbeiten

Die Kostenstellen-Standardhierarchie mit ihren Kostenstellengruppen und der Zuordnung aller Kostenstellen bildet in den meisten Unternehmen die Organisationsstruktur ab. Zusätzlich zu dieser organisatorischen Sicht werden Sie häufig mit der Aufgabe konfrontiert, eine alternative Gruppierung oder Sortierung der Kostenstellen vorzunehmen.

BEISPIEL

Alternative Kostenstellengruppen für die Kostenverrechnung

Eine alternative Gruppierung ist zum Beispiel erforderlich, wenn Sie über die Buchungskreisgrenzen hinweg die Kosten aller Verwaltungskostenstellen summieren oder vergleichen möchten. Auch für die Verrechnung von Kosten werden oft alternative Gruppen angelegt. So könnte zum Beispiel eine Kostenstellengruppe »Umlage nach Personen« angelegt werden, in der Sie alle Dienstleistungskostenstellen zusammenfassen, die nach Anzahl der Mitarbeiter je Kostenstelle auf Fertigungsstellen verrechnet werden. In einer weiteren Kostenstellengruppe »Umlage nach Quadratmeter« fassen Sie alle Dienstleistungskostenstellen zusammen, die nach der Anzahl der Quadratmeter auf Fertigungsstellen verrechnet werden.

Gehen Sie folgendermaßen vor, um neue alternative Kostenstellengruppen anzulegen: Folgen Sie dem Pfad **Rechnungswesen ▸ Controlling ▸ Kostenstellenrechnung ▸ Stammdaten ▸ Kostenstellengruppe ▸ Anlegen** im SAP Easy Access Menü, oder verwenden Sie den Transaktionscode KSH1.

Gehen Sie folgendermaßen vor, um alternative Kostenstellengruppen zu ändern: Folgen Sie dem Pfad **Rechnungswesen ▸ Controlling ▸ Kostenstellenrechnung ▸ Stammdaten ▸ Kostenstellengruppe ▸ Ändern** im SAP Easy Access Menü, oder verwenden Sie den Transaktionscode KSH2.

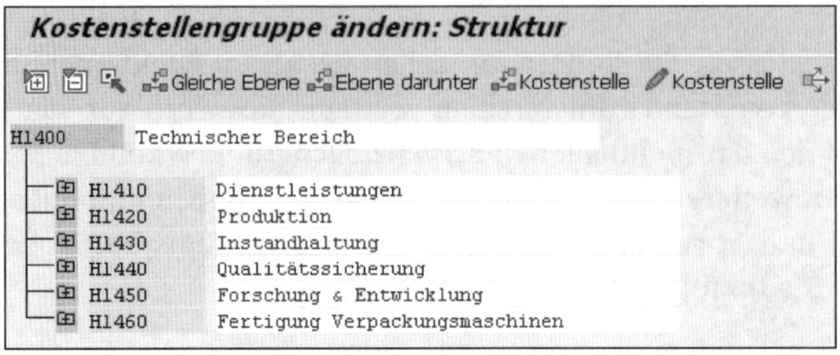

Kostenstellengruppe ändern: Struktur

Gleiche Ebene | Ebene darunter | Kostenstelle | Kostenstelle

H1400 Technischer Bereich
- H1410 Dienstleistungen
- H1420 Produktion
- H1430 Instandhaltung
- H1440 Qualitätssicherung
- H1450 Forschung & Entwicklung
- H1460 Fertigung Verpackungsmaschinen

Transaktion zur Pflege von Kostenstellengruppen und -hierarchien

In den Transaktionen KSH1 (Kostenstellengruppe anlegen) und KSH2 (Kostenstellengruppe ändern) finden Sie exakt die gleichen Funktionen, die Sie bereits für die Pflege von Kostenartengruppen kennengelernt haben (siehe Abschnitt 2.4, »Kostenartengruppen pflegen«). Auf die detaillierte Beschreibung der Pflege der beiden Transaktionen KSH1 und KSH2 verzichte ich, um Wiederholungen zu vermeiden.

Mit den Transaktionen KSH1 und KSH2 können Sie Kostenstellengruppen aus der Standardhierarchie genauso pflegen wie alternative Gruppen und Hierarchien. Umgekehrt gilt das nicht. Die Transaktion OKEON (Kostenstellen-Standardhierarchie ändern) erlaubt nur die Bearbeitung der Standardhierarchie mit ihren Kostenstellengruppen, aber nicht die Bearbeitung der alternativen Kostenstellengruppen und -hierarchien.

4.7 Probieren Sie es aus!

HINWEIS

Hinweise zur Übung

Die folgenden Übungen können Sie auf einem SAP IDES (International Demonstration and Education System) selbst durchführen. Die Übungen zu diesem Kapitel bauen aufeinander auf. Sie sind unabhängig von den Übungen in anderen Kapiteln.

Alle Übungen in diesem Kapitel beziehen sich auf den Kostenrechnungskreis 1000 »CO Europe«.

Die Lösungshinweise können Sie auf der Webseite zum Buch unter *https://www.rheinwerk-verlag.de/4140/* herunterladen.

Aufgabe 1

Analysieren Sie die Kostenstellen-Standardhierarchie.

- Welche Kostenstellen sind der Kostenstellengruppe H1320 »Marketing« zugeordnet?
- Welcher Kostenstellengruppe ist die Kostenstellengruppe H1320 »Marketing« direkt zugeordnet?
- Welchen weiteren Kostenstellengruppen ist die Kostenstellengruppe H1320 »Marketing« mittelbar zugeordnet?

Aufgabe 2

Verschieben Sie die Kostenstelle 1230 »Energie« aus der Kostenstellengruppe H1120 »Interne Dienste« in die Kostenstellengruppe H1410 »Dienstleistungen«. Nutzen Sie zum Verschieben der Kostenstelle das Feld **Hierarchiebereich** in den Stammdaten der Kostenstelle.

Aufgabe 3

Verschieben Sie die Kostenstelle 1230 »Energie« aus der Kostenstellengruppe H1410 »Dienstleistungen« wieder zurück in die ursprüngliche Gruppe H1120 »Interne Dienste«. Nutzen Sie jetzt zum Verschieben die Transaktion *Kostenstellen-Standardhierarchie ändern*.

Aufgabe 4

Legen Sie in der Kostenstellen-Standardhierarchie eine neue Kostenstellengruppe an:

Name	Bezeichnung
H1421	Produktion Motorräder

Die neue Kostenstellengruppe soll der Gruppe H1400 »Technischer Bereich« untergeordnet sein. Sie soll zwischen den Gruppen H1420 »Produktion« und H1430 »Instandhaltung« einsortiert werden.

Aufgabe 5

Verschieben Sie die Kostenstellen 4200 »Produktion Motorräder« und 4210 »Montage Motorräder« aus der Gruppe H1420 »Produktion« in die neue Kostenstellengruppe H1421 »Produktion Motorräder«.

5 Statistische Kennzahlen und Leistungsarten

5

In den ersten Kapiteln dieses Buches haben Sie gelernt, mit Kostenarten und Kostenstellen im SAP-System zu arbeiten. Beides, Kostenarten und Kostenstellen, sind wichtige Voraussetzungen, um die Komponente Controlling zu nutzen. Damit Sie die Kostenstellenrechnung sinnvoll einsetzen können, fehlen noch zwei weitere Stammdatenobjekte, statistische Kennzahlen und Leistungsarten. Mit statistischen Kennzahlen können Sie zum Beispiel die Kostenverrechnung per Umlage automatisieren. Leistungsarten sind neben Kostenarten und Kostenstellen die dritte Voraussetzung für die Leistungsverrechnung.

In diesem Kapitel lernen Sie,

- wofür Sie statistische Kennzahlen und Leistungsarten einsetzen können,
- wie Sie statistische Kennzahlen anlegen und ändern,
- wie Sie Leistungsarten anlegen und ändern.

5.1 Wofür nutzen Sie statistische Kennzahlen und Leistungsarten?

Sowohl statistische Kennzahlen als auch Leistungsarten sind Stammdatenobjekte im SAP-Controlling, die Sie bei der Verrechnung von Kostenstellenkosten unterstützen.

BEISPIEL

Statistische Kennzahl

Ein typisches Beispiel für eine statistische Kennzahl ist die Anzahl der Quadratmeter, die von jeder Kostenstelle im Betriebsgebäude genutzt wird. Nach der Analyse des Gebäudegrundrisses legen Sie die Quadratmeter fest, die von jeder Kostenstelle genutzt werden. Die Quadratmeter pro Kostenstelle werden im SAP-System als statistische Kennzahl erfasst. Im folgenden Bild werden zum Beispiel 400 qm für die Produktion, 500 qm für das Lager und 100 qm für die Verwaltung genutzt. Mit dieser Kennzahl können Sie die Gebäudekosten für Abschreibung, Heizung, Instandhaltung etc. (hier insgesamt 100.000 EUR) anteilig auf die einzelnen Kostenstellen verrechnen. So ergeben sich als Gebäudekosten für die Produktion 40.000 EUR, für das Lager 50.000 EUR und für die Verwaltung 10.000 EUR. Die Verrechnung erfolgt jeden Monat automatisch. Sie müssen die Verteilungsschlüssel für die Gebäudekosten nicht jeden Monat im System erfassen.

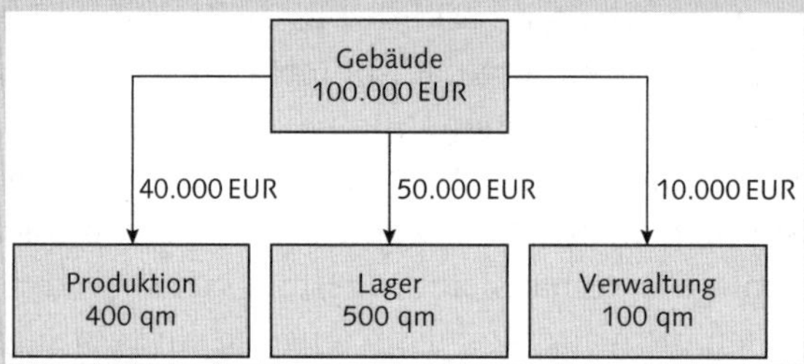

Umlage der Gebäudekosten nach statistischer Kennzahl »Quadratmeter (qm)«

BEISPIEL

Leistungsart

Ein typisches Beispiel für eine Leistungsart ist die Instandhaltungsstunde. Die Instandhaltungskostenstelle ermittelt einen Stundensatz pro Instandhaltungsstunde, im folgenden Bild 100 EUR/Stunde. Die in Anspruch genommenen Leistungen für die Instandhaltung werden dann mit diesem Stundensatz verrechnet, hier zum Beispiel auf drei Fertigungslinien in der Produktion (Line 1: 100 Stunden, Linie 2: 200 Stunden, Linie 3: 50 Stunden). Die geleisteten Stunden werden mit dem Stundensatz multipliziert. So ergeben sich für die Leistungsverrechnung von der Kostenstelle Instandhaltung auf die Linie 1: 10.000 EUR, Linie 2: 20.000 EUR und Linie 3: 5.000 EUR.

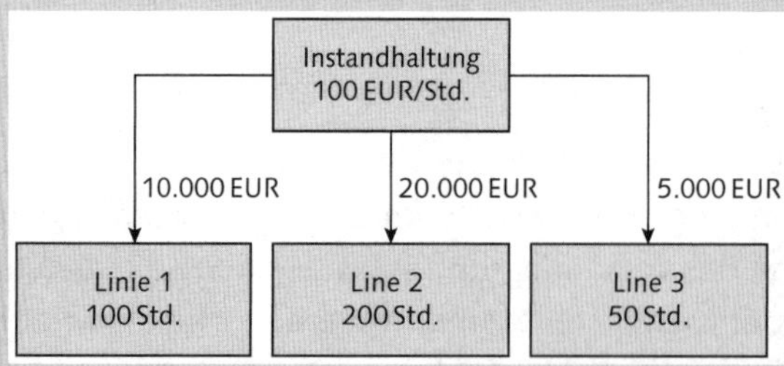

Leistungsverrechnung von Instandhaltungsleistungen auf drei Linien in der Produktion

Als Faustregel kann man Folgendes sagen: Wenn eher statische Schlüssel für die Kostenverrechnung genutzt werden, wie Quadratmeter oder Anzahl Mitarbeiter pro Kostenstelle, dann werden statistische Kennzahlen genutzt. Wenn überwiegend fließende Größen für die Kostenverrechnung verwendet werden, wie Instandhaltungsstunden, Maschinenstunden oder Personalstunden, ist oft die Leistungsverrechnung mit Leistungsarten im Einsatz.

Diese Faustregel ist in der Praxis allerdings nur bedingt zuverlässig. Das SAP-System erlaubt die Kostenverrechnung nach Festwerten (zum Beispiel Quadratmeter) und auch nach Flussgrößen (zum Beispiel Maschinenstunden) sowohl mittels statistischer Kennzahlen als auch mittels Leistungsarten. Wichtiger für die Unterscheidung statistischer Kennzahlen von Leistungsarten nach dieser Faustregel ist die unterschiedliche Auswirkung der beiden Stammdatenobjekte auf die Verrechnungslogik.

Kostenverrechnung mit Umlage und statistischen Kennzahlen

Bei Kostenverrechnung mittels Umlage und statistischen Kennzahlen wird in jedem Monat der gesamte Betrag, der sich auf der Senderkostenstelle angesammelt hat, auf die Empfängerkostenstellen verteilt. Das ist gut für die Senderkostenstelle, denn nach der Umlage sind alle Kosten »weg«. Das ist auch gut für denjenigen, der die Umlage im Controlling betreut. Die Einrichtung der Umlage ist vergleichsweise einfach: Bei der Planung und bei der Buchung von Ist-Daten können die gleichen Verrechnungsregeln genutzt werden. Die Umlage mit statistischen Kennzahlen ist allerdings für die Empfängerkostenstelle die schlechtere der beiden Lösungen. Aus Sicht der Unternehmenssteuerung ist die Umlage mittels statistischer Kennzahlen ebenfalls nur die zweitbeste Lösung. Bei diesem Verfahren ist eine differenzierte Abweichungsanalyse nicht möglich.

BEISPIEL

Umlage mit statistischen Kennzahlen

Die Gebäudekosten (Instandhaltung, Abschreibung, Energie) werden jeden Monat per Umlage mit der statistischen Kennzahl Quadratmeter von der Gebäudekostenstelle (Sender) auf alle Fertigungsstellen (Empfänger) verrechnet. Obwohl sich die Anzahl der genutzten Quadratmeter von Monat zu Monat nicht verändert, ändert sich der Betrag, der für diese Quadratmeter von der Gebäudekostenstelle verrechnet wird. Hohe Instandhaltungskosten auf der Gebäudekostenstelle führen zum Beispiel zu entsprechend hohen Kostenbelastungen auf den Empfängerkostenstellen.

Kostenverrechnung mit Leistungsverrechnung und Leistungsarten

Die Leistungsverrechnung mit Leistungsarten ist im Vergleich zur Umlage mit statistischen Kennzahlen das aufwendigere, aber deutlich aussagekräftigere Verrechnungsverfahren. Die Empfänger können die Kosten steuern, mit denen sie belastet werden. Die Verantwortung für die Erklärung von Kostenabweichungen liegt auf der Seite des Senders und nicht auf der Seite des Empfängers.

Nur bei der Leistungsverrechnung ist die Aufspaltung der Kosten nach variablen und fixen Anteilen möglich. Die Trennung ist die Voraussetzung für eine differenzierte Planung und eine differenzierte Analyse von Kostenabweichungen im Ist.

BEISPIEL

Leistungsverrechnung

Für eine Leistungsart, zum Beispiel die Handwerkerstunden auf der Instandhaltungskostenstelle, wird bei der Planung ein Tarif, zum Beispiel 100 EUR pro Stunde, ermittelt. Im Ist werden dann jeden Monat die von der Instandhaltung (Sender) für die einzelnen Fertigungsstellen (Empfänger) geleisteten Stunden mit diesem Plantarif verrechnet. Wenn eine Fertigungsstelle zehn Instandhaltungsstunden in Anspruch nimmt, kann sie sicher sein, dass sie mit 10 Stunden × 100 EUR pro Stunde = 1.000 EUR belastet wird. Die Instandhaltungskostenstelle erhält eine Entlastung von ebenfalls 1.000 EUR. Die Instandhaltungskostenstelle muss mit diesen 1.000 EUR ihre Kosten decken. Der Verantwortliche dieser Kostenstelle muss erklären, wenn am Ende des Monats die 1.000 EUR nicht ausreichen, um die Kosten für zehn Handwerkerstunden zu begleichen.

Aus der Sicht des engagierten Controllers sprechen einige Argumente für die Leistungsverrechnung mittels Leistungsarten im Vergleich zur Umlage mittels statistischer Kennzahlen. Trotzdem werden in der Praxis beide Verfahren eingesetzt. Deshalb lernen Sie im Folgenden beide Stammdaten kennen.

5.2 Statistische Kennzahlen für Festwerte anlegen

Festwerte, wie zum Beispiel Anzahl Mitarbeiter pro Kostenstelle oder Quadratmeter, werden oft als statistische Kennzahlen im Controlling gepflegt. Festwerte sind Werte, die statisch sind, sich also über mehrere Perioden nicht verändern.

Bevor Sie mit der Arbeit mit statistischen Kennzahlen und Leistungsarten beginnen, müssen Sie sicherstellen, dass Sie den richtigen Kostenrechnungskreis gesetzt haben. Nutzen Sie für alle Beispiele in diesem Kapitel den Kostenrechnungskreis 1000 »CO Europe«.

Gehen Sie folgendermaßen vor, um den Kostenrechnungskreis für Ihren Benutzer zu setzen:

1. Folgen Sie dem Pfad **Rechnungswesen ▸ Controlling ▸ Kostenstellenrechnung ▸ Umfeld ▸ Kostenrechnungskreis setzen** im SAP Easy Access Menü, oder verwenden Sie den Transaktionscode OKKS.

2. Es öffnet sich ein Dialogfenster, in dem Sie im Feld **Kostenrechnungskreis** den Schlüssel des Kostenrechnungskreises eintragen, mit dem Sie arbeiten möchten. Für alle Beispiele in diesem Kapitel nutzen Sie den Kostenrechnungskreis 1000.

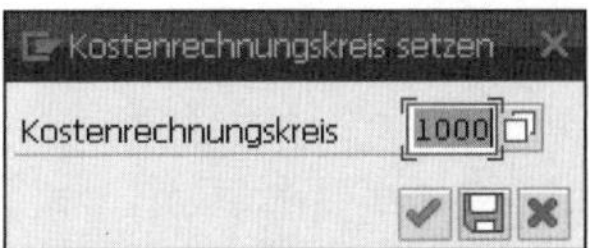

3. Bestätigen Sie Ihre Eingabe mit einem Klick auf die Schaltfläche ✔ (**Weiter**) oder mit der Taste [↵]. Mit dieser Schaltfläche speichern Sie den gewählten Kostenrechnungskreis für die aktuelle SAP-Sitzung. Der Kostenrechnungskreis bleibt so lange gesetzt, bis Sie sich vom SAP-System abmelden.

4. Alternativ können Sie die Eingabe des Kostenrechnungskreises dauerhaft mit einem Klick auf die Schaltfläche 💾 (**Als Benutzerparameter sichern**) oder mit der Taste [F5] speichern. Dann bleibt der gewählte Kostenrechnungskreis auch über die aktuelle SAP-Sitzung hinaus gesetzt. Wenn Sie sich ab- und wieder anmelden, weiß das System bereits, mit welchem Kostenrechnungskreis Sie arbeiten möchten.

Gehen Sie folgendermaßen vor, um eine neue statistische Kennzahl vom Typ **Festwerte** anzulegen:

1. Folgen Sie dem Pfad **Rechnungswesen ▸ Controlling ▸ Kostenstellenrechnung ▸ Stammdaten ▸ Statistische Kennzahlen ▸ Einzelbearbeitung ▸ Anlegen** im SAP Easy Access Menü, oder verwenden Sie den Transaktionscode KK01.

2 Es erscheint das Einstiegsbild der Transaktion. Tragen Sie in das Feld **Statist. Kennzahl** den Schlüssel der Kennzahl ein, den Sie anlegen möchten, zum Beispiel »QM« für die Kennzahl »Quadratmeter«. Mit den Einträgen im Bereich **Vorlage** können Sie die Stammdaten einer bereits existierenden statistischen Kennzahl als Kopiervorlage nutzen. Bestätigen Sie Ihre Auswahl mit einem Klick auf die Schaltfläche **Stammdaten** oder mit [↵].

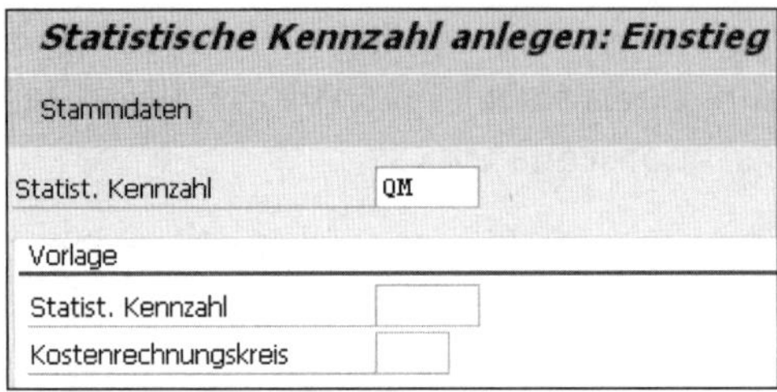

3 Im nächsten Bild tragen Sie die Stammdaten zur neuen statistischen Kennzahl ein:

- **Bezeichnung**: »Quadratmeter«
- **Einheit StKennzahl**: »M2« für Quadratmeter
- **Kennzahlentyp**: Der Radiobutton hinter **Kennzahlentyp** springt zwischen **Festwerte** und **Summenwerte**, je nachdem, was Sie anklicken. Klicken Sie auf **Festwerte**.

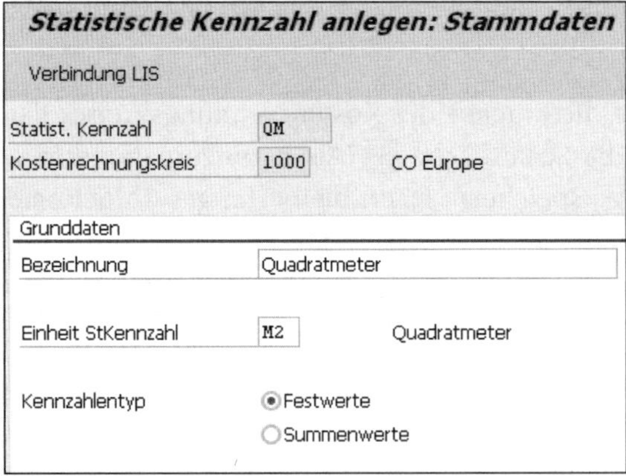

4 Speichern Sie die neue Kennzahl mit einem Klick auf die Schaltfläche 💾 (**Sichern**). Das Einstiegsbild der Transaktion KK01 (Statistische Kennzahl anlegen) wird angezeigt.

5 Schließen Sie die Transaktion mit einem Klick auf die Schaltfläche (**Zurück**).

5.3 Statistische Kennzahlen für Summenwerte anlegen

Summenwerte, wie zum Beispiel die Kilowattstunden Strom, die von den einzelnen Kostenstellen verbraucht wurden, können ebenfalls als statistische Kennzahlen im Controlling angelegt werden. Summenwerte sind Werte, die sich jede Periode ändern und summieren lassen, zum Beispiel als Summe über die Monate zu einem Jahreswert.

Gehen Sie folgendermaßen vor, um eine neue statistische Kennzahl vom Typ **Summenwerte** anzulegen:

1 Folgen Sie dem Pfad **Rechnungswesen ▸ Controlling ▸ Kostenstellenrechnung ▸ Stammdaten ▸ Statistische Kennzahlen ▸ Einzelbearbeitung ▸ Anlegen** im SAP Easy Access Menü, oder verwenden Sie den Transaktionscode KK01.

2 Für den gesetzten Kostenrechnungskreis, hier »1000«, wird eine neue statistische Kennzahl angelegt. Wie Sie den Kostenrechnungskreis setzen, habe ich Ihnen am Anfang dieses Kapitels gezeigt.

3 Es erscheint das Einstiegsbild der Transaktion. Tragen Sie in das Feld **Statist. Kennzahl** den Schlüssel der Kennzahl ein, den Sie anlegen möchten, zum Beispiel »KWH« für die Kennzahl »Kilowattstunden Strom«. Bestätigen Sie Ihre Auswahl mit einem Klick auf die Schaltfläche **Stammdaten** oder mit der Taste [↵].

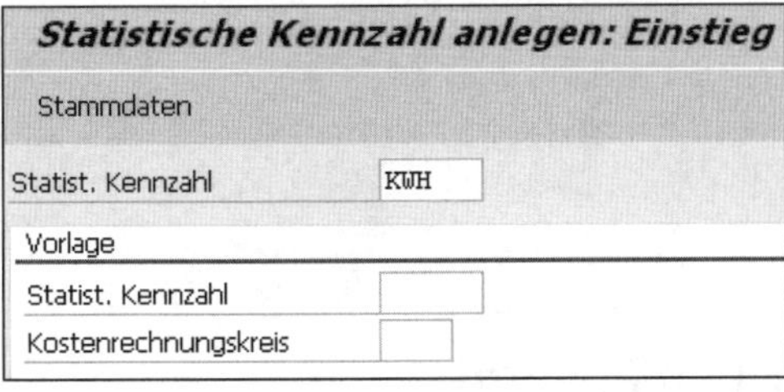

4 Im nächsten Bild tragen Sie die Stammdaten zur neuen statistischen Kennzahl ein:

- **Bezeichnung**: »Kilowattstunden Strom«
- **Einheit StKennzahl**: »KWH« für Kilowattstunde

- **Kennzahlentyp**: Der Radiobutton hinter **Kennzahlentyp** springt zwischen **Festwerte** und **Summenwerte**, je nachdem, was Sie anklicken. Klicken Sie auf **Summenwerte**.

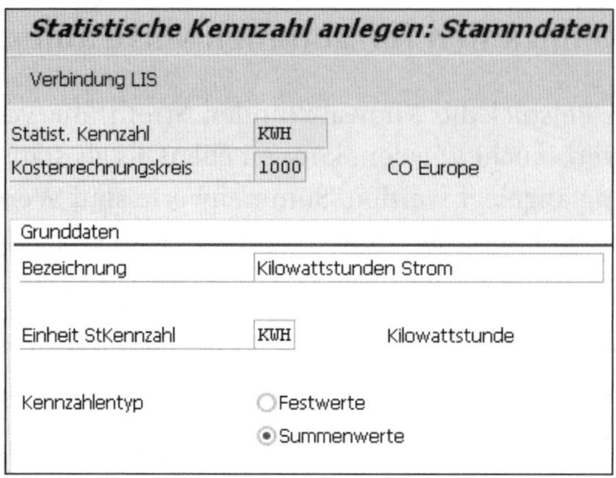

5. Speichern Sie die neue Kennzahl mit einem Klick auf die Schaltfläche (**Sichern**). Das Einstiegsbild der Transaktion *Statistische Kennzahl anlegen* wird angezeigt.

6. Schließen Sie die Transaktion mit einem Klick auf die Schaltfläche (**Zurück**).

VIDEO

Statistische Kennzahlen

In diesem Video sehen Sie, wie Sie statistische Kennzahlen anlegen. Sie lernen den Unterschied zwischen einer statistischen Kennzahl vom Typ Summenwert und einer vom Typ Festwert kennen. Darüber hinaus erfahren Sie, wofür statische Kennzahlen genutzt werden.

http://s-prs.de/v4140kg

5.4 Statistische Kennzahlen ändern

Gehen Sie folgendermaßen vor, um die Stammdaten einer statistischen Kennzahl zu ändern:

1. Folgen Sie dem Pfad **Rechnungswesen ▸ Controlling ▸ Kostenstellenrechnung ▸ Stammdaten ▸ Statistische Kennzahlen ▸ Einzelbearbeitung ▸ Än-**

dern im SAP Easy Access Menü, oder verwenden Sie den Transaktionscode KK02.

2 Die Änderung erfolgt für Kennzahlen, die im gesetzten Kostenrechnungskreis bereits existieren. Wie Sie den Kostenrechnungskreis setzen, habe ich Ihnen am Anfang dieses Kapitels gezeigt.

3 Es erscheint das Einstiegsbild der Transaktion mit einem einzigen Feld **Statist. Kennzahl**. Tragen Sie in dieses Feld den Schlüssel der Kennzahl ein, den Sie ändern möchten, zum Beispiel »9100« für die Kennzahl »Mitarbeiter«. Bestätigen Sie Ihre Auswahl mit einem Klick auf die Schaltfläche **Stammdaten** oder mit der Taste [↵].

4 Im nächsten Bild können Sie die Stammdaten zur gewählten statistischen Kennzahl ändern.

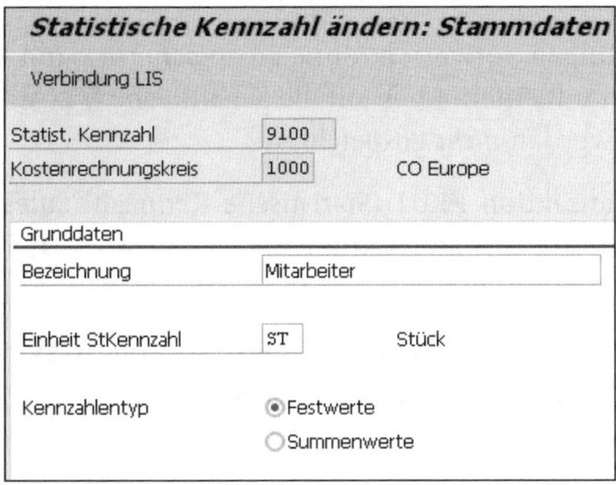

5 Änderungen im Feld **Bezeichnung** sind immer und ohne Konsequenzen möglich.

6 Änderungen in den Feldern **Einheit StKennzahl** und **Kennzahlentyp** sollten Sie nur dann durchführen, wenn die Kennzahl noch nicht für die Planung oder für Ist-Werte verwendet wird. Prüfen Sie vor dem Speichern, ob die Kennzahl schon verwendet wird. Klicken Sie dazu auf **Bearbeiten** in der Menüleiste und danach im Dropdown-Menü, das sich öffnet, auf **Anzeigen alle Verw.** (Anzeigen alle Verwendungen).

7 Falls die Kennzahl schon verwendet wird, erscheint als Ergebnis dieser Prüfung ein Dialogfenster mit dem Titel **Zuordnungen** und den Spalten **Vsn** (für Planversion), **Jahr**, **WTyp** (für Werttyp) und drei weiteren Spalten.

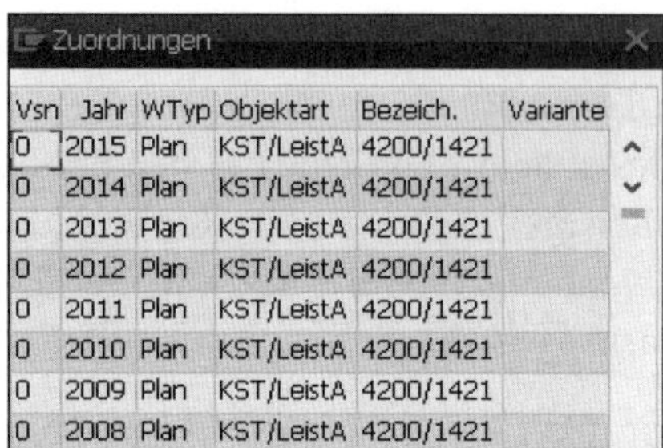
Zuordnungen

Vsn	Jahr	WTyp	Objektart	Bezeich.	Variante
0	2015	Plan	KST/LeistA	4200/1421	
0	2014	Plan	KST/LeistA	4200/1421	
0	2013	Plan	KST/LeistA	4200/1421	
0	2012	Plan	KST/LeistA	4200/1421	
0	2011	Plan	KST/LeistA	4200/1421	
0	2010	Plan	KST/LeistA	4200/1421	
0	2009	Plan	KST/LeistA	4200/1421	
0	2008	Plan	KST/LeistA	4200/1421	

Falls die Kennzahl noch nicht verwendet wird, erscheint als Ergebnis der Prüfung ein Dialogfenster mit der Information »Keine Zuordnungen zur Kennzahl gefunden«.

8 Nur wenn die Kennzahl noch nicht verwendet wird oder Sie die unkritische Änderung der Bezeichnung vornehmen, speichern Sie Ihre Änderungen mit einem Klick auf die Schaltfläche (**Sichern**).

9 Möchten Sie Ihre Änderungen verwerfen, ohne zu speichern, dann verlassen Sie die Transaktion mit einem Klick auf die Schaltfläche (Abbrechen). Ihre Änderungen werden *nicht* gespeichert.

10 Das Einstiegsbild der Transaktion KK01 (Statistische Kennzahl anlegen) wird angezeigt. Schließen Sie die Transaktion mit einem Klick auf die Schaltfläche (**Zurück**).

Jetzt wissen Sie, wie Sie statistische Kennzahlen anlegen und ändern. Wie Sie Leistungsarten pflegen, erfahren Sie im nächsten Abschnitt.

5.5 Eine neue Leistungsart anlegen

Leistungsarten im Controlling von SAP benötigen Sie, um mithilfe der Leistungsverrechnung Kosten von Kostenstellen an andere Controllingobjekte zu verrechnen. Andere Controllingobjekte, die als Empfänger bei der Leistungsverrechnung infrage kommen, sind zum Beispiel andere Kostenstellen, Innenaufträge und Fertigungsaufträge. Zu den Stammdaten der Leistungsarten gehören die Bezeichnung, die Einheit und Vorschlagswerte für die Planung.

Ausdrücklich *nicht* Bestandteil der Stammdaten ist der Tarif. Der Plantarif entsteht im Rahmen der Planung bei der Verknüpfung von Kostenstelle und Leistungsart. Der Tarif für eine Leistungsart, zum Beispiel Maschinenstunde, wird für jede Kostenstelle und für jedes Planjahr ein anderer sein. Die Anlage von unterschiedlichen Leistungsarten für jede einzelne Kostenstelle ist *nicht* erforderlich. Leistungsarten können gleichzeitig von mehreren Kostenstellen genutzt werden.

Gehen Sie folgendermaßen vor, um eine neue Leistungsart anzulegen:

1. Folgen Sie dem Pfad **Rechnungswesen ▸ Controlling ▸ Kostenstellenrechnung ▸ Stammdaten ▸ Leistungsart ▸ Einzelbearbeitung ▸ Anlegen** im SAP Easy Access Menü, oder verwenden Sie den Transaktionscode KL01.

2. Für den gesetzten Kostenrechnungskreis, hier »1000«, wird eine neue Leistungsart angelegt. Wie Sie den Kostenrechnungskreis setzen, habe ich Ihnen am Anfang dieses Kapitels gezeigt.

3. Es öffnet sich das Einstiegsbild der Transaktion. Tragen Sie im Feld **Leistungsart** den Schlüssel ein, mit dem die Leistungsart identifiziert werden soll (hier MSTD für Maschinenstunden). Dieser Schlüssel kann bis zu sechs Zeichen lang sein. Buchstaben und Ziffern sind erlaubt.

4. Bei **Gültig ab** und **bis** tragen Sie den Zeitraum ein, für den diese Leistungsart gültig sein soll. Buchungen mit dieser Leistungsart sind nur innerhalb dieses Zeitraums möglich. Tragen Sie »01.01.2016« in das Feld **Gültig ab** und »31.12.9999« in das Feld **bis** ein.

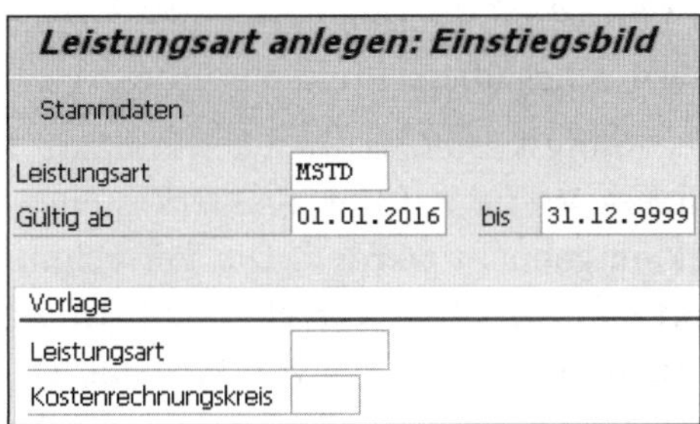

   Fahren Sie fort mit einem Klick auf die Schaltfläche **Stammdaten** oder mit der Taste [↵].

5. Im nächsten Bild sehen Sie die **Grunddaten** zu Ihrer neuen Leistungsart. Das Feld **Bezeichnung** beschreibt die Kostenstelle mit maximal 20 Zei-

chen. Im Feld **Beschreibung** stehen Ihnen 40 Zeichen zur Verfügung. Tragen Sie in beide Felder »Maschinenstunde« ein. Die wichtigsten weiteren Felder bedeuten im Einzelnen:

- **Leistungseinheit**: die Einheit, mit der die Mengen oder Zeiten der Leistungsart gemessen werden
- **Kostenstellenarten**: Mit einem einstelligen Schlüssel, zum Beispiel »1« für »Fertigung« und »2« für Hilfskostenstelle, ist in den Stammdaten der Kostenstellen die Art der Kostenstelle festgelegt. Im Feld **Kostenstellenarten** bei der Leistungsart können Sie die Kostenstellen festlegen, für die diese Leistungsart verwendet werden darf. Wenn Sie hier »12« eintragen, darf diese Leistungsart von Fertigungskostenstellen (1) und von Hilfskostenstellen (2) genutzt werden. Wenn Sie hier »1« eintragen, darf diese Leistungsart nur von Fertigungskostenstellen (1) genutzt werden. Wenn Sie hier »2« eintragen, darf diese Leistungsart nur von Hilfskostenstellen (2) verwendet werden.

TIPP

Geben Sie Leistungsarten mit * für alle Kostenstellen frei

Tragen Sie im Feld **Kostenstellenarten** »*« ein. Dann kann diese Leistungsart von allen Kostenstellen verwendet werden, und Sie ersparen sich Probleme, die möglicherweise durch nicht passende Kostenstellenarten entstehen.

- **Leistungsartentyp**: Nutzen Sie hier den Wert 1, »manuelle Erfassung, manuelle Verrechnung«. Die anderen drei Leistungsartentypen 2, 3 und 4 werden bei speziellen Verrechnungsarten verwendet, deren Besprechung den Rahmen dieses Buches überschreiten würde.
- **VerrechKostenart**: Die Verrechnungskostenart ist die sekundäre Kostenart, mit der die verrechneten Werte auf den Senderkostenstellen und auf den Empfängerobjekten gebucht werden. Die Verrechnungskostenart muss eine Kostenart vom Typ 43 »Verrechnung Leistungen/Prozesse« sein. Nähere Informationen zur Pflege von Kostenarten finden Sie in Kapitel 2, »Kostenarten«. Nutzen Sie hier die Kostenart 620000 »DILV Maschinenkosten« (DILV steht für **D**irekte **i**nterne **L**eistungs**v**errechnung).
- **Tarifkennzeichen**: Mit den Tarifkennzeichen 1 »automatisch auf Basis der Planleistung ermittelt« und 2 »automatisch auf Basis der Kapazität ermittelt« überlassen Sie dem SAP-System die Berechnung des Tarifs

der Leistungsart. Die geplanten Kosten werden durch die geplanten Leistungsmengen dividiert. Das Ergebnis, zum Beispiel 100 EUR pro Stunde, ist der automatisch ermittelte Tarif. Nutzen Sie das Tarifkennzeichen 3 »manuell«, wenn Sie den Tarif außerhalb des SAP-Systems, zum Beispiel in Microsoft Excel, selbst berechnen möchten. Dann müssen Sie den Tarif manuell bei der Planung eintragen. Wie das funktioniert, erfahren Sie in Kapitel 7, »Mit Kostenstellen und Leistungsarten planen«. Tragen Sie hier 1 »automatisch auf Basis der Planleistung ermittelt« ein.

6 Speichern Sie die neue Leistungsart mit einem Klick auf die Schaltfläche (**Sichern**). Das Einstiegsbild der Transaktion *Leistungsart anlegen* wird angezeigt.

7 Schließen Sie die Transaktion mit einem Klick auf die Schaltfläche (**Zurück**).

VIDEO

Eine neue Leistungsart anlegen

In diesem Video sehen Sie, wie Sie eine Leistungsart anlegen. Sie lernen den Zusammenhang zwischen fixen und variablen Kosten und Leistungsarten kennen. Sie erfahren außerdem, welche Felder in den Stammdaten der Leistungsarten zu welchem Zweck genutzt werden.

http://s-prs.de/v4140lq

5.6 Leistungsart ändern

Die Stammdaten von Leistungsarten sind wie die Kostenarten und Kostenstellen zeitabhängig. Bei den Leistungsarten rate ich allerdings davon ab, unterschiedliche Stammdaten für unterschiedliche Betrachtungszeiträume zu pflegen.

TIPP

Pflegen Sie Leistungsarten immer für den gesamten Existenzzeitraum

Um die Stammdatenpflege nicht komplizierter zu machen, als sie ohnehin schon ist, empfehle ich Ihnen, unkritische Änderungen für den gesamten Existenzzeitraum durchzuführen. Unkritische Änderungen sind Änderungen der Bezeichnung, der Beschreibung oder der Vorschlagswerte. Änderungen bei der Einheit sind kritisch, die würde ich unterlassen und stattdessen eine neue Leistungsart anlegen.

Gehen Sie folgendermaßen vor, um eine Leistungsart zu ändern:

1 Folgen Sie dem Pfad **Rechnungswesen ▸ Controlling ▸ Kostenstellenrechnung ▸ Stammdaten ▸ Leistungsart ▸ Einzelbearbeitung ▸ Ändern** im SAP Easy Access Menü, oder verwenden Sie den Transaktionscode KL02.

2 Für den gesetzten Kostenrechnungskreis, hier »1000«, wird eine neue Leistungsart angelegt. Wie Sie den Kostenrechnungskreis setzen, habe ich Ihnen am Anfang dieses Kapitels gezeigt.

3 Es öffnet sich das Einstiegsbild der Transaktion. Tragen Sie im Feld **Leistungsart** den Schlüssel der Leistungsart ein, die Sie ändern möchten, hier 1410 für »Reparaturstunden«.

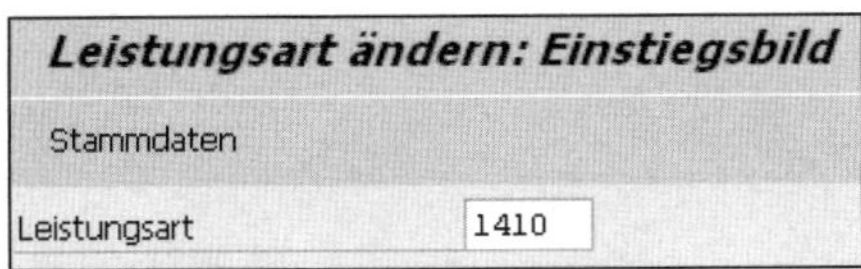

4 Das Grundbild der Transaktion öffnet sich mit dem gesamten Existenzzeitraum der Leistungsart, hier 01.01.1994 bis 31.12.2400.

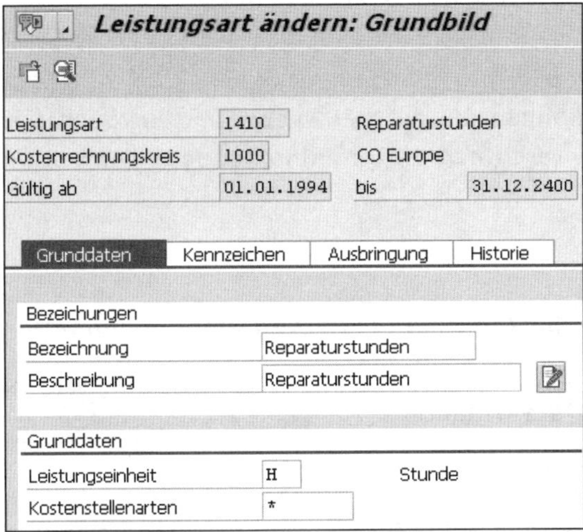

5 Die Felder im Bereich **Bezeichnungen** und im Bereich **Vorschlagswerte für Verrechnung** können Sie jederzeit für den gesamten Zeitraum ändern. Ändern Sie die Bezeichnung und die Beschreibung von »Reparaturstunden« auf »Instandhaltung«.

6 Die Leistungseinheit können Sie nur für Geschäftsjahre ändern, in denen diese Leistungsart noch nicht verwendet wurde. Von Änderungen des Feldes **Leistungseinheit** rate ich allerdings grundsätzlich ab. Falls Sie eine andere Einheit benötigen, zum Beispiel MIN für Minuten statt H für Stunden, empfehle ich Ihnen, eine neue Leistungsart mit der richtigen Einheit MIN anzulegen.

7 Speichern Sie die neue Leistungsart mit einem Klick auf die Schaltfläche **(Sichern)**.

8 Das Einstiegsbild der Transaktion *Leistungsart ändern* wird angezeigt. Schließen Sie die Transaktion mit einem Klick auf die Schaltfläche **(Zurück)**.

5.7 Probieren Sie es aus!

HINWEIS

Hinweise zur Übung

Die folgenden Übungen können Sie auf einem SAP IDES (International Demonstration and Education System) selbst durchführen. Die Übungen zu diesem Kapitel bauen aufeinander auf. Sie sind unabhängig von den Übungen in anderen Kapiteln.

Alle Übungen in diesem Kapitel beziehen sich auf den Kostenrechnungskreis 1000 »CO Europe«.

Die Lösungshinweise können Sie auf der Webseite zum Buch unter *https://www.rheinwerk-verlag.de/4140/* herunterladen.

Aufgabe 1

Legen Sie eine neue statistische Kennzahl COMP »Anzahl Computer« an.

Feld	Dateneingabe
Statist. Kennzahl	COMP
Bezeichnung	Anzahl Computer
Einheit StKennzahl	ST
Kennzahlentyp	?

Welche Einstellung für **Kennzahlentyp** ist richtig und warum?

Aufgabe 2

Legen Sie eine neue statistische Kennzahl PERS1 »Personalstunden 1« an.

Feld	Dateneingabe
Statist. Kennzahl	PERS1
Bezeichnung	Personalstunden 1
Einheit StKennzahl	STD
Kennzahlentyp	?

Welche Einstellung für **Kennzahlentyp** ist richtig und warum?

Aufgabe 3

Ändern Sie die Bezeichnung der statistischen Kennzahl PERS1 von »Personalstunden 1« auf »Mitarbeiterstunden 1«.

Aufgabe 4

Legen Sie eine neue Leistungsart MSTD1 »Maschinenstunden 1« an.

Feld	Dateneingabe
Leistungsart	MSTD1
Gültig von	01.01.2016
Gültig bis	31.12.9999
Bezeichnung	Maschinenstunden 1
Beschreibung	Maschinenstunden 1
Leistungseinheit	STD
Kostenstellenarten	*
Leistungsartentyp	1
VerrechKostenart	620000
Tarifkennzeichen	1

Aufgabe 5

Ändern Sie die Bezeichnung und die Beschreibung der Leistungsart MSTD1 für den gesamten Existenzzeitraum vom 01.01.2016 bis 31.12.9999 von »Maschinenstunden 1« auf »Maschinenstunden Eins«.

6 Mit Kostenstellen fixe Kosten planen

Bisher haben Sie viele wichtige Dinge über Stammdaten im Controlling gelernt. Sie kennen den Unterschied zwischen primären und sekundären Kostenarten. Sie können Kostenstellen sowie Kostenstellengruppen und -hierarchien pflegen. Sie wissen, wie Sie statistische Kennzahlen und Leistungsarten anlegen und nutzen. Jetzt beginnen wir mit der Kernaufgabe des Controllings, der Planung.

In diesem Kapitel lernen Sie,

- warum die Planung für das Controlling so wichtig ist,
- wie Sie mit Kostenarten und Kostenstellen planen,
- wie Sie statistische Kennzahlen planen,
- wie Sie Plankosten mit statistischen Kennzahlen zwischen Kostenstellen per Umlage verrechnen.

6.1 Was bedeutet Planung im Controlling?

Das Wort *Controlling* steht nicht, wie oft behauptet, für Kontrolle. Controlling leitet sich vom englischen *to control* ab. *To control* wird in diesem Zusammenhang besser mit *steuern* als mit *kontrollieren* übersetzt.

BEISPIEL

Was bedeutet »steuern«?

Was bedeutet steuern in diesem Zusammenhang? Stellen Sie sich vor, Sie steuern Ihr Auto von Ihrem Arbeitsplatz nach Hause. Dann beginnt das Steuern mit dem Plan: »Ich will nach Hause.« Dieses Ziel wird in Teilziele aufgeteilt, zum Beispiel: »Zuerst in die Münchener Straße, dann zur Tankstelle, dann zum Bäcker...« Auf dem Weg zu Ihrem Ziel überprüfen Sie laufend, ob sich die aktuelle Position Ihres Autos auf dem richtigen Weg befindet. Wenn sich das Auto zu weit rechts oder links zum Straßenrand bewegt, steuern Sie dagegen. Sollten sich auf dem Weg Hindernisse wie Straßensperren oder überraschende Staus ergeben, werden Sie vielleicht einen Umweg in Kauf nehmen. Für den

> Umweg werden Sie Teilziele aufgeben oder ändern. Sie werden zum Beispiel nicht mehr bei Ihrem Lieblingsbäcker vorbeikommen und stattdessen Ihr Brot ausnahmsweise in einem Supermarkt kaufen, an dem Sie gerade vorbeikommen.

Ähnlich wie in diesem Beispiel funktioniert die Steuerung eines Unternehmens. Auch hier beginnen Sie mit einem Ziel, zum Beispiel: »Der Umsatz soll nächstes Jahr um 10 % steigen« oder »Der Gewinn soll nächstes Jahr eine Million betragen«. Dieses Unternehmensziel brechen Sie auf Bereiche und Abteilungen herunter. Für die Kunden und Produkte planen Sie Absätze und Umsätze. Sie legen fest, welche Kostenstelle wofür wie viel ausgeben darf. Im Lauf des Jahres überprüfen Sie für jede Einheit, ob sie sich im Rahmen der gesteckten Ziele befindet, um das große Unternehmensziel zu erreichen. Sollten Sie Abweichungen vom Ziel erkennen, werden Sie gegensteuern, zum Beispiel indem Sie mit Verkaufsförderung den Umsatz steigern oder nach Möglichkeiten zum Kostensparen suchen.

Der gesamte Prozess der laufenden Prüfung und Steuerung kann nur funktionieren, wenn Sie einen Plan haben. Bezüglich der Kosten muss der Plan auf Abteilungen, sprich Kostenstellen, und auf Kostenarten heruntergebrochen werden. Nur so sind Sie in der Lage, Abweichungen frühzeitig und im Detail zu erkennen und mit den Verantwortlichen nach Maßnahmen zum Gegensteuern zu suchen.

6.2 Mit primären Kostenarten und Kostenstellen planen

In diesem Abschnitt planen Sie Kosten für Kostenstellen, die *nicht* mit Leistungsarten verrechnet werden. Planung ohne Leistungsarten heißt immer, dass ausschließlich fixe Kosten geplant werden können. Fixe Kosten werden typischerweise auf Kostenstellen im Vertrieb, in der Verwaltung, aber oft auch bei Dienstleistungskostenstellen wie Kantine oder Hausmeister geplant.

Bevor Sie mit der Planung beginnen, müssen Sie sicherstellen, dass Sie im SAP-System den richtigen Kostenrechnungskreis ausgewählt haben. Nutzen Sie für alle Beispiele in diesem Kapitel den Kostenrechnungskreis 1000 »CO Europe«.

Gehen Sie folgendermaßen vor, um den Kostenrechnungskreis für Ihren Benutzer zu setzen:

1. Folgen Sie dem Pfad **Rechnungswesen ▸ Controlling ▸ Kostenstellenrechnung ▸ Umfeld ▸ Kostenrechnungskreis setzen** im SAP Easy Access Menü, oder verwenden Sie den Transaktionscode OKKS.

2. Es öffnet sich ein Dialogfenster, in dem Sie im Feld **Kostenrechnungskreis** den Schlüssel des Kostenrechnungskreises eintragen, mit dem Sie arbeiten möchten. Für alle Beispiele in diesem Kapitel nutzen Sie den Kostenrechnungskreis 1000.

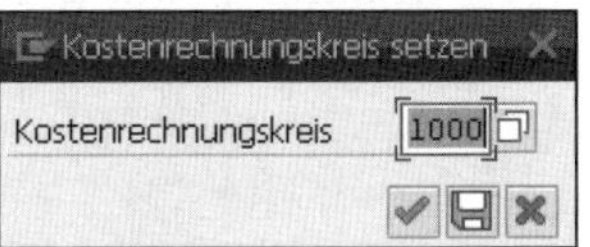

3. Bestätigen Sie Ihre Eingabe mit einem Klick auf die Schaltfläche ✔ (**Weiter**) oder mit der Taste [↵]. Mit dieser Schaltfläche speichern Sie den gewählten Kostenrechnungskreis für die aktuelle SAP-Sitzung. Der Kostenrechnungskreis bleibt so lange gesetzt, bis Sie sich vom SAP-System abmelden.

4. Alternativ können Sie die Eingabe des Kostenrechnungskreises dauerhaft speichern. Klicken Sie dazu auf die Schaltfläche (**Als Benutzerparameter sichern**), oder drücken Sie die Taste [F5].

   So bleibt der gewählte Kostenrechnungskreis auch über die aktuelle SAP-Sitzung hinaus gesetzt. Wenn Sie sich ab- und wieder anmelden, weiß das System bereits, mit welchem Kostenrechnungskreis Sie arbeiten möchten.

Außerdem benötigen Sie für die Planung in der Kostenstellenrechnung ein Planerprofil. Als Planerprofil nutzen Sie für alle Beispiele in diesem Buch »SAPALL«. So geht's:

1. Folgen Sie dem Pfad **Rechnungswesen ▸ Controlling ▸ Kostenstellenrechnung ▸ Planung ▸ Planerprofil setzen** im SAP Easy Access Menü, oder verwenden Sie den Transaktionscode KP04.

2. Tragen Sie im Feld **Planerprofil** den Schlüssel »SAPALL« ein.

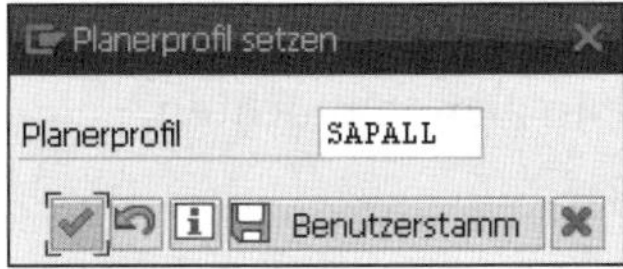

3 Bestätigen Sie Ihre Eingabe mit einem Klick auf die Schaltfläche ✔ **(Weiter)** oder mit der Taste [↵]. Mit dieser Schaltfläche speichern Sie das gewählte Planerprofil für die aktuelle SAP-Sitzung. Das Planerprofil bleibt so lange gesetzt, bis Sie sich vom SAP-System abmelden.

4 Alternativ können Sie das eingegebene Planerprofil dauerhaft speichern, indem Sie auf die Schaltfläche **Benutzerstamm (BenutzStamm sichern)** klicken oder die Taste [F5] drücken. Anschließend bleibt das gewählte Planerprofil »SAPALL« auch über die aktuelle SAP-Sitzung hinaus gesetzt. Wenn Sie sich ab- und wieder anmelden, weiß das System bereits, dass Sie mit »SAPALL« arbeiten möchten.

Plankosten erfassen: Beispiel »Vertrieb«

Fixe Primärkosten werden zum Beispiel auf Vertriebs- und Verwaltungskostenstellen geplant. Diese Kostenstellen werden typischerweise nicht mit Leistungsarten verrechnet, sondern per Umlage in die Ergebnis- und Marktsegmentrechnung (siehe Kapitel 13, »Ergebnis- und Marktsegmentrechnung«).

Gehen Sie folgendermaßen vor, um fixe Planwerte ohne Leistungsarten für Kostenstellen und primäre Kostenarten zu erfassen:

1 Folgen Sie dem Pfad **Rechnungswesen ▸ Controlling ▸ Kostenstellenrechnung ▸ Planung ▸ Kosten/Leistungsaufnahmen ▸ Ändern** im SAP Easy Access Menü, oder verwenden Sie den Transaktionscode KP06.

2 Es erscheint das Einstiegsbild der Transaktion. Füllen Sie die einzelnen Felder folgendermaßen aus:

- **Version**: »0«. Die Version »0« ist die Hauptversion der Planung. Parallel zu dieser Hauptversion können Ihre Systemadministratoren beliebig viele Nebenversionen anlegen, zum Beispiel für Best- und Worst-Case-Szenarien.
- **von Periode**: »1«, **bis Periode** »12«: Wählen Sie alle Perioden des Jahres, hier Januar bis Dezember. So haben Sie die Möglichkeit, einen Jahreswert zu erfassen, der in einem weiteren Schritt automatisch oder manuell auf die einzelnen Monate verteilt wird.
- **Geschäftsjahr**: »2017«, das Jahr, in dem Sie planen möchten
- **Kostenstelle**: »3100« (Vertrieb Motorräder)

- **Leistungsart**: keine Eingabe. Die Kostenstelle »Vertrieb Motorräder« soll nicht mittels Leistungsarten verrechnet werden, deshalb kann bei der Planung der Kostenarten kein Bezug zu einer Leistungsart hergestellt werden.
- **Kostenart**: »*«. »*« steht hier für alle Kostenarten. In diesem Bild nehmen Sie noch keine Einschränkung für bestimmte Kostenarten vor.

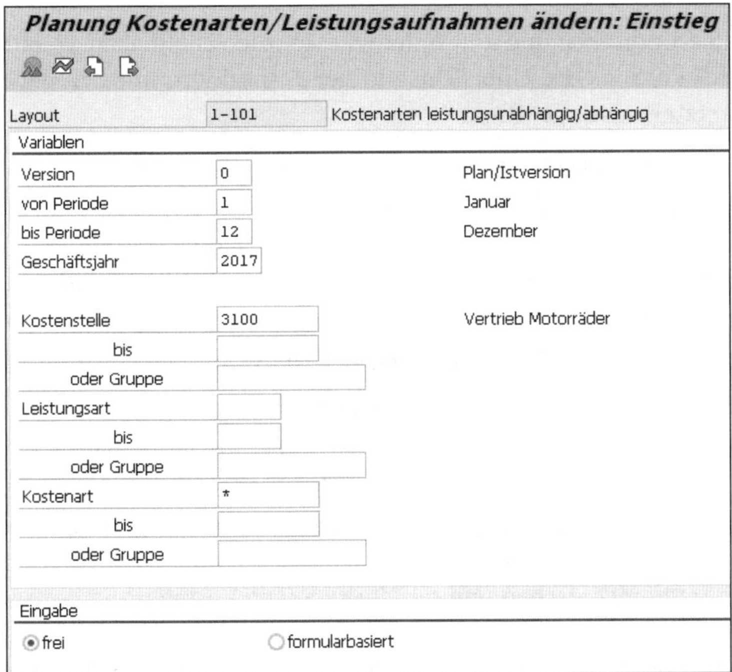

3 Bestätigen Sie Ihre Eingabe mit einem Klick auf die Schaltfläche ✓ (**Weiter**) oder mit der Taste ↵. Die Bezeichnungen für die Version, die Monate und die Kostenstelle werden eingeblendet.

HINWEIS

Was bedeuten Stern * und leeres Feld beim Einstieg in die Planung?

Wenn Sie beim Einstieg in einen Bericht ein Feld leer lassen, zum Beispiel **Kostenart**, bedeutet das: Selektiere für dieses Feld alle Werte (zum Beispiel alle Kostenarten), die im System vorhanden sind.

Beim Einstieg in die Planung hat ein leeres Feld eine andere Bedeutung, nämlich: Dieses Feld soll für die aktuelle Planung nicht genutzt werden. In der hier beschriebenen Transaktion *Planung Kostenarten/Leistungsaufnahmen ändern* müssen mindestens eine Kostenstelle und mindes-

> tens eine Kostenart selektiert werden. Die Planung ohne Kostenstelle oder ohne Kostenart ist nicht möglich. Diese beiden Felder dürfen nicht leer bleiben. Bezüglich der Leistungsart können Sie entscheiden, ob sie genutzt werden soll oder nicht. Wenn nicht, lassen Sie das Feld **Leistungsart** leer. Die Selektion aller Merkmalswerte, zum Beispiel aller Kostenarten, erfolgt hier in der Planung durch die Eingabe von »*«.

4 Steigen Sie in die Planung ein, indem Sie auf die Schaltfläche (**Übersichtsbild**) klicken. Das Übersichtsbild der Transaktion mit den gewählten Parametern wird geöffnet.

5 Bisher wurden noch keine Plandaten für diese Kostenstelle erfasst, deshalb sehen Sie beim ersten Einstieg ein leeres Bildschirmbild. Planen Sie 30.000 EUR »Gehalt« mit der Kostenart 430000 und 6.000 EUR »kalkulatorische Abschreibung« für einen Pkw mit der Kostenart 481000. Tragen Sie diese Werte ein:

- Erste Zeile: **Kostenart:** 430000; **Plankosten fix:** 30.000
- Zweite Zeile: **Kostenart:** 481000; **Plankosten fix:** 6.000

6 Bestätigen Sie Ihre Eingaben mit einem Klick auf die Schaltfläche (**Weiter**) oder mit der Taste [↵]. Die beiden Einträge in der Spalte **Kostenart** werden grau hinterlegt; hier sind jetzt keine Änderungen mehr möglich. Wenn Sie die Kostenart ändern möchten, müssen Sie den eingegebenen Datensatz löschen und mit der richtigen Kostenart neu erfassen.

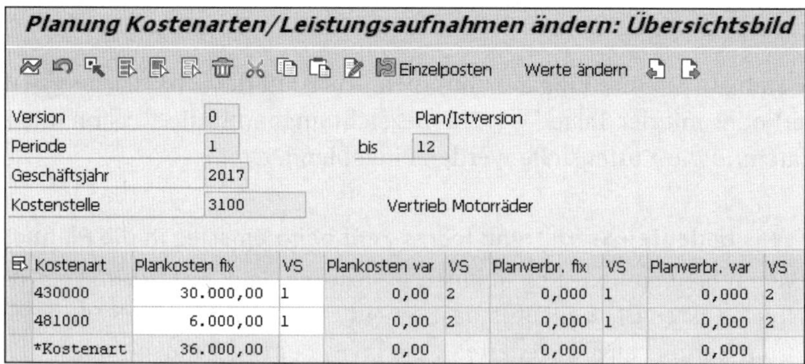
Planung Kostenarten/Leistungsaufnahmen ändern: Übersichtsbild

Einzelposten   Werte ändern

Version 0   Plan/Istversion
Periode 1   bis 12
Geschäftsjahr 2017
Kostenstelle 3100   Vertrieb Motorräder

Kostenart	Plankosten fix	VS	Plankosten var	VS	Planverbr. fix	VS	Planverbr. var	VS
430000	30.000,00	1	0,00	2	0,000	1	0,000	2
481000	6.000,00	1	0,00	2	0,000	1	0,000	2
*Kostenart	36.000,00		0,00		0,000		0,000	

7 Mit der Bestätigung Ihrer Eingabe wurden die Kosten verteilt. Das System setzt als Vorschlagswert den Verteilungsschlüssel 1 »Gleichmäßige

Verteilung«. Dadurch werden die eingegebenen Werte gleichmäßig auf die zwölf Perioden des Planjahres verteilt.

8 Um diese automatische Verteilung sichtbar zu machen, klicken Sie in eines der Felder in der Spalte **Plankosten fix**, zum Beispiel in das Feld mit 30.000 EUR zur Kostenart 430000. Klicken Sie dann auf die Schaltfläche (**Periodenbild**). Die einzelnen Monate mit 2.500 EUR Plankosten pro Monat für die Kostenart 430000 »Gehaelter« werden sichtbar. 2.500 EUR pro Monat ist das Ergebnis der automatischen gleichmäßigen Verteilung des Jahreswertes:

30.000 EUR pro Jahr ÷ 12 Monate = 2.500 EUR pro Monat

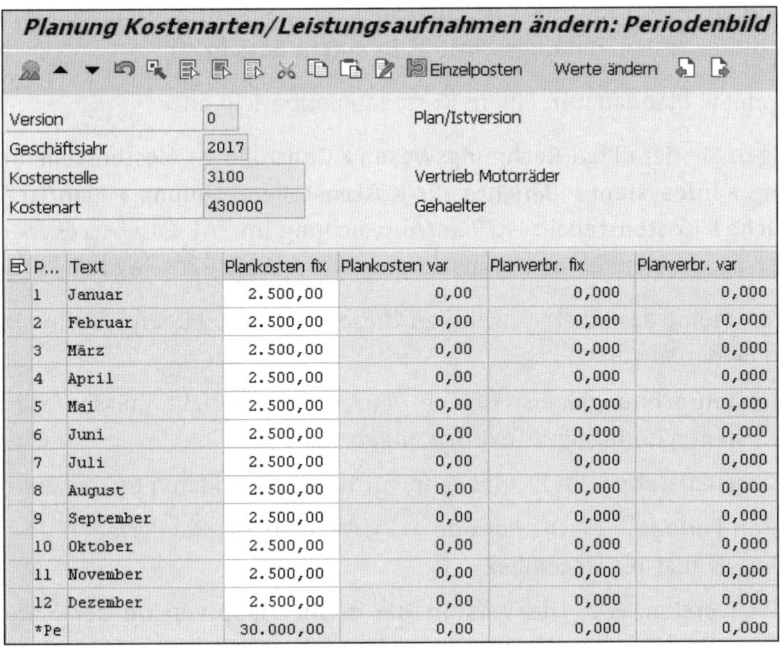

Planung Kostenarten/Leistungsaufnahmen ändern: Periodenbild

Einzelposten Werte ändern

Version	0	Plan/Istversion
Geschäftsjahr	2017	
Kostenstelle	3100	Vertrieb Motorräder
Kostenart	430000	Gehaelter

P...	Text	Plankosten fix	Plankosten var	Planverbr. fix	Planverbr. var
1	Januar	2.500,00	0,00	0,000	0,000
2	Februar	2.500,00	0,00	0,000	0,000
3	März	2.500,00	0,00	0,000	0,000
4	April	2.500,00	0,00	0,000	0,000
5	Mai	2.500,00	0,00	0,000	0,000
6	Juni	2.500,00	0,00	0,000	0,000
7	Juli	2.500,00	0,00	0,000	0,000
8	August	2.500,00	0,00	0,000	0,000
9	September	2.500,00	0,00	0,000	0,000
10	Oktober	2.500,00	0,00	0,000	0,000
11	November	2.500,00	0,00	0,000	0,000
12	Dezember	2.500,00	0,00	0,000	0,000
*Pe		30.000,00	0,00	0,000	0,000

9 Speichern Sie Ihre Plandaten mit einem Klick auf die Schaltfläche (**Buchen**).

10 Das Einstiegsbild der Transaktion KP06 (Planung Kostenarten/Leistungsaufnahmen) wird angezeigt. Schließen Sie die Transaktion mit einem Klick auf die Schaltfläche (**Zurück**).

VIDEO

Plankosten erfassen

In diesem Video sehen Sie, wie Sie fixe Kosten auf einer Kostenstelle als Belastung planen. Sie sehen, wie Kosten mit primären Kostenarten erfasst werden. Sie lernen auch, wie das System geplante Jahreswerte automatisch auf die Monate des Jahres verteilt.

http://s-prs.de/v4140us

Plankosten in einem Bericht anzeigen: Beispiel »Vertrieb«

Die Plandaten sind im SAP-System gespeichert. Sehen Sie sich jetzt das Ergebnis dieses ersten Planungsschrittes in einem Bericht an.

So zeigen Sie Plandaten in einem Kostenstellenbericht an:

1. Folgen Sie dem Pfad **Rechnungswesen ▸ Controlling ▸ Kostenstellenrechnung ▸ Infosystem ▸ Berichte zur Kostenstellenrechnung ▸ Plan/Ist-Vergleiche ▸ Kostenstellen: Ist/Plan/Abweichung** im SAP Easy Access Menü, oder verwenden Sie den Transaktionscode S_ALR_87013611.

2. Es erscheint das Selektionsbild zu diesem Bericht. Füllen Sie die einzelnen Felder so aus:
   - **Kostenrechnungskreis**: »1000«. Für diesen Bericht müssen Sie den Kostenrechnungskreis explizit angeben.
   - **Geschäftsjahr**: »2017«, das Jahr, für das die Plandaten erfasst wurden
   - **Von Periode**: »1«, **Bis Periode** »12«: Wählen Sie alle Perioden des Jahres, Januar bis Dezember.
   - **Planversion**: »0«. Die Version »0« ist die Hauptversion der Planung. Die Plandaten wurden mit dieser Version gespeichert.
   - **Kostenstellengruppe**: leer. Hier könnten Sie alle Kostenstellen zu einer Kostenstellengruppe selektieren. Kostenstellengruppen sind in Kapitel 4, »Kostenstellengruppen und -hierarchien«, ausführlich beschrieben.
   - **oder Wert(e)** (unter **Kostenstellengruppe**): »3100«. In das Feld **oder Wert(e)** tragen Sie den Schlüssel der Kostenstelle ein, die angezeigt werden soll. »3100« ist der Schlüssel der Kostenstelle »Vertrieb Motorräder«.

- **Kostenartengruppe**: leer. Alle Kostenartengruppen, für die Plandaten existieren, sollen angezeigt werden.
- **oder Wert(e)** (unter **Kostenartengruppe**): leer. Alle Kostenarten, für die Plandaten existieren, sollen angezeigt werden.

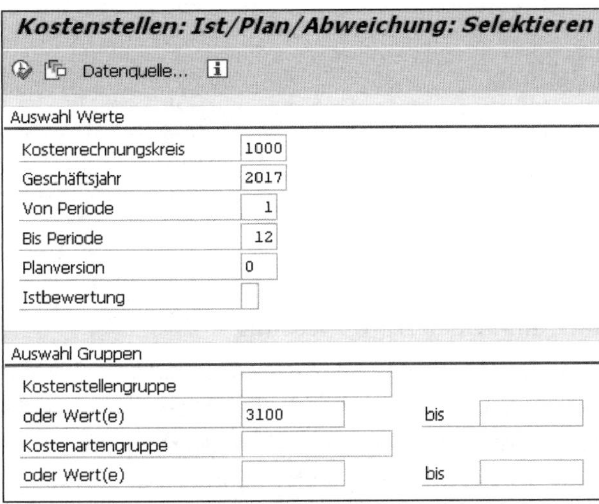

3 Führen Sie den Bericht mit einem Klick auf die Schaltfläche (**Ausführen**) aus. Der Bericht mit den Spalten **Kostenarten, Istkosten, Plankosten, Abw (Abs)** und **Abw (%)** wird angezeigt.

- **Kostenarten**: Zusätzlich zum Schlüssel der Kostenarten (430000 und 481000), die Sie bei der Planung verwendet haben, werden hier die Beschreibungen angezeigt (»Gehaelter« und »Kalk. Abschreibung«).
- **Istkosten**: Die Planung findet regelmäßig zu einem Zeitpunkt statt, bevor das entsprechende Jahr beginnt. Folgerichtig sind zum Zeitpunkt der Planung noch keine Ist-Daten für das gewählte Jahr 2017 verfügbar.
- **Plankosten**: Das sind die beiden Werte 30.000 und 6.000, die Sie aus der Planung kennen.
- **Abw (Abs)**: absolute Abweichung:

  Ist-Kosten – Plankosten

  Abw (%): prozentuale Abweichung:

  (Ist-Kosten – Plankosten)/Plankosten × 100

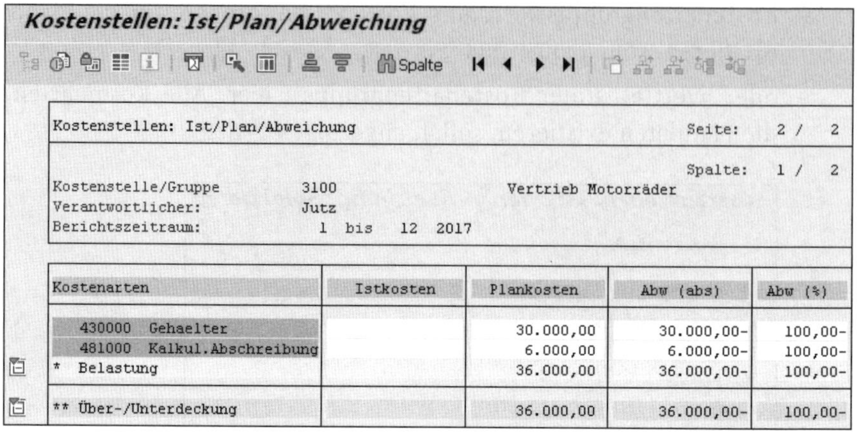

Kostenstellen: Ist/Plan/Abweichung

Spalte

Kostenstellen: Ist/Plan/Abweichung   Seite: 2 / 2

Spalte: 1 / 2

Kostenstelle/Gruppe 3100 Vertrieb Motorräder
Verantwortlicher: Jutz
Berichtszeitraum: 1 bis 12 2017

Kostenarten	Istkosten	Plankosten	Abw (abs)	Abw (%)
430000 Gehaelter		30.000,00	30.000,00-	100,00-
481000 Kalkul.Abschreibung		6.000,00	6.000,00-	100,00-
* Belastung		36.000,00	36.000,00-	100,00-
** Über-/Unterdeckung		36.000,00	36.000,00-	100,00-

HINWEIS

Belastung, Entlastung, Über-/Unterdeckung

In der Spalte **Plankosten** werden die beiden Zeilen mit 30.000 und 6.000 EUR zu einer Zeile mit 36.000 EUR mit dem Titel **Belastung** zusammengefasst. Kosten auf Kostenstellen werden als Belastung gebucht und später als Entlastung an andere Controllingobjekte weiterverrechnet, zum Beispiel andere Kostenstellen. Die Entlastungen sollen die Belastungen *decken*.

- *Überdeckung* bedeutet: Die Entlastungen sind höher als die Belastungen.
- *Unterdeckung* bedeutet: Die Entlastungen sind niedriger als die Belastungen.

In diesem Beispiel sind noch keine Entlastungen geplant. Die Entlastungen sind null, also kleiner als die Belastungen. Damit stehen die 36.000 EUR in der Zeile **Über-/Unterdeckung** und der Spalte **Plankosten** für eine Unterdeckung.

Verlassen Sie den Bericht **Kostenstellen: Ist/Plan/Abweichung** (Transaktionscode S_ALR_87013611) mit einem Klick auf die Schaltfläche (**Zurück**).

4 Es erscheint ein Dialogfenster mit der Frage »Möchten Sie den Bericht verlassen?«. Bestätigen Sie dieses Dialogfenster mit einem Klick auf die Schaltfläche **Ja**.

5 Daraufhin erscheint das Selektionsbild des Berichts. Das Selektionsbild verlassen Sie mit einem weiteren Klick auf die Schaltfläche (**Zurück**).

VIDEO

Plankosten in einem Bericht anzeigen

In diesem Video lernen Sie, wie Sie geplante Kosten mit dem Bericht »Kostenstellen: Ist/Plan/Abweichung« analysieren. Sie sehen eine Kostenstelle mit einer Kostenbelastung im Plan. Sie erfahren außerdem, wie Sie die Zeile »Über-/Unterdeckung« richtig interpretieren.

http://s-prs.de/v4140ow

Plankosten erfassen: Beispiel »Kantine«

Im ersten Beispiel für die Planung von primären Fixkosten haben Sie die Planung einer Vertriebskostenstelle kennengelernt. In einem zweiten Beispiel werden jetzt Kosten mit primären Kostenarten für die Kostenstelle »Kantine« geplant. Diese Kostenstelle gehört zur Gruppe der Dienstleistungskostenstellen, die per Umlage an andere Kostenstellen verrechnet werden (siehe Abschnitt 6.4, »Kosten per Umlage im Plan verrechnen«). Für die Planung in diesem Beispiel müssen der Kostenrechnungskreis »1000« und das Planerprofil »SAPALL« gesetzt sein. Wie Sie den Kostenrechnungskreis und das Planerprofil setzen, habe ich zu Beginn des Kapitels beschrieben.

Gehen Sie folgendermaßen vor, um fixe Planwerte ohne Leistungsarten für eine weitere Kostenstelle und primäre Kostenarten zu erfassen:

1. Folgen Sie dem Pfad **Rechnungswesen ▸ Controlling ▸ Kostenstellenrechnung ▸ Planung ▸ Kosten/Leistungsaufnahmen ▸ Ändern** im SAP Easy Access Menü, oder verwenden Sie den Transaktionscode KP06.
2. Es erscheint das Einstiegsbild der Transaktion. Füllen Sie die einzelnen Felder für unser Beispiel so aus:
   - **Version**: »0«
   - **von Periode**: »1«, **bis Periode** »12«
   - **Geschäftsjahr**: »2017«
   - **Kostenstelle**: »1200« (Kantine)
   - **Leistungsart**: keine Eingabe
   - **Kostenart**: »*«

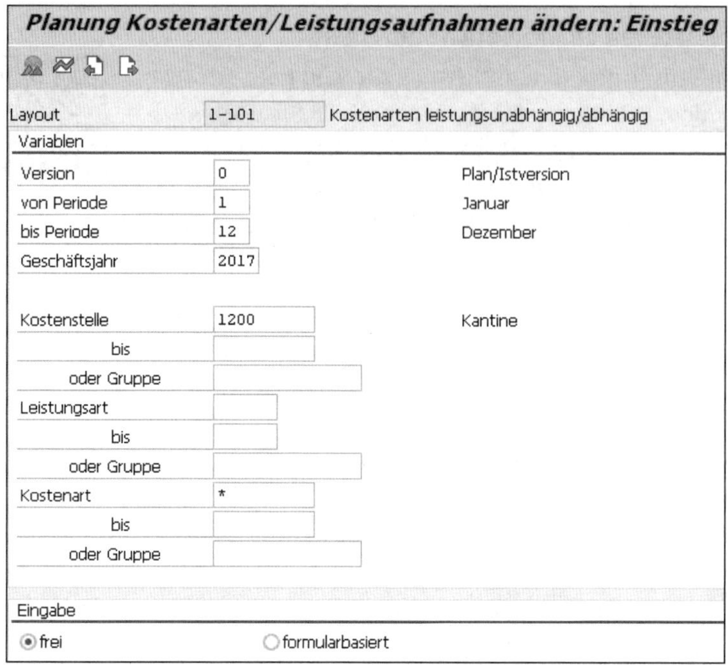

3. Bestätigen Sie Ihre Eingabe mit einem Klick auf die Schaltfläche (**Weiter**) oder mit der Taste [↵]. Die Bezeichnungen für die Version, die Monate und die Kostenstelle werden eingeblendet.

4. Steigen Sie in die Planung ein, indem Sie auf die Schaltfläche (**Übersichtsbild**) klicken. Das Übersichtsbild der Transaktion mit den gewählten Parametern wird geöffnet.

5. Bisher wurden noch keine Plandaten für diese Kostenstelle erfasst, deshalb sehen Sie beim ersten Einstieg ein leeres Bildschirmbild. Planen Sie 4.800 EUR »Hilfs- und Betriebsstoffe« (das sind die Kosten für die zugekauften Lebensmittel) mit der Kostenart 403000 und 4.800 EUR »Lohn« mit der Kostenart 420000. Tragen Sie die folgenden Werte ein:

   - Erste Zeile: **Kostenart**: 403000, **Plankosten fix**: 4.800
   - Zweite Zeile: **Kostenart**: 420000, **Plankosten fix**: 4.800

6. Bestätigen Sie Ihre Eingaben mit einem Klick auf die Schaltfläche (**Weiter**) oder mit der Taste [↵].

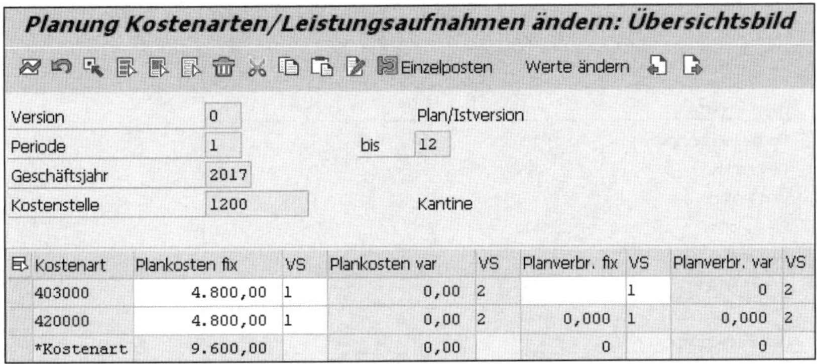

7 Speichern Sie Ihre Plandaten mit einem Klick auf die Schaltfläche (**Buchen**).

8 Das Einstiegsbild der Transaktion KP06 (Planung Kostenarten/Leistungsaufnahmen) wird angezeigt. Schließen Sie die Transaktion mit einem Klick auf die Schaltfläche (**Zurück**).

Plankosten in einem Bericht anzeigen: Beispiel »Kantine«

Die Plandaten sind im SAP-System gespeichert. Sehen Sie sich jetzt das Ergebnis dieses zweiten Planungsschrittes in einem Bericht an.

So zeigen Sie Plandaten in einem Bericht an:

1 Folgen Sie dem Pfad **Rechnungswesen ▸ Controlling ▸ Kostenstellenrechnung ▸ Infosystem ▸ Berichte zur Kostenstellenrechnung ▸ Plan/Ist-Vergleiche ▸ Kostenstellen: Ist/Plan/Abweichung** im SAP Easy Access Menü, oder verwenden Sie den Transaktionscode S_ALR_87013611.

2 Es erscheint das Selektionsbild zu diesem Bericht. Füllen Sie die einzelnen Felder folgendermaßen aus:
   - **Kostenrechnungskreis**: »1000«
   - **Geschäftsjahr**: »2017«
   - **Von Periode**: »1«, **Bis Periode** »12«
   - **Planversion**: »0«
   - **oder Wert(e)** (unter **Kostenstellengruppe**): »1200« (Kantine)

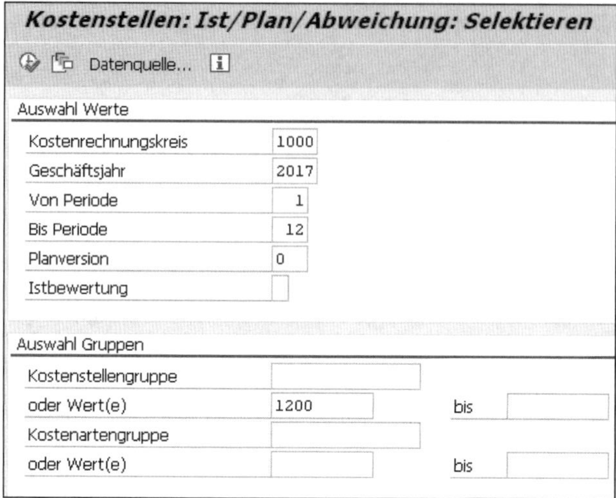

3 Führen Sie den Bericht mit einem Klick auf die Schaltfläche (**Ausführen**) aus. Der Bericht mit den beiden primären Kostenarten 403000 »Hilfs-/Betriebsstoffe« und 420000 »Fertigungs-Loehne« wird angezeigt.

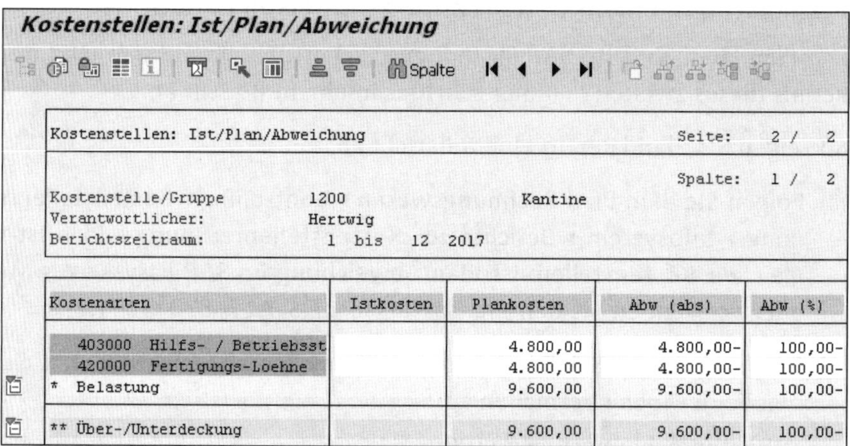

Kostenarten	Istkosten	Plankosten	Abw (abs)	Abw (%)
403000 Hilfs- / Betriebsst		4.800,00	4.800,00-	100,00-
420000 Fertigungs-Loehne		4.800,00	4.800,00-	100,00-
* Belastung		9.600,00	9.600,00-	100,00-
** Über-/Unterdeckung		9.600,00	9.600,00-	100,00-

4 Verlassen Sie den Bericht **Kostenstellen: Ist/Plan/Abweichung** (Transaktionscode S_ALR_87013611) mit einem Klick auf die Schaltfläche (**Zurück**).

5 Es erscheint ein Dialogfenster mit der Frage »Möchten Sie den Bericht verlassen?«. Bestätigen Sie dieses Dialogfenster mit einem Klick auf die Schaltfläche **Ja**.

6 Jetzt erscheint das Selektionsbild des Berichts. Das Selektionsbild verlassen Sie mit einem weiteren Klick auf die Schaltfläche (**Zurück**).

6.3 Statistische Kennzahlen planen

Für die Verrechnung von Kosten werden oft statistische Kennzahlen genutzt. So könnten die Kosten der im letzten Abschnitt geplanten Kostenstelle »Kantine« zum Beispiel nach der Anzahl der Mitarbeiter auf andere Kostenstellen verrechnet werden. Die Anzahl der Mitarbeiter in jeder einzelnen Kostenstelle wird als statistische Kennzahl erfasst. Wie das funktioniert, erfahren Sie in diesem Abschnitt.

Für die Planung in diesem Beispiel müssen der Kostenrechnungskreis »1000« und das Planerprofil »SAPALL« gesetzt sein. Wie Sie den Kostenrechnungskreis und das Planerprofil setzen, habe ich in Abschnitt 6.2, »Mit primären Kostenarten und Kostenstellen planen«, beschrieben.

Statistische Kennzahlen erfassen

Sie planen nun mit einer statistischen Kennzahl die Anzahl der Mitarbeiter, die für verschiedene Kostenstellen arbeiten. Gehen Sie folgendermaßen vor, um eine statistische Kennzahl für mehrere Kostenstellen zu planen:

1. Folgen Sie dem Pfad **Rechnungswesen ▸ Controlling ▸ Kostenstellenrechnung ▸ Planung ▸ Statistische Kennzahlen ▸ Ändern** im SAP Easy Access Menü, oder verwenden Sie den Transaktionscode KP46.

2. Es erscheint das Einstiegsbild der Transaktion mit dem Layout 1-301 »Statistische Kennzahlen Standard«. Mit diesem Standardlayout können Sie jeweils mehrere Kennzahlen für eine Kostenstelle planen.

   Um stattdessen *eine* Kennzahl in einem Bild für *mehrere* Kostenstellen erfassen zu können, wählen Sie das Layout **1-303C Statistische Kennzahlen zentral**. Klicken Sie für die Auswahl des Layouts zweimal auf die Schaltfläche **(Nächstes Layout)**.

3. Füllen Sie die einzelnen Felder so aus:
   - **Version**: »0«. Die Version »0« ist die Hauptversion der Planung.
   - **von Periode**: »1«, **bis Periode** »12«: Wählen Sie alle Perioden des Jahres, hier Januar bis Dezember.
   - **Geschäftsjahr**: »2017«, das Jahr, in dem Sie planen möchten
   - **Kostenstelle**: »*«. »*« steht hier für alle Kostenstellen. In diesem Einstiegsbild nehmen Sie noch keine Einschränkung für bestimmte Kostenstellen vor.

- **Leistungsart**: leer. Die statistische Kennzahl soll ohne Bezug zu Leistungsarten geplant werden.
- **Statist. Kennzahl**: »HEAD«. Anzahl der Mitarbeiter pro Kostenstelle (Köpfe). Diese statistische Kennzahl ist eine Kennzahl vom Typ *Festwerte*.

4. Bestätigen Sie Ihre Eingabe mit einem Klick auf die Schaltfläche ✓ (**Weiter**) oder mit der Taste [↵]. Die Bezeichnungen für die Version, die Monate und die statistische Kennzahl werden eingeblendet.

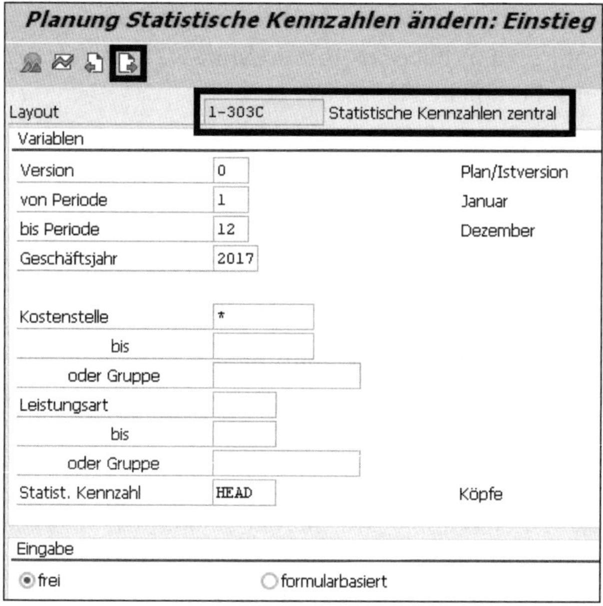

5. Steigen Sie in die Planung ein, indem Sie auf die Schaltfläche (**Übersichtsbild**) klicken. Das Übersichtsbild der Transaktion mit den gewählten Parametern wird geöffnet.

6. Bisher wurden noch keine Plandaten für die Kennzahl HEAD »Köpfe« erfasst, deshalb sehen Sie beim ersten Einstieg ein leeres Bildschirmbild. Planen Sie einen Mitarbeiter (Kopf) für die Kostenstelle 3100 »Vertrieb Motorräder« und drei Mitarbeiter (Köpfe) für die Kostenstelle 4300 »Instandhaltung«: Tragen Sie diese Werte ein:
   - Erste Zeile: **Kostenstelle**: 3100, **Lfd. Planwert**: 1
   - Zweite Zeile: **Kostenstelle**: 4300, **Lfd. Planwert**: 3

7. Bestätigen Sie Ihre Eingaben mit einem Klick auf die Schaltfläche ✓ (**Weiter**) oder mit der Taste [↵].

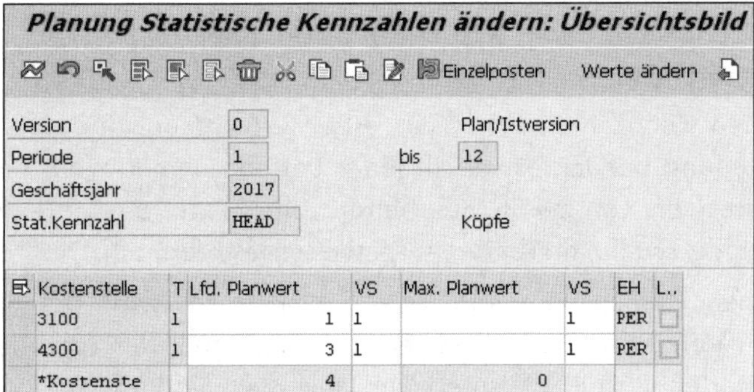

8 Mit dem Bestätigen Ihrer Eingabe wurden Werte für die Kennzahl automatisch den ausgewählten Perioden (hier 1 bis 12) zugeordnet. Für diese Zuordnung sind im System verschiedene Optionen vorgesehen. Im für dieses Beispiel verwendeten Schulungssystem ist der Verteilungsschlüssel 1 »Gleichmäßige Verteilung« voreingestellt.

Die eingegebenen Werte werden gleichmäßig den zwölf Perioden des Planjahres zugeordnet.

9 Um diese automatische Zuordnung sichtbar zu machen, klicken Sie in eines der Felder in der Spalte **Lfd. Planwert**, zum Beispiel in das Feld mit dem Wert 3 zur Kostenstelle 4300. Klicken Sie dann auf (**Periodenbild**). Die einzelnen Monate mit jeweils drei Mitarbeitern werden sichtbar.

HINWEIS

Statistische Kennzahlen vom Typ »Festwerte« oder vom Typ »Summenwerte«

Bei statistischen Kennzahlen vom Typ *Festwerte* wird bei der gleichmäßigen Verteilung der Jahreswert in jeder Periode eingetragen. Beispiel: Der Jahreswert von zwölf Mitarbeitern führt dazu, dass in jeder einzelnen Periode zwölf Mitarbeiter ausgewiesen werden.

Bei statistischen Kennzahlen vom Typ *Summenwerte* wird bei der gleichmäßigen Verteilung der Jahreswert auf die Anzahl der zugrunde liegenden Perioden verteilt. Beispiel: Der Jahreswert von 12.000 kWh Stromverbrauch führt dazu, dass in jeder einzelnen Periode 1.000 kWh Stromverbrauch ausgewiesen werden.

10 Speichern Sie Ihre Plandaten mit einem Klick auf die Schaltfläche (**Buchen**). Das Einstiegsbild der Transaktion KP46 (Planung Statistische Kennzahlen) wird angezeigt.

11 Schließen Sie die Transaktion mit einem Klick auf die Schaltfläche (**Zurück**).

VIDEO

Statistische Kennzahlen planen

In diesem Video sehen Sie, wie Sie Werte für statistische Kennzahlen planen. Sie lernen die Planung für eine statistische Kennzahl vom Typ Summenwert und für eine statische Kennzahl vom Typ Festwert kennen. Zudem lernen Sie den Unterschied bei der Periodenverteilung für diese beiden Kennzahltypen kennen.

http://s-prs.de/v4140xa

Statistische Kennzahlen in einem Bericht anzeigen

Für die Anzahl der Mitarbeiter sind verschiedene statistische Kennzahlen im System angelegt. Sie haben für die Planung der Mitarbeiter die Kennzahl HEAD »Köpfe« genutzt. Mit dieser Kennzahl haben Sie jeden Mitarbeiter gezählt, unabhängig davon, ob er in Voll- oder Teilzeit für das Unternehmen tätig ist. Die Plandaten für diese statistische Kennzahl HEAD »Köpfe« sehen Sie sich jetzt in einem Bericht an.

Gehen Sie folgendermaßen vor, um die Planwerte für statistische Kennzahlen in einem Bericht anzuzeigen:

1. Folgen Sie dem Pfad **Rechnungswesen ▸ Controlling ▸ Kostenstellenrechnung ▸ Infosystem ▸ Berichte zur Kostenstellenrechnung ▸ Plan/Ist-Vergleiche ▸ Zusätzliche Merkmale ▸ Bereich: Statistische Kennzahlen** im SAP Easy Access Menü, oder verwenden Sie den Transaktionscode S_ALR_87013618.

2. Es erscheint das Selektionsbild zu diesem Bericht. Füllen Sie die einzelnen Felder so aus:
   - **Kostenrechnungskreis:** »1000«
   - **Geschäftsjahr:** »2017«
   - **Von Periode:** »1«, **Bis Periode** »12«
   - **Planversion:** »0«
   - **oder Wert(e)** (unter **Statistische Kennzahlengruppe**): HEAD

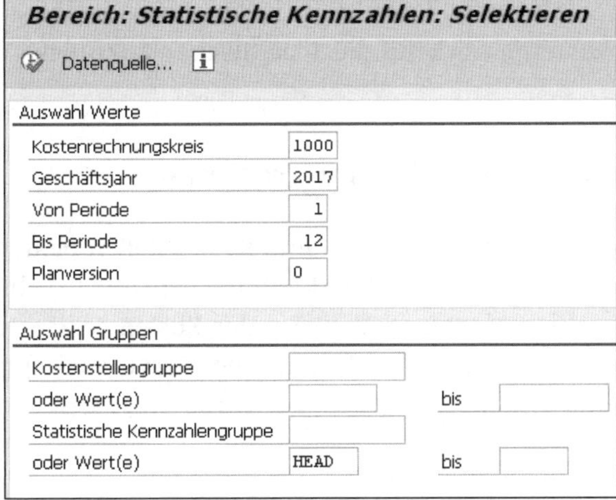

3. Führen Sie den Bericht mit einem Klick auf die Schaltfläche (**Ausführen**) aus.

4. Der Bericht mit zwei Kostenstellen wird angezeigt. In der Spalte **Plan** sehen Sie eine geplante Person (**PER**) für die Kostenstelle 3100 »Vertrieb Motorräder« und drei Personen für 4300 »Instandhaltung«.

Bereich: Statistische Kennzahlen

Spalte

Bereich: Statistische Kennzahlen

Kostenstelle/Gruppe: * Kostenstellengruppe
Berichtszeitraum: 1 bis 12 2017

Statistische Kz./Kostenstellen	Ist	Plan
3100 Vertrieb Motorräder		1 PER
4300 Instandhaltung		3 PER
* HEAD Köpfe		4 PER

5 Verlassen Sie den Bericht **Bereich: Statistische Kennzahlen** (Transaktionscode S_ALR_87013618) mit einem Klick auf die Schaltfläche **(Zurück)**.

6 Es erscheint ein Dialogfenster mit der Frage »Möchten Sie den Bericht verlassen?«. Bestätigen Sie dieses Dialogfenster mit einem Klick auf die Schaltfläche **Ja**.

7 Jetzt erscheint das Selektionsbild des Berichts. Das Selektionsbild verlassen Sie mit einem weiteren Klick auf die Schaltfläche **(Zurück)**.

6.4 Kosten per Umlage im Plan verrechnen

In Abschnitt 6.2, »Mit primären Kostenarten und Kostenstellen planen«, haben Sie Primärkosten für die Kostenstelle »Kantine« geplant. In Abschnitt 6.3, »Statistische Kennzahlen planen«, haben Sie der Kostenstelle »Vertrieb Motorräder« einen Mitarbeiter und der Kostenstelle »Instandhaltung« drei Mitarbeiter zugeordnet.

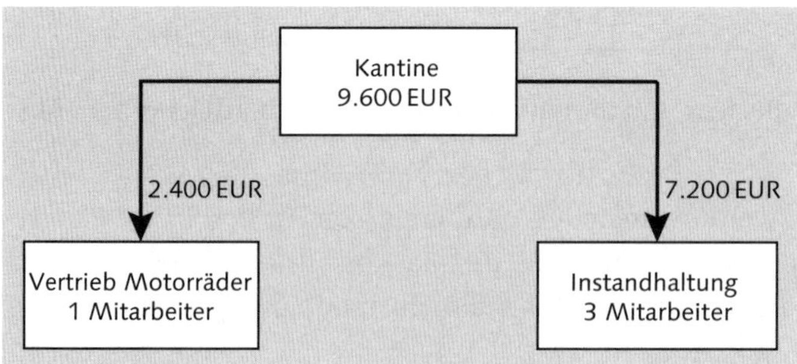

Umlage der Kostenstelle »Kantine« auf die Kostenstellen »Vertrieb Motorräder« und »Instandhaltung« nach dem Schlüssel »Anzahl Mitarbeiter«

In diesem Abschnitt erfahren Sie, wie Sie die geplanten Kosten der Kostenstelle »Kantine« (Sender) anhand der Anzahl der Mitarbeiter automatisch auf die beiden Kostenstellen »Vertrieb Motorräder« und »Instandhaltung« (Empfänger) verrechnen. Sie nutzen für diese Kostenverrechnung die Umlage gemäß statistischen Kennzahlen.

Umlagezyklus anlegen

Bei der Umlage werden die Regeln für die Kostenverrechnung in einem Zyklus gespeichert. Im Zyklus steht, welche Kostenstellen als Sender genutzt werden sollen und welche Kostenstellen die Kosten empfangen sollen. In den Empfängerregeln des Zyklus legen Sie fest, ob die Kosten prozentual auf die Empfänger aufgeteilt werden oder ob das System variable Anteile für die Aufteilung auf die Empfänger ermitteln soll.

Im folgenden Beispiel verteilen Sie die Kosten der Kostenstelle »Kantine« nach variablen Anteilen. *Variable Anteile* bedeutet: Das System ermittelt den Verteilungsschlüssel jedes Mal automatisch, wenn Sie die Umlage ausführen. Die variablen Anteile für die Kostenumlage sollen in diesem Beispiel aus der Anzahl der Mitarbeiter ermittelt werden, die bei den einzelnen Kostenstellen gespeichert sind.

HINWEIS

Zyklus und Segmente

Ein Zyklus besteht aus einem oder mehreren Segmenten. In den Segmenten werden voneinander unabhängige Verrechnungsregeln mit jeweils eigenen Sender-Empfänger-Beziehungen hinterlegt. Beim Ausführen des Zyklus werden die Segmente nacheinander abgearbeitet.

Für die Planung in diesem Beispiel muss der Kostenrechnungskreis »1000« gesetzt sein. Wie Sie den Kostenrechnungskreis setzen, habe ich am Anfang dieses Kapitels beschrieben.

So legen Sie einen neuen Umlagezyklus für Plandaten an:

1. Folgen Sie dem Pfad **Rechnungswesen ▸ Controlling ▸ Kostenstellenrechnung ▸ Planung ▸ Verrechnungen ▸ Umlage** im SAP Easy Access Menü, oder verwenden Sie den Transaktionscode KSUB.
2. Es erscheint das Einstiegsbild zum Ausführen von Umlagen. Wählen Sie in der Menüleiste **Zusätze ▸ Zyklus ▸ Anlegen**.

3 Es erscheint das Einstiegsbild der Transaktion KSUB (Plan-Umlagezyklus anlegen). Tragen Sie in das Feld **Zyklus** einen sechsstelligen Schlüssel ein, mit dem der Zyklus identifiziert wird: »UMLPLA« (für Umlage im Plan).

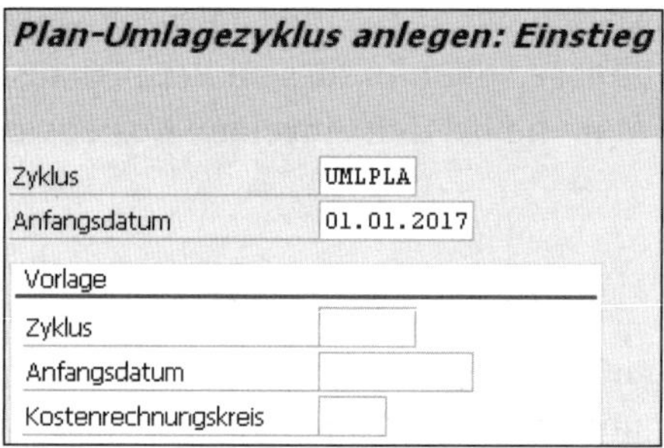

4 Tragen Sie den ersten Tag des Planjahres in das Feld **Anfangsdatum** ein: »01.01.2017«. Bestätigen Sie Ihre Eingaben mit einem Klick auf die Schaltfläche (**Ausführen**) oder mit der Taste [↵].

HINWEIS

Anfangsdatum des Zyklus dient auch zur Identifizierung

Mit dem Anfangsdatum des Zyklus legen Sie fest, ab wann Sie den Zyklus verwenden können. Außerdem dient das Datum dazu, zusätzlich zur Bezeichnung (hier: UMLPLA) den Zyklus im System zu identifizieren. Das heißt, wenn Sie im kommenden Jahr einen Umlagezyklus für Plandaten mit abweichenden Verrechnungsregeln anlegen, kann dieser neue Zyklus ebenfalls UMLPLA heißen. Das Anfangsdatum des neuen Zyklus ist dann 01.01.2018. Es ist *nicht* erforderlich, die unterschiedlichen Zyklen für verschiedene Jahre in den Bezeichnungen der Zyklen zu unterscheiden.

5 Die Kopfdaten des neuen Zyklus werden angezeigt. Die Bezeichnung im Feld **Zyklus** und das **Anfangsdatum** werden aus dem Einstiegsbild übernommen. In das Feld **bis** trägt das SAP-System automatisch den letzten Tag des Jahres ein. Tragen Sie eine Beschreibung des Zyklus in das Feld **Text** ein: »Umlage Plan«.

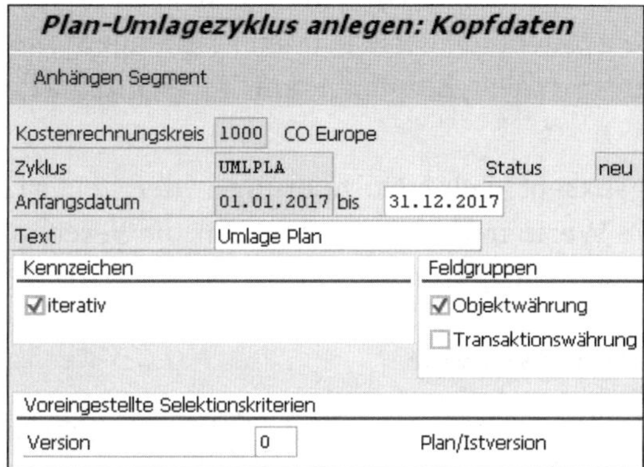

6 Legen Sie ein Segment zu diesem Zyklus an, indem Sie auf die Schaltfläche **Anhängen Segment** klicken.

7 Das Bild **Segment** mit der Registerkarte **Segmentkopf** erscheint. Tragen Sie in das Feld **Segmentname** einen bis zu zehnstelligen Schlüssel ein, mit dem das Segment im System identifiziert wird: »SEG01«. In das Textfeld rechts neben dem Segmentnamen können Sie eine bis zu 30-stellige Beschreibung des Segments eintragen: »Kantine«.

8 Die Felder der Registerkarte **Segmentkopf** füllen Sie wie folgt:

- **Umlagekostenart**: »631000«. Hier sind sekundäre Kostenarten vom Typ 42 »Umlage« erlaubt.
- **Sender-Regel**: »Gebuchte Beträge«. Mit dieser Senderregel werden die gebuchten Planwerte von der Senderkostenstelle verrechnet. Mit »Feste Beträge« als Senderregel könnten Sie einen festen Betrag verrechnen, zum Beispiel 100.000 EUR, unabhängig davon, ob und in welcher Höhe Planwerte auf der Senderkostenstelle vorhanden sind.
- **Anteil in %**: »100«. Damit verrechnen Sie die gebuchten Werte von der Senderkostenstelle vollständig.
- **Herkunft Planwerte**: Markieren. Mit diesem Radiobutton steuern Sie, dass die Planwerte von der Senderkostenstelle verrechnet werden.

- **Empfänger-Regel**: »Variable Anteile«. Mit dieser Empfängerregel sorgen Sie dafür, dass die Empfängeranteile bei der Kostenverrechnung vom System automatisch ermittelt werden. Mit einer anderen Empfängerregel, zum Beispiel »Feste Prozentsätze«, könnten Sie die Anteile für jedes Empfängerobjekt manuell festlegen.
- **Art var. Anteile**: »Statist. Kennzahlen Plan«. Mit der Auswahl in diesem Feld steuern Sie, welche gebuchten Werte bei den Empfängerobjekten für die Berechnung der variablen Empfängeranteile genutzt werden sollen.
- **Normierung neg. Bezugsbasen**: »keine Normierung«. Hier steuern Sie, wie das System negative Werte in der Bezugsbasis für die Berechnung der variablen Anteile behandeln soll.

9 Klicken Sie auf die Registerkarte **Sender/Empfänger**. Die Felder dieser Registerkarte füllen Sie wie folgt:

- **Sender, Kostenstelle, von**: »1200«. Das ist die Kostenstelle »Kantine«, die hier verrechnet werden soll.

- **Sender, Kostenart, von:** »0«, **bis:** »999999«. Alle Kostenarten, mit denen Plankosten auf der Kostenstelle »Kantine« gebucht wurden, sollen verrechnet werden.
- **Empfänger, Kostenstelle, von:** »1000«, **bis:** »9999«. Grundsätzlich kommen alle Kostenstellen als Empfänger von Kosten der Kostenstelle »Kantine« infrage. Das System soll für alle Kostenstellen prüfen, ob und wie viele Mitarbeiter vorhanden sind, und entsprechend den Mitarbeitern dann die Kosten aufteilen.

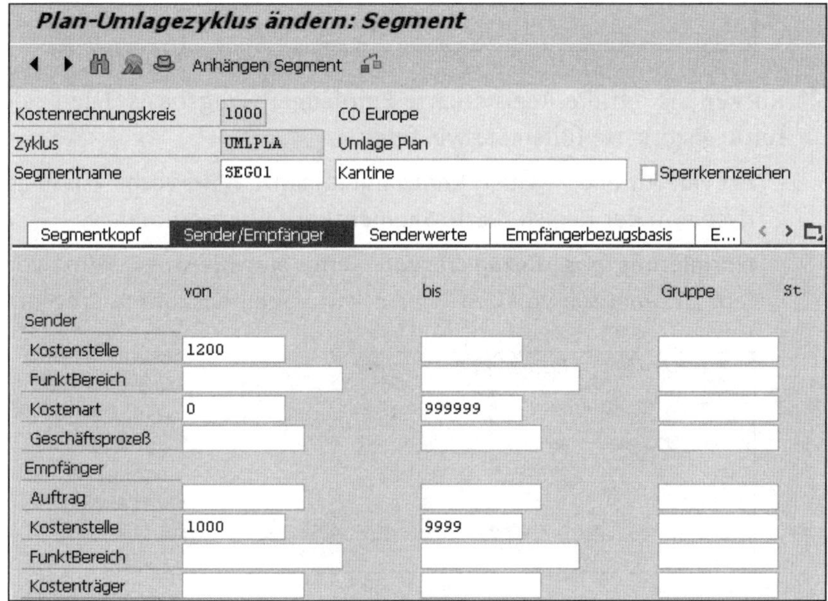

10 Klicken Sie auf die Registerkarte **Senderwerte**. Die Felder dieser Registerkarte pflegen Sie folgendermaßen:

- **Anteil in %:** »100«. Wird vom System automatisch von der Registerkarte **Segmentkopf** übernommen.
- **Herkunft Planwerte:** Markieren. Wird vom System automatisch von der Registerkarte **Segmentkopf** übernommen.
- **Version:** »0«. Das ist die Planversion, mit der Plankosten auf der Kostenstelle »Kantine« gespeichert wurden.

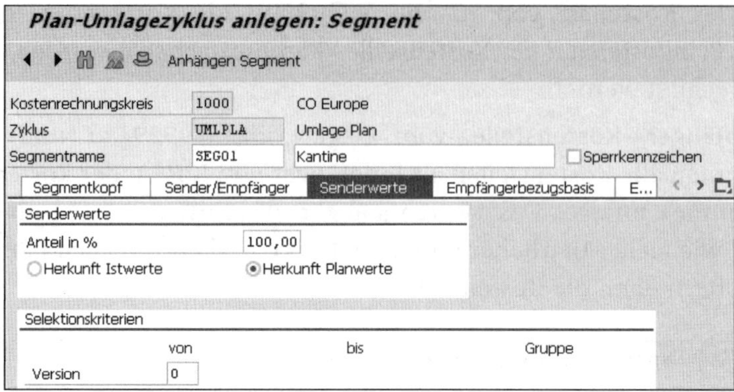

11 Klicken Sie auf die Registerkarte **Empfängerbezugsbasis**. Die Felder dieser Registerkarte füllen Sie wie folgt:

- **Art var. Anteile**: »Statist. Kennzahlen Plan«. Wird vom System automatisch von der Registerkarte **Segmentkopf** übernommen.
- **Normierung neg. Bezugsbasen**: »keine Normierung«. Wird vom System automatisch von der Registerkarte **Segmentkopf** übernommen.

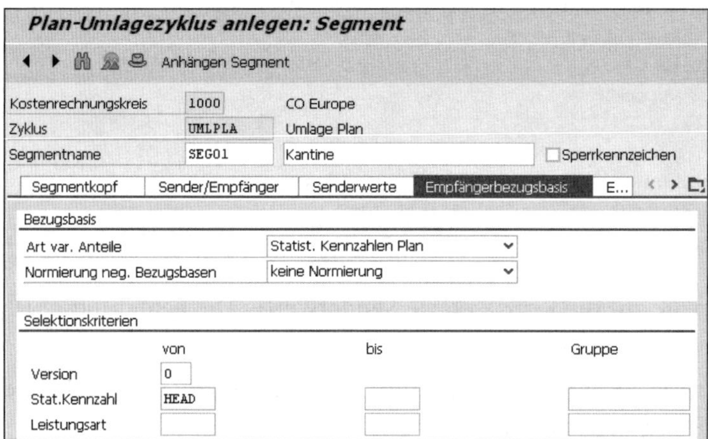

- **Version**: »0«. Das ist die Planversion, in der die statistischen Kennzahlen gespeichert sind. Achtung: Die Planversion, die Sie auf der Registerkarte **Senderwerte**, Feld **Version** gepflegt haben, kann vom Eintrag auf dieser Registerkarte abweichen.
- **Stat.Kennzahl**: »HEAD«. Mit dieser Kennzahl HEAD »Köpfe« haben Sie die Anzahl der Mitarbeiter für die Kostenstellen »Vertrieb Motorräder« (1 Mitarbeiter) und »Instandhaltung« (3 Mitarbeiter) gespeichert (siehe Abschnitt 6.3, »Statistische Kennzahlen planen«).

12 Speichern Sie den Zyklus mit einem Klick auf die Schaltfläche (**Ohne Prüfung**). Schließen Sie die Transaktion, indem Sie viermal auf die Schaltfläche (**Zurück**) klicken.

Umlage ausführen

Im Umlagezyklus haben Sie soeben die Regeln festgelegt, nach denen die Plankosten der Kostenstelle »Kantine« auf die Kostenstellen »Vertrieb Motorräder« und »Instandhaltung« verrechnet werden sollen. Die Kosten sollen gemäß der statistischen Kennzahl HEAD (Anzahl Mitarbeiter) auf die beiden Kostenstellen verteilt werden.

Nutzen Sie diesen Zyklus jetzt, um die Kosten zu verrechnen. Sie führen dazu eine Umlage für Plandaten aus. So geht's:

1 Folgen Sie dem Pfad **Rechnungswesen ▸ Controlling ▸ Kostenstellenrechnung ▸ Planung ▸ Verrechnungen ▸ Umlage** im SAP Easy Access Menü, oder verwenden Sie den Transaktionscode KSUB.

2 Füllen Sie die Felder dieser Transaktion wie folgt aus:

- **Periode**: »1« für Januar; **bis**: »12« für Dezember
- **Geschäftsjahr**: »2017«; das Jahr, für das die Plandaten erfasst wurden

Durch einen Klick auf eines der Felder im Bereich **Ablaufsteuerung** wird ein Haken gesetzt bzw. entfernt. Wenn der Haken gesetzt ist, bedeutet das für das jeweilige Feld: »Ja«; wenn der Haken nicht gesetzt ist, bedeutet das für das jeweilige Feld: »Nein«.

- **Hintergrundverarbeitung**: »Nein« (Haken nicht gesetzt)
- **Testlauf**: »Nein« (Haken nicht gesetzt)
- **Detaillisten**: »Ja« (Haken gesetzt)
- Erste Zeile unter **Zyklus**: »UMLPLA«. Das ist der Zyklus, den Sie im vorhergehenden Abschnitt angelegt haben.
- Erste Zeile unter **Anfangsdat**: »01.01.2017«. Das ist das Anfangsdatum des Zyklus, den Sie im vorhergehenden Abschnitt angelegt haben.

3 Bestätigen Sie Ihre Eingaben mit einem Klick auf die Schaltfläche (**Weiter**) oder mit der Taste [↵]. Der Text des Zyklus »Umlage Plan« wird eingeblendet.

4 Führen Sie die Umlage mit einem Klick auf die Schaltfläche (**Ausführen**) aus.

5 Wenn Sie diese Umlage zum ersten Mal ausführen, startet die Verarbeitung sofort. Anderenfalls werden die Belege storniert, die das System bei der vorhergehenden Verarbeitung erzeugt hat, und danach startet die neue Verarbeitung.

HINWEIS

Storno von Umlagen

Wenn sich Plankosten auf der Senderkostenstelle nachträglich ändern oder Sie Änderungen in den Einstellungen des Zyklus vorgenommen haben, storniert das System die Belege, die bei der letzten Verarbeitung erzeugt wurden. Dieser Storno erfolgt belegorientiert, das heißt, das System bucht genau die Beträge, die bei der letzten Verarbeitung gebucht wurden, jeweils mit umgekehrtem Vorzeichen. Der Storno ist also unabhängig von den aktuellen Einstellungen im Zyklus und von den aktuell gebuchten Plankosten auf der Senderkostenstelle.

Falls mit einem Umlagezyklus bereits Daten gebucht wurden, werden Sie auf den Storno mit einem Dialogfenster und der Frage hingewiesen: »Plan-Umlage Kostenstellenrechng ist bereits gelaufen. Stornierung durchführen?« Bestätigen Sie diese Frage mit einem Klick auf die Schaltfläche **Ja**. Nach der Stornierung erscheint ein weiteres Dialogfenster mit der Information »Stornierung abgeschlossen (4 Sätze geschrieben)«. Bestätigen Sie dieses Dialogfenster mit einem Klick auf die Schaltfläche (**Weiter**). Danach startet die neue Verarbeitung automatisch.

6 Nach erfolgreicher Umlage wird ein Protokoll angezeigt. Um das Ergebnis der Umlage auf der Senderseite anzuzeigen, klicken Sie auf die Schaltfläche **Sender**.

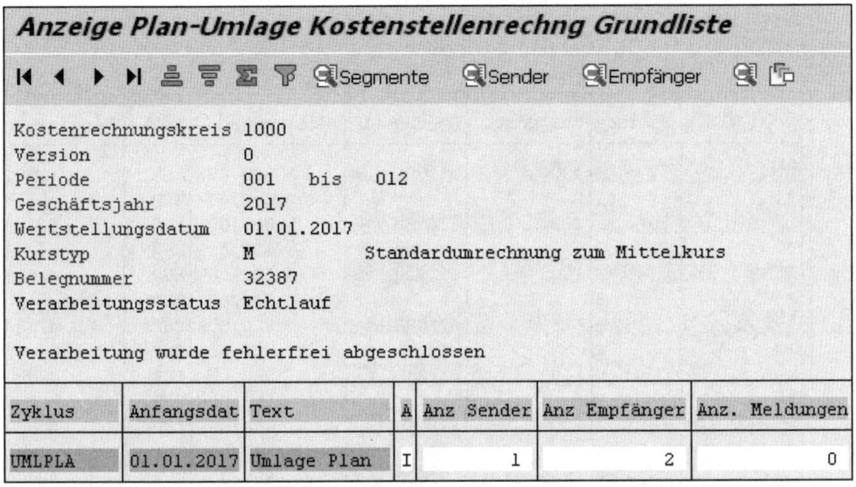

Anzeige Plan-Umlage Kostenstellenrechng Grundliste

Segmente Sender Empfänger

```
Kostenrechnungskreis 1000
Version              0
Periode              001    bis    012
Geschäftsjahr        2017
Wertstellungsdatum   01.01.2017
Kurstyp              M          Standardumrechnung zum Mittelkurs
Belegnummer          32387
Verarbeitungsstatus  Echtlauf

Verarbeitung wurde fehlerfrei abgeschlossen
```

Zyklus	Anfangsdat	Text	A	Anz Sender	Anz Empfänger	Anz. Meldungen
UMLPLA	01.01.2017	Umlage Plan	I	1	2	0

7 Die Senderliste mit Informationen für jede Periode wird angezeigt:

- Spalte **Kostenst.**: Der einzige Sender in diesem Zyklus ist die Kostenstelle 1200 »Kantine«.
- Spalte **Kostenart**: Die Kosten werden mit der sekundären Kostenart 631000 »Umlage Kantine« beim Sender entlastet. Diese Kostenart wurde im Segmentkopf des Segments SEG01 »Kantine« festgelegt.
- Spalten **Kreiswährung** und **KWähr**: In jedem Monat werden 800 EUR umgelegt, das sind 9.600 EUR für das gesamte Jahr. Diesen Betrag haben Sie als Belastung mit primären Kosten auf der Kostenstelle 1200 »Kantine« geplant (siehe Abschnitt 6.2, »Mit primären Kostenarten und Kostenstellen planen«).
- Spalte **Senderbasis**: Bei der Empfängerkostenstelle »Vertrieb Motorräder« ist für jeden Monat ein Mitarbeiter gespeichert, bei der Empfängerkostenstelle »Instandhaltung« sind es drei Mitarbeiter in jedem Monat. Insgesamt sind also vier Mitarbeiter in jedem Monat geplant. Für die Ermittlung der Senderbasis wird die Summe der gespeicherten statistischen Kennzahlen mit 1.000 multipliziert:

  Senderbasis = Summe der statistischen Kennzahlen × 1.000
  Senderbasis = (1 + 3) × 1.000 = 4.000

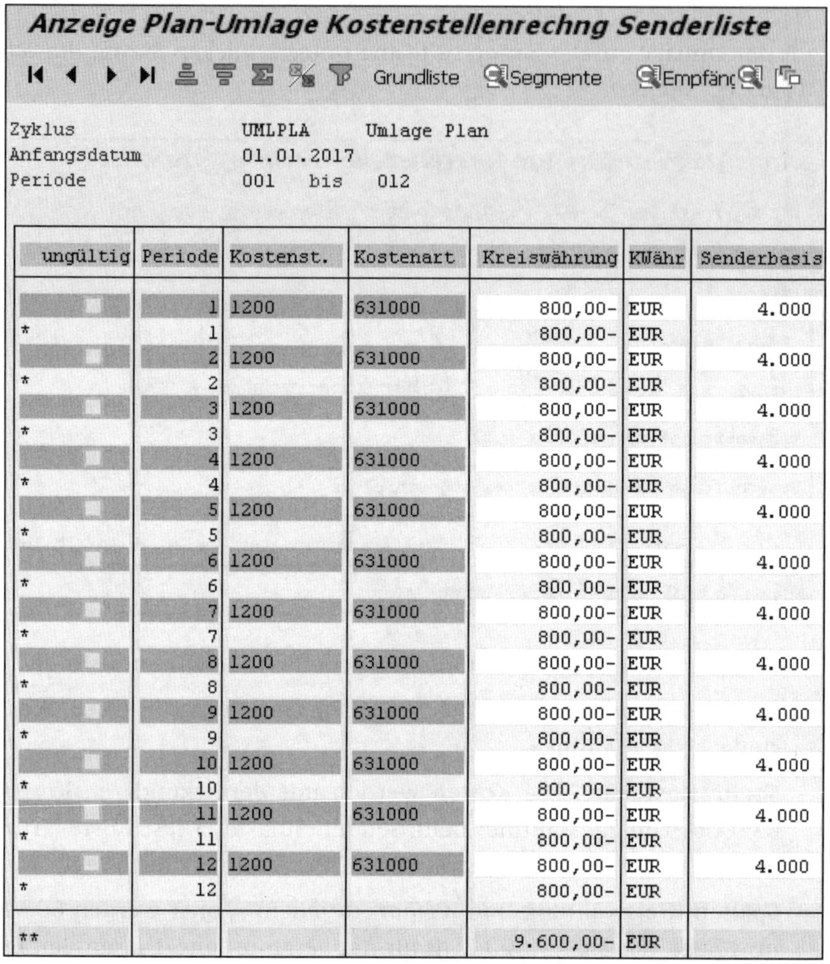

Anzeige Plan-Umlage Kostenstellenrechng Senderliste

Grundliste Segmente Empfänç

```
Zyklus            UMLPLA      Umlage Plan
Anfangsdatum      01.01.2017
Periode           001   bis   012
```

ungültig	Periode	Kostenst.	Kostenart	Kreiswährung	KWähr	Senderbasis
	1	1200	631000	800,00-	EUR	4.000
*	1			800,00-	EUR	
	2	1200	631000	800,00-	EUR	4.000
*	2			800,00-	EUR	
	3	1200	631000	800,00-	EUR	4.000
*	3			800,00-	EUR	
	4	1200	631000	800,00-	EUR	4.000
*	4			800,00-	EUR	
	5	1200	631000	800,00-	EUR	4.000
*	5			800,00-	EUR	
	6	1200	631000	800,00-	EUR	4.000
*	6			800,00-	EUR	
	7	1200	631000	800,00-	EUR	4.000
*	7			800,00-	EUR	
	8	1200	631000	800,00-	EUR	4.000
*	8			800,00-	EUR	
	9	1200	631000	800,00-	EUR	4.000
*	9			800,00-	EUR	
	10	1200	631000	800,00-	EUR	4.000
*	10			800,00-	EUR	
	11	1200	631000	800,00-	EUR	4.000
*	11			800,00-	EUR	
	12	1200	631000	800,00-	EUR	4.000
*	12			800,00-	EUR	
**				9.600,00-	EUR	

8 Verlassen Sie die Senderliste mit einem Klick auf die Schaltfläche (**Zurück**). Die Grundliste **Anzeige Plan-Umlage Kostenstellenrechng** wird wieder angezeigt.

9 Um das Ergebnis der Umlage bei den Empfängern anzuzeigen, klicken Sie in der Grundliste auf die Schaltfläche **Empfänger**.

10 Die Empfängerliste mit Informationen für jede Periode wird angezeigt:

– Spalte **Kostenst.**: Die beiden Empfängerkostenstellen, die das System identifiziert hat, sind 3100 »Vertrieb Motorräder« und 4300 »Instandhaltung«.

- Spalte **Kostenart**: Die Kosten werden mit der sekundären Kostenart 631000 »Umlage Kantine« bei den Empfängern belastet. Das ist dieselbe Kostenart, mit der der Sender entlastet wird. Diese Kostenart wurde im Segmentkopf des Segments SEG01 »Kantine« festgelegt.
- Spalten **Kreiswährung** und **KWähr**: In jedem Monat werden die Empfänger mit 200 EUR bzw. 600 EUR belastet. Diese Beträge berechnen sich wie folgt:

  Empfängerwert = Senderwert ÷ Senderbasis × Bezugsbasis
  Empfängerwert (Vertrieb Motorräder) = 800 EUR ÷ 4.000 × 1.000 = 200 EUR
  Empfängerwert (Instandhaltung) = 800 EUR ÷ 4.000 × 3.000 = 600 EUR

- Spalte **Bezugsbasis**: Bei der Empfängerkostenstelle »Vertrieb Motorräder« ist für jeden Monat ein Mitarbeiter gespeichert, bei der Empfängerkostenstelle »Instandhaltung« sind es drei Mitarbeiter in jedem Monat. Für die Ermittlung der Bezugsbasis werden die gespeicherten statistischen Kennzahlen für jede Kostenstelle mit 1.000 multipliziert:

  Bezugsbasis = Statistische Kennzahl × 1.000
  Bezugsbasis (Vertrieb Motorräder) = 1 × 1.000 = 1.000
  Bezugsbasis (Instandhaltung) = 3 × 1.000 = 3.000

Anzeige Plan-Umlage Kostenstellenrechng Empfängerliste

Grundliste Segmente

Zyklus	UMLPLA	Umlage Plan
Anfangsdatum	01.01.2017	
Periode	001 bis 012	

ungültig	Periode	Kostenst.	Kostenart	Kreiswährung	KWähr	Bezugsbasis
	1	3100	631000	200,00	EUR	1.000
	1	4300	631000	600,00	EUR	3.000
*	1			800,00	EUR	
	2	3100	631000	200,00	EUR	1.000
	2	4300	631000	600,00	EUR	3.000
*	2			800,00	EUR	
	3	3100	631000	200,00	EUR	1.000
	3	4300	631000	600,00	EUR	3.000
*	3			800,00	EUR	

11 Schließen Sie das Protokoll der Transaktion KSUB (Plan-Umlage ausführen), indem Sie zweimal auf die Schaltfläche (**Zurück**) klicken.

12 Es erscheint ein Dialogfenster mit der Frage »Möchten Sie die Liste verlassen?«. Bestätigen Sie dieses Dialogfenster mit einem Klick auf die Schaltfläche **Ja**.

13 Als Nächstes erscheint das Einstiegsbild der Transaktion. Schließen Sie die Transaktion mit einem weiteren Klick auf die Schaltfläche (**Zurück**).

Ergebnis der Umlage anzeigen: Sender

Am Anfang dieses Kapitels haben Sie primäre Kostenarten als Belastung auf der Kostenstelle »Kantine« geplant. Danach haben Sie mit einer statistischen Kennzahl die Anzahl der Mitarbeiter auf den Kostenstellen »Vertrieb Motorräder« und »Instandhaltung« geplant. In einem Umlagezyklus haben Sie definiert, dass die Kosten der »Kantine« nach Anzahl der Mitarbeiter auf die beiden anderen Kostenstellen verrechnet werden sollen. Und im vorhergehenden Abschnitt haben Sie diesen Umlagezyklus ausgeführt und damit die Kostenstelle »Kantine« entlastet und die Kostenstellen »Vertrieb Motorräder« und »Instandhaltung« belastet.

Ich zeige jetzt, wie Sie sich das Ergebnis der Umlage in Berichten für die einzelnen Kostenstellen ansehen können. Gehen Sie folgendermaßen vor, um das Ergebnis der Planumlage für die Senderkostenstelle »Kantine« in einem Bericht anzuzeigen:

1 Folgen Sie dem Pfad **Rechnungswesen ▸ Controlling ▸ Kostenstellenrechnung ▸ Infosystem ▸ Berichte zur Kostenstellenrechnung ▸ Plan/Ist-Vergleiche ▸ Kostenstellen: Ist/Plan/Abweichung** im SAP Easy Access Menü, oder verwenden Sie den Transaktionscode S_ALR_87013611.

2 Es erscheint das Selektionsbild zu diesem Bericht. Füllen Sie die einzelnen Felder so aus:
   - **Kostenrechnungskreis**: »1000«
   - **Geschäftsjahr**: »2017«
   - **Von Periode**: »1«, **Bis Periode** »12«
   - **Planversion**: »0«
   - **oder Wert(e)** (unter **Kostenstellengruppe**): »1200«

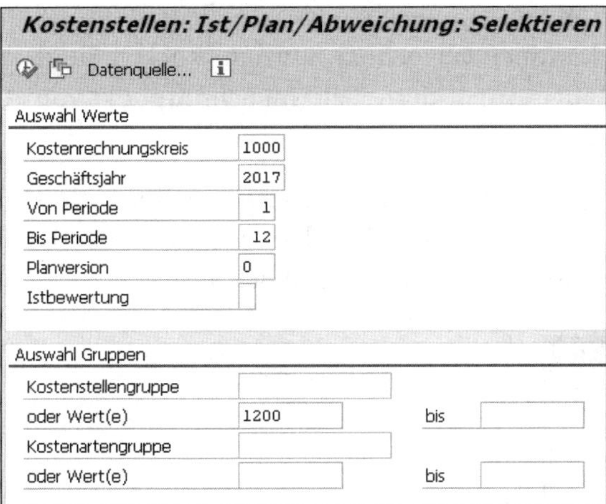

3 Führen Sie den Bericht mit einem Klick auf die Schaltfläche (**Ausführen**) aus. Die beiden Zeilen mit Belastungen aus den primären Kostenarten 403000 »Hilfs-/Betriebsstoffe« und 420000 »Fertigungs-Loehne« mit jeweils 4.800 EUR Plankosten kennen Sie schon. Diese beiden Zeilen sind das Ergebnis der Planung mit primären Kostenarten (siehe Abschnitt 6.2, »Mit primären Kostenarten und Kostenstellen planen«).

4 Die Zeile mit der sekundären Kostenart 631000 »Umlage Kantine« ist das Ergebnis der im vorhergehenden Abschnitt gebuchten Umlage. Die Umlage wird bei dieser Kostenstelle als Entlastung ausgewiesen. Die Entlastung (–9.600 EUR) gleicht die Summe der Belastungen (9.600 EUR) exakt aus. Die **Über-/Unterdeckung**, also der Saldo aus Be- und Entlastungen, ist null.

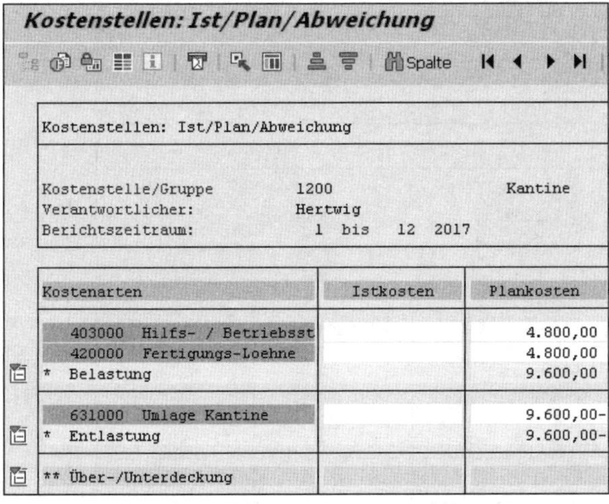

5 Sie können sich direkt von hier aus ansehen, wohin die 9.600 EUR in der Zeile 631000 »Umlage Kantine« verrechnet wurden. Klicken Sie dazu in diesem Bericht doppelt auf das markierte Feld im Schnittpunkt von »Umlage Kantine« und **Plankosten**.

6 Es erscheint ein Dialogfenster mit einer Liste von Berichten, die als Detailberichte aufgerufen werden können. Wählen Sie den Bericht **Kostenstellen: Aufriss nach Partner** mit einem Doppelklick aus.

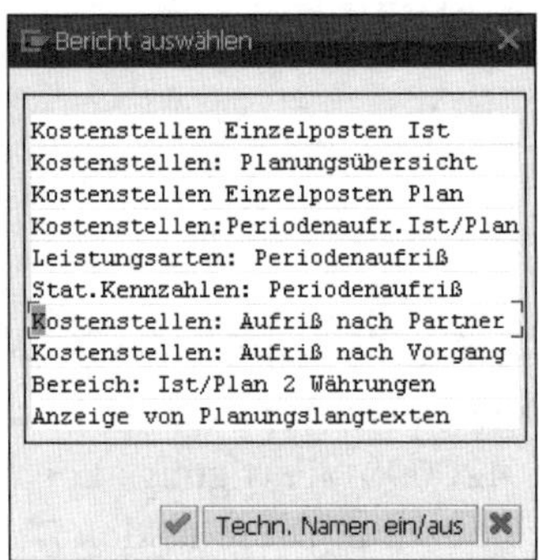

Bericht auswählen

Kostenstellen Einzelposten Ist
Kostenstellen: Planungsübersicht
Kostenstellen Einzelposten Plan
Kostenstellen:Periodenaufr.Ist/Plan
Leistungsarten: Periodenaufriß
Stat.Kennzahlen: Periodenaufriß
Kostenstellen: Aufriß nach Partner
Kostenstellen: Aufriß nach Vorgang
Bereich: Ist/Plan 2 Währungen
Anzeige von Planungslangtexten

Techn. Namen ein/aus

7 In dem Detailbericht **Aufriss nach Partner** sehen Sie nun, wie die Entlastung von –9.600 EUR der Kostenstelle »Kantine« auf Empfängerobjekte aufgeteilt wurde. –2.400 EUR, also ein Viertel von –9.600 EUR, entfallen auf die Kostenstelle 3100 »Vertrieb Motorräder«. –7.200 EUR, also drei Viertel von –9.600 EUR, entfallen auf die Kostenstelle 4300 »Instandhaltung«. Das Verhältnis von ein Viertel bei »Vertrieb Motorräder« zu drei Viertel »Instandhaltung« entspricht dem Verhältnis der geplanten Mitarbeiter, einer bei »Vertrieb Motorräder« und drei bei »Instandhaltung«.

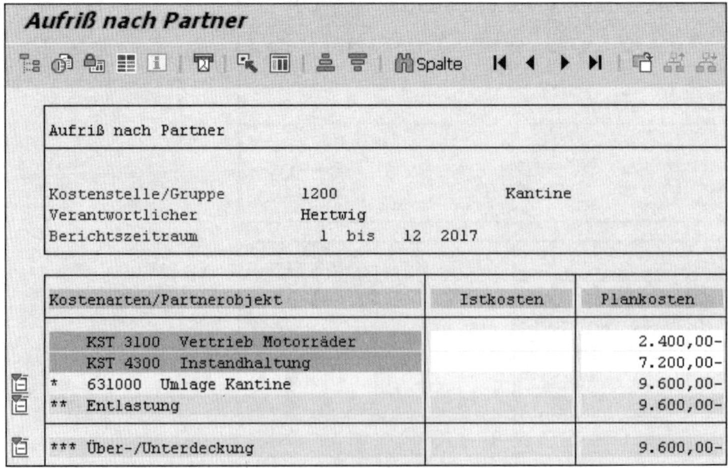

Aufriß nach Partner

Spalte

Aufriß nach Partner

Kostenstelle/Gruppe 1200 Kantine
Verantwortlicher Hertwig
Berichtszeitraum 1 bis 12 2017

Kostenarten/Partnerobjekt	Istkosten	Plankosten
KST 3100 Vertrieb Motorräder		2.400,00-
KST 4300 Instandhaltung		7.200,00-
* 631000 Umlage Kantine		9.600,00-
** Entlastung		9.600,00-
*** Über-/Unterdeckung		9.600,00-

8. Verlassen Sie den Detailbericht **Aufriss nach Partner** mit einem Klick auf die Schaltfläche (**Zurück**).

9. Es erscheint ein Dialogfenster mit der Frage »Möchten Sie den Bericht verlassen?«. Bestätigen Sie dieses Dialogfenster mit einem Klick auf die Schaltfläche **Ja**.

10. Es erscheint der Hauptbericht **Kostenstellen Ist/Plan/Abweichung** für die Kostenstelle 1200 »Kantine«. Verlassen Sie den Bericht **Kostenstellen Ist/Plan/Abweichung** (Transaktion S_ALR_87013611) mit einem Klick auf die Schaltfläche (**Zurück**).

11. Es erscheint wieder ein Dialogfenster mit der Frage »Möchten Sie den Bericht verlassen?«. Bestätigen Sie auch dieses Dialogfenster mit einem Klick auf die Schaltfläche **Ja**.

12. Jetzt erscheint das Selektionsbild des Berichts. Das Selektionsbild verlassen Sie mit einem weiteren Klick auf die Schaltfläche (**Zurück**).

Ergebnis der Umlage anzeigen: Empfänger

Zum Abschluss dieses Kapitels sehen Sie sich an, wie sich die Umlage bei den beiden Empfängerkostenstellen »Vertrieb Motorräder« und »Instandhaltung« ausgewirkt hat.

So gehen Sie vor, um das Ergebnis der Planumlage für die Empfängerkostenstelle »Vertrieb Motorräder« in einem Bericht anzuzeigen:

1. Folgen Sie dem Pfad **Rechnungswesen ▸ Controlling ▸ Kostenstellenrechnung ▸ Infosystem ▸ Berichte zur Kostenstellenrechnung ▸ Plan/Ist-Vergleiche ▸ Kostenstellen: Ist/Plan/Abweichung** im SAP Easy Access Menü, oder verwenden Sie den Transaktionscode S_ALR_87013611.

2. Es erscheint das Selektionsbild zu diesem Bericht. Füllen Sie die einzelnen Felder so aus:
   - **Kostenrechnungskreis**: »1000«
   - **Geschäftsjahr**: »2017«
   - **Von Periode**: »1«, **Bis Periode** »12«
   - **Planversion**: »0«
   - **oder Wert(e)** (unter **Kostenstellengruppe**): »3100«

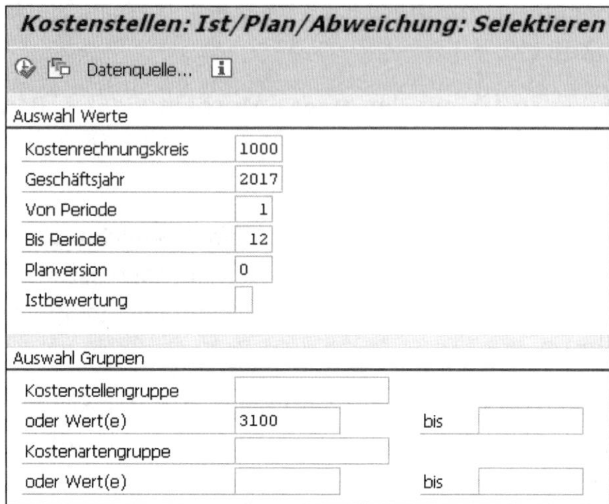

3 Führen Sie den Bericht mit einem Klick auf die Schaltfläche (**Ausführen**) aus. Der Bericht für die Kostenstelle 3100 »Vertrieb Motorräder« wird angezeigt.

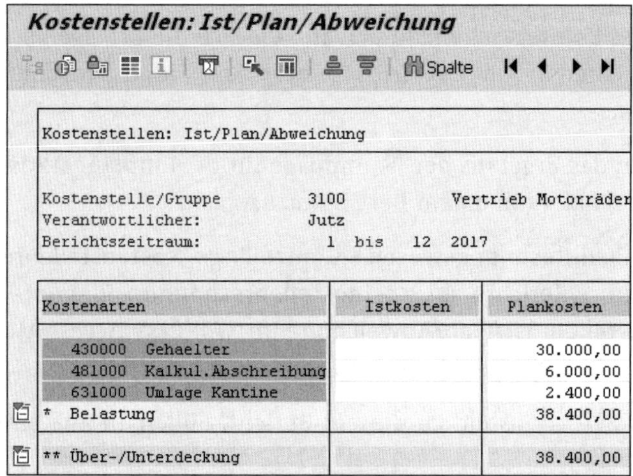

4 Die beiden Zeilen mit Belastungen aus primären Kostenarten 430000 »Gehaelter« mit 30.000 EUR Plankosten und 481000 »Kalk. Abschreibung« mit 6.000 EUR Plankosten kennen Sie schon. Diese beiden Zeilen sind das Ergebnis der Planung mit primären Kostenarten (siehe Abschnitt 6.2, »Mit primären Kostenarten und Kostenstellen planen«).

5 Die Zeile mit der sekundären Kostenart 631000 »Umlage Kantine« ist das Ergebnis der gebuchten Umlage der Kostenstelle »Kantine«. Die Umlage

wird bei dieser Kostenstelle als zusätzliche Belastung ausgewiesen. Der gesamten Belastung von 38.400 EUR steht bei dieser Kostenstelle noch keine Entlastung gegenüber. Die Belastung ist noch nicht durch eine Entlastung gedeckt. Die letzte Zeile in diesem Bericht zeigt also eine Unterdeckung von 38.400 EUR.

6 Verlassen Sie den Bericht zur Kostenstelle »Vertrieb Motorräder« mit einem Klick auf die Schaltfläche (**Zurück**).

7 Es erscheint ein Dialogfenster mit der Frage »Möchten Sie den Bericht verlassen?«. Bestätigen Sie dieses Dialogfenster mit einem Klick auf die Schaltfläche **Ja**.

8 Jetzt erscheint das Selektionsbild des Berichts. Dieses Selektionsbild nutzen Sie jetzt, um sich die Kosten der Kostenstelle 4300 »Instandhaltung« anzusehen.

9 Füllen Sie die einzelnen Felder im Selektionsbild des Berichts **Kostenstellen Ist/Plan/Abweichung** so aus:

- **Kostenrechnungskreis**: »1000«
- **Geschäftsjahr**: »2017«
- **Von Periode**: »1«, **Bis Periode** »12«
- **Planversion**: »0«
- **oder Wert(e)** (unter **Kostenstellengruppe**): »4300«

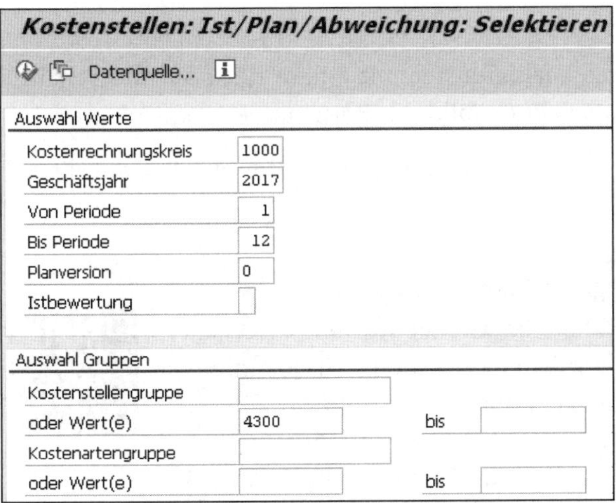

10 Führen Sie den Bericht mit einem Klick auf die Schaltfläche (**Ausführen**) aus. Der Bericht für die Kostenstelle 4300 »Instandhaltung« wird angezeigt.

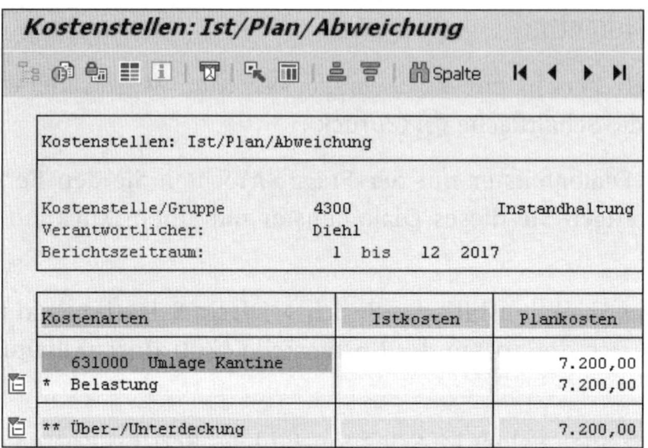

Kostenstellen: Ist/Plan/Abweichung

Kostenstelle/Gruppe 4300 Instandhaltung
Verantwortlicher: Diehl
Berichtszeitraum: 1 bis 12 2017

Kostenarten	Istkosten	Plankosten
631000 Umlage Kantine		7.200,00
* Belastung		7.200,00
** Über-/Unterdeckung		7.200,00

11 Die Zeile mit der sekundären Kostenart 631000 »Umlage Kantine« ist das Ergebnis der gebuchten Umlage. Die Umlage ist bei dieser Kostenstelle der einzige Planwert. Der Belastung von 7.200 EUR steht noch keine Entlastung gegenüber. Die Belastung ist noch nicht durch eine Entlastung gedeckt. Die letzte Zeile zeigt also eine Unterdeckung von 7.200 EUR.

12 Verlassen Sie den Bericht mit einem Klick auf die Schaltfläche (**Zurück**). Es erscheint ein Dialogfenster mit der Frage »Möchten Sie den Bericht verlassen?«.

13 Bestätigen Sie dieses Dialogfenster mit einem Klick auf die Schaltfläche **Ja**. Es erscheint das Selektionsbild des Berichts.

14 Das Selektionsbild verlassen Sie mit einem weiteren Klick auf die Schaltfläche (**Zurück**).

VIDEO

Kosten per Umlage im Plan verrechnen

In diesem Video sehen Sie, wie Sie Kosten per Umlage zwischen Kostenstellen verrechnen. Sie erfahren, wie Sie einen Umlagezyklus anlegen und ausführen und wie Sie anschließend das Ergebnis der Umlage beim Sender und bei den Empfängern analysieren.

http://s-prs.de/v4140ha

6.5 Probieren Sie es aus!

HINWEIS

Hinweise zur Übung

Die folgenden Übungen können Sie auf einem SAP IDES (International Demonstration and Education System) selbst durchführen. Die Übungen zu diesem Kapitel bauen aufeinander auf. Sie sind unabhängig von den Übungen in anderen Kapiteln. Alle Übungen in diesem Kapitel beziehen sich auf den Kostenrechnungskreis 1000 »CO Europe«.

Die Lösungshinweise können Sie auf der Webseite zum Buch unter *https://www.rheinwerk-verlag.de/4140/* herunterladen.

Aufgabe 1

Planen Sie auf der Kostenstelle 9021 »Immobilien« primäre Kosten in Höhe von 100.000 EUR mit der Kostenart 481000 »Kalk. Abschreibung« für das nächste Geschäftsjahr.

Feld	Dateneingabe
Version	0
von Periode	1
bis Periode	12
Geschäftsjahr	2017
Kostenstelle	9021
Kostenart	481000
Plankosten fix	100.000

Aufgabe 2

Überprüfen Sie Ihre Planung der Primärkosten aus Aufgabe 1 mit einem geeigneten Bericht.

Feld	Dateneingabe
Kostenrechnungskreis	1000
Geschäftsjahr	2017
Von Periode	1

Feld	Dateneingabe
Bis Periode	12
Planversion	0
oder Werte(e) (unter Kostenstellen-gruppe)	9021

Aufgabe 3

Planen Sie die Anzahl der Quadratmeter Gebäudefläche, die von den Kostenstellen 2100 »Finanzen & Administration« (100 qm) und 4260 »Produktion Glühbirnen Linie 1000« (300 qm) genutzt wird. Planen Sie die Anzahl der Quadratmeter mit der statistischen Kennzahl 2010 »Fläche«.

Ihre Eingaben im Einstieg zum Layout 1-303C sind wie folgt:

Feld	Dateneingabe
Version	0
von Periode	1
bis Periode	12
Geschäftsjahr	2017
Kostenstelle	*
Statist. Kennzahl	2010
Erste Zeile im Übersichtsbild	
Kostenstelle	2100
Lfd. Planwert	100
Zweite Zeile im Übersichtsbild	
Kostenstelle	4260
Lfd. Planwert	300

Aufgabe 4

Überprüfen Sie Ihre Planung der statistischen Kennzahl aus Aufgabe 3 mit einem geeigneten Bericht. Nutzen Sie dazu die folgenden Daten:

Feld	Dateneingabe
Kostenrechnungskreis	1000
Geschäftsjahr	2017
Von Periode	1
Bis Periode	12
Planversion	0
oder Werte(e) (unter Statistische Kennzahlengruppe)	2010

Aufgabe 5

Legen Sie einen Umlagezyklus an, mit dem Sie die Kosten der Kostenstelle 9021 »Immobilien« auf alle Kostenstellen gemäß der statistischen Kennzahl 2010 »Fläche« verrechnen. Nutzen Sie für die Umlage die sekundäre Kostenart 630000 »Umlage allg.«. Nutzen Sie für die Übung die folgenden Daten:

Feld	Dateneingabe
Einstieg	
Zyklus	UMLP2
Anfangsdatum	01.01.2017
Kopfdaten	
Text	Umlage Plan, Quadratmeter
Erstes Segment der Registerkarte »Kopfdaten«	
Segmentname	SEG01
Text	Immobilien
Umlagekostenart	630000
Empfänger-Regel	Variable Anteile
Art var. Anteile	Statist. Kennzahlen Plan
Erstes Segment der Registerkarte »Sender/Empfänger«	
Sender, von, Kostenstelle	9021
Sender, von, Kostenart	0

Feld	Dateneingabe
Sender, bis, Kostenart	999999
Empfänger, von, Kostenstelle	0
Empfänger, bis, Kostenstelle	9999
Erstes Segment der Registerkarte »Empfängerbezugsbasis«	
Version, von	0
Stat.Kennzahl, von	2010

Aufgabe 6

Führen Sie den Umlagezyklus UMLP2 aus Aufgabe 5 aus, und prüfen Sie im Protokoll der Ausführung die Angaben zu Sender und Empfänger.

Feld	Dateneingabe
Periode	1
bis	12
Geschäftsjahr	2017
Testlauf	»leer«
Detaillisten	»Haken«
Zyklus, erste Zeile	UMLP2
Anfangsdat, erste Zeile	01.01.2017

Aufgabe 7

Prüfen Sie das Ergebnis der Umlage, die Sie in Aufgabe 6 ausgeführt haben, mit einem geeigneten Bericht für jede der drei betroffenen Kostenstellen.

Für den Bericht zur Kostenstelle 9021 »Immobilien« verwenden Sie die folgenden Eingaben:

Feld	Dateneingabe
Kostenrechnungskreis	1000
Geschäftsjahr	2017

Feld	Dateneingabe
Von Periode	1
Bis Periode	12
Planversion	0
oder Werte(e) (unter Kostenstellen-gruppe)	9021

Wie hoch sind die Kosten, mit denen die Kostenstelle 9021 »Immobilien« entlastet wurde? Wie hoch ist die Über-/Unterdeckung?

Ihre Eingaben für den Bericht zur Kostenstelle 2100 »Finanzen & Administration« sind wie folgt:

Feld	Dateneingabe
Kostenrechnungskreis	1000
Geschäftsjahr	2017
Von Periode	1
Bis Periode	12
Planversion	0
oder Werte(e) (unter Kostenstellen-gruppe)	2100

Wie hoch sind die Kosten, mit denen die Kostenstelle 2100 »Finanzen & Administration« belastet wurde? Wie errechnet sich dieser Betrag? Wie hoch ist die Über-/Unterdeckung? Handelt es sich hier um eine Überdeckung oder eine Unterdeckung?

Ihre Eingaben für den Bericht zur Kostenstelle 4260 »Produktion Glühbirnen Linie 1000« sind:

Feld	Dateneingabe
Kostenrechnungskreis	1000
Geschäftsjahr	2017
Von Periode	1

Feld	Dateneingabe
Bis Periode	12
Planversion	0
oder Werte(e) (unter Kostenstellengruppe)	4260

Wie hoch sind die Kosten, mit denen die Kostenstelle 4260 »Produktion Glühbirnen Linie 1000« belastet wurde? Wie errechnet sich dieser Betrag? Wie hoch ist die Über-/Unterdeckung? Handelt es sich hier um eine Überdeckung oder eine Unterdeckung?

7 Mit Kostenstellen und Leistungsarten planen

In Kapitel 6 haben Sie gelernt, wie Sie fixe Kosten auf Kostenstellen planen. Sie haben diese Plankosten mit Umlagen und statistischen Kennzahlen auf andere Kostenstellen verrechnet.

In diesem Kapitel zeige ich Ihnen nun, wie Sie fixe und variable Kosten auf Kostenstellen mit Bezug zu Leistungsarten planen. Sie werden fixe und variable Kosten mit der Leistungsverrechnung auf andere Kostenstellen verrechnen. Mehr Informationen zu den wesentlichen Unterschieden zwischen der Umlage mit statistischen Kennzahlen und der Leistungsverrechnung mit Leistungsarten finden Sie in Abschnitt 5.1, »Wofür nutzen Sie statistische Kennzahlen und Leistungsarten?«.

In diesem Kapitel lernen Sie,

- wie Sie Leistungsarten mit Kostenstellen verknüpfen,
- wie Sie fixe und variable Kosten mit Bezug zu Leistungsarten planen,
- wie Sie die Aufnahme von Leistungsmengen planen,
- wie Sie Plantarife für Leistungsarten ermitteln,
- wie Sie das Ergebnis der Planung im Planungsbericht analysieren.

7.1 Planungsmodell mit Kostenstellen und Leistungsarten

In der folgenden Abbildung sehen Sie eine schematische Darstellung des Planungsmodells, das ich Ihnen in diesem Kapitel im Detail vorstelle. An der Planung sind drei Kostenstellen beteiligt: »Technischer Service«, »Produktion Motorräder« und »Fuhrpark«. Die Kostenstelle »Technischer Service« verrechnet sich mit einer Leistungsart als Dienstleister auf andere Kostenstellen. Die Kostenstelle »Produktion Motorräder«, eine Fertigungsstelle, ist mit zwei Leistungsarten für die Verrechnung auf Kostenträger (Produkte) vorgesehen.

Die Kostenstelle »Fuhrpark«, ebenfalls eine Dienstleistungskostenstelle, wird in diesem Beispiel nicht weiterverrechnet.

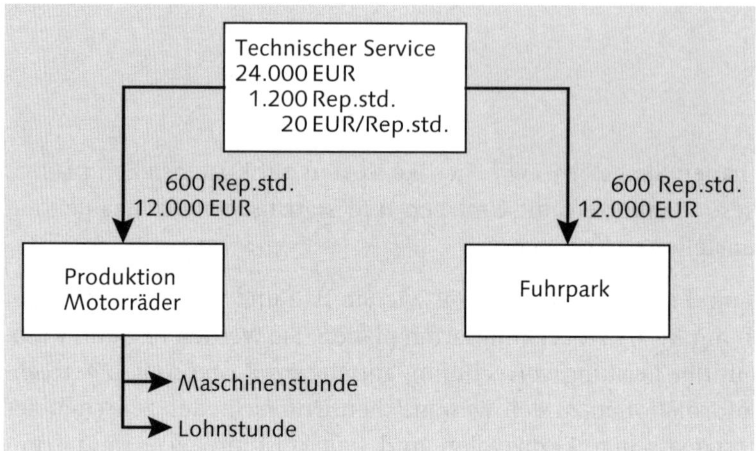

Planungsmodell für die Leistungsverrechnung mit einem Sender und zwei Empfängern

Die Kostenstelle »Technischer Service« wird mit der Leistungsart »Reparaturstunden« (»Rep.std.«) auf die Kostenstellen »Produktion Motorräder« und »Fuhrpark« verrechnet. Leistungssender der Leistungsart »Reparaturstunden« ist also die Kostenstelle »Technischer Service«. Leistungsempfänger sind die beiden Kostenstellen »Produktion Motorräder« und »Fuhrpark«. Die Kostenstelle »Technischer Service« wird mit Primärkosten in Höhe von 24.000 EUR belastet. Sie wird mit 600 »Reparaturstunden« auf die Kostenstelle »Produktion Motorräder« und nochmals 600 »Reparaturstunden« auf die Kostenstelle »Fuhrpark« verrechnet.

Die Planleistung der Kostenstelle »Technischer Service« ist in meinem Beispiel gleich der Summe der Leistungen, die an die Leistungsempfänger abgegeben wird:

Planleistung = Leistung 1 + Leistung 2 + … + Leistung n
Planleistung = 600 Rep.Std. + 600 Rep.std. = 1.200 Rep.std.

Bei der Tarifermittlung werden die Plankosten durch die Planleistung der Leistungsart dividiert:

Tarif = Plankosten ÷ Planleistung
Tarif = 24.000 EUR ÷ 1.200 Rep.std. = 20 EUR/Rep.std.

Die Belastung der Kostenstelle »Produktion Motorräder« mit Kosten aus der Leistungsverrechnung von der Kostenstelle »Technischer Service« ergibt sich aus der Leistungsaufnahme multipliziert mit dem Tarif der Senderleistungsart:

Belastung aus Leistungsverrechnung = Leistungsaufnahme × Tarif
Belastung aus Leistungsverrechnung = 600 Rep.std. × 20 EUR/Rep.std. = 12.000 EUR

Die Kostenstelle »Produktion Motorräder« wird mit den Leistungsarten »Maschinenstunden« (»Masch.Std.«) und »Lohnstunden« (»Lohnstd.«) weiterverrechnet.

Die Kostenstelle »Fuhrpark« bezieht ebenfalls 600 »Reparaturstunden« von der Kostenstelle »Technischer Service« und wird deshalb ebenfalls mit 12.000 EUR aus dieser Leistungsverrechnung belastet.

7.2 Leistungsarten mit Kostenstellen verknüpfen

Kostenstellen in SAP verfügen über eine Be- und eine Entlastungsseite. Bei der Planung werden Kostenstellen mit Primärkosten sowie mit Umlagen und Leistungsverrechnungen von anderen Kostenstellen belastet. Sie werden mit Umlagen und Leistungsverrechnungen entlastet. Ziel der Planung ist der Ausgleich der Be- und Entlastungen auf jeder Kostenstelle. So sollen alle Belastungen auf Kostenstellen, die durch Primärkosten entstanden sind, auf Kostenträger (Produkte) oder in die Ergebnis- und Marktsegmentrechnung (siehe Kapitel 13, »Ergebnis- und Marktsegmentrechnung«) verrechnet werden.

In Kapitel 6, »Mit Kostenstellen fixe Kosten planen«, war die Planung der Kostenstelle »Kantine« intuitiv verständlich: Erster Schritt war die Planung der Belastung, zweiter Schritt war die Definition des Umlagezyklus, und im dritten Schritt wurde durch die Ausführung des Zyklus die Umlage gebucht.

Jetzt bei der Planung von fixen und variablen Kosten mit Leistungsverrechnungen ist der Ablauf nicht auf den ersten Blick verständlich. Jetzt müssen Sie sich bei jedem einzelnen Planungsschritt vor Augen führen, wo Sie gerade Plandaten erfassen, auf der Be- oder der Entlastungsseite einer Kostenstelle. Und Sie müssen sich vor Augen führen, welche Verbindungen zu anderen Kostenstellen oder Leistungsarten Sie in jedem einzelnen Planungsschritt erstellen.

Leistungsart für eine Dienstleistungskostenstelle planen

Bevor Sie mit der Planung beginnen, müssen Sie sicherstellen, dass Sie den richtigen Kostenrechnungskreis gesetzt haben. Nutzen Sie für alle Beispiele in diesem Kapitel den Kostenrechnungskreis 1000 »CO Europe«.

Gehen Sie folgendermaßen vor, um den Kostenrechnungskreis für Ihren Benutzer zu setzen:

1. Folgen Sie dem Pfad **Rechnungswesen ▸ Controlling ▸ Kostenstellenrechnung ▸ Umfeld ▸ Kostenrechnungskreis setzen** im SAP Easy Access Menü, oder verwenden Sie den Transaktionscode OKKS.

2. Es öffnet sich ein Dialogfenster, in dem Sie im Feld **Kostenrechnungskreis** den Schlüssel des Kostenrechnungskreises eintragen, mit dem Sie arbeiten möchten. Für alle Beispiele in diesem Kapitel nutzen Sie den Kostenrechnungskreis 1000.

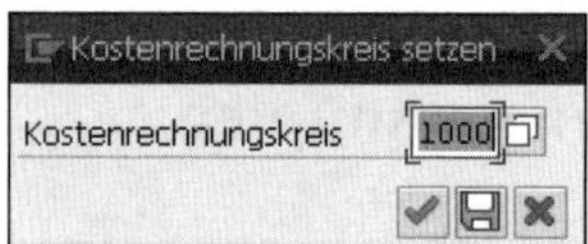

3. Bestätigen Sie Ihre Eingabe mit einem Klick auf die Schaltfläche ✔ (**Weiter**) oder mit der Taste [↵]. Mit dieser Schaltfläche speichern Sie den gewählten Kostenrechnungskreis für die aktuelle SAP-Sitzung. Der Kostenrechnungskreis bleibt so lange gesetzt, bis Sie sich vom SAP-System abmelden.

4. Alternativ können Sie die Eingabe des Kostenrechnungskreises dauerhaft speichern. Klicken Sie dazu auf die Schaltfläche 💾 (**Als Benutzerparameter sichern**), oder drücken Sie die Taste [F5]. So bleibt der gewählte Kostenrechnungskreis auch über die aktuelle SAP-Sitzung hinaus gesetzt. Wenn Sie sich ab- und wieder anmelden, weiß das System bereits, mit welchem Kostenrechnungskreis Sie arbeiten möchten.

Außerdem benötigen Sie für die Planung in der Kostenstellenrechnung ein Planerprofil. Als Planerprofil nutzen Sie für alle Beispiele in diesem Kapitel »SAPALL«. Gehen Sie folgendermaßen vor, um das Planerprofil für Ihren Benutzer zu setzen:

1. Folgen Sie dem Pfad **Rechnungswesen ▸ Controlling ▸ Kostenstellenrechnung ▸ Planung ▸ Planerprofil setzen** im SAP Easy Access Menü, oder verwenden Sie den Transaktionscode KP04.

2 Tragen Sie im Feld **Planerprofil** den Schlüssel »SAPALL« ein.

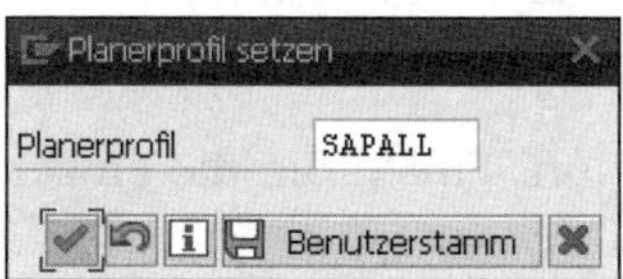

3 Bestätigen Sie Ihre Eingabe mit einem Klick auf die Schaltfläche (**Weiter**) oder mit der Taste [↵]. Mit dieser Schaltfläche speichern Sie das gewählte Planerprofil für die aktuelle SAP-Sitzung. Das Planerprofil bleibt so lange gesetzt, bis Sie sich vom SAP-System abmelden.

4 Alternativ können Sie das eingegebene Planerprofil dauerhaft mit einem Klick auf die Schaltfläche **Benutzerstamm** (**BenutzStamm sichern**) oder mit der Taste [F5] speichern. Dann bleibt das gewählte Planerprofil »SAPALL« auch über die aktuelle SAP-Sitzung hinaus gesetzt. Wenn Sie sich ab- und wieder anmelden, weiß das System bereits, dass Sie mit »SAPALL« arbeiten möchten.

Die Planung von Leistungsarten auf der Entlastungsseite von Kostenstellen ist die Voraussetzung, um auf der Belastungsseite die geplanten Primärkosten mit den unterschiedlichen Leistungsarten verknüpfen zu können. Die Planung der Leistungsarten ist auch die Voraussetzung für die Spaltung von Kosten in fixe und variable Anteile. Ohne Leistungsarten werden alle geplanten Kosten vom SAP-System als fixe Kosten interpretiert. Wie Sie im folgenden Bild sehen, beginnen Sie mit der Verknüpfung der Leistungsart »Reparaturstunden« mit der Entlastungsseite der Kostenstelle »Technischer Service«. Leistungsarten werden auf der Entlastungsseite von Kostenstellen geplant.

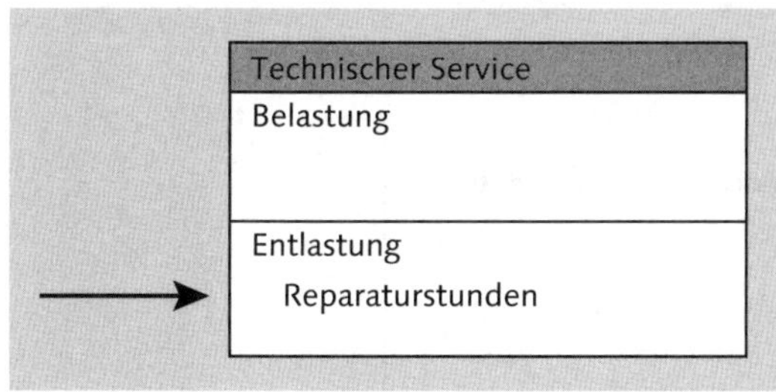

Planung einer Leistungsart auf der Entlastungsseite einer Kostenstelle

Gehen Sie folgendermaßen vor, um eine Leistungsart mit einer Kostenstelle in der Planung zu verknüpfen:

1 Folgen Sie dem Pfad **Rechnungswesen ▸ Controlling ▸ Kostenstellenrechnung ▸ Planung ▸ Leistungserbringung/Tarife ▸ Ändern** im SAP Easy Access Menü, oder verwenden Sie den Transaktionscode KP26.

2 Es erscheint das Einstiegsbild der Transaktion. Füllen Sie die einzelnen Felder so aus:

- **Version**: »0«. Die Version »0« ist die Hauptversion der Planung. Parallel zu dieser Hauptversion können Ihre Systemadministratoren beliebig viele Nebenversionen anlegen, zum Beispiel für Best- und Worst-Case-Szenarien.
- **von Periode**: »1«, **bis Periode** »12«: Wählen Sie alle Perioden des Jahres, hier Januar bis Dezember. So haben Sie die Möglichkeit, einen Jahreswert zu erfassen, der in einem weiteren Schritt automatisch oder manuell auf die einzelnen Monate verteilt wird.
- **Geschäftsjahr**: »2017«, das Jahr, in dem Sie planen
- **Kostenstelle**: »4100« (Technischer Service & Wartung (1))
- **Leistungsart**: »1410« (Reparaturstunden)

3 Bestätigen Sie Ihre Eingabe mit einem Klick auf die Schaltfläche ✔ (**Weiter**) oder mit der Taste [↵]. Die Bezeichnungen für die Version, die Monate, die Kostenstelle und die Leistungsart werden eingeblendet.

4 Steigen Sie in die Planung ein, indem Sie auf die Schaltfläche (**Übersichtsbild**) klicken. Das Übersichtsbild der Transaktion mit den gewählten Parametern wird geöffnet.

5 Eine Planzeile mit der Leistungsart (**LstArt**) 1410 wird eingeblendet. Tragen Sie »1.200« in die Spalte **Planleistung** ein. 1.200 ist die Anzahl der Reparaturstunden, die diese Kostenstelle erbringt.

6 Die anderen Spalten in dieser Planungszeile bedeuten:

- **VS** (Verteilungsschlüssel) »1«: »Gleichmäßige Verteilung« bedeutet, dass der eingegebene Wert »1.200« zu gleichen Teilen auf alle zwölf Perioden des Planjahres verteilt wird.
- **EH** (Leistungseinheit) »H«: »Stunden« wird aus den Stammdaten der Leistungsart übernommen.
- **Tarif fix** und **Tarif var**: Wird vom System mit der Transaktion KSPI (Tarifermittlung) berechnet (siehe Abschnitt 7.5, »Tarife ermitteln, Be- und Entlastungen buchen«).
- **Tar.EH** (Einheit des Tarifs): Wird bei der Tarifermittlung automatisch gesetzt. Der Wert 10 zum Beispiel bedeutet, dass sich die Werte in **Tarif fix** und **Tarif var** auf zehn Stunden beziehen.
- **PTK** (Plantarifkennzeichen) »1«: Der Tarif wird automatisch auf der Basis der Planleistung und der Plankosten ermittelt. Das Plantarifkennzeichen wird aus den Stammdaten der Leistungsart übernommen.
- **VKostenart** (Verrechnungskostenart) 615000 »DILV Reparaturen«: eine sekundäre Kostenart vom Typ 42 »Verrechnung von Leistungen/Prozessen«. Mit dieser sekundären Kostenart werden die aus der Leistungsverrechnung resultierenden Entlastungsbuchungen bei der Senderkostenstelle und die Belastungsbuchungen bei der Empfängerkostenstelle im Kostenstellenbericht ausgewiesen. Die Verrechnungskostenart wird aus den Stammdaten der Leistungsart übernommen.
- **Ä-Ziff** (Äquivalenzziffer) »1«: Die Äquivalenzziffer ist dann von Bedeutung, wenn erstens einer Kostenstelle auf der Entlastungsseite mehrere Leistungsarten zugeordnet sind und wenn zweitens auf der Belastungsseite Kosten ohne Bezug zu einer Leistungsart geplant werden. Nur wenn diese beiden Voraussetzungen erfüllt sind, werden Kosten ohne Verknüpfung mit einer Leistungsart gemäß den Äquivalenzziffern auf die einzelnen Leistungsarten verteilt. Hier ist keine der beiden Voraussetzungen erfüllt. Die Äquivalenzziffer hat für diese Kostenstel-

le keine Bedeutung. Der Vorschlagswert für die Äquivalenzziffer, den das System automatisch setzt, ist »1«.

- **Disp.Leistung** (Disponierte Leistung) »0«: Die disponierte Leistung ist die Leistungsmenge, die von anderen Kostenstellen von dieser Kostenstelle/Leistungsart aufgenommen wird. Der Wert kann hier nicht geändert werden. Der Wert wird vom System automatisch mit jeder Planung von Leistungsaufnahmen fortgeschrieben.
- Weitere Spalten in dieser Planungsmaske habe ich ausgeblendet, weil sie für dieses Beispiel nicht relevant sind.

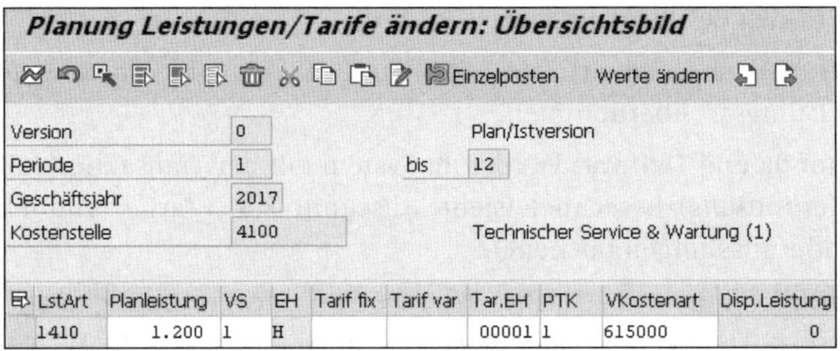

7 Speichern Sie Ihre Plandaten mit einem Klick auf die Schaltfläche (**Buchen**).

8 Das Einstiegsbild der Transaktion KP26 (Planung Leistungen/Tarife) wird angezeigt. Schließen Sie die Transaktion mit einem Klick auf die Schaltfläche (**Zurück**).

Der erste Planungsschritt für eine Leistungsverrechnung ist abgeschlossen. Sie haben eine Leistungsart mit einer Kostenstelle verknüpft. Als Nächstes erfahren Sie, wie Sie eine Kostenstelle mit *zwei* Leistungsarten verknüpfen können.

VIDEO

Leistungsarten mit Kostenstellen verknüpfen

In diesem Video sehen Sie, wie Sie die Leistung einer Kostenstelle mit Leistungsart planen. Sie erfahren, welche Voraussetzung für die Planung von fixen und variablen Anteilen bei der Kostenplanung erfüllt sein muss. Sie lernen außerdem, wie Sie für die spätere Kostenentlastung einer Kostenstelle die zu erbringende Leistungsmenge planen.

http://s-prs.de/v4140jz

Leistungsarten für eine Fertigungsstelle planen

Um zu beschreiben, wie Sie eine Kostenstelle mit *zwei* Leistungsarten verknüpfen, verwende ich folgendes Beispiel: Die Kostenstelle »Produktion Motorräder«, eine Fertigungsstelle, wird mit zwei unterschiedlichen Leistungsarten verrechnet: »Maschinenstunden« und »Lohnstunden«. Auch diese Leistungsarten werden auf der Entlastungsseite der Kostenstelle geplant.

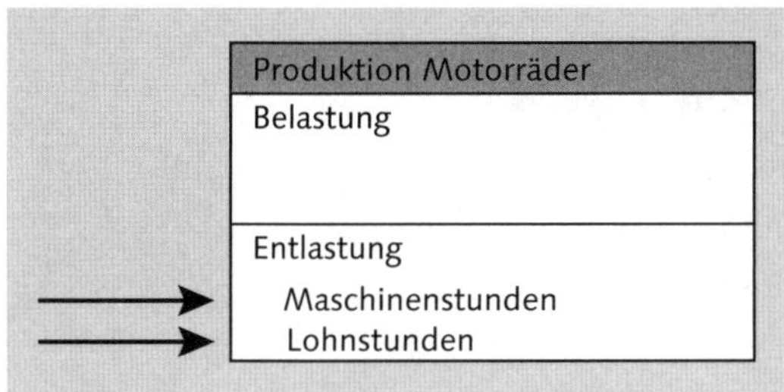

Planung von zwei Leistungsarten auf der Entlastungsseite einer Kostenstelle

Gehen Sie folgendermaßen vor, um zwei Leistungsarten mit einer Kostenstelle in der Planung zu verknüpfen:

1. Folgen Sie dem Pfad **Rechnungswesen ▸ Controlling ▸ Kostenstellenrechnung ▸ Planung ▸ Leistungserbringung/Tarife ▸ Ändern** im SAP Easy Access Menü, oder verwenden Sie den Transaktionscode KP26.

2. Es erscheint das Einstiegsbild der Transaktion. Füllen Sie die einzelnen Felder so aus:
   - **Version**: »0«. Die Version »0« ist die Hauptversion der Planung.
   - **von Periode**: »1«, **bis Periode** »12«: Wählen Sie hier alle Perioden des Jahres.
   - **Geschäftsjahr**: »2017«, das Jahr, in dem Sie planen
   - **Kostenstelle**: »4200« (Produktion Motorräder)
   - **Leistungsart**: »1420« (Maschinenstunden)
   - **bis** (unter **Leistungsart**): »1421« (Lohnstunden)

3. Bestätigen Sie Ihre Eingabe mit einem Klick auf die Schaltfläche ✓ **(Weiter)** oder mit der Taste [↵]. Die Bezeichnungen für die Version, die Monate, die Kostenstelle und die Leistungsarten werden eingeblendet.

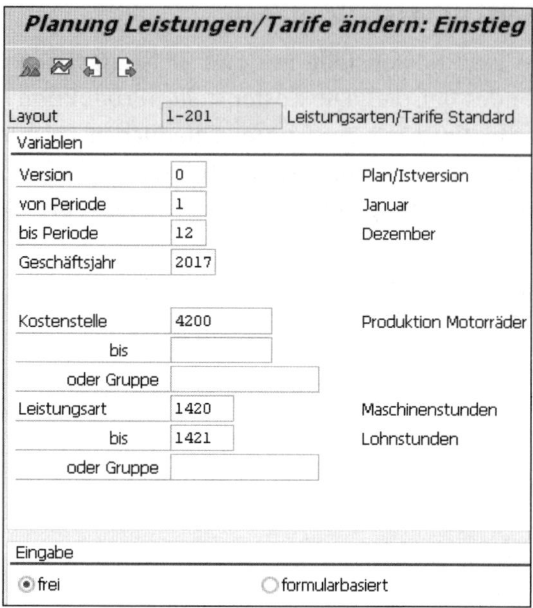

Planung Leistungen/Tarife ändern: Einstieg

Layout 1-201 Leistungsarten/Tarife Standard

Variablen

Version	0	Plan/Istversion
von Periode	1	Januar
bis Periode	12	Dezember
Geschäftsjahr	2017	
Kostenstelle	4200	Produktion Motorräder
bis		
oder Gruppe		
Leistungsart	1420	Maschinenstunden
bis	1421	Lohnstunden
oder Gruppe		

Eingabe

frei formularbasiert

4 Steigen Sie in die Planung ein, indem Sie auf die Schaltfläche (**Übersichtsbild**) klicken. Das Übersichtsbild der Transaktion mit den gewählten Parametern wird geöffnet.

5 Zwei Planzeilen mit den Leistungsarten (**LstArt**) 1420 »Maschinenstunden« und 1421 »Lohnstunden« werden eingeblendet. Tragen Sie für beide Leistungsarten »2.400« in die Spalte **Planleistung** ein. 2.400 ist die Anzahl der Maschinenstunden bzw. Lohnstunden, die diese Kostenstelle erbringt.

Planung Leistungen/Tarife ändern: Übersichtsbild

Einzelposten Werte ändern

Version 0 Plan/Istversion

Periode 1 bis 12

Geschäftsjahr 2017

Kostenstelle 4200 Produktion Motorräder

LstArt	Planleistung	VS	EH	Tarif fix	Tarif var	Tar.EH	PTK	VKostenart	T	Ä-Ziff	Disp.Leistung
1420	2.400	1	H			00001	1	620000	1	1	0
1421	2.400	1	H			00001	1	619000	1	1	0
*LstAr	4.800									2	0

In diesem Beispiel erbringt die Kostenstelle für jede Maschinenstunde auch eine Lohnstunde. Das bedeutet, dass die Maschine mit einer Person besetzt ist. Falls eine höhere oder niedrigere Personalbesetzung erforderlich ist, können für die beiden Leistungsarten unterschiedliche Planleistungen erfasst werden. Die anderen Spalten in dieser Planungszeile habe ich im vorhergehenden Abschnitt bereits erläutert.

6 Speichern Sie Ihre Plandaten mit einem Klick auf die Schaltfläche (**Buchen**).

7 Das Einstiegsbild der Transaktion KP26 (Planung Leistungen/Tarife) wird angezeigt. Schließen Sie die Transaktion mit einem Klick auf die Schaltfläche (**Zurück**).

Jetzt haben Sie die Kostenstelle »Technischer Service« mit der Leistungsart »Reparaturstunden« und die Kostenstelle »Produktion Motorräder« mit den beiden Leistungsarten »Maschinenstunden« und »Lohnstunden« verknüpft. Sie fahren fort, indem Sie auf diesen beiden Kostenstellen Primärkosten planen.

7.3 Fixe und variable Kosten mit Leistungsarten planen

Die Verknüpfung von Kostenstelle und Leistungsart auf der Entlastungsseite der Kostenstelle ist die Voraussetzung für eine leistungsabhängige Kostenplanung. Nur bei der leistungsabhängigen Kostenplanung ist die Trennung der Kosten in variable und fixe Bestandteile möglich.

HINWEIS

Fixe und variable Kosten

Was unterscheidet fixe und variable Kosten? Als fix werden die Kosten bezeichnet, die auf einer Kostenstelle anfallen, unabhängig davon, ob die Kostenstelle eine Leistung erbringt oder nicht. Typische Beispiele für fixe Kosten sind die Abschreibung für die Maschinen und das Leistungspersonal. Variabel sind die Kosten, die sich proportional zur Leistung der Kostenstelle verändern. Typische Beispiele für variable Kosten sind Energie und die Kosten für Mitarbeiter, die direkt in den Produktionsprozess eingebunden sind.

Im SAP-System ist die Planung von variablen und fixen Kostenbestandteilen auf Kostenstellen nur in Verbindung mit Leistungsarten möglich. Die Menge der Leistungsart ist der Hebel, mit dem die variablen Kosten im Plan verändert werden und mit denen das System Soll-Kosten berechnet.

Primärkosten für eine Dienstleistungskostenstelle planen

Die Planung in diesem Kapitel erfolgt im Kostenrechnungskreis 1000 »CO Europe«. In Abschnitt 7.2, »Leistungsarten mit Kostenstellen verknüpfen«, habe ich Ihnen gezeigt, wie Sie diesen Kostenrechnungskreis für Ihren Benutzer setzen.

Um im SAP-System auf Kostenstellen planen zu können, muss ein Planerprofil gesetzt sein. Sie nutzen für alle Beispiele in diesem Kapitel das Planerprofil »SAPALL«. Wie Sie das Planerprofil »SAPALL« für Ihren Benutzer setzen, habe ich ebenfalls in Abschnitt 7.2 beschrieben.

Wie Sie in der folgenden Abbildung sehen, erfolgt die Planung der Primärkosten »Fertigungslöhne« und »Kalk. Abschreibung« (Kalkulatorische Abschreibung) auf der Belastungsseite der Kostenstelle »Technischer Service«. Die geplanten Primärkosten werden mit der Leistungsart »Reparaturstunden« verknüpft.

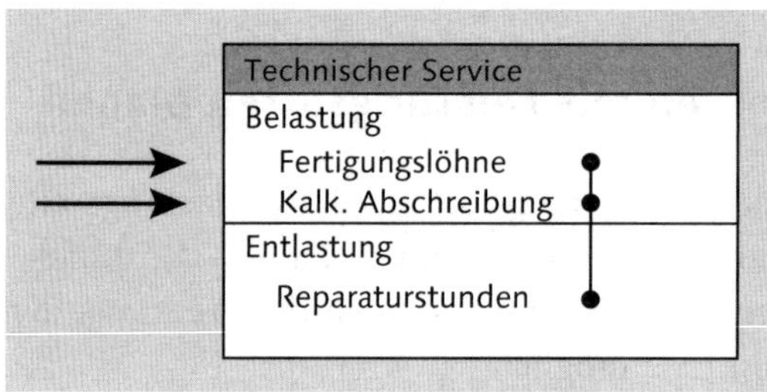

Planung von primären Kosten mit Verknüpfung zur Leistungsart

Gehen Sie folgendermaßen vor, um Primärkosten für eine Kostenstelle zu planen, die mit einer Leistungsart entlastet wird:

1. Folgen Sie dem Pfad **Rechnungswesen ▸ Controlling ▸ Kostenstellenrechnung ▸ Planung ▸ Kosten/Leistungsaufnahmen ▸ Ändern** im SAP Easy Access Menü, oder verwenden Sie den Transaktionscode KP06.
2. Es erscheint das Einstiegsbild der Transaktion. Füllen Sie die einzelnen Felder so aus:
   - **Version**: »0«. Die Version »0« ist die Hauptversion der Planung.
   - **von Periode**: »1«, **bis Periode** »12«: Wählen Sie alle Perioden des Jahres, hier Januar bis Dezember.
   - **Geschäftsjahr**: »2017«, das Jahr, in dem Sie planen
   - **Kostenstelle**: »4100« (Technischer Service & Wartung (1))

- **Leistungsart**: »1410« (Reparaturstunden)
- **Kostenart**: »*«. »*« steht hier für alle Kostenarten. In diesem Einstiegsbild nehmen Sie noch keine Einschränkung für bestimmte Kostenarten vor.

3 Bestätigen Sie Ihre Eingabe mit einem Klick auf die Schaltfläche (**Weiter**) oder mit der Taste [↵]. Die Bezeichnungen für die Version, die Monate, die Kostenstelle und die Leistungsart werden eingeblendet.

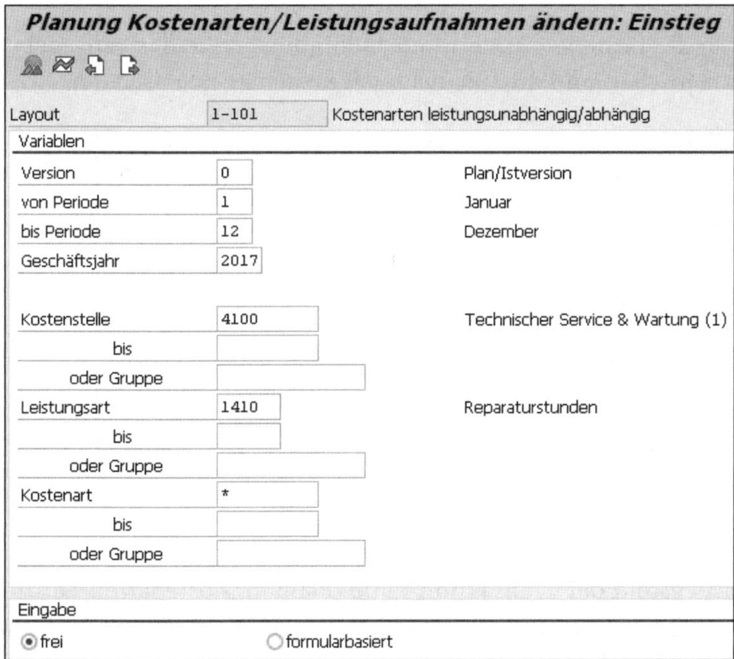

4 Steigen Sie in die Planung ein, indem Sie auf die Schaltfläche (**Übersichtsbild**) klicken. Das Übersichtsbild der Transaktion mit den gewählten Parametern wird geöffnet.

5 Bisher wurden noch keine Plandaten für diese Kostenstelle erfasst, deshalb sehen Sie beim ersten Einstieg ein leeres Bildschirmbild. Planen Sie 20.000 EUR »Fertigungslöhne« mit der Kostenart 420000 und 4.000 EUR »kalkulatorische Abschreibung« für die Maschinen auf dieser Kostenstelle mit der Kostenart 481000.

6 Die erste Spalte **LstArt** (Leistungsart) wird mit dem Wert 1410 für »Reparaturstunden« vorbelegt. So ist sichergestellt, dass alle Planwerte, die Sie hier eintragen, mit dieser Leistungsart verknüpft werden. Gehen Sie da-

von aus, dass die Kosten für diese Kostenstelle unabhängig von der Leistung anfallen, also fix sind. Tragen Sie diese Werte ein:

- Erste Zeile: **Kostenart**: 420000, **Plankosten fix**: 20.000
- Zweite Zeile: **Kostenart**: 481000, **Plankosten fix**: 4.000

7 Bestätigen Sie Ihre Eingaben mit einem Klick auf die Schaltfläche (**Weiter**) oder mit der Taste [↵]. Die beiden Einträge in der Spalte **Kostenart** werden grau hinterlegt; hier sind jetzt keine Änderungen mehr möglich.

Wenn Sie die Kostenart ändern möchten, müssen Sie den eingegebenen Datensatz löschen und mit der richtigen Kostenart neu erfassen.

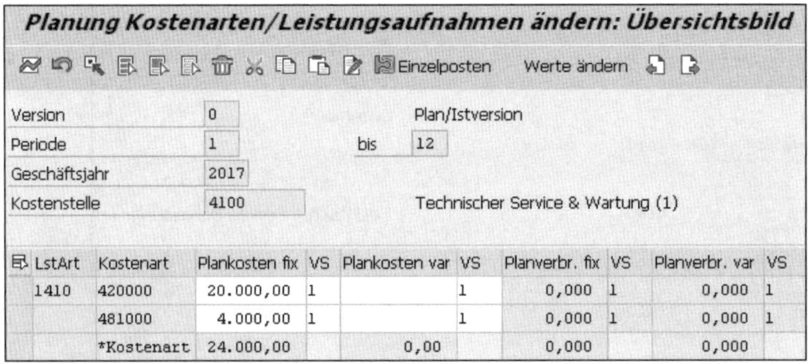

8 Speichern Sie Ihre Plandaten mit einem Klick auf die Schaltfläche (**Buchen**).

9 Das Einstiegsbild der Transaktion KP06 (Planung Kostenarten/Leistungsaufnahmen) wird angezeigt. Schließen Sie die Transaktion mit einem Klick auf die Schaltfläche (**Zurück**).

Die Primärkostenplanung für die Kostenstelle 4100 »Technischer Service« ist abgeschlossen. Fahren Sie jetzt fort mit der Planung der Kostenstelle »Produktion Motorräder«.

VIDEO

Fixe und variable Kosten mit Leistungsarten planen

In diesem Video sehen Sie, wie Sie fixe und variable Kosten auf einer Kostenstelle als Belastung planen. Die Kostenplanung für zwei Kostenarten wird mit der Transaktion »Kosten/Leistungsaufnahmen« erfasst und anschließend mit dem Bericht »Kostenstellen: Planungsübersicht« analysiert.

http://s-prs.de/v4140yu

Primärkosten für eine Fertigungsstelle planen

Wie Sie in der folgenden Abbildung sehen, erfolgt die Planung der Primärkosten »Fertigungslöhne« und »Kalk. Abschreibung« (Kalkulatorische Abschreibung) auf der Belastungsseite der Kostenstelle »Produktion Motorräder«. Die Fertigungslöhne werden mit der Leistungsart »Lohnstunden« verknüpft und die kalkulatorischen Abschreibungen mit der Leistungsart »Maschinenstunden«.

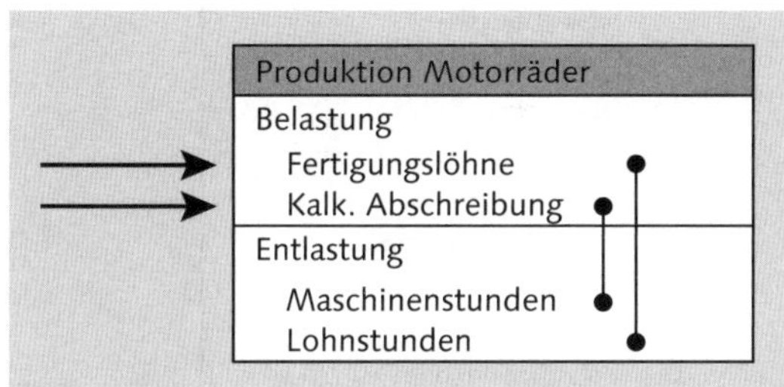

Planung von primären Kosten mit der Verknüpfung mit unterschiedlichen Leistungsarten

Gehen Sie folgendermaßen vor, um Primärkosten für eine Kostenstelle zu planen, die mit mehreren Leistungsarten entlastet wird:

1. Folgen Sie dem Pfad **Rechnungswesen ▸ Controlling ▸ Kostenstellenrechnung ▸ Planung ▸ Kosten/Leistungsaufnahmen ▸ Ändern** im SAP Easy Access Menü, oder verwenden Sie den Transaktionscode KP06.
2. Es erscheint das Einstiegsbild der Transaktion. Füllen Sie die einzelnen Felder so aus:
   - **Version**: »0«. Die Version »0« ist die Hauptversion der Planung.
   - **von Periode**: »1«, **bis Periode** »12«: Wählen Sie alle Perioden des Jahres, hier Januar bis Dezember.
   - **Geschäftsjahr**: »2017«, das Jahr, in dem Sie planen
   - **Kostenstelle**: »4200« (Produktion Motorräder)
   - **Leistungsart**: »1420« (Maschinenstunden)
   - **bis** (unter **Leistungsart**): »1421«(Lohnstunden)
   - **Kostenart**: »*«. »*« steht hier für alle Kostenarten. In diesem Einstiegsbild nehmen Sie noch keine Einschränkung für bestimmte Kostenarten vor.

3 Bestätigen Sie Ihre Eingabe mit einem Klick auf die Schaltfläche (**Weiter**) oder mit der Taste [↵]. Die Bezeichnungen für die Version, die Monate, die Kostenstelle und die Leistungsarten werden eingeblendet.

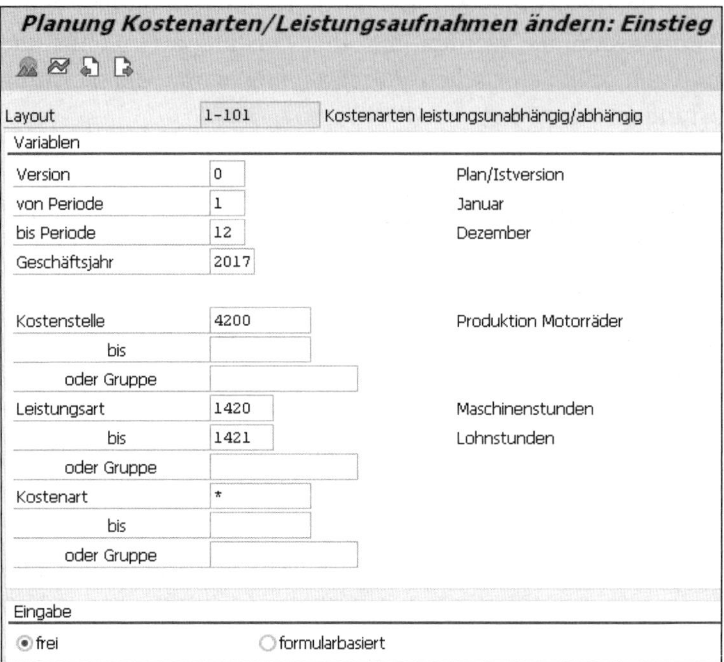

Planung Kostenarten/Leistungsaufnahmen ändern: Einstieg

Layout 1-101 Kostenarten leistungsunabhängig/abhängig

Variablen

Version	0	Plan/Istversion
von Periode	1	Januar
bis Periode	12	Dezember
Geschäftsjahr	2017	
Kostenstelle	4200	Produktion Motorräder
bis		
oder Gruppe		
Leistungsart	1420	Maschinenstunden
bis	1421	Lohnstunden
oder Gruppe		
Kostenart	*	
bis		
oder Gruppe		

Eingabe

(•) frei ( ) formularbasiert

4 Steigen Sie in die Planung ein, indem Sie auf die Schaltfläche (**Übersichtsbild**) klicken. Das Übersichtsbild der Transaktion mit den gewählten Parametern wird geöffnet.

5 Bisher wurden noch keine Plandaten für diese Kostenstelle erfasst, deshalb sehen Sie beim ersten Einstieg ein leeres Bildschirmbild. Planen Sie 24.000 EUR »Kalk. Abschreibung« mit der Kostenart 481000 als fixe Kosten mit Bezug zur Leistungsart 1420 »Maschinenstunden«. Planen Sie außerdem 48.000 EUR »Fertigungslöhne« mit der Kostenart 420000 als variable Kosten mit Bezug zur Leistungsart 1421 »Lohnstunden«. Tragen Sie diese Werte ein:

- Erste Zeile: **LstArt** (Leistungsart): 1420, **Kostenart**: 481000, **Plankosten fix**: 24.000
- Zweite Zeile: **LstArt** (Leistungsart): 1421, **Kostenart**: 420000, **Plankosten var**: 48.000

6 Bestätigen Sie Ihre Eingaben mit einem Klick auf die Schaltfläche (**Weiter**) oder mit der Taste [↵]. Ihre Einträge in den Spalten **LstArt**

(Leistungsart) und **Kostenart** werden grau hinterlegt; hier sind jetzt keine Änderungen mehr möglich.

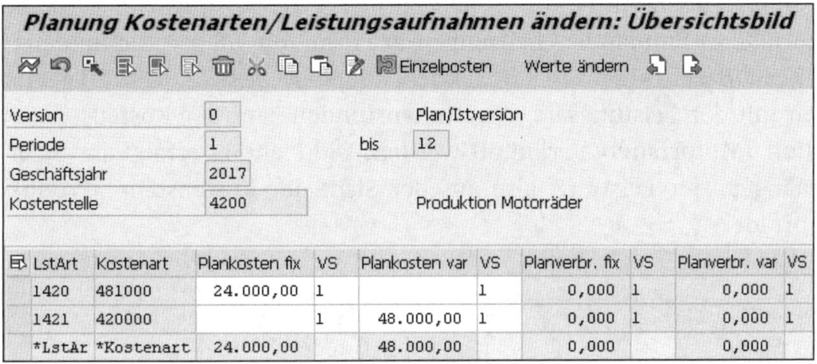

LstArt	Kostenart	Plankosten fix	VS	Plankosten var	VS	Planverbr. fix	VS	Planverbr. var	VS
1420	481000	24.000,00	1		1	0,000	1	0,000	1
1421	420000		1	48.000,00	1	0,000	1	0,000	1
*LstAr	*Kostenart	24.000,00		48.000,00		0,000		0,000	

7 Speichern Sie Ihre Plandaten mit einem Klick auf die Schaltfläche (**Buchen**).

8 Das Einstiegsbild der Transaktion KP06 (Planung Kostenarten/Leistungsaufnahmen) wird angezeigt. Schließen Sie die Transaktion mit einem Klick auf die Schaltfläche (**Zurück**).

Die Primärkostenplanung für die Kostenstelle 4200 »Produktion Motorräder« ist abgeschlossen. Fahren Sie fort mit der Planung der Leistungsverrechnung mit der Kostenstelle »Technischer Service« als Sender.

7.4 Leistungsverrechnung zwischen Kostenstellen planen

Die Leistung »Reparaturstunden«, die die Kostenstelle »Technischer Service« erbringt, wird von den Kostenstellen »Produktion Motorräder« und »Fuhrpark« aufgenommen. Diese Leistungsbeziehung zwischen Kostenstellen planen Sie jetzt.

Leistungsaufnahme für eine Fertigungsstelle planen

Die Planung in diesem Kapitel erfolgt im Kostenrechnungskreis 1000 »CO Europe«. In Abschnitt 7.2, »Leistungsarten mit Kostenstellen verknüpfen«, habe ich Ihnen gezeigt, wie Sie diesen Kostenrechnungskreis für Ihren Benutzer setzen.

Um im SAP-System auf Kostenstellen planen zu können, muss ein Planerprofil gesetzt sein. Sie nutzen für alle Beispiele in diesem Kapitel das Planerprofil

»SAPALL«. Wie Sie das Planerprofil »SAPALL« für Ihren Benutzer setzen, habe ich ebenfalls in Abschnitt 7.2 beschrieben.

In der folgenden Abbildung sehen Sie, dass die Kostenstelle »Produktion Motorräder« (Empfänger) Leistungen in Form von »Reparaturstunden« von der Kostenstelle »Technischer Service« (Sender) bezieht. Diese Leistungen sollen mit der Leistungsart »Maschinenstunden« auf der Kostenstelle »Produktion »Motorräder« verknüpft werden. Die Planung erfolgt aus Sicht des Empfängers der Leistung, also aus der Sicht der Kostenstelle »Produktion Motorräder«.

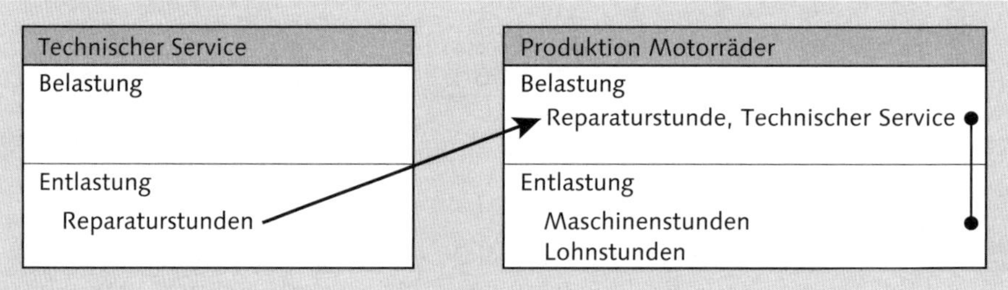

Leistungsaufnahme der Kostenstelle »Produktion Motorräder«

Gehen Sie folgendermaßen vor, um Leistungsverrechnungen zwischen Kostenstellen zu planen. Hier planen Sie eine Leistungsverrechnung mit Bezug zu einer Leistungsart auf der Entlastungsseite des Empfängers:

1. Folgen Sie dem Pfad **Rechnungswesen ▸ Controlling ▸ Kostenstellenrechnung ▸ Planung ▸ Kosten/Leistungsaufnahmen ▸ Ändern** im SAP Easy Access Menü, oder verwenden Sie den Transaktionscode KP06.
2. Es erscheint das Einstiegsbild der Transaktion. Wechseln Sie das Planungslayout für diese Transaktion mit einem Klick auf die Schaltfläche (**Nächstes Layout**). Bei **Layout** wird 1-102 mit dem Text »Leistungsaufnahmen leistungsunabh./abh.« (Leistungsaufnahmen leistungsunabhängig/abhängig) eingeblendet. Bei diesem Layout werden vier Merkmale bzw. Merkmalsgruppen als Auswahlparameter zur Verfügung gestellt: **Kostenstelle**, **Leistungsart**, **Senderkostenstelle** und **Senderleistungsart**.
3. Füllen Sie die einzelnen Felder so aus:
   - **Version**: »0«. Die Version »0« ist die Hauptversion der Planung.
   - **von Periode**: »1«, **bis Periode** »12«: Wählen Sie alle Perioden des Jahres, hier Januar bis Dezember.

- **Geschäftsjahr:** »2017«, das Jahr, in dem Sie planen
- **Kostenstelle:** »4200« (Produktion Motorräder). Die Kostenstelle »Produktion Motorräder« ist der Empfänger der Leistungsverrechnung.
- **Leistungsart:** »1420« (Maschinenstunden). Diese Leistungsart haben Sie bei der Kostenstelle »Produktion Motorräder« bereits geplant, siehe Abschnitt 7.2, »Leistungsarten mit Kostenstellen verknüpfen«. Die Kosten für die Leistungsverrechnung, die Sie hier erfassen, sollen den Maschinenstunden der Kostenstelle »Produktion Motorräder« zugeordnet werden.
- **Senderkostenstelle:** »4100« (Technischer Service & Wartung (1)). Diese Kostenstelle ist der Sender der Leistungsverrechnung.
- **Senderleistungsart:** »1410« (Reparaturstunden). Diese Leistungsart haben Sie bei der Kostenstelle »Technischer Service« geplant (siehe Abschnitt 7.2).

4 Bestätigen Sie Ihre Eingabe mit einem Klick auf die Schaltfläche (**Weiter**) oder mit der Taste [↵]. Die Bezeichnungen für die Version, die Monate, die Kostenstelle, die Leistungsart, die Senderkostenstelle und die Senderleistungsart werden eingeblendet.

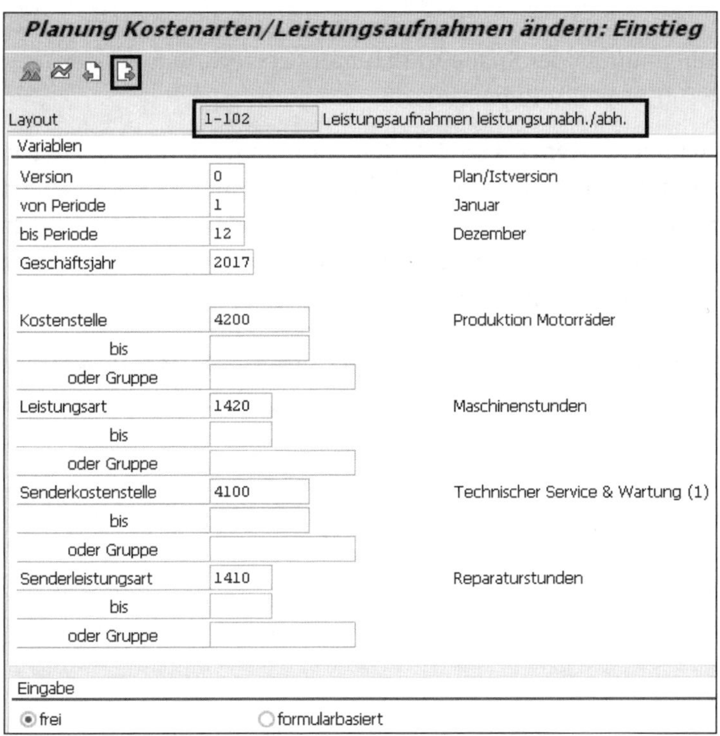

5 Steigen Sie in die Planung ein, indem Sie auf die Schaltfläche (**Übersichtsbild**) klicken. Das Übersichtsbild der Transaktion mit den gewählten Parametern wird geöffnet.

6 Aus dem Einstiegsbild wird die Kostenstelle 4200 »Produktion Motorräder« in den Kopf des Übersichtsbildes übernommen. Die ersten drei Spalten des Übersichtsbildes werden mit Werten vorbelegt, die ebenfalls aus dem Einstiegsbild übernommen wurden:

- **E-LArt** (Empfängerleistungsart): 1420
- **Send.-KoSt** (Senderkostenstelle): 4100
- **S-LArt** (Senderleistungsart): 1410

7 Gehen Sie davon aus, dass die bezogenen Reparaturstunden unabhängig von der Leistung der Kostenstelle »Produktion Motorräder« anfallen, also fix sind. Tragen Sie »600« in die Spalte **Planverbr. fix** ein, und bestätigen Sie Ihre Eingaben mit einem Klick auf die Schaltfläche (**Weiter**) oder mit der Taste [↵].

8 Aus den Stammdaten der Senderleistungsart 1410 »Reparaturstunden« wird die Leistungseinheit (**EH**) »H« für Stunden übernommen. Ebenfalls aus den Stammdaten der Leistungsart 1410 »Reparaturstunden« wird die sekundäre Kostenart für die Verrechnung dieser Leistungsverrechnung übernommen und in der Spalte **VKostenart** (Verrechnungskostenart) dargestellt: 615000 »DILV Reparaturen«.

9 Der verrechneten Menge von 600 Reparaturstunden sind derzeit noch keine Kosten zugeordnet. In den Spalten **Plankosten fix** und **Plankosten var** sehen Sie den Wert 0. Die Plankosten werden im nächsten Abschnitt 7.5, »Tarife ermitteln, Be- und Entlastungen buchen«, vom System automatisch berechnet und dann hier eingetragen.

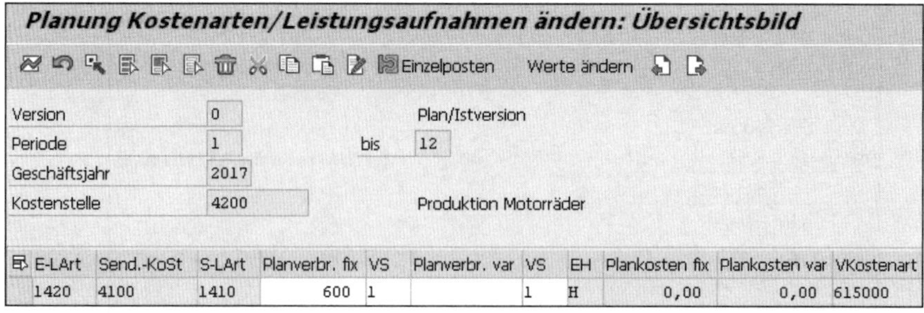

E-LArt	Send.-KoSt	S-LArt	Planverbr. fix	VS	Planverbr. var	VS	EH	Plankosten fix	Plankosten var	VKostenart
1420	4100	1410	600	1		1	H	0,00	0,00	615000

10 Speichern Sie Ihre Plandaten mit einem Klick auf die Schaltfläche (**Buchen**).

11 Das Einstiegsbild der Transaktion KP06 (Planung Kostenarten/Leistungsaufnahmen) wird angezeigt. Schließen Sie die Transaktion mit einem Klick auf die Schaltfläche (**Zurück**).

Die Planung der Leistungsverrechnung mit der Kostenstelle »Technischer Service« und der Leistungsart »Reparaturstunden« als Sender und der Kostenstelle »Produktion Motorräder« als Empfänger ist abgeschlossen. Planen Sie jetzt eine Leistungsverrechnung mit demselben Sender »Technischer Service« und der Kostenstelle »Fuhrpark« als Empfänger.

VIDEO

Leistungsverrechnung zwischen Kostenstellen planen

In diesem Video sehen Sie, wie Sie Leistungen im Plan zwischen Kostenstellen verrechnen. Sie planen für zwei Empfängerkostenstellen den Bezug von Leistungen, die eine Senderkostenstelle erbringt. Sie Anschließend analysieren Sie die Leistungsverrechnung mit dem Bericht »Kostenstellen: Planungsübersicht«.

http://s-prs.de/v4140jw

Leistungsaufnahme für eine Dienstleistungsstelle planen

Wie Sie in der folgenden Abbildung sehen, bezieht die Kostenstelle »Fuhrpark« (Empfänger) Leistungen in Form von »Reparaturstunden« von der Kostenstelle »Technischer Service« (Sender). Die Planung erfolgt aus Sicht des Empfängers der Leistung, also aus der Sicht der Kostenstelle »Fuhrpark«.

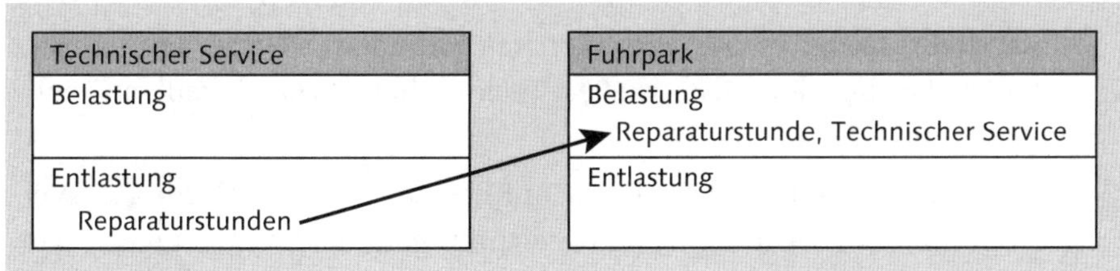

Leistungsaufnahme der Kostenstelle »Fuhrpark«

Gehen Sie folgendermaßen vor, um Leistungsverrechnungen zwischen Kostenstellen zu planen. Hier planen Sie eine Leistungsaufnahme ohne Bezug zu einer Leistungsart auf der Entlastungsseite des Empfängers:

1. Folgen Sie dem Pfad **Rechnungswesen ▸ Controlling ▸ Kostenstellenrechnung ▸ Planung ▸ Kosten/Leistungsaufnahmen ▸ Ändern** im SAP Easy Access Menü, oder verwenden Sie den Transaktionscode KP06.

2. Es erscheint das Einstiegsbild der Transaktion. Wechseln Sie das Layout für diese Transaktion mit einem Klick auf die Schaltfläche **(Nächstes Layout)**. Bei **Layout** wird 1-102 mit dem Text »Leistungsaufnahmen leistungsunabh./abh.« (Leistungsaufnahmen leistungsunabhängig/abhängig) eingeblendet.

   Bei diesem Layout werden vier Merkmale bzw. Merkmalsgruppen als Auswahlparameter zur Verfügung gestellt: **Kostenstelle**, **Leistungsart**, **Senderkostenstelle** und **Senderleistungsart**.

3. Füllen Sie die einzelnen Felder so aus:
   - **Version**: »0«. Die Version »0« ist die Hauptversion der Planung.
   - **von Periode**: »1«, **bis Periode** »12«: Wählen Sie alle Perioden des Jahres, hier Januar bis Dezember.
   - **Geschäftsjahr**: »2017«, das Jahr, in dem Sie planen
   - **Kostenstelle**: »4320« (Fuhrpark). Die Kostenstelle »Fuhrpark« ist der Empfänger der Leistungsverrechnung.
   - **Leistungsart**: leer. Der Kostenstelle »Fuhrpark« ist auf der Entlastungsseite *keine* Leistungsart zugeordnet, weil diese Kostenstelle nicht mittels Leistungsverrechnung weiterverrechnet werden soll. Deshalb darf hier keine Leistungsart eingegeben werden.
   - **Senderkostenstelle**: »4100« (Technischer Service& Wartung (1)). Diese Kostenstelle ist der Sender der Leistungsverrechnung.
   - **Senderleistungsart**: »1410« (Reparaturstunden). Diese Leistungsart haben Sie bei der Kostenstelle »Technischer Service« geplant (siehe Abschnitt 7.2).

4. Bestätigen Sie Ihre Eingabe mit einem Klick auf die Schaltfläche **(Weiter)** oder mit der Taste ↵. Die Bezeichnungen für die Version, die Monate, die Kostenstelle, die Senderkostenstelle und die Senderleistungsart werden eingeblendet.

5 Steigen Sie in die Planung ein, indem Sie auf die Schaltfläche (**Übersichtsbild**) klicken. Das Übersichtsbild der Transaktion mit den gewählten Parametern wird geöffnet.

6 Aus dem Einstiegsbild wird die Kostenstelle 4320 »Fuhrpark« in den Kopf des Übersichtsbildes übernommen. Die ersten zwei Spalten des Übersichtsbildes werden mit Werten vorbelegt, die ebenfalls aus dem Einstiegsbild übernommen wurden:

- **Send.-KoSt** (Senderkostenstelle): 4100
- **S-LArt** (Senderleistungsart): 1410

7 Da die Kostenstelle »Fuhrpark« *nicht* mittels Leistungsverrechnung weiterverrechnet wird, ist die Spalte **Planverbr. var** (Planverbrauch variabel) für Eingaben gesperrt. Die Belastung mit Kosten und wie hier mit Leistungen ist bei Kostenstellen immer fix, die *nicht* mittels Leistungsverrechnung weiterverrechnet werden. Tragen Sie »600« in die Spalte **Planverbr. fix** (Planverbrauch fix) ein, und bestätigen Sie Ihre Eingaben mit einem Klick auf die Schaltfläche (**Weiter**) oder mit der Taste [↵].

8 Aus den Stammdaten der Senderleistungsart 1410 »Reparaturstunden« wird die Leistungseinheit (**EH**) »H« für Stunden übernommen. Ebenfalls aus den Stammdaten der Leistungsart 1410 »Reparaturstunden« wird die sekundäre Kostenart für die Verrechnung dieser Leistungsverrechnung übernommen und in der Spalte **VKostenart** (Verrechnungskostenart) dargestellt: 615000 »DILV Reparaturen«.

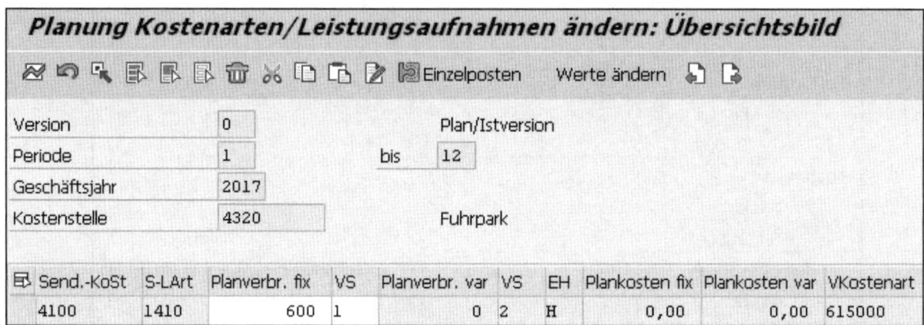

Send.-KoSt	S-LArt	Planverbr. fix	VS	Planverbr. var	VS	EH	Plankosten fix	Plankosten var	VKostenart
4100	1410	600	1	0	2	H	0,00	0,00	615000

9 Speichern Sie Ihre Plandaten mit einem Klick auf die Schaltfläche (**Buchen**).

10 Das Einstiegsbild der Transaktion KP06 (Planung Kostenarten/Leistungsaufnahmen) wird angezeigt. Schließen Sie die Transaktion mit einem Klick auf die Schaltfläche (**Zurück**).

Die Planung der Leistungsverrechnung mit der Kostenstelle »Technischer Service« und der Leistungsart »Reparaturstunden« als Sender und den Kostenstellen »Produktion Motorräder« und »Fuhrpark« als Empfänger ist abgeschlossen. Sie haben für diese Leistungsbeziehungen jeweils 600 Stunden geplant. Die Bewertung dieser Leistung erfolgt jetzt mithilfe der automatischen Tarifermittlung.

7.5 Tarife ermitteln, Be- und Entlastungen buchen

Die Tarifermittlung bewertet die Leistungsarten der Kostenstellen mit Kostensätzen mit dem Ergebnis dieser Formel:

Tarif = Plankosten ÷ Planleistung

Die Plankosten für diese Berechnung sind die geplanten Primärkosten sowie die verrechneten sekundären Kosten (zum Beispiel Umlagen oder Leistungsverrechnungen) auf der Belastungsseite einer Kostenstelle. Die Plankosten können den einzelnen Leistungsarten direkt zugeordnet werden und fließen so direkt in die Tarifermittlung der entsprechenden Leistungsart ein. Die Plankosten, die nicht direkt einer Leistungsart zugeordnet sind, werden entsprechend den Äquivalenzziffern, die Sie bei der Planung der Leistungsarten angegeben haben, auf die einzelnen Leistungsarten verteilt. Die Planleistung (zum Beispiel die Anzahl der »Reparaturstunden« oder »Maschinenstunden«) ist auf der Entlastungsseite der Kostenstellen bei jeder Leistungsart hinterlegt.

Plantarife berechnen

Die automatische Tarifermittlung soll für den Kostenrechnungskreis 1000 »CO Europe« durchgeführt werden. In Abschnitt 7.2, »Leistungsarten mit Kostenstellen verknüpfen«, habe ich Ihnen gezeigt, wie Sie diesen Kostenrechnungskreis für Ihren Benutzer setzen.

Gehen Sie folgendermaßen vor, um die automatische Plantarifermittlung zu starten:

1. Folgen Sie dem Pfad **Rechnungswesen ▸ Controlling ▸ Kostenstellenrechnung ▸ Planung ▸ Verrechnungen ▸ Tarifermittlung** im SAP Easy Access Menü, oder verwenden Sie den Transaktionscode KSPI.
2. Es erscheint das Einstiegsbild der Transaktion. Wählen Sie im Bereich **Kostenstellen: alle Kostenstellen** und im Bereich **Geschäftsprozesse: alle Geschäftsprozesse**, indem Sie den Radiobutton links von **alle Kostenstellen** und den Radiobutton links von **alle Geschäftsprozesse** anklicken.
3. Füllen Sie die Felder im Bereich **Parameter** so aus:
   - **Version:** »0«. Die Version »0« ist die Hauptversion der Planung, in der die Planung der Leistungsarten, die Primärkostenplanung und die Leistungsverrechnung hinterlegt wurden.
   - **Periode:** »1«, **bis** »12«: Wählen Sie alle Perioden des Jahres, hier Januar bis Dezember.
   - **Geschäftsjahr:** »2017«, das Jahr, in dem Sie planen
4. Durch einen Klick auf eines der Felder im Bereich **Ablaufsteuerung** wird ein Haken gesetzt bzw. entfernt. Wenn der Haken gesetzt ist, bedeutet das für das jeweilige Feld: »Ja«; wenn der Haken nicht gesetzt ist, bedeutet das für das jeweilige Feld: »Nein«.

   Wählen Sie für die vier Optionen:
   - **Hintergrundverarbeitung:** »Nein« (Haken nicht gesetzt)

- **Testlauf**: »Nein« (Haken nicht gesetzt)
- **Detaillisten**: »Ja« (Haken gesetzt)
- **mit Fixkosten-Vorverteilung**: »Nein« (Haken nicht gesetzt)

5 Bestätigen Sie Ihre Eingabe mit einem Klick auf die Schaltfläche ✔ (**Weiter**) oder mit der Taste [↵]. Die Bezeichnung für die Version wird eingeblendet.

6 Starten Sie die Transaktion mit einem Klick auf die Schaltfläche (**Ausführen**).

7 Ein Dialogfenster mit dem Titel **Information** und dem Hinweis »Die Ergebnisse der iterativen Tarifermittlung sind gebucht« erscheint. Bestätigen Sie dieses Dialogfenster mit einem Klick auf die Schaltfläche ✔ (**Weiter**).

8 Die Tarife für alle Kostenstellen mit allen Leistungsarten werden berechnet. Das Ergebnis der Tarifermittlung wird angezeigt. Im unteren Teil des Ergebnisprotokolls wird das Ergebnis der Tarifermittlung aller beteiligten Objekte für die Periode 001 (Januar) in einer Liste angezeigt. Die einzelnen Spalten in dieser Liste bedeuten:

- **OAr** (Objektart): Art des Objekts. **LEI** steht für Leistungsart.
- **Objekt**: Schlüssel des Objekts. 4100/1410 steht zum Beispiel für Kostenstelle 4100 »Technischer Service« und Leistungsart 1410 »Reparaturstunden«.
- **Bezeichnung**: Bezeichnung der Kostenstelle
- **LE** (Leistungseinheit): Einheit der Leistung, hier H für Stunde
- **Leistungsmenge**: Planleistung (für den hier dargestellten Monat Januar 2017)
- **Tarif gesamt**: Gesamttarif mit fixen und variablen Bestandteilen
- **Tarif fix**: fixer Anteil des Tarifs
- Der variable Tarifanteil wird in dieser Ansicht nicht dargestellt. Er ergibt sich aus der Differenz **Tarif gesamt** minus **Tarif fix**.
- **TarEh** (Tarifeinheit): Anzahl der Leistungseinheiten, für die der Tarif angegeben wurde. Tarifeinheit 10 bedeutet zum Beispiel, dass der unter **Tarif gesamt** und **Tarif fix** angegebene Tarif für zehn Stunden gilt. In diesem Beispiel ist die Tarifeinheit in allen drei Zeilen 1; die Tarife gelten also jeweils pro Stunde.

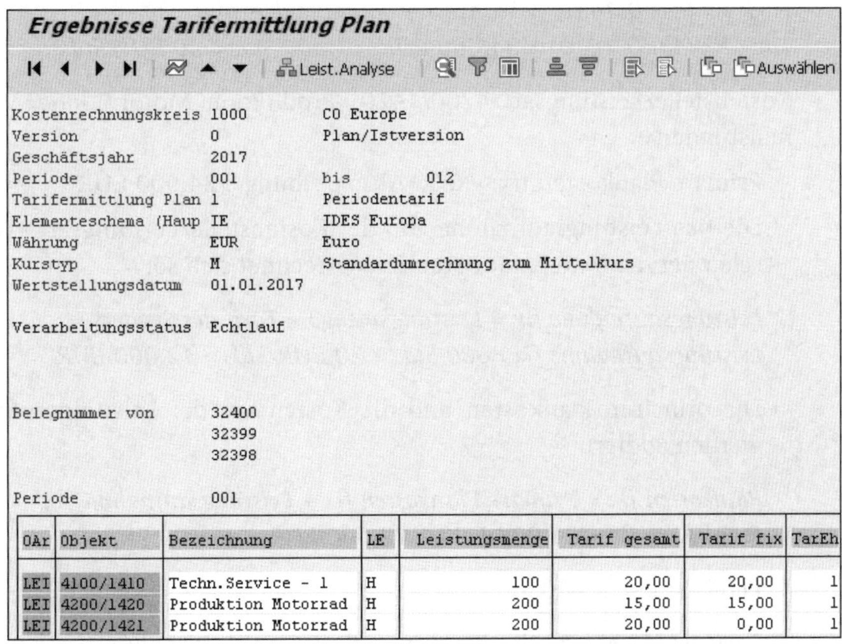

Ergebnisse Tarifermittlung Plan

Leist.Analyse Auswählen

```
Kostenrechnungskreis 1000        CO Europe
Version              0           Plan/Istversion
Geschäftsjahr        2017
Periode              001         bis       012
Tarifermittlung Plan 1           Periodentarif
Elementeschema (Haup IE          IDES Europa
Währung              EUR         Euro
Kurstyp              M           Standardumrechnung zum Mittelkurs
Wertstellungsdatum   01.01.2017

Verarbeitungsstatus  Echtlauf


Belegnummer von      32400
                     32399
                     32398

Periode              001
```

OAr	Objekt	Bezeichnung	LE	Leistungsmenge	Tarif gesamt	Tarif fix	TarEh
LEI	4100/1410	Techn.Service - 1	H	100	20,00	20,00	1
LEI	4200/1420	Produktion Motorrad	H	200	15,00	15,00	1
LEI	4200/1421	Produktion Motorrad	H	200	20,00	0,00	1

9 Die Ergebnisse der Tarifermittlung sind bereits gespeichert. Schließen Sie die Transaktion mit einem Klick auf die Schaltfläche (**Zurück**).

10 Ein Dialogfenster mit dem Titel **Tarifermittlung beenden** und der Frage »Tarifermittlung wirklich verlassen?« erscheint. Bestätigen Sie dieses Dialogfenster mit einem Klick auf die Schaltfläche **Ja**.

11 Das Einstiegsbild der Transaktion KSPI (Plantarif-Ermittlung) wird angezeigt. Schließen Sie die Transaktion mit einem weiteren Klick auf die Schaltfläche **(Zurück)**.

Rechnen Sie die Ergebnisse der Tarifermittlung für dieses Beispiel nach. Nutzen Sie zum Nachrechnen der Tarife die Jahreswerte der Planung, die Ihnen aus der Datenerfassung vertraut sind. Bei der Erfassung wurden sowohl die Kosten als auch die Leistungen gleichmäßig auf die Perioden verteilt. Deshalb muss die Berechnung der Tarife mit Jahreswerten zum gleichen Ergebnis kommen wie mit Periodenwerten:

- Kostenstelle/Leistungsart 4100/1410 »Technischer Service«/»Reparaturstunden«:
  - Plankosten fix: »Fertigungslöhne«: 20.000 EUR, »Kalk. Abschreibung«: 4.000 EUR, insgesamt: 24.000 EUR
  - Planleistung: 1.200 Std.

  Tarif fix (4100/1410) = Plankosten fix ÷ Planleistung
  Tarif fix (4100/1410) = 24.000 EUR ÷ 1.200 Std. = 20 EUR/Std.

- Kostenstelle/Leistungsart 4200/1420 »Produktion Motorräder«/»Maschinenstunden«:
  - Primäre Plankosten fix: »Kalk. Abschreibung«: 24.000 EUR
  - Die fixe Leistungsaufnahme von der Kostenstelle/Leistungsart »Technischer Service«/»Reparaturstunden« errechnet sich so:

    Leistungsaufnahme fix = Leistungsmenge × Tarif des Senders
    Leistungsaufnahme fix =600 Std. × 20 EUR/Std. = 12.000 EUR

  - Die primären Plankosten und die Kosten aus der Leistungsaufnahme werden addiert:

    Plankosten fix = Primäre Plankosten fix + Leistungsaufnahme fix
    Plankosten fix = 24.000 EUR + 12.000 EUR = 36.000 EUR

  - Planleistung: 2.400 Std.

    Tarif fix (4200/1420) = Plankosten fix ÷ Planleistung
    Tarif fix (4200/1420) = 36.000 EUR ÷ 2.400 Std. = 15 EUR/Std.

- Kostenstelle/Leistungsart 4200/1421 »Produktion Motorräder«/»Lohnstunden«:
  - Plankosten variabel: »Fertigungslöhne«: 48.000 EUR
  - Planleistung: 2.400 Std.

Tarif variabel (4200/1421) = Plankosten variabel ÷ Planleistung
Tarif variabel (4200/1421) = 48.000 EUR ÷ 2.400 Std. = 20 EUR/Std.

HINWEIS

Auswirkungen der Tarifermittlung

Die Tarifermittlung wirkt sich an drei unterschiedlichen Stellen im System aus:

- Die Tarifermittlung berechnet erstens die Tarife für die Leistungsarten, die jeweils auf der Entlastungsseite der Kostenstellen geplant wurden.
- Zweitens werden mit der Tarifermittlung automatisch Entlastungsbeträge gebucht. Dazu multipliziert das System die Planleistungen der Leistungsarten auf der Entlastungsseite jeder Kostenstelle mit dem jeweiligen Tarif.
- Und drittens werden mit der Tarifermittlung automatisch Belastungen gebucht. Die Belastungsbeträge sind das Ergebnis der Multiplikation aus den geplanten Leistungsaufnahmen und den Tarifen der jeweiligen Senderkostenstelle/Senderleistungsart.

Die berechneten Tarife werden in der Kostenstellenplanung gespeichert. Für die Analyse der Be- und Entlastung steht Ihnen ein Planungsbericht zur Verfügung. Die gespeicherten Tarife und die Planungsberichte zeige ich Ihnen im folgenden Abschnitt.

VIDEO

Tarife ermitteln und Be- und Entlastungen buchen

In diesem Video sehen Sie, wie Sie die Tarifermittlung für Kostenstellen durchführen. Sie analysieren die drei Effekte der Tarifermittlung: erstens die Berechnung der Tarife, zweitens die Kostenentlastung des Senders der Leistung und drittens die Kostenbelastung der Empfänger der Leistung.

http://s-prs.de/v4140ks

Tarif der Dienstleistungsstelle anzeigen

Die Planung in diesem Kapitel erfolgt im Kostenrechnungskreis 1000 »CO Europe«. In Abschnitt 7.2, »Leistungsarten mit Kostenstellen verknüpfen«, habe ich Ihnen gezeigt, wie Sie diesen Kostenrechnungskreis für Ihren Benutzer setzen.

Um Plandaten für Kostenstellen ändern oder anzeigen zu können, muss ein Planerprofil gesetzt sein. Sie nutzen für alle Beispiele in diesem Kapitel das Planerprofil »SAPALL«. Wie Sie das Planerprofil »SAPALL« für Ihren Benutzer setzen, habe ich Ihnen ebenfalls in Abschnitt 7.2 gezeigt. Gehen Sie folgendermaßen vor, um die Tarife der Leistungsarten zu überprüfen:

1. Folgen Sie dem Pfad **Rechnungswesen ▸ Controlling ▸ Kostenstellenrechnung ▸ Planung ▸ Leistungserbringung/Tarife ▸ Ändern** im SAP Easy Access Menü, oder verwenden Sie den Transaktionscode KP26.

2. Es erscheint das Einstiegsbild der Transaktion. Füllen Sie die einzelnen Felder so aus:
   - **Version**: »0«
   - **von Periode**: »1«, **bis Periode** »12«
   - **Geschäftsjahr**: »2017«
   - **Kostenstelle**: »4100« (Technischer Service & Wartung (1))
   - **Leistungsart**: »1410« (Reparaturstunden)

3. Bestätigen Sie Ihre Eingabe mit einem Klick auf die Schaltfläche ✓ (**Weiter**) oder mit der Taste [↵]. Die Bezeichnungen für die Version, die Monate, die Kostenstelle und die Leistungsart werden eingeblendet.

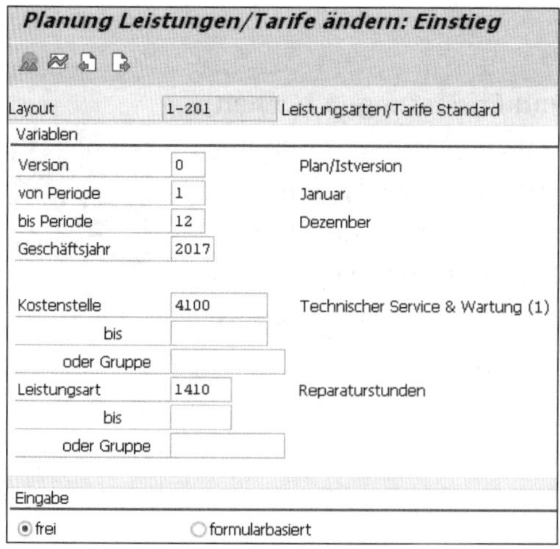

4 Steigen Sie in die Planung ein, indem Sie auf die Schaltfläche (**Übersichtsbild**) klicken. Das Übersichtsbild der Transaktion mit den gewählten Parametern wird geöffnet.

5 Eine Planzeile mit der Leistungsart (**LstArt**) 1410 »Reparaturstunden« wird eingeblendet. Sie kennen diese Zeile bereits aus Abschnitt 7.2, »Leistungsarten mit Kostenstellen verknüpfen«.

6 Neu in dieser Planungsmaske ist das Ergebnis der Tarifermittlung in den Spalten **Tarif fix**: 20,00 und **Tar.EH** (Tarifeinheit): 00001. Der fixe Tarif beträgt also 20,00 EUR pro Stunde.

7 Diese Planungsmaske hat sich noch in einem weiteren Feld verändert. In der Spalte **Disp.Leistung** (Disponierte Leistung) sehen Sie jetzt den Wert 1.200.

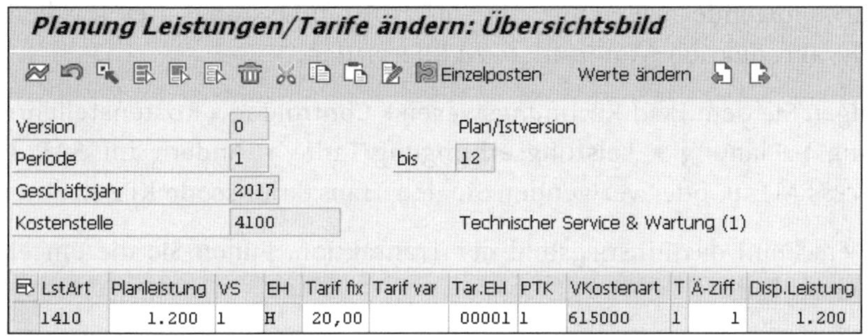

LstArt	Planleistung	VS	EH	Tarif fix	Tarif var	Tar.EH	PTK	VKostenart	T	Ä-Ziff	Disp.Leistung
1410	1.200	1	H	20,00		00001	1	615000	1	1	1.200

8 Schließen Sie die Transaktion mit einem Klick auf die Schaltfläche (**Zurück**).

9 Das Einstiegsbild der Transaktion KP26 (Planung Leistungen/Tarife) wird angezeigt. Schließen Sie die Transaktion mit einem weiteren Klick auf die Schaltfläche (**Zurück**).

HINWEIS

Disponierte Leistung und Planleistung

Die disponierte Leistung ist die Leistung, die von anderen Objekten aufgenommen wird. In diesem Beispiel werden jeweils 600 »Reparaturstunden« der Kostenstelle »Technischer Service« von den Kostenstellen »Produktion Motorräder« und »Fuhrpark« aufgenommen. Die disponierte Leistung kann beim Sender *nicht* verändert werden. Sie wird vom System automatisch aus der Leistungsaufnahmeplanung der Empfänger fortgeschrieben.

> Die Planleistung ist die Leistung, die eine Kostenstelle abgibt. Hier im Beispiel für die Kostenstelle »Technischer Service« stimmt die Planleistung (Abgabe des Senders) mit der disponierten Leistung (Aufnahme der Empfänger) überein. Das ist nicht immer so. Die Planleistung kann von der disponierten Leistung abweichen, wenn im Lauf der Planung noch keine Einigung zwischen dem Sender und den Empfängern erzielt wurde. Dann sollte in einem Planungsgespräch für Übereinstimmung gesorgt werden.
>
> Die Tarifermittlung erfolgt auf Basis der Planleistung. Die disponierte Leistung hat keinen Einfluss auf die Tarifermittlung.

Tarife der Fertigungsstelle anzeigen

Gehen Sie folgendermaßen vor, um die Tarife der Leistungsarten für die Kostenstelle »Produktion Motorräder« zu überprüfen:

1. Folgen Sie dem Pfad **Rechnungswesen ▸ Controlling ▸ Kostenstellenrechnung ▸ Planung ▸ Leistungserbringung/Tarife ▸ Ändern** im SAP Easy Access Menü, oder verwenden Sie den Transaktionscode KP26.
2. Es erscheint das Einstiegsbild der Transaktion. Füllen Sie die einzelnen Felder so aus:
   - **Version**: »0«
   - **von Periode**: »1«, **bis Periode** »12«
   - **Geschäftsjahr**: »2017«
   - **Kostenstelle**: »4200« (Produktion Motorräder)
   - **Leistungsart**: »1420« (Maschinenstunden)
   - **bis** (unter **Leistungsart**): »1421« (Lohnstunden)
3. Bestätigen Sie Ihre Eingabe mit einem Klick auf die Schaltfläche ✓ (**Weiter**) oder mit der Taste [↵]. Die Bezeichnungen für die Version, die Monate, die Kostenstelle und die Leistungsarten werden eingeblendet.
4. Steigen Sie in die Planung ein, indem Sie auf die Schaltfläche (**Übersichtsbild**) klicken. Das Übersichtsbild der Transaktion mit den gewählten Parametern wird geöffnet.
5. Zwei Planzeilen mit den Leistungsarten (**LstArt**) 1420 »Maschinenstunden« und 1421 »Lohnstunden« werden eingeblendet. Sie kennen diese

beiden Zeilen bereits aus Abschnitt 7.2, »Leistungsarten mit Kostenstellen verknüpfen«.

Planung Leistungen/Tarife ändern: Einstieg

Layout	1-201	Leistungsarten/Tarife Standard
Variablen		
Version	0	Plan/Istversion
von Periode	1	Januar
bis Periode	12	Dezember
Geschäftsjahr	2017	
Kostenstelle	4200	Produktion Motorräder
bis		
oder Gruppe		
Leistungsart	1420	Maschinenstunden
bis	1421	Lohnstunden
oder Gruppe		

Eingabe

frei | formularbasiert

6 Neu in dieser Planungsmaske ist das Ergebnis der Tarifermittlung in den Spalten **Tarif fix**: 15,00, **Tarif var**: 20,00 und **Tar.EH** (Tarifeinheit): 00001. Der Tarif für die Leistungsart 1420 »Maschinenstunde« ist ein fixer Tarif und beträgt 15,00 EUR pro Stunde. Der Tarif für die Leistungsart »Lohnstunde« ist ein variabler Tarif und beträgt 20,00 EUR pro Stunde.

7 Die Spalte **Disp.Leistung** (Disponierte Leistung) ist unverändert mit Nullwerten gefüllt. Mit dieser Kostenstelle »Produktion Motorräder« als Sender haben Sie keine Leistungsaufnahmeplanung bei anderen Kostenstellen durchgeführt. Es gibt keine Empfänger der Leistung im System und deshalb auch keine disponierte Leistung.

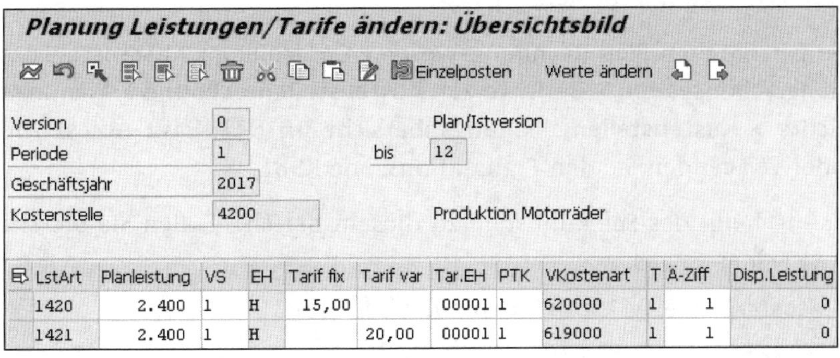
Planung Leistungen/Tarife ändern: Übersichtsbild

Einzelposten Werte ändern

Version	0	Plan/Istversion
Periode	1	bis 12
Geschäftsjahr	2017	
Kostenstelle	4200	Produktion Motorräder

LstArt	Planleistung	VS	EH	Tarif fix	Tarif var	Tar.EH	PTK	VKostenart	T	Ä-Ziff	Disp.Leistung
1420	2.400	1	H	15,00		00001	1	620000	1	1	0
1421	2.400	1	H		20,00	00001	1	619000	1	1	0

8 Schließen Sie die Transaktion mit einem Klick auf die Schaltfläche (Zurück).

9 Das Einstiegsbild der Transaktion KP26 (Planung Leistungen/Tarife) wird angezeigt. Schließen Sie die Transaktion mit einem weiteren Klick auf die Schaltfläche (Zurück).

Die Tarife für alle Kostenstellen/Leistungsarten sind berechnet. Sie haben sich davon überzeugt, dass die Tarife in den Plandaten fortgeschrieben wurden. Wie Sie die weiteren Auswirkungen der Tarifermittlung analysieren können, die Buchung von Be- und Entlastungen, erfahren Sie jetzt.

7.6 Planungsbericht ausführen

Wenn Sie sich einen Überblick über die Ergebnisse aller Planungsschritte in diesem Kapitel verschaffen möchten, können Sie den Bericht **Kostenstellen: Ist/Plan/Abweichung** nutzen. Dieser Bericht wurde in Kapitel 6, »Mit Kostenstellen fixe Kosten planen«, bereits vorgestellt.

Die Planung mit Leistungsarten und Leistungsverrechnung ist allerdings komplexer als die Planung mit statistischen Kennzahlen und Umlagen. Um diese zusätzlichen Komplexitäten sichtbar zu machen, empfehle ich Ihnen einen anderen Bericht, den Bericht **Planungsübersicht**.

Planung der Dienstleistungskostenstelle analysieren

Die folgende Kostenstellenanalyse soll für den Kostenrechnungskreis 1000 »CO Europe« durchgeführt werden. Am Beginn dieses Kapitels habe ich Ihnen gezeigt, wie Sie diesen Kostenrechnungskreis für Ihren Benutzer setzen.

Gehen Sie folgendermaßen vor, um die Planung der Kostenstelle »Technischer Service« zu überprüfen:

1 Folgen Sie dem Pfad **Rechnungswesen ▸ Controlling ▸ Kostenstellenrechnung ▸ Infosystem ▸ Berichte zur Kostenstellenrechnung ▸ Planungsberichte ▸ Kostenstellen: Planungsübersicht** im SAP Easy Access Menü, oder verwenden Sie den Transaktionscode KSBL.

2 Es erscheint das Selektionsbild zu diesem Bericht. Füllen Sie die einzelnen Felder so aus:

- **Kostenstelle**: »4100« (Technischer Service)
- **Geschäftsjahr**: »2017«

- **Periode:** »1«, **bis:** »12«
- **Version:** »0«
- **Ausgabe im ALV-Grid:** Setzen Sie den Haken mit einem Klick in das Kästchen links von der Option, falls der Haken nicht gesetzt ist.

3 Bestätigen Sie Ihre Eingabe mit einem Klick auf die Schaltfläche ✔ (**Weiter**) oder mit der Taste [↵]. Die Bezeichnungen für die Kostenstelle und die Version werden eingeblendet.

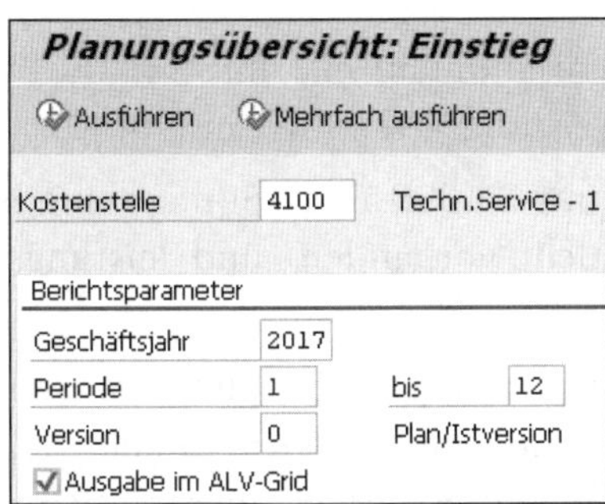

4 Führen Sie den Bericht mit einem Klick auf die Schaltfläche **Ausführen** aus. Der Bericht für die Kostenstelle 4100 »Technischer Service« wird angezeigt.

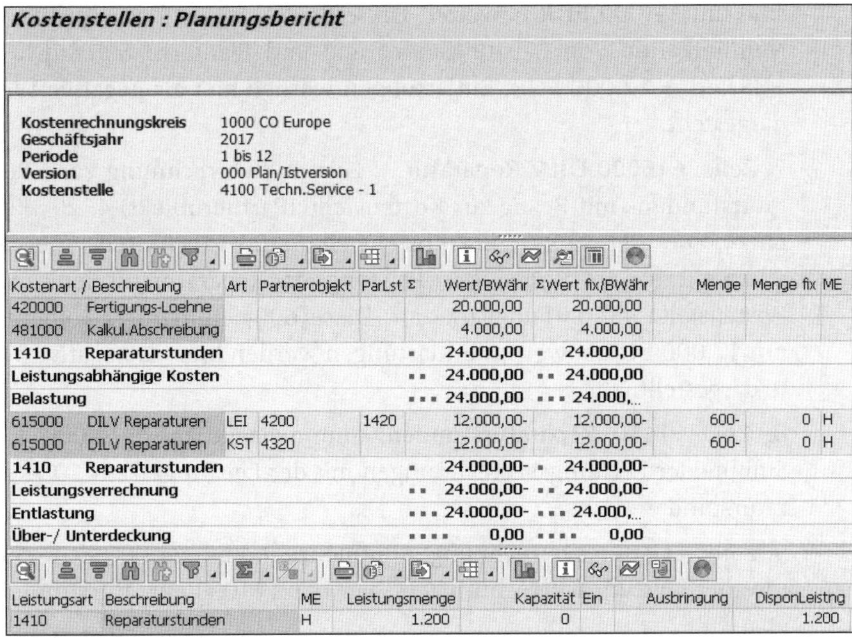

Kostenstellen : Planungsbericht

Kostenrechnungskreis	1000 CO Europe
Geschäftsjahr	2017
Periode	1 bis 12
Version	000 Plan/Istversion
Kostenstelle	4100 Techn.Service - 1

Kostenart / Beschreibung		Art	Partnerobjekt	ParLst	Σ	Wert/BWähr	Σ	Wert fix/BWähr	Menge	Menge fix	ME
420000	Fertigungs-Loehne					20.000,00		20.000,00			
481000	Kalkul.Abschreibung					4.000,00		4.000,00			
1410	**Reparaturstunden**				•	**24.000,00**	•	**24.000,00**			
Leistungsabhängige Kosten					••	**24.000,00**	••	**24.000,00**			
Belastung					•••	**24.000,00**	•••	**24.000,..**			
615000	DILV Reparaturen	LEI	4200	1420		12.000,00-		12.000,00-	600-	0	H
615000	DILV Reparaturen	KST	4320			12.000,00-		12.000,00-	600-	0	H
1410	**Reparaturstunden**				•	**24.000,00-**	•	**24.000,00-**			
Leistungsverrechnung					••	**24.000,00-**	••	**24.000,00-**			
Entlastung					•••	**24.000,00-**	•••	**24.000,..**			
Über-/ Unterdeckung					••••	**0,00**	••••	**0,00**			

Leistungsart	Beschreibung	ME	Leistungsmenge	Kapazität	Ein	Ausbringung	DisponLeistng
1410	Reparaturstunden	H	1.200	0			1.200

5 Die Zeilen in diesem Bericht bedeuten:

- 1. Zeile: **420000 Fertigungs-Loehne**: 20.000 EUR, Fertigungslöhne aus der Primärkostenplanung
- 2. Zeile: **481000 Kalk. Abschreibung**: 4.000 EUR, kalkulatorische Abschreibung aus der Primärkostenplanung
- 3. Zeile: **1410 Reparaturstunden**: Summenzeile mit 24.000 EUR, Summe der Planzeilen, die mit Bezug zur Leistungsart 1410 »Reparaturstunden« erfasst wurden
- 4. Zeile: **Leistungsabhängige Kosten**: Summenzeile mit 24.000 EUR, Summe aller Kosten mit Bezug zu Leistungsarten (hier nur 1410)
- 5. Zeile: **Belastung**: Summenzeile mit 24.000 EUR, Summe aus leistungsunabhängigen Kosten (hier nicht vorhanden) und leistungsabhängigen Kosten (hier 24.000 EUR)
- 6. Zeile: **615000 DILV Reparatur ...**: Leistungsverrechnung von »Reparaturstunden« mit der Empfängerkostenstelle (**Partnerobjekt**) 4200 »Produktion Motorräder« und der Empfängerleistungsart (**ParLart**) 1420 »Maschinenstunden. Die hier dargestellte Kostenstelle 4100 »Technischer Service« gibt 600 Stunden ihrer Leistungsart »Reparaturstunden« an die Kostenstelle 4200 »Produktion Motorräder« mit Bezug zur Leistungsart 1420 »Maschinenstunden« ab. Diese 600 Stunden sind mit 12.000 EUR bewertet. Diese Bewertung ist das Ergebnis der Multiplikation von Leistungsaufnahme und Plantarif: 600 Std. × 20 EUR/Std. = 12.000 EUR. Entlastungen werden hier als negative Werte dargestellt.
- 7. Zeile: **615000 DILV Reparatur...**: Leistungsverrechnung von »Reparaturstunden« mit Bezug zur Kostenstelle (**Partnerobjekt**) 4320 »Fuhrpark«. Die hier dargestellte Kostenstelle 4100 »Technischer Service« gibt weitere 600 Stunden ihrer Leistungsart »Reparaturstunden« an die Kostenstelle 4320 »Fuhrpark« ab. Diese 600 Stunden sind ebenfalls mit 12.000 EUR bewertet. Entlastungen werden hier als negative Werte dargestellt.
- 8. Zeile: **1410 Reparaturstunden**: Summenzeile mit –24.000 EUR, Summe der Leistungsverrechnungen mit der Leistungsart 1410 »Reparaturstunden«
- 9. Zeile: **Leistungsverrechnung**: Summenzeile mit –24.000 EUR, Summe aller Leistungsverrechnungen (hier nur 1410 »Reparaturstunden«)

- 10. Zeile: **Entlastung**: Summenzeile mit –24.000 EUR, Summe aller Entlastungen, zum Beispiel aus Umlagen (hier nicht vorhanden) und Leistungsverrechnungen (hier –24.000 EUR)
- 11. Zeile: **Über-/Unterdeckung**: Summenzeile mit 0 EUR, Saldo aus Be- und Entlastung

6 In einem weiteren Bereich, ganz unten in diesem Bericht, werden die Mengen für die Leistungsart 1410 »Reparaturstunden« ausgewiesen. Die **Leistungsmenge** ist die Planleistung. Die disponierte Leistung (**Dispon-Leistng**) ist die Summe der Leistungsaufnahmen der Empfänger, hier der Kostenstellen »Produktion Motorräder« und »Fuhrpark« mit jeweils 600 Std.

7 Verlassen Sie den Bericht, indem Sie zweimal auf die Schaltfläche (**Zurück**) klicken.

Planung der Fertigungsstelle analysieren

Gehen Sie folgendermaßen vor, um die Planung der Kostenstelle »Produktion Motorräder« zu überprüfen:

1 Folgen Sie dem Pfad **Rechnungswesen ▸ Controlling ▸ Kostenstellenrechnung ▸ Infosystem ▸ Berichte zur Kostenstellenrechnung ▸ Planungsberichte ▸ Kostenstellen: Planungsübersicht** im SAP Easy Access Menü, oder verwenden Sie den Transaktionscode KSBL.

2 Es erscheint das Selektionsbild zu diesem Bericht. Füllen Sie die einzelnen Felder so aus:

- **Kostenstelle**: »4200« (Produktion Motorräder)
- **Geschäftsjahr**: »2017«
- **Periode**: »1«, **bis**: »12«
- **Version**: »0«
- **Ausgabe im ALV-Grid**: Setzen Sie den Haken mit einem Klick in das Kästchen links von der Option, falls der Haken nicht gesetzt ist.

3 Bestätigen Sie Ihre Eingabe mit einem Klick auf die Schaltfläche (**Weiter**) oder mit der Taste [↵]. Die Bezeichnungen für die Kostenstelle und die Version werden eingeblendet.

4 Führen Sie den Bericht mit einem Klick auf die Schaltfläche **Ausführen** aus. Der Bericht für die Kostenstelle 4200 »Produktion Motorrad« wird angezeigt.

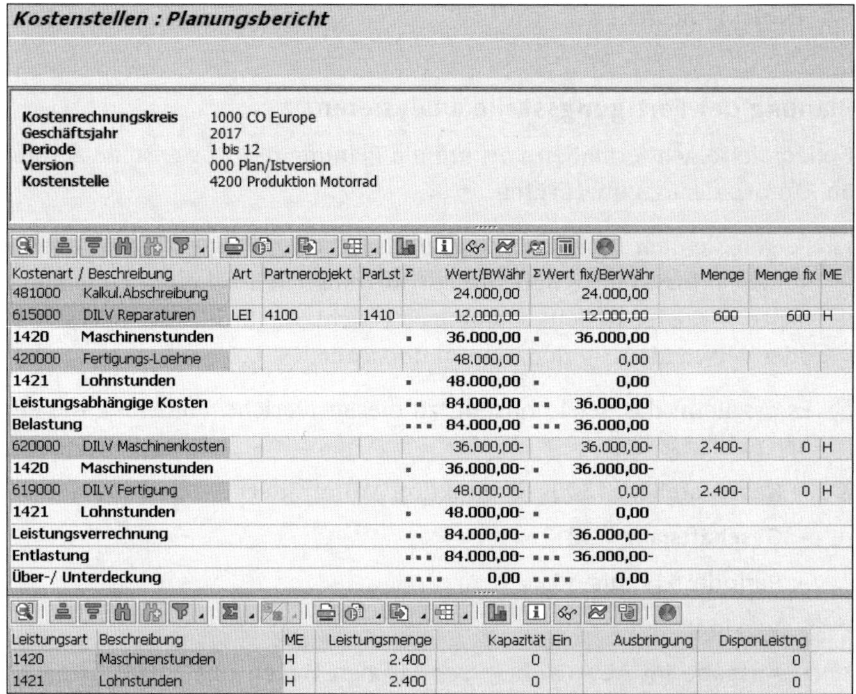
Kostenstellen : Planungsbericht

Kostenrechnungskreis 1000 CO Europe
Geschäftsjahr 2017
Periode 1 bis 12
Version 000 Plan/Istversion
Kostenstelle 4200 Produktion Motorrad

Kostenart / Beschreibung		Art	Partnerobjekt	ParLst	Σ	Wert/BWähr	Σ	Wert fix/BerWähr	Menge	Menge fix	ME
481000	Kalkul.Abschreibung					24.000,00		24.000,00			
615000	DILV Reparaturen	LEI	4100	1410		12.000,00		12.000,00	600	600	H
1420	**Maschinenstunden**				▪	**36.000,00**	▪	**36.000,00**			
420000	Fertigungs-Loehne					48.000,00		0,00			
1421	**Lohnstunden**				▪	**48.000,00**	▪	**0,00**			
Leistungsabhängige Kosten					▪▪	**84.000,00**	▪▪	**36.000,00**			
Belastung					▪▪▪	**84.000,00**	▪▪▪	**36.000,00**			
620000	DILV Maschinenkosten					36.000,00-		36.000,00-	2.400-	0	H
1420	**Maschinenstunden**				▪	**36.000,00-**	▪	**36.000,00-**			
619000	DILV Fertigung					48.000,00-		0,00	2.400-	0	H
1421	**Lohnstunden**				▪	**48.000,00-**	▪	**0,00**			
Leistungsverrechnung					▪▪	**84.000,00-**	▪▪	**36.000,00-**			
Entlastung					▪▪▪	**84.000,00-**	▪▪▪	**36.000,00-**			
Über-/ Unterdeckung					▪▪▪▪	**0,00**	▪▪▪▪	**0,00**			

Leistungsart	Beschreibung	ME	Leistungsmenge	Kapazität	Ein	Ausbringung	DisponLeistng
1420	Maschinenstunden	H	2.400	0			0
1421	Lohnstunden	H	2.400	0			0

5 Für diese Analyse beachten Sie die Spalte **Wert/BWähr** (Wert in Berichtswährung, hier EUR). Die Zeilen in diesem Bericht bedeuten:

- 1. Zeile: **481000 Kalk. Abschreibung**: 24.000 EUR, kalkulatorische Abschreibung aus der Primärkostenplanung
- 2. Zeile: **615000 DILV Reparaturen**: 12.000 EUR, Leistungsaufnahmeplanung mit der Senderkostenstelle (**Partnerobjekt**) 4100 »Technischer

Service« und der Senderleistungsart (**ParLart**) 1410 »Reparaturstunden«

- 3. Zeile: **1420 Maschinenstunden**: Summenzeile mit 36.000 EUR, Summe der Planzeilen, die mit Bezug zur Leistungsart 1420 »Reparaturstunden« erfasst wurden
- 4. Zeile: **420000 Fertigungs-Loehne**: 48.000 EUR, Fertigungslöhne aus der Primärkostenplanung
- 5. Zeile: **1421 Lohnstunden**: Summenzeile mit 48.000 EUR, Summe der Planzeilen, die mit Bezug zur Leistungsart 1421 »Lohnstunden« erfasst wurden
- 6. Zeile: **Leistungsabhängige Kosten**: Summenzeile mit 84.000 EUR, Summe aller Kosten mit Bezug zu Leistungsarten (hier 1420 und 1421)
- 7. Zeile: **Belastung**: Summenzeile mit 84.000 EUR, Summe aus leistungsunabhängigen Kosten (hier nicht vorhanden) und leistungsabhängigen Kosten (hier 84.000 EUR)
- 8. Zeile: **620000 DILV Maschinenkosten**: 36.000 EUR, die Kostenstelle 4200 »Produktion Motorräder« gibt 2.400 Stunden ihrer Leistungsart »Maschinenstunden« ab. Diese 2.400 Stunden sind mit 36.000 EUR bewertet. Diese Bewertung ist das Ergebnis der Multiplikation von Planleistung und Plantarif: 2.400 Std. × 15 EUR/Std. = 36.000 EUR. Entlastungen werden hier als negative Werte dargestellt.
- 9. Zeile: **1420 Maschinenstunden**: Summenzeile mit –36.000 EUR, Summe der Leistungsverrechnungen mit der Leistungsart 1420 »Maschinenstunden«
- 10. Zeile: **619000 DILV Fertigung**: 48.000 EUR, die Kostenstelle 4200 »Produktion Motorräder« gibt 2.400 Stunden ihrer Leistungsart »Lohnstunden« ab. Diese 2.400 Stunden sind mit 48.000 EUR bewertet. Diese Bewertung ist das Ergebnis der Multiplikation von Planleistung und Plantarif: 2.400 Std. × 20 EUR/Std. = 48.000 EUR. Entlastungen werden hier als negative Werte dargestellt.
- 11. Zeile: **1421 Lohnstunden**: Summenzeile mit –48.000 EUR, Summe der Leistungsverrechnungen mit der Leistungsart 1421 »Lohnstunden«
- 12. Zeile: **Leistungsverrechnung**: Summenzeile mit –84.000 EUR, Summe aller Leistungsverrechnungen (hier 1420 und 1420)

- 13. Zeile: **Entlastung**: Summenzeile mit –84.000 EUR, Summe aller Entlastungen, zum Beispiel aus Umlagen (hier nicht vorhanden) und Leistungsverrechnungen (hier –84.000 EUR)
- 14. Zeile: **Über-/Unterdeckung**: Summenzeile mit 0 EUR, Saldo aus Be- und Entlastung

6 In einem weiteren Bereich ganz unten in diesem Bericht werden die Mengen für die Leistungsarten 1420 »Maschinenstunden« und 1421 »Lohnstunden« ausgewiesen. Die **Leistungsmenge** ist die Planleistung. Die disponierte Leistung (**DisponLeistng**) ist für beide Leistungsarten null. Eine Leistungsaufnahmeplanung mit dieser Kostenstelle als Sender wurde bisher nicht erfasst.

7 Verlassen Sie den Bericht, indem Sie zweimal auf die Schaltfläche (**Zurück**) klicken.

Planung der zweiten Dienstleistungsstelle analysieren

Gehen Sie folgendermaßen vor, um die Planung der Kostenstelle »Fuhrpark« zu überprüfen:

1 Folgen Sie dem Pfad **Rechnungswesen ▸ Controlling ▸ Kostenstellenrechnung ▸ Infosystem ▸ Berichte zur Kostenstellenrechnung ▸ Planungsberichte ▸ Kostenstellen: Planungsübersicht** im SAP Easy Access Menü, oder verwenden Sie den Transaktionscode KSBL.

2 Es erscheint das Selektionsbild zu diesem Bericht. Füllen Sie die einzelnen Felder so aus:

- **Kostenstelle**: »4320« (Fuhrpark)
- **Geschäftsjahr**: »2017«
- **Periode**: »1«, **bis**: »12«
- **Version**: »0«
- **Ausgabe im ALV-Grid**: Setzen Sie den Haken mit einem Klick in das Kästchen links von der Option, falls der Haken nicht gesetzt ist.

3 Bestätigen Sie Ihre Eingabe mit einem Klick auf die Schaltfläche (**Weiter**) oder mit der Taste [↵]. Die Bezeichnungen für die Kostenstelle und die Version werden eingeblendet.

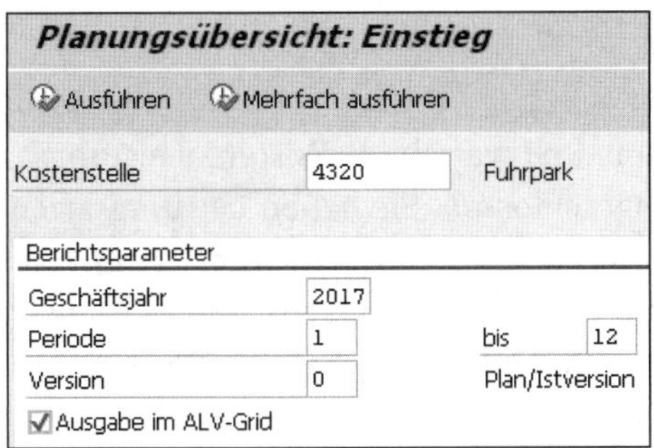

4 Führen Sie den Bericht mit einem Klick auf die Schaltfläche **Ausführen** aus. Der Bericht für die Kostenstelle 4320 »Fuhrpark« wird angezeigt.

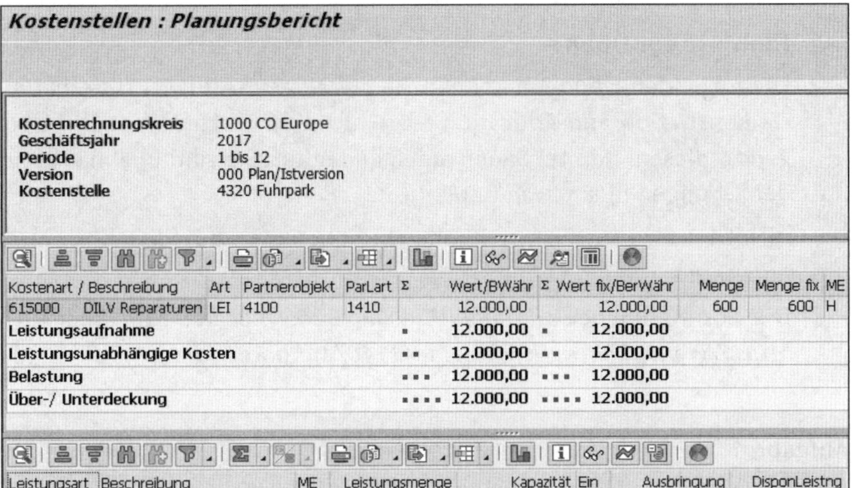

5 Für diese Kostenstelle wurde als einzige Planzeile eine Leistungsaufnahmeplanung mit 600 Stunden und mit Bezug zur Kostenstelle/Leistungsart 4100 »Technischer Service«/1410 »Reparaturstunden« erfasst. Diese Leistungsaufnahme hat keinen Bezug zu einer Leistungsart auf der Entlastungsseite dieser Kostenstelle. Sie wird deshalb in der Zeile **Leistungsunabhängige Kosten** summiert.

6 Die einzige Planzeile wirkt sich als Belastung aus, Entlastungen wurden noch nicht geplant. Entsprechend weist die Zeile **Über-/Unterdeckung** einen Wert von +12.000 EUR aus, also eine Unterdeckung. Diese Planungslücke sollte in einem weiteren Planungsschritt bereinigt werden, zum Beispiel mit einer Umlage.

7 Verlassen Sie den Bericht, indem Sie zweimal auf die Schaltfläche (**Zurück**) klicken.

Die Kostenstellenplanung mit fixen und variablen Kosten, Leistungsarten und Leistungsverrechnungen ist abgeschlossen. Sie haben Leistungsarten auf Kostenstellen geplant. Sie haben die Planung von Primärkosten mit diesen Leistungsarten verknüpft, Leistungsverrechnungen zwischen Kostenstellen erfasst und eine Tarifermittlung durchgeführt. Die Ergebnisse der Planung haben Sie dann detailliert analysiert.

7.7 Probieren Sie es aus!

HINWEIS

Hinweise zur Übung

Die folgenden Übungen können Sie auf einem SAP IDES (International Demonstration and Education System) selbst durchführen. Die Übungen zu diesem Kapitel bauen aufeinander auf. Sie sind unabhängig von den Übungen in anderen Kapiteln.

Alle Übungen in diesem Kapitel beziehen sich auf den Kostenrechnungskreis 1000 »CO Europe«.

Die Lösungshinweise können Sie auf der Webseite zum Buch unter *https://www.rheinwerk-verlag.de/4140/* herunterladen.

Aufgabe 1

Planen Sie auf der Kostenstelle 4110 »Technischer Service 2« 1.000 Stunden der Leistungsart 1410 »Reparaturstunden« für das nächste Geschäftsjahr.

Feld	Dateneingabe
Version	0
von Periode	1
bis Periode	12
Geschäftsjahr	2017
Kostenstelle	4110
Leistungsart	1410
Planleistung	1.000

Aufgabe 2

Planen Sie auf der Kostenstelle 4110 »Technischer Service 2« primäre Kosten in Höhe von 100.000 EUR mit der Kostenart 481000 »Kalk. Abschreibung« mit Bezug zur Leistungsart 1410 »Reparaturstunden« für das nächste Geschäftsjahr.

Feld	Dateneingabe
Version	0
von Periode	1
bis Periode	12
Geschäftsjahr	2017
Kostenstelle	4110
Leistungsart	1410
Kostenart	481000
Plankosten fix	100.000

Aufgabe 3

Planen Sie eine Leistungsaufnahme von 1.000 Stunden der Kostenstelle 4210 »Montage Motorräder« (Empfänger) von der Kostenstelle 4110 »Technischer Service 2« (Sender) und der Leistungsart 1410 »Reparaturstunden«.

Feld	Dateneingabe
Version	0
von Periode	1
bis Periode	12
Geschäftsjahr	2017
Kostenstelle	4210
Senderkostenstelle	4110
Senderleistungsart	1410
Planverbrauch fix	1.000

Welches Layout haben Sie für die Erfassung dieser Leistungsaufnahme genutzt? Wie hoch ist der Wert der Leistungsaufnahme? Wie erklären Sie den Wert der Leistungsaufnahme? Warum wurde bei der empfangenden Kostenstelle kein Bezug zu einer Leistungsart hergestellt?

Aufgabe 4

Führen Sie eine Tarifermittlung für alle Kostenstellen durch. Wie hoch ist der Tarif für die Kostenstelle 4110 »Technischer Service 2«, Leistungsart 1410 »Reparaturstunden«? Handelt es sich um einen fixen oder einen variablen Tarif? Welche Auswirkungen hat die Tarifermittlung? Wie können Sie die Auswirkungen der Tarifermittlung überprüfen?

Aufgabe 5

Überprüfen Sie Ihre Planung für die Kostenstelle 4110 »Technischer Service 2« aus den Aufgaben 1 bis 4 mit einem geeigneten Bericht.

Feld	Dateneingabe
Kostenstelle	4110
Geschäftsjahr	2017
Periode	1
bis	12
Version	0

Wie hoch ist die Belastung? Auf welche Leistungsart bezieht sich die Belastung? Wie hoch ist die Entlastung? Auf welches Partnerobjekt wird die Entlastung verrechnet? Wie hoch ist die Über-/Unterdeckung?

Aufgabe 6

Überprüfen Sie Ihre Planung für die Kostenstelle 4210 »Montage Motorräder« aus den Aufgaben 3 und 4 mit einem geeigneten Bericht.

Feld	Dateneingabe
Kostenstelle	4210
Geschäftsjahr	2017
Periode	1

Feld	Dateneingabe
bis	12
Version	0

Wie hoch ist die Belastung? Welche Kostenart hat die Belastung? Handelt es sich bei dieser Kostenart um eine primäre oder eine sekundäre Kostenart? Wie hat das System diese Kostenart bestimmt? Wie hoch ist die Entlastung? Wie hoch ist die Über-/Unterdeckung? Handelt es sich um eine Über- oder eine Unterdeckung?

8 Ist-Buchungen mit Kostenstellen

In Kapitel 6, »Mit Kostenstellen fixe Kosten planen«, und Kapitel 7, »Mit Kostenstellen und Leistungsarten planen«, haben Sie erfahren, wie Sie mit Kostenstellen im SAP-System planen. In diesem Kapitel beschäftigen Sie sich mit Kostenstellen im Ist.

In diesem Kapitel lernen Sie,

- wie Sie Kosten umbuchen,
- wie Sie statistische Kennzahlen im Ist erfassen,
- wie Sie einen Umlagezyklus im Ist anlegen und ausführen,
- wie Sie interne Leistungsverrechnungen erfassen.

8.1 Kosten manuell umbuchen

Bei der Analyse von Kosten auf Kostenstellen kommt es vor, dass Sie Buchungsfehler entdecken. In dem Beleg, den Sie in der folgenden Abbildung sehen, wurde eine Auszahlung für »Hilfs- und Betriebsstoffe« und für »Fertigungs-Loehne« der Kostenstelle 1210 »Telefon« zugeordnet. Diese Zuordnung war falsch. Richtig wäre die Kostenstelle 1200 »Kantine« gewesen.

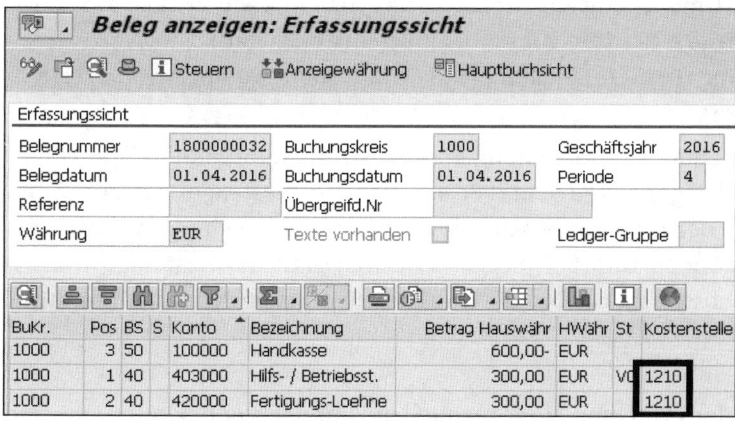

Beleg anzeigen: Erfassungssicht

Steuern | Anzeigewährung | Hauptbuchsicht

Erfassungssicht

Belegnummer	1800000032	Buchungskreis	1000	Geschäftsjahr	2016
Belegdatum	01.04.2016	Buchungsdatum	01.04.2016	Periode	4
Referenz		Übergreifd.Nr			
Währung	EUR	Texte vorhanden		Ledger-Gruppe	

BuKr.	Pos	BS	S	Konto	Bezeichnung	Betrag Hauswähr	HWähr	St	Kostenstelle
1000	3	50		100000	Handkasse	600,00-	EUR		
1000	1	40		403000	Hilfs- / Betriebsst.	300,00	EUR	V0	1210
1000	2	40		420000	Fertigungs-Loehne	300,00	EUR		1210

Buchhaltungsbeleg mit einer falschen Zuordnung zur Kostenstelle

Wenn Sie einen solchen Fehler erkennen, sollten Sie zunächst nach den Ursachen suchen und diese, wenn möglich, für die Zukunft abstellen. Dann sollten Sie versuchen, den Beleg an der Quelle zu stornieren und mit der korrekten Zuordnung noch einmal erfassen zu lassen. In diesem Fall sind der Storno und die korrigierte Neuerfassung des Belegs die Aufgabe der Buchhaltung.

Nur wenn der Storno und die korrigierte Neuerfassung des Belegs an der Quelle nicht möglich sind, kommt die nachträgliche Korrektur mit der Controllingtransaktion KB11N (Umbuchung Primärkosten) ins Spiel. Der Nachteil der nachträglichen Korrektur im Controlling ist, dass der falsche Originalbeleg ohne Storno erhalten bleibt. Eine solche spätere Korrektur im Controlling kann den Originalbeleg nicht ändern. Sie korrigiert nur die Auswirkungen, nicht aber die Ursache des Fehlers.

Manuelle Umbuchung erfassen

Die manuelle Umbuchung verschiebt Werte von einem Kostenrechnungsobjekt (zum Beispiel von einer Kostenstelle) zu einem anderen Kostenrechnungsobjekt (das ebenfalls eine Kostenstelle sein kann).

HINWEIS

Manuelle Umbuchung von Primärkosten

Bei der manuellen Umbuchung von Primärkosten erfassen Sie die Umbuchungsobjekte und -beträge unabhängig von vorhandenen Belegen oder Werten. Das heißt, Sie können beliebige Beträge von einer Kostenstelle auf eine andere *verschieben*. Dabei spielt es keine Rolle, ob der Umbuchungsbetrag in einem Beleg tatsächlich gebucht wurde. Die manuelle Umbuchung funktioniert sogar dann, wenn auf der Kostenstelle, die Sie entlasten, vor der Umbuchung noch gar keine Werte vorhanden sind. In diesem Fall führt die Umbuchung zu negativen Werten auf der Kostenstelle, von der Sie wegbuchen.

Mit der manuellen Umbuchung können Sie die Zuordnung von Kosten zu Controllingobjekten (zum Beispiel zu Kostenstellen) ändern. Die Änderung der primären Kostenart ist mit der Umbuchung nicht möglich. Sie können zum Beispiel eine Buchung mit der Kostenart »Hilfs- und Betriebsstoffe« *nicht* in die Kostenart »Fertigungs-Loehne« umwandeln.

Bevor Sie mit der Erfassung einer manuellen Umbuchung beginnen, müssen Sie sicherstellen, dass Sie den richtigen Kostenrechnungskreis gesetzt haben.

Nutzen Sie für alle Beispiele in diesem Kapitel den Kostenrechnungskreis 1000 »CO Europe«.

Gehen Sie folgendermaßen vor, um den Kostenrechnungskreis für Ihren Benutzer zu setzen:

1. Folgen Sie dem Pfad **Rechnungswesen ▸ Controlling ▸ Kostenstellenrechnung ▸ Umfeld ▸ Kostenrechnungskreis setzen** im SAP Easy Access Menü, oder verwenden Sie den Transaktionscode OKKS.
2. Es öffnet sich ein Dialogfenster, in dem Sie im Feld **Kostenrechnungskreis** den Schlüssel des Kostenrechnungskreises eintragen, mit dem Sie arbeiten möchten.

   Für alle Beispiele in diesem Kapitel nutzen Sie den Kostenrechnungskreis 1000.

   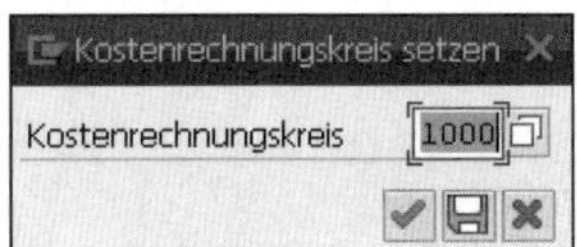

3. Bestätigen Sie Ihre Eingabe mit einem Klick auf die Schaltfläche ✔ (**Weiter**) oder mit der Taste [↵]. Mit dieser Schaltfläche speichern Sie den gewählten Kostenrechnungskreis für die aktuelle SAP-Sitzung. Der Kostenrechnungskreis bleibt so lange gesetzt, bis Sie sich vom SAP-System abmelden.
4. Alternativ können Sie die Eingabe des Kostenrechnungskreises dauerhaft speichern. Klicken Sie dazu auf die Schaltfläche 💾 (**Als Benutzerparameter sichern**), oder drücken Sie die Taste [F5]. Mit dieser Einstellung bleibt der gewählte Kostenrechnungskreis auch über die aktuelle SAP-Sitzung hinaus gesetzt. Wenn Sie sich ab- und wieder anmelden, weiß das System bereits, mit welchem Kostenrechnungskreis Sie arbeiten möchten.

Gehen Sie folgendermaßen vor, um eine manuelle Umbuchung von Kosten zu erfassen:

1. Folgen Sie dem Pfad **Rechnungswesen ▸ Controlling ▸ Kostenstellenrechnung ▸ Istbuchungen ▸ Manuelle Umbuchung Kosten ▸ Erfassen** im SAP Easy Access Menü, oder verwenden Sie den Transaktionscode KB11N.
2. Es erscheint sofort das Bild zur Belegerfassung. Füllen Sie die einzelnen Felder so aus:

- **Belegdatum**: »30.04.2016«; das ist das Datum, das auf dem Originalbeleg angegeben ist. Dieses Datum hat *keine* Auswirkung auf die Periode, in der der Beleg im System abgelegt wird.
- **BuchDatum** (Buchungsdatum): »30.04.2016«; aus diesem Datum werden das Geschäftsjahr und die Periode für die Buchung im System abgeleitet. Das Feld **Periode** wird automatisch an den Monat in diesem Datum angepasst.
- **ErfassVar** (Erfassungsvariante): »Kostenstelle«; mit dieser Erfassungsvariante können Sie eine Umbuchung von Kostenstelle an Kostenstelle erfassen. Mit der Auswahl einer Option in diesem Feld wird der Bereich **Positionen** automatisch angepasst.
- **Eingabetyp**: »Listerfassung«; bei der Listerfassung ist die Eingabe von mehreren Umbuchungszeilen in einem Bildschirmbild möglich. Mit der Auswahl einer Option in diesem Feld wird der Bereich **Positionen** automatisch angepasst.

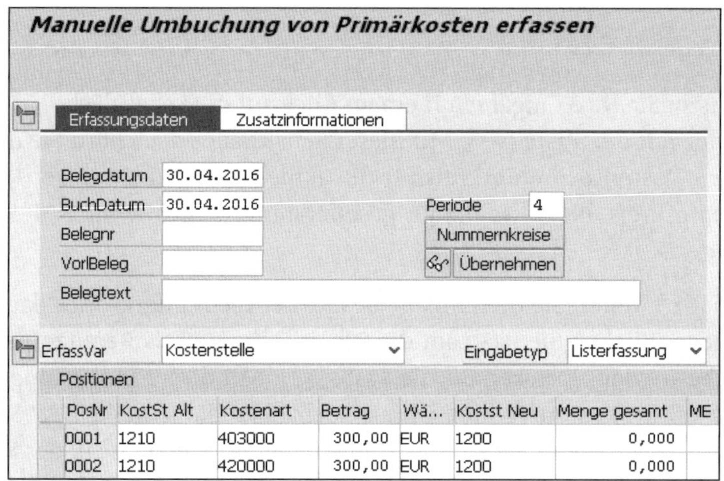

3 Erfassen Sie die erste Umbuchung in der ersten Zeile des Bereichs **Positionen**:

- **KostSt Alt** (alte Kostenstelle): »1210« (Telefon); von dieser Kostenstelle wird der Betrag entfernt, der Wert in der Spalte **Betrag** wird mit umgekehrtem Vorzeichen auf der Belastungsseite der Kostenstelle gebucht.
- **Kostenart**: »403000« (Hilfs- und Betriebsstoffe); mit dieser primären Kostenart wird die Umbuchung durchgeführt.

- **Betrag**: »300«; dieser Wert wird auf der einen Kostenstelle (**KostSt Alt**) entfernt, das heißt mit Minus gebucht, und bei der anderen Kostenstelle (**KostSt Neu**) hinzugefügt.
- **Wä...** (Währung): »EUR«; wird automatisch aus dem gesetzten Kostenrechnungskreis abgeleitet und hier als Vorschlagswert eingetragen.
- **KostSt Neu** (neue Kostenstelle): »1200« (Kantine); bei dieser Kostenstelle wird der Betrag hinzugefügt, der Wert in der Spalte **Betrag** wird auf der Belastungsseite der Kostenstelle gebucht.

4 Erfassen Sie die zweite Umbuchung in der zweiten Zeile des Bereichs **Positionen**:

- **KostSt Alt** (alte Kostenstelle): »1210« (Telefon)
- **Kostenart**: »420000« (Fertigungs-Loehne)
- **Betrag**: »300«
- **KostSt Neu** (neue Kostenstelle): »1200« (Kantine)

5 Bestätigen Sie Ihre Eingaben mit einem Klick auf die Schaltfläche (**Weiter**) oder mit der Taste [↵]. Das System überprüft die Daten und setzt die Positionsnummern 0001 und 0002 in der Spalte **PosNr**.

6 Speichern Sie den Beleg mit einem Klick auf die Schaltfläche (**Buchen**). Das System speichert den Beleg und entfernt alle Eingaben aus dem Erfassungsbild der Transaktion.

7 Verlassen Sie die Transaktion KB11N (Manuelle Umbuchung Kosten) mit einem Klick auf die Schaltfläche (**Zurück**).

Sie haben die Umbuchung von zweimal 300 EUR zwischen den Kostenstellen »Telefon« und »Kantine« im System erfasst. Prüfen Sie nun, welche Auswirkung diese Umbuchung auf die Kostenstellenberichte der beiden Kostenstellen hat.

Auswirkung der Umbuchung bei der »alten« Kostenstelle analysieren

Nach der Umbuchung der beiden Beträge analysieren Sie den Kostenstellenbericht für die *alte* Kostenstelle »Telefon«. Nutzen Sie hierfür den Bericht **Kostenstellen: Ist/Plan/Abweichung**, den Sie bereits aus Kapitel 6, »Mit Kostenstellen fixe Kosten planen«, kennen.

Gehen Sie folgendermaßen vor, um Ist-Daten in einem Bericht anzuzeigen:

1. Folgen Sie dem Pfad **Rechnungswesen ▸ Controlling ▸ Kostenstellenrechnung ▸ Infosystem ▸ Berichte zur Kostenstellenrechnung ▸ Plan/Ist-Vergleiche ▸ Kostenstellen: Ist/Plan/Abweichung** im SAP Easy Access Menü, oder verwenden Sie den Transaktionscode S_ALR_87013611.

2. Es erscheint das Selektionsbild zu diesem Bericht. Füllen Sie die einzelnen Felder wie folgt aus:
   - **Kostenrechnungskreis**: »1000«. Für diesen Bericht muss der Kostenrechnungskreis explizit angegeben werden.
   - **Geschäftsjahr**: »2016«, das Jahr, für das die Ist-Daten und die Umbuchung erfasst wurden
   - **Von Periode**: »4«, **Bis Periode** »4«: Wählen Sie hier die Periode, die Sie analysieren möchten.
   - **Planversion**: »0«. Wählen Sie die Version, in der Ihre Plandaten gespeichert sind.
   - **oder Wert(e)** (unter **Kostenstellengruppe**): »1210« (Telefon)

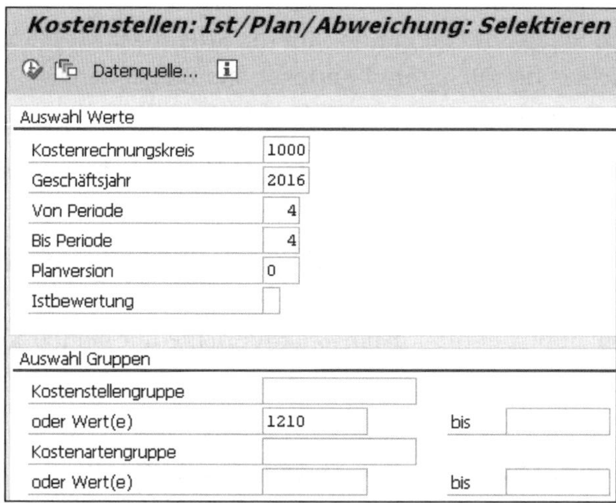

3. Führen Sie den Bericht mit einem Klick auf die Schaltfläche (**Ausführen**) aus. Der Bericht wird angezeigt.

4. Sie sehen, dass Sie nichts sehen. Das ist auch gut so. Im ursprünglichen Buchhaltungsbeleg am Anfang dieses Kapitels wurden jeweils 300 EUR für »Hilfs- und Betriebsstoffe« und für »Fertigungs-Loehne« auf die Kostenstelle »Telefon« gebucht.

Mit der manuellen Umbuchung der Kosten haben Sie diesen Fehler korrigiert. Die beiden Kostenarten »Hilfs- und Betriebsstoffe« und »Fertigungs-Loehne« sind im Kostenstellenbericht noch sichtbar, aber die Werte in der Spalte sind null.

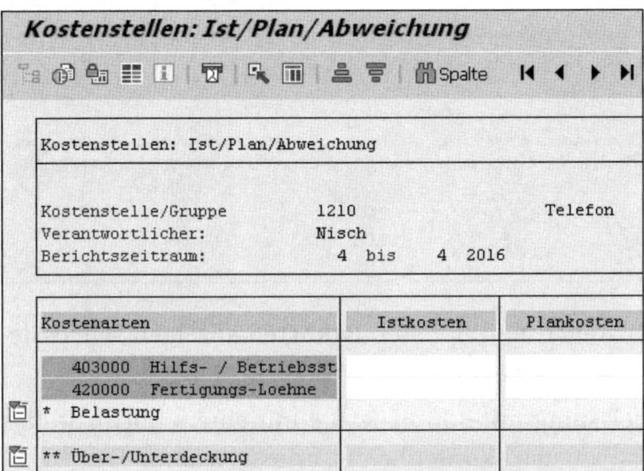

5 Jetzt wäre es schön, wenn Sie sich davon überzeugen könnten, dass sich die hier angezeigten Leerzeilen tatsächlich aus der Buchung mit dem Buchhaltungsbeleg und der Gegenbuchung aus der manuellen Umbuchung ergeben haben. Das können Sie prüfen, indem Sie sich die Einzelposten anzeigen lassen. Klicken Sie dazu doppelt auf das Feld **Istkosten – 403000 Hilfs-/Betriebsstoffe**. Das Dialogfenster **Bericht auswählen** erscheint.

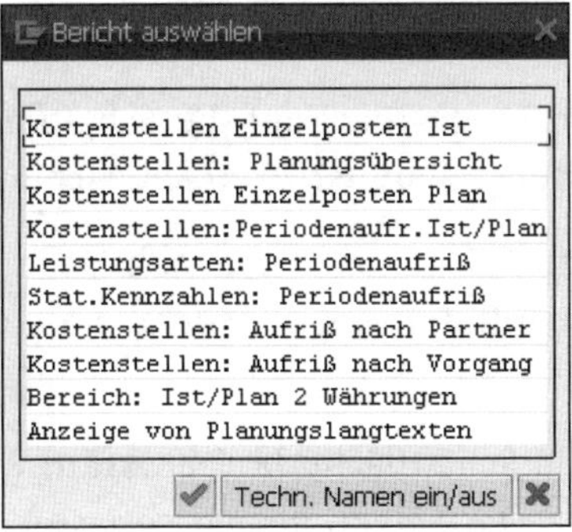

6 Klicken Sie im Dialogfenster **Bericht auswählen** doppelt auf die Zeile **Kostenstellen Einzelposten Ist**.

7 Die Einzelpostenliste für Kostenstelle 1210 »Telefon«, Kostenart 403000 »Hilfs- und Betriebsstoffe«, Periode »04.2016« wird geöffnet.

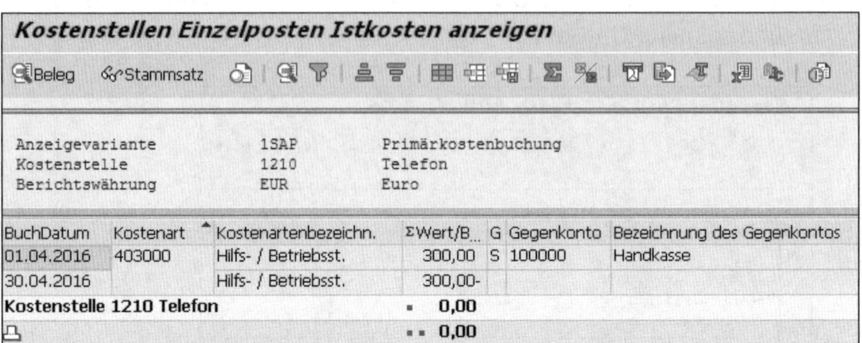

Kostenstellen Einzelposten Istkosten anzeigen

Beleg Stammsatz

Anzeigevariante	1SAP	Primärkostenbuchung
Kostenstelle	1210	Telefon
Berichtswährung	EUR	Euro

BuchDatum	Kostenart	Kostenartenbezeichn.	ΣWert/B...	G	Gegenkonto	Bezeichnung des Gegenkontos
01.04.2016	403000	Hilfs- / Betriebsst.	300,00	S	100000	Handkasse
30.04.2016		Hilfs- / Betriebsst.	300,00-			
Kostenstelle 1210 Telefon			▪ **0,00**			
			▪▪ **0,00**			

8 In der Liste **Kostenstellen Einzelposten Istkosten anzeigen** sehen Sie die folgenden Zeilen:

- 1. Zeile: Eine Belastung mit 300 EUR, die mit einem Buchhaltungsbeleg der Belegart SA (Sachkontenbeleg) erfasst wurde. Der Buchhaltungsbeleg hat das Buchungsdatum (**BuchDatum**) 01.04.2016.
- 2. Zeile: Eine Korrekturbuchung mit –300 EUR, die aus Ihrem Beleg mit der manuellen Umbuchung entstanden ist. Der Umbuchungsbeleg hat das Buchungsdatum (**BuchDatum**) 30.04.2016.
- 3. Zeile: Die Summenzeile **Kostenstelle 1210 Telefon** mit dem Saldo 0, das ist genau das, was Sie mit der Umbuchung erreichen wollten.

9 Verlassen Sie die Einzelpostenliste mit einem Klick auf die Schaltfläche (**Zurück**). Es erscheint ein Dialogfenster mit der Frage »Wollen Sie die Liste verlassen?«.

10 Bestätigen Sie dieses Dialogfenster mit einem Klick auf die Schaltfläche **Ja**. Es erscheint wieder der Bericht **Kostenstellen: Ist/Plan/Abweichung**.

11 Verlassen Sie den Bericht mit einem Klick auf die Schaltfläche (**Zurück**). Es erscheint ein Dialogfenster mit der Frage »Möchten Sie den Bericht verlassen?«.

12 Klicken Sie in dem Dialogfenster auf die Schaltfläche **Ja**. Daraufhin wird das Selektionsbild des Berichts geöffnet. Das Selektionsbild verlassen Sie mit einem weiteren Klick auf die Schaltfläche (**Zurück**).

Sie haben gesehen, dass der Bericht für die Kostenstelle »Telefon«, also für die Kostenstelle, die ursprünglich falsch bebucht wurde, nach der Umbuchung der Kosten bereinigt ist. Vergewissern Sie sich jetzt, dass die Kosten nach der Umbuchung tatsächlich auf der Kostenstelle »Kantine« gelandet sind. Wie das funktioniert, erfahren Sie im nächsten Abschnitt.

Auswirkung der Umbuchung bei der »neuen« Kostenstelle analysieren

Nach der Umbuchung analysieren Sie jetzt den Kostenstellenbericht für die *neue* Kostenstelle »Kantine«. Nutzen Sie hierfür wieder den Bericht **Kostenstellen: Ist/Plan/Abweichung**.

So zeigen Sie die Ist-Daten in einem Bericht an:

1. Folgen Sie dem Pfad **Rechnungswesen ▸ Controlling ▸ Kostenstellenrechnung ▸ Infosystem ▸ Berichte zur Kostenstellenrechnung ▸ Plan/Ist-Vergleiche ▸ Kostenstellen: Ist/Plan/Abweichung** im SAP Easy Access Menü, oder verwenden Sie den Transaktionscode S_ALR_87013611.
2. Es erscheint das Selektionsbild zu diesem Bericht. Füllen Sie die einzelnen Felder folgendermaßen aus:
   - **Kostenrechnungskreis**: »1000«
   - **Geschäftsjahr**: »2016«
   - **Von Periode**: »4«, **Bis Periode** »4«
   - **Planversion**: »0«
   - **oder Wert(e)** (unter **Kostenstellengruppe**): »1200« (Kantine)

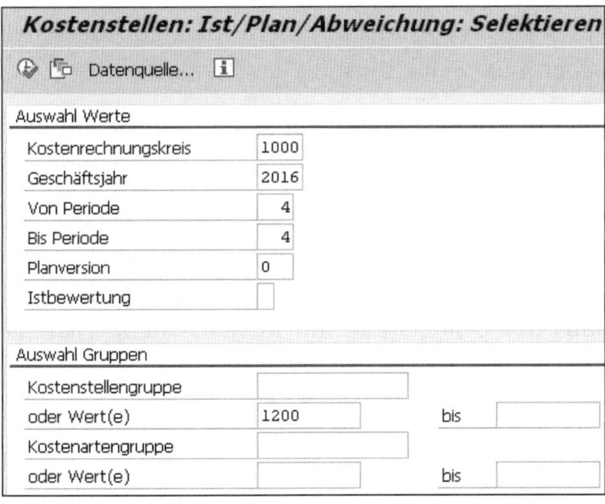

Kostenstellen: Ist/Plan/Abweichung: Selektieren

Datenquelle...

Auswahl Werte

Kostenrechnungskreis	1000
Geschäftsjahr	2016
Von Periode	4
Bis Periode	4
Planversion	0
Istbewertung	

Auswahl Gruppen

Kostenstellengruppe			
oder Wert(e)	1200	bis	
Kostenartengruppe			
oder Wert(e)		bis	

3. Führen Sie den Bericht mit einem Klick auf die Schaltfläche (**Ausführen**) aus. Der Bericht wird angezeigt.

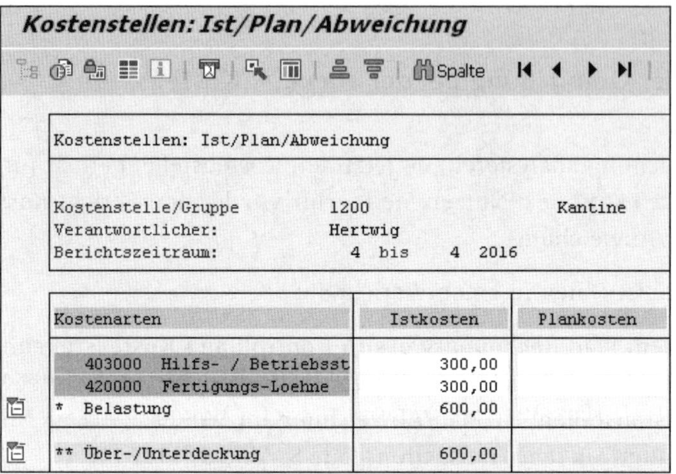

4. Sehr schön! Für die Kostenstelle 1200 »Kantine« sind in der Spalte **Istkosten** die Kostenarten 403000 »Hilfs-/Betriebsstoffe« und 420000 »Fertigungs-Loehne« mit jeweils 300 EUR als Belastung ausgewiesen. Genau das wollten Sie mit der manuellen Umbuchung von der Kostenstelle »Telefon« auf die Kostenstelle »Kantine« erreichen.

5. Verlassen Sie den Bericht mit einem Klick auf die Schaltfläche (**Zurück**). Es erscheint ein Dialogfenster mit der Frage »Möchten Sie den Bericht verlassen?«.

6. Bestätigen Sie dieses Dialogfenster mit einem Klick auf die Schaltfläche **Ja**. Daraufhin erscheint das Selektionsbild des Berichts.

7. Das Selektionsbild verlassen Sie mit einem weiteren Klick auf die Schaltfläche (**Zurück**).

Sie haben am Beginn dieses Kapitels einen Buchhaltungsbeleg mit einer falsch kontierten Kostenstelle gesehen. Den Buchungsfehler haben Sie mit der Transaktion KB11N (Manuelle Umbuchung Kosten) korrigiert. Danach haben Sie das Ergebnis der Umbuchung mit Kostenstellenberichten analysiert und herausgefunden, dass Sie Ihr Ziel erreicht haben.

VIDEO

Kosten manuell umbuchen

In diesem Video sehen Sie, wie Sie Kosten im Controlling manuell umbuchen. Sie korrigieren eine in der Buchhaltung falsch erfasste Kostenstelle. Durch diese manuelle Umbuchung wird die Kostenstellenzuordnung im Controlling korrigiert, der Buchhaltungsbeleg bleibt unverändert falsch.

http://s-prs.de/v4140zh

8.2 Statistische Kennzahlen im Ist erfassen

Als nächste Aktion im Rahmen der Ist-Buchungen erfassen Sie eine statistische Kennzahl. Sie nutzen dazu die Kennzahl HEAD »Köpfe«, die Ihnen bereits aus Kapitel 6, »Mit Kostenstellen fixe Kosten planen«, vertraut ist. Mit dieser Kennzahl HEAD wird die Anzahl der Mitarbeiter gezählt, unabhängig davon, ob sie in Voll- oder Teilzeit für das Unternehmen arbeiten.

Sie erfassen diese statistische Kennzahl im Kostenrechnungskreis 1000 »CO Europe«. In Abschnitt 8.1, »Kosten manuell umbuchen«, habe ich Ihnen gezeigt, wie Sie diesen Kostenrechnungskreis für Ihren Benutzer setzen.

Gehen Sie folgendermaßen vor, um statistische Kennzahlen im Ist zu erfassen:

1. Folgen Sie dem Pfad **Rechnungswesen ▸ Controlling ▸ Kostenstellenrechnung ▸ Istbuchungen ▸ Statistische Kennzahlen ▸ Erfassen** im SAP Easy Access Menü, oder verwenden Sie den Transaktionscode KB31N.
2. Es erscheint sofort das Bild zur Belegerfassung. Füllen Sie die einzelnen Felder so aus:
   - **Belegdatum**: »01.01.2016«; das ist das Datum, das auf dem Originalbeleg angegeben ist. Dieses Datum hat *keine* Auswirkung auf die Periode, in der der Beleg im System abgelegt wird.
   - **BuchDatum** (Buchungsdatum): »01.01.2016«; aus diesem Datum werden das Geschäftsjahr und die Periode für die Buchung im System abgeleitet. Das Feld **Periode** wird automatisch an den Monat in diesem Datum angepasst.
   - **ErfassVar** (Erfassungsvariante): »Kostenstelle«; mit dieser Erfassungsvariante können Sie statistische Kennzahlen für Kostenstellen erfassen.

Mit der Auswahl einer Option in diesem Feld wird der Bereich **Positionen** automatisch angepasst.

- **Eingabetyp**: »Listerfassung«; bei der Listerfassung ist die Eingabe von mehreren Buchungszeilen in einem Bildschirmbild möglich. Mit der Auswahl einer Option in diesem Feld wird der Bereich **Positionen** automatisch angepasst.

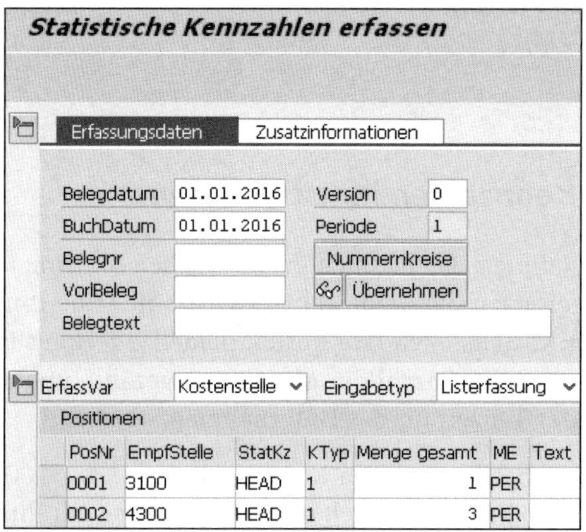

3 Erfassen Sie die erste statistische Kennzahl in der ersten Zeile des Bereichs **Positionen**:

- **EmpfStelle** (empfangende Kostenstelle): »3100« (Vertrieb Motorräder); bei dieser Kostenstelle wird die statistische Kennzahl gebucht.
- **StatKz** (statistische Kennzahl): »HEAD« (Köpfe); das ist die statistische Kennzahl, für die in dieser Zeile ein Wert erfasst wird.
- **KTyp** (Kennzahltyp): »1« (Festwerte); wird automatisch aus den Stammdaten der statistischen Kennzahl übernommen. Der Wert kann in diesem Erfassungsbild *nicht* geändert werden.
- **Menge gesamt**: »1«; Sie ordnen der Kostenstelle »Vertrieb Motorräder« ab Januar 2016 einen Mitarbeiter zu.
- **ME** (Mengeneinheit): »PER« (Personen); wird automatisch aus den Stammdaten der statistischen Kennzahl übernommen. Der Wert kann in diesem Erfassungsbild *nicht* geändert werden.

4 Erfassen Sie die zweite statistische Kennzahl in der zweiten Zeile des Bereichs **Positionen**:
   - **EmpfStelle** (empfangende Kostenstelle): »4300« (Instandhaltung)
   - **StatKz** (statistische Kennzahl): »HEAD« (Köpfe)
   - **Menge gesamt**: »3«; Sie ordnen der Kostenstelle »Instandhaltung« ab Januar 2016 drei Mitarbeiter zu.

5 Bestätigen Sie Ihre Eingaben mit einem Klick auf die Schaltfläche ✓ (**Weiter**) oder mit der Taste [↵]. Das System überprüft die Daten und setzt die Positionsnummern 0001 und 0002 in der Spalte **PosNr**.

6 Speichern Sie den Beleg mit einem Klick auf die Schaltfläche 💾 (**Buchen**). Das System speichert den Beleg und entfernt alle Eingaben aus dem Erfassungsbild der Transaktion.

7 Verlassen Sie die Transaktion KB31N (Statistische Kennzahlen erfassen) mit einem Klick auf die Schaltfläche « (**Zurück**).

VIDEO

Statistische Kennzahlen im Ist erfassen

In diesem Video sehen Sie, wie Sie Werte für statistische Kennzahlen im Ist erfassen. Sie buchen Werte für eine statistische Kennzahl vom Typ Festwert und analysieren diese Buchung mit dem Bericht »Kostenstellen Ist/Plan/Abweichung«.

http://s-prs.de/v4140fh

Sie haben soeben eine statische Kennzahl vom Typ »Festwerte« im Ist erfasst. Beachten Sie bei diesem Kennzahlentyp Folgendes:

Bei statistischen Kennzahlen vom Typ »Festwerte« bleiben die eingegebenen Werte für alle Folgeperioden des Geschäftsjahres erhalten. Wenn Sie einen neuen Wert mit derselben statistischen Kennzahl für die dieselbe Kostenstelle erfassen, gilt dieser Wert ab der Periode des Buchungsdatums für alle Folgeperioden des Geschäftsjahres.

Bei der Betrachtung mehrerer Perioden errechnet das System aus den erfassten oder fortgeschriebenen Werten einen Mittelwert. Wenn Sie die Anzahl der Mitarbeiter für eine Kostenstelle auf null setzen möchten, erfassen Sie einen Beleg mit Kostenstelle und statistischer Kennzahl sowie der Menge »0«. Die Fortschreibung gilt nur für das laufende Geschäftsjahr. Zum Beginn des folgenden Geschäftsjahres müssen Sie alle Kennzahlen für Ihre Kostenstellen neu erfassen.

BEISPIEL

Statistische Kennzahlen vom Typ »Festwerte« im Ist

Sie erfassen einen Mitarbeiter im Januar und drei Mitarbeiter im Juli. Dann rechnet das System für die Monate Januar bis Juni mit einem Mitarbeiter und für die Monate Juli bis Dezember mit drei Mitarbeitern. Bei der Auswertung aller Monate des Jahres werden für die Kostenstelle zwei Mitarbeiter angezeigt (Mittelwert aus 6 × 1 Mitarbeiter und 6 × 3 Mitarbeiter).

Statistische Kennzahlen vom Typ »Summenwerte« verhalten sich völlig anders: Bei statistischen Kennzahlen vom Typ »Summenwerte« gilt der eingegebene Wert nur für die laufende Periode und wird nicht fortgeschrieben. Bei der Betrachtung mehrerer Perioden werden die Werte in den einzelnen Perioden summiert.

BEISPIEL

Statistische Kennzahlen vom Typ »Summenwerte« im Ist

Sie erfassen 100 Telefoneinheiten für eine Kostenstelle im Januar und 200 Telefoneinheiten für dieselbe Kostenstelle im Juli. In den Monaten Februar bis Juni und August bis Dezember sind für diese Kostenstelle null Telefoneinheiten verfügbar. Bei der Betrachtung aller Perioden des Jahres, Januar bis Dezember, werden 300 Telefoneinheiten angezeigt (100 + 200).

8.3 Kosten per Umlage im Ist verrechnen

Die Kostenverrechnung per Umlage kennen Sie bereits aus Abschnitt 6.4, »Kosten per Umlage im Plan verrechnen«. Die Umlage im Ist unterscheidet sich kaum von der Umlage im Plan. Die detaillierten Informationen und Hinweise des Abschnitt 6.4 gelten auch für die Umlage im Ist. Um Wiederholungen zu vermeiden, stelle ich die Ist-Umlage verkürzt dar.

VIDEO

Kosten per Umlage im Ist verrechnen

In diesem Video sehen Sie, wie Sie Kosten im Ist per Umlage zwischen Kostenstellen verrechnen. Sie legen einen Umlagezyklus an. Mit dem Ausführen des Zyklus wird der Sender mit Kosten entlastet, die Empfänger werden mit Kosten belastet. Sie sehen, dass der Schlüssel für die Verteilung der Kosten auf der Basis einer statistischen Kennzahl ermittelt wird.

http://s-prs.de/v4140gk

Umlagezyklus anlegen

Für die Anlage des Umlagezyklus in diesem Beispiel muss der Kostenrechnungskreis »1000« gesetzt sein. Wie Sie den Kostenrechnungskreis setzen, habe ich in Abschnitt 8.1, »Kosten manuell umbuchen«, beschrieben.

Gehen Sie folgendermaßen vor, um einen neuen Umlagezyklus für Ist-Daten anzulegen:

1. Folgen Sie dem Pfad **Rechnungswesen ▸ Controlling ▸ Kostenstellenrechnung ▸ Periodenabschluss ▸ Einzelfunktionen ▸ Verrechnungen ▸ Umlage** im SAP Easy Access Menü, oder verwenden Sie den Transaktionscode KSU5.

2. Es erscheint das Einstiegsbild zum Ausführen von Umlagen. Wählen Sie in der Menüleiste **Zusätze ▸ Zyklus ▸ Anlegen**.

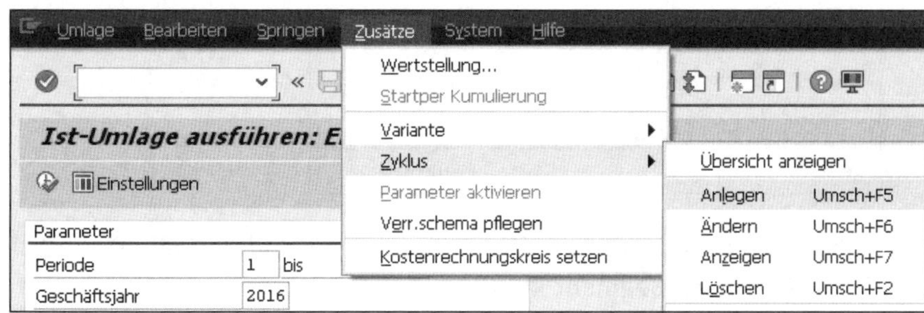

3. Es erscheint das Einstiegsbild der Transaktion *Ist-Umlagezyklus anlegen*. Tragen Sie in das Feld **Zyklus** einen sechsstelligen Schlüssel ein, mit dem der Zyklus identifiziert wird: »UMLIST« (für Umlage im Ist). Tragen Sie den ersten Tag des Geschäftsjahres in das Feld **Anfangsdatum** ein:

»01.01.2016«. Bestätigen Sie Ihre Eingaben mit einem Klick auf die Schaltfläche (**Ausführen**) oder mit der Taste [↵].

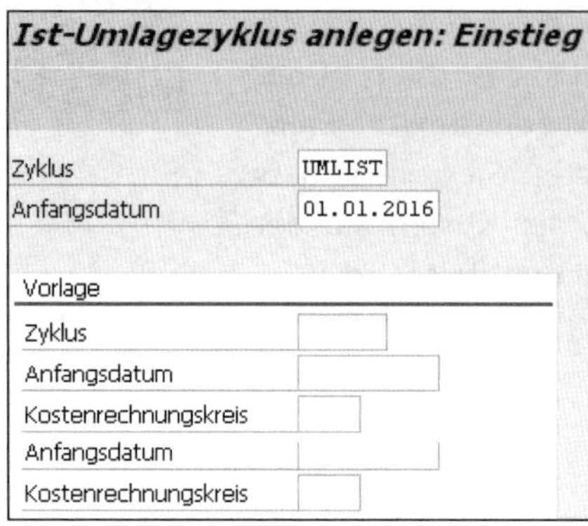

4 Die Kopfdaten des neuen Zyklus werden angezeigt. Die Bezeichnung des Zyklus im Feld **Zyklus** und das **Anfangsdatum** werden aus dem Einstiegsbild übernommen. In das Feld **bis** trägt das System automatisch den letzten Tag des Jahres ein. Tragen Sie eine Beschreibung des Zyklus in das Feld **Text** ein: »Umlage Ist«.

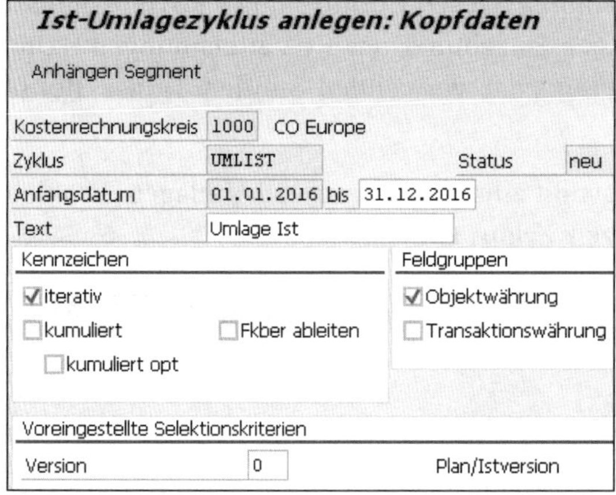

5 Legen Sie ein Segment zu diesem Zyklus an, indem Sie auf die Schaltfläche **Anhängen Segment** klicken.

6 Das Bild **Segment** erscheint mit der Registerkarte **Segmentkopf**. Tragen Sie in das Feld **Segmentname** einen bis zu zehnstelligen Schlüssel ein, mit dem das Segment identifiziert wird: »SEG01«. In das Textfeld rechts ne-

ben dem Segmentnamen können Sie eine bis zu 30-stellige Beschreibung des Segments eintragen: »Kantine«.

7 Die Felder der Registerkarte **Segmentkopf** füllen Sie wie folgt:

- **Umlagekostenart:** »631000« (Umlage Kantine)
- **Sender-Regel:** »Gebuchte Beträge«
- **Anteil in %:** »100«
- **Herkunft Istwerte:** Markieren
- **Empfänger-Regel:** »Variable Anteile«
- **Art var. Anteile:** »Statist. Kennzahlen Ist«
- **Normierung neg. Bezugsbasen:** »keine Normierung«

8 Klicken Sie auf die Registerkarte **Sender/Empfänger**. Die Felder dieser Registerkarte füllen Sie wie folgt:

- **Sender, Kostenstelle, von:** »1200« (Kantine)
- **Sender, Kostenart, von:** »0«, **bis:** »999999«
- **Empfänger, Kostenstelle, von:** »0«, **bis:** »9999«

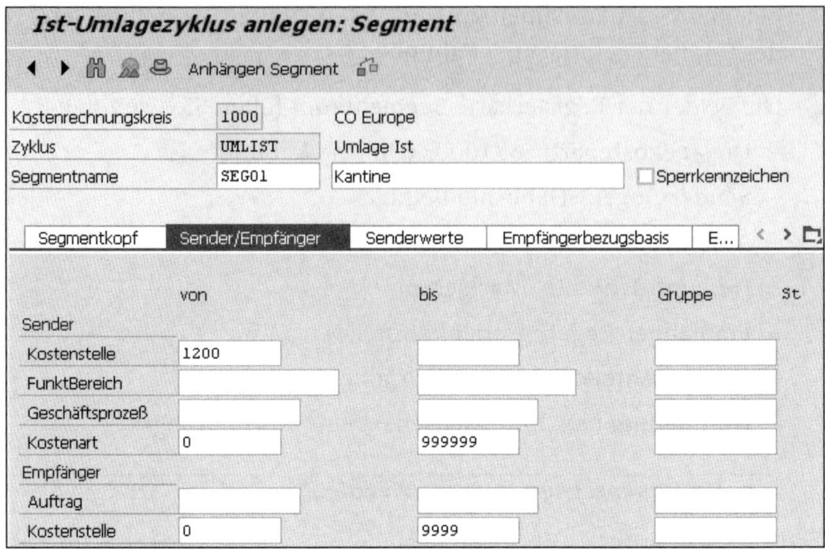

9 Klicken Sie auf die Registerkarte **Senderwerte**. Die Felder dieser Registerkarte pflegen Sie folgendermaßen:

- **Anteil in %**: »100«
- **Herkunft Istwerte**: Markieren
- **Version**: »0«

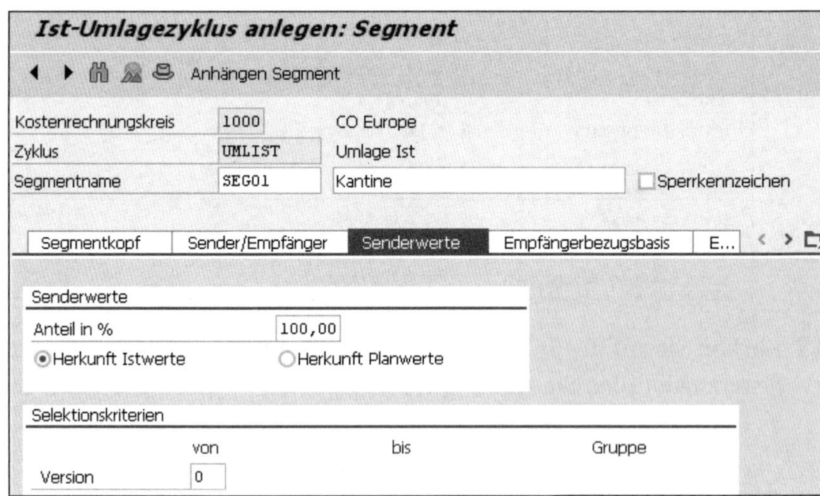

10 Klicken Sie auf die Registerkarte **Empfängerbezugsbasis**. Die Felder dieser Registerkarte füllen Sie wie folgt:

- **Art var. Anteile:** »Statist. Kennzahlen Ist«
- **Normierung neg. Bezugsbasen:** »keine Normierung«
- **Version:** »0«
- **Stat.Kennzahl:** »HEAD«

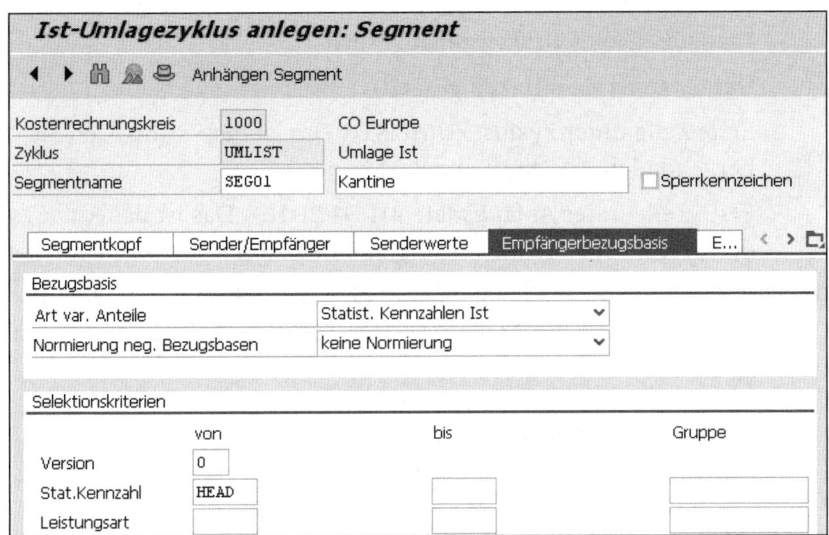

11 Speichern Sie den Zyklus mit einem Klick auf die Schaltfläche (**Ohne Prüfung**).

12 Schließen Sie die Transaktion KSU5 (Ist-Umlagezyklus), indem Sie viermal auf die Schaltfläche (**Zurück**) klicken.

Umlage ausführen

Im Umlagezyklus haben Sie soeben die Regeln festgelegt, nach denen die Ist-Kosten der Kostenstelle »Kantine« auf die Kostenstellen »Vertrieb Motorräder« und »Instandhaltung« verrechnet werden sollen. Die Kosten sollen gemäß der statistischen Kennzahl HEAD (Anzahl Mitarbeiter) auf die beiden Kostenstellen verteilt werden.

Gehen Sie folgendermaßen vor, um eine Umlage für Ist-Daten auszuführen:

1 Folgen Sie dem Pfad **Rechnungswesen ▸ Controlling ▸ Kostenstellenrechnung ▸ Periodenabschluss ▸ Einzelfunktionen ▸ Verrechnungen ▸ Umlage** im SAP Easy Access Menü, oder verwenden Sie den Transaktionscode KSU5.

2. Füllen Sie die Felder dieser Transaktion wie folgt aus:
   - **Periode**: »4« für Januar, **bis**: »4«
   - **Geschäftsjahr**: »2016«, das Jahr, für das Sie Ist-Daten umlegen möchten
   - **Hintergrundverarbeitung**: »Nein« (Haken nicht gesetzt)
   - **Testlauf**: »Nein« (Haken nicht gesetzt)
   - **Detaillisten**: »Ja« (Haken gesetzt)
   - Erste Zeile unter **Zyklus**: »UMLIST«. Das ist der Zyklus, den Sie im vorhergehenden Abschnitt angelegt haben.
   - Erste Zeile unter **Anfangsdat**: »01.01.2016«. Das ist das Anfangsdatum des Zyklus, den Sie im vorhergehenden Abschnitt angelegt haben.
3. Bestätigen Sie Ihre Eingaben mit einem Klick auf die Schaltfläche (**Weiter**) oder mit der Taste [↵]. Der Text des Zyklus »Umlage Ist« wird eingeblendet.

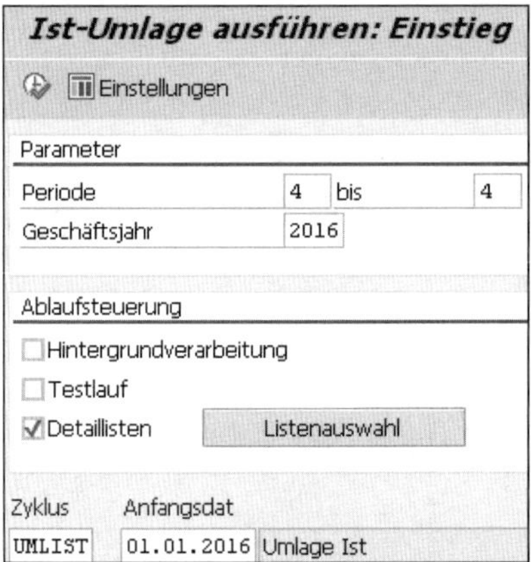

4. Führen Sie die Umlage mit einem Klick auf die Schaltfläche (**Ausführen**) aus.
5. Wenn Sie diese Umlage zum ersten Mal ausführen, startet die Verarbeitung sofort. Anderenfalls werden die Belege storniert, die das SAP-System bei der vorhergehenden Verarbeitung erzeugt hat, und danach erst beginnt die neue Verarbeitung.

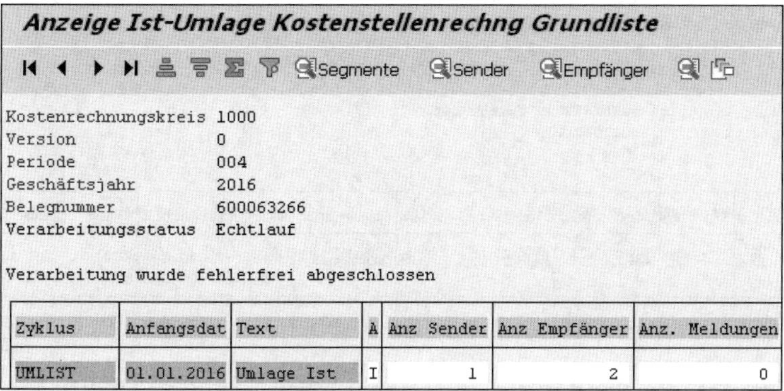

Anzeige Ist-Umlage Kostenstellenrechng Grundliste

Segmente Sender Empfänger

```
Kostenrechnungskreis 1000
Version              0
Periode              004
Geschäftsjahr        2016
Belegnummer          600063266
Verarbeitungsstatus  Echtlauf

Verarbeitung wurde fehlerfrei abgeschlossen
```

Zyklus	Anfangsdat	Text	A	Anz Sender	Anz Empfänger	Anz. Meldungen
UMLIST	01.01.2016	Umlage Ist	I	1	2	0

6 Nach erfolgreicher Umlage wird ein Protokoll angezeigt. Klicken Sie auf die Schaltfläche **Sender**.

7 Die **Senderliste** wird angezeigt:

- Spalte **Kostenst.**: Einziger Sender in diesem Zyklus ist die Kostenstelle 1200 »Kantine«.
- Spalte **Funktionsbereich**: Der Funktionsbereich wird genutzt, um bei der Gewinn- und Verlustrechnung in der Buchhaltung das Umsatzkostenverfahren abzubilden.
- Spalte **Kostenart**: Die Kosten werden mit der sekundären Kostenart 631000 »Umlage Kantine« beim Sender entlastet. Diese Kostenart wurde im Segmentkopf des Segments SEG01 »Kantine« festgelegt.
- Spalten **Kreiswährung** und **KWähr**: Im gewählten Monat Januar werden 600 EUR umgelegt. Dieser Betrag ist das Resultat der Umbuchung, die Sie in Abschnitt 8.1, »Kosten manuell umbuchen«, erfasst haben.
- Spalte **Senderbasis**: Bei der Empfängerkostenstelle »Vertrieb Motorräder« ist für den Monat Januar ein Mitarbeiter gespeichert, bei der Empfängerkostenstelle »Instandhaltung« sind es drei Mitarbeiter. Insgesamt sind also vier Mitarbeiter als Kennzahl im Ist gespeichert. Für die Ermittlung der Senderbasis wird die Summe der gespeicherten statistischen Kennzahlen mit 1.000 multipliziert:

  Senderbasis = Summe der statistischen Kennzahlen × 1.000
  Senderbasis = (1 + 3) × 1.000 = 4.000

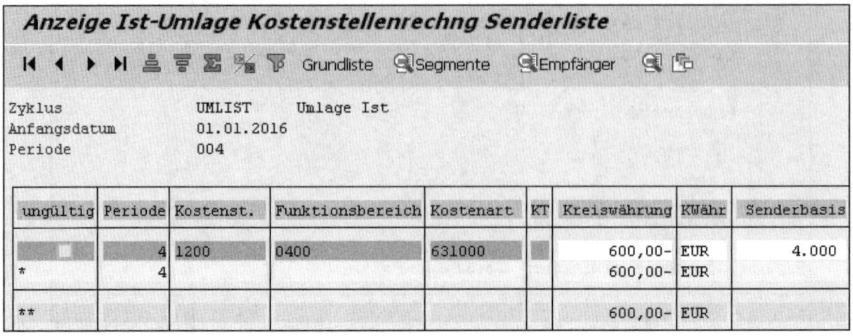

Anzeige Ist-Umlage Kostenstellenrechng Senderliste

Grundliste Segmente Empfänger

Zyklus	UMLIST	Umlage Ist
Anfangsdatum	01.01.2016	
Periode	004	

ungültig	Periode	Kostenst.	Funktionsbereich	Kostenart	KT	Kreiswährung	KWähr	Senderbasis
	4	1200	0400	631000		600,00-	EUR	4.000
*	4					600,00-	EUR	
**						600,00-	EUR	

8 Verlassen Sie die **Senderliste** mit einem Klick auf die Schaltfläche (**Zurück**).

9 Die Grundliste **Anzeige Ist-Umlage Kostenstellenrechng** wird wieder angezeigt. Klicken Sie in der Grundliste auf die Schaltfläche **Empfänger**.

10 Die Empfängerliste wird angezeigt. Die angezeigten Spalten haben die folgende Bedeutung:

- Spalte **Kostenst.**: Die beiden Empfängerkostenstellen, die das System identifiziert hat, sind 3100 »Vertrieb Motorräder« und 4300 »Instandhaltung«.
- Spalte **Funktionsbereich**: Der Funktionsbereich wird genutzt, um bei der Gewinn- und Verlustrechnung in der Buchhaltung das Umsatzkostenverfahren abzubilden.
- Spalte **Kostenart**: Die Kosten werden mit der sekundären Kostenart 613000 »Umlage Kantine« bei den Empfängern belastet. Das ist dieselbe Kostenart, mit der der Sender entlastet wird. Diese Kostenart wurde im Segmentkopf des Segments SEG01 »Kantine« festgelegt.
- Spalten **Kreiswährung** und **KWähr**: In jedem Monat werden die Empfänger mit 150 EUR bzw. 450 EUR belastet. Diese Beträge berechnen sich wie folgt:

  Empfängerwert = Senderwert ÷ Senderbasis × Bezugsbasis
  Empfängerwert (Vertrieb Motorräder) = 600 EUR ÷ 4.000 × 1.000 = 150 EUR
  Empfängerwert (Instandhaltung) = 800 EUR ÷ 4.000 × 3.000 = 450 EUR

- Spalte **Bezugsbasis**: Bei der Empfängerkostenstelle »Vertrieb Motorräder« ist für das Jahr 2016 ein Mitarbeiter gespeichert, bei der Empfängerkostenstelle »Instandhaltung« sind es drei Mitarbeiter. Für die Ermittlung der Bezugsbasis werden die gespeicherten statistischen Kennzahlen bei jedem Empfänger mit 1.000 multipliziert:

Bezugsbasis = Statistische Kennzahl × 1.000
Bezugsbasis (Vertrieb Motorräder) = 1 × 1.000 = 1.000
Bezugsbasis (Instandhaltung) = 3 × 1.000 = 3.000

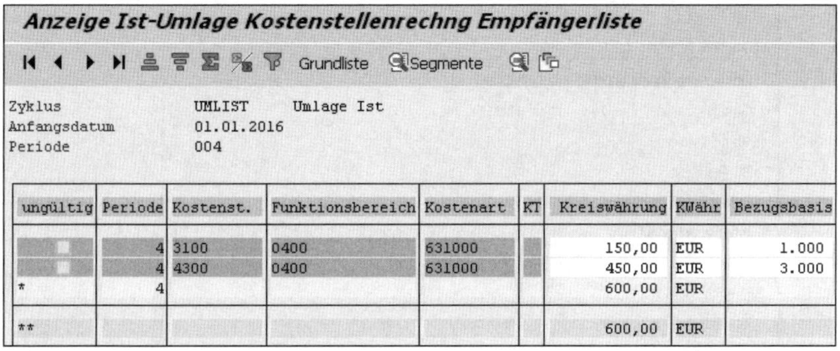

Anzeige Ist-Umlage Kostenstellenrechng Empfängerliste

Grundliste Segmente

Zyklus UMLIST Umlage Ist
Anfangsdatum 01.01.2016
Periode 004

ungültig	Periode	Kostenst.	Funktionsbereich	Kostenart	KT	Kreiswährung	KWähr	Bezugsbasis
	4	3100	0400	631000		150,00	EUR	1.000
	4	4300	0400	631000		450,00	EUR	3.000
*	4					600,00	EUR	
**						600,00	EUR	

11 Schließen Sie das Protokoll zur Ist-Umlage, indem Sie zweimal auf die Schaltfläche (**Zurück**) klicken.

12 Es erscheint ein Dialogfenster mit der Frage »Möchten Sie die Liste verlassen?«. Bestätigen Sie dieses Dialogfenster mit einem Klick auf die Schaltfläche **Ja**.

13 Anschließend erscheint das Einstiegsbild der Transaktion KSU5 (Ist-Umlage ausführen). Schließen Sie die Transaktion mit einem weiteren Klick auf die Schaltfläche (**Zurück**).

Ergebnis der Umlage anzeigen: Sender

Prüfen Sie nun, wie sich die Umlage bei der Senderkostenstelle »Kantine« ausgewirkt hat. Gehen Sie folgendermaßen vor, um das Ergebnis der Ist-Umlage für die Senderkostenstelle »Kantine« in einem Bericht anzuzeigen:

1 Folgen Sie dem Pfad **Rechnungswesen ▸ Controlling ▸ Kostenstellenrechnung ▸ Infosystem ▸ Berichte zur Kostenstellenrechnung ▸ Plan/Ist-Vergleiche ▸ Kostenstellen: Ist/Plan/Abweichung** im SAP Easy Access Menü, oder verwenden Sie den Transaktionscode S_ALR_87013611.

2 Es erscheint das Selektionsbild zu diesem Bericht. Füllen Sie die einzelnen Felder so aus:

- **Kostenrechnungskreis**: »1000«
- **Geschäftsjahr**: »2016«

- **Von Periode**: »4«, **Bis Periode** »4«
- **Planversion**: »0«
- **oder Wert(e)** (unter **Kostenstellengruppe**): »1200« (Kantine)

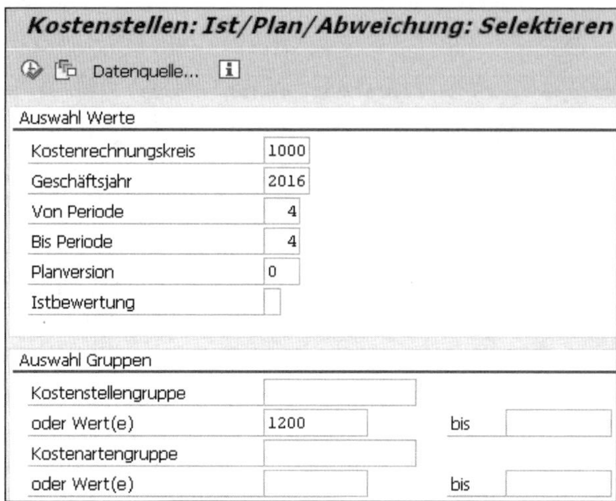

3 Führen Sie den Bericht mit einem Klick auf die Schaltfläche (**Ausführen**) aus. Der Bericht wird angezeigt.

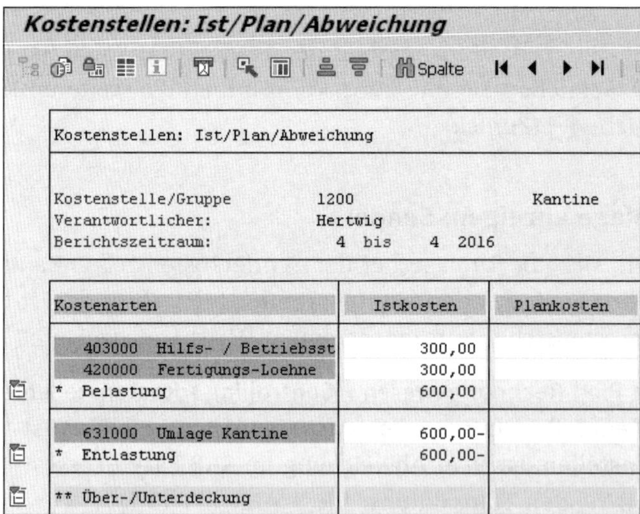

4 Beachten Sie die Spalte **Istkosten**. Die beiden Zeilen mit Belastungen aus primären Kostenarten 403000 »Hilfs-/Betriebsstoffe« und 420000 »Fertigungs-Loehne« mit jeweils 300 EUR kennen Sie schon. Diese beiden Zeilen sind das Ergebnis einer manuellen Umbuchung (siehe Abschnitt 8.1, »Kosten manuell umbuchen«).

5 Die Zeile mit der sekundären Kostenart 631000 »Umlage Kantine« ist das Ergebnis der im vorhergehenden Abschnitt gebuchten Umlage. Die Umlage wird bei dieser Kostenstelle als Entlastung ausgewiesen. Die Entlastung (–600 EUR) gleicht die Summe der Belastungen (600 EUR) exakt aus. Die **Über-/Unterdeckung**, also der Saldo aus Be- und Entlastungen, ist null.

6 Verlassen Sie den Bericht mit einem Klick auf die Schaltfläche **(Zurück)**. Es erscheint ein Dialogfenster mit der Frage »Möchten Sie den Bericht verlassen?«.

7 Bestätigen Sie dieses Dialogfenster wieder mit einem Klick auf die Schaltfläche **Ja**. Jetzt erscheint das Selektionsbild des Berichts.

8 Das Selektionsbild verlassen Sie mit einem weiteren Klick auf die Schaltfläche **(Zurück)**.

Ergebnis der Umlage anzeigen: Empfänger

Zum Abschluss dieses Abschnitts sehen Sie sich an, wie sich die Umlage bei einer Empfängerkostenstelle ausgewirkt hat. Gehen Sie folgendermaßen vor, um das Ergebnis der Ist-Umlage für die Empfängerkostenstelle »Vertrieb Motorräder« in einem Bericht anzuzeigen:

1 Folgen Sie dem Pfad **Rechnungswesen ▸ Controlling ▸ Kostenstellenrechnung ▸ Infosystem ▸ Berichte zur Kostenstellenrechnung ▸ Plan/Ist-Vergleiche ▸ Kostenstellen: Ist/Plan/Abweichung** im SAP Easy Access Menü, oder verwenden Sie den Transaktionscode S_ALR_87013611.

2 Es erscheint das Selektionsbild zu diesem Bericht. Füllen Sie die einzelnen Felder wie folgt aus:

- **Kostenrechnungskreis**: »1000«
- **Geschäftsjahr**: »2016«
- **Von Periode**: »4«, **Bis Periode** »4«
- **Planversion**: »0«
- **oder Wert(e)** (unter **Kostenstellengruppe**): »3100« (Vertrieb Motorräder)

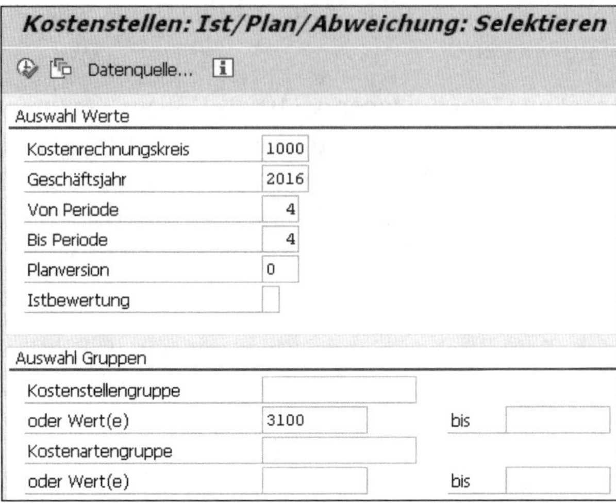

3 Führen Sie den Bericht mit einem Klick auf die Schaltfläche (**Ausführen**) aus. Der Bericht für die Kostenstelle 3100 »Vertrieb Motorräder« wird angezeigt.

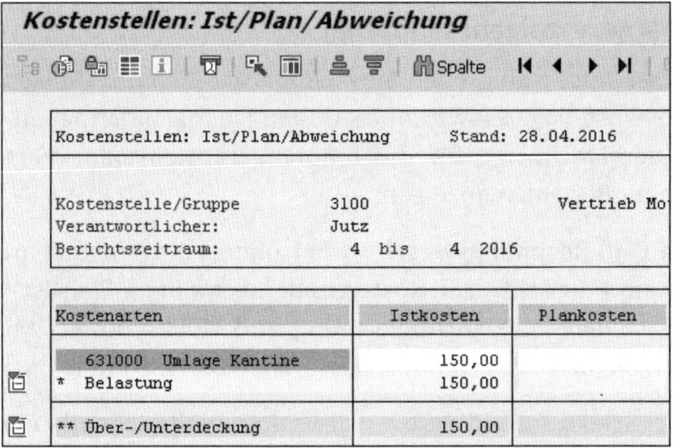

4 Beachten Sie die Spalte **Istkosten**. Die Zeile mit der sekundären Kostenart 631000 »Umlage Kantine« ist das Ergebnis der gebuchten Umlage. Die Umlage wird bei dieser Kostenstelle als Belastung ausgewiesen. Der Belastung von 150 EUR steht bei dieser Kostenstelle noch keine Entlastung gegenüber. Die Belastung ist noch nicht durch eine Entlastung gedeckt. Die letzte Zeile in diesem Bericht zeigt also eine Unterdeckung von 150 EUR.

5 Verlassen Sie den Bericht mit einem Klick auf die Schaltfläche (**Zurück**). Es erscheint ein Dialogfenster mit der Frage »Möchten Sie den Bericht verlassen?«.

6 Bestätigen Sie dieses Dialogfenster wieder mit einem Klick auf die Schaltfläche **Ja**. Jetzt erscheint das Selektionsbild des Berichts.

7 Das Selektionsbild verlassen Sie mit einem weiteren Klick auf die Schaltfläche (**Zurück**).

Die Erfassung von statistischen Kennzahlen im Ist und die Umlage von Ist-Kosten auf der Basis der statistischen Kennzahlen sind abgeschlossen. Die Strukturen, die Sie hier für Ist-Buchungen genutzt haben, habe ich in Kapitel 6, »Mit Kostenstellen fixe Kosten planen«, aus der Sicht der Planung schon einmal beschrieben. Leistungsarten und Leistungsverrechnung werden ebenfalls in der Planung genutzt, das wissen Sie aus Kapitel 7, »Mit Kostenstellen und Leistungsarten planen«. Wie Sie Leistungsarten und Leistungsverrechnung im Ist nutzen, erfahren Sie jetzt.

8.4 Leistungsverrechnung im Ist

Die Leistungsverrechnung im Plan kennen Sie bereits aus Kapitel 7. Die Plankosten und die Planleistung der Kostenstelle »Technischer Service« waren die Basis für die Ermittlung des Plantarifs der Leistungsart »Reparaturstunden«. Mit dieser Leistungsart hat sich die Kostenstelle »Technischer Service« auf die Kostenstellen »Produktion Motorrad« und »Fuhrpark« verrechnet. Den Tarif aus der Planung nutzen Sie jetzt, um die Ist-Leistungen zu bewerten. Bei der Leistungsverrechnung im Ist werden Ist-Mengen oder Ist-Stunden erfasst. Der verrechnete Wert ergibt sich aus der Multiplikation der Ist-Mengen bzw. Ist-Stunden mit den Plantarifen. Dadurch ergeben sich systematisch Abweichungen auf der Senderkostenstelle. Das Generieren von Abweichungen für die detaillierte Analyse ist eines der Ziele der Leistungsverrechnung.

Leistungsverrechnung erfassen

In diesem Abschnitt beschreibe ich die direkte Leistungsverrechnung. Bei der direkten Leistungsverrechnung werden Senderobjekte, Sendermengen, Empfängerobjekte und Empfängermengen im Buchungsbeleg angegeben.

Die indirekte Leistungsverrechnung kann die Empfängerobjekte, die Empfängermengen oder die Sendermengen auf der Basis von Regeln automatisch ermitteln. Die Beschreibung der indirekten Leistungsverrechnung würde den Rahmen dieses Buches überschreiten. In *SAP-Controlling – Customizing* von Martin und Renata Munzel, das ebenfalls bei SAP PRESS erschienen ist, ist die indirekte Leistungsverrechnung ausführlich beschrieben.

Sie erfassen eine direkte Leistungsverrechnung im Ist im Kostenrechnungskreis 1000 »CO Europe«. In Abschnitt 8.1, »Kosten manuell umbuchen«, habe ich Ihnen gezeigt, wie Sie diesen Kostenrechnungskreis für Ihren Benutzer setzen.

So erfassen Sie eine Leistungsverrechnung im Ist:

1. Folgen Sie dem Pfad **Rechnungswesen ▸ Controlling ▸ Kostenstellenrechnung ▸ Istbuchungen ▸ Leistungsverrechnung ▸ Erfassen** im SAP Easy Access Menü, oder verwenden Sie den Transaktionscode KB21N.

2. Es erscheint sofort das Bild zur Belegerfassung. Füllen Sie die einzelnen Felder folgendermaßen aus:
   - **Belegdatum**: »01.04.2016«, das ist das Datum, das auf dem Originalbeleg angegeben ist. Dieses Datum hat *keine* Auswirkung auf die Periode, in der der Beleg im System abgelegt wird.
   - **BuchDatum** (Buchungsdatum): »01.04.2016«, aus diesem Datum werden das Geschäftsjahr und die Periode für die Buchung im System abgeleitet. Das Feld **Periode** wird automatisch an den Monat in diesem Datum angepasst.
   - **ErfassVar** (Erfassungsvariante): »Kostenstelle«, mit dieser Erfassungsvariante können Sie Leistungsverrechnungen zwischen Kostenstellen erfassen. Mit der Auswahl einer Option in diesem Feld wird der Bereich **Positionen** automatisch angepasst.
   - **Eingabetyp**: »Listerfassung«, bei der Listerfassung ist die Eingabe von mehreren Buchungszeilen in einem Bildschirmbild möglich. Mit der Auswahl einer Option in diesem Feld wird der Bereich **Positionen** automatisch angepasst.

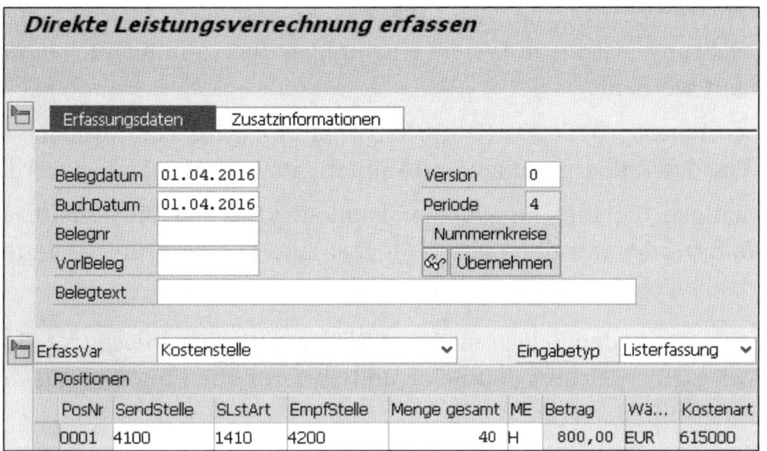

3 Erfassen Sie Ihre Leistungsverrechnung in der ersten Zeile des Bereichs **Positionen**:

- **SendStelle** (sendende Kostenstelle): »4100« (Technischer Service), diese Kostenstelle wird mit dem Wert der Leistungsverrechnung entlastet.
- **SLstArt** (sendende Leistungsart): »1410« (Reparaturstunden), für diese Leistungsart muss ein Tarif in der gebuchten Periode für die sendende Kostenstelle geplant sein.
- **EmpfStelle** (empfangende Kostenstelle): »4200« (Produktion Motorrad), diese Kostenstelle wird mit dem Wert der Leistungsverrechnung belastet.
- **Menge gesamt**: »40«, Sie erfassen die Ist-Verrechnung von 40 Reparaturstunden.
- **ME** (Mengeneinheit): »H« (Stunden), wird automatisch aus den Stammdaten der Leistungsart übernommen. Der Wert kann in diesem Erfassungsbild *nicht* geändert werden.
- **Betrag**: »800,00«, dieser Wert ist das Ergebnis der Multiplikation der von Ihnen erfassten Menge (40 Stunden) und dem Tarif, den Sie in der Planung ermittelt haben (20 EUR pro Stunde; siehe Abschnitt 7.5, »Tarife ermitteln, Be- und Entlastungen buchen«). Der Betrag wird vom System in dieses Feld eingetragen und kann manuell *nicht* geändert werden.

  Betrag der Leistungsverrechnung = Menge × Tarif
  Betrag der Leistungsverrechnung = 40 Std. × 20 EUR/Std. = 800 EUR

- **Währg**: »EUR«, die Währung des Belegs, hier die Buchungskreiswährung, wird vom System eingetragen und kann manuell *nicht* geändert werden.
- **Kostenart**: »615000« (DILV Reparaturen), wird vom System aus den Plandaten übernommen und kann manuell *nicht* geändert werden.

4 Bestätigen Sie Ihre Eingaben mit einem Klick auf die Schaltfläche (**Weiter**) oder mit der Taste [↵]. Das System überprüft die Daten und setzt die Positionsnummer 0001 in der Spalte **PosNr**.

5 Speichern Sie den Beleg mit einem Klick auf die Schaltfläche (**Buchen**). Das System speichert den Beleg und entfernt alle Eingaben aus dem Erfassungsbild der Transaktion.

6 Verlassen Sie die Transaktion KB21N (Direkte Leistungsverrechnung erfassen) mit einem Klick auf die Schaltfläche (**Zurück**).

HINWEIS

Leistungsbeziehung der Kostenstellen

Die Leistungsverrechnung im Ist kann für jede Kostenstelle/Leistungsart als Sender durchgeführt werden, wenn für diese Kostenstelle/Leistungsart ein Plantarif in der gebuchten Periode existiert. Die Beziehung aus sendender und empfangender Kostenstelle (hier »Technischer Service« und »Produktion Motorrad«) muss *nicht* bereits im Plan hergestellt worden sein. Mit der Leistungsverrechnung im Ist können Sie neue Leistungsbeziehungen zwischen Kostenstellen herstellen, die so nicht geplant waren.

Der Beleg für die Leistungsverrechnung wurde gespeichert. Die sendende Kostenstelle wurde entlastet, die empfangende Kostenstelle wurde belastet. Überprüfen Sie nun die Be- und Entlastung mit Kostenstellenberichten.

Ergebnis der Leistungsverrechnung anzeigen: Sender

Prüfen Sie nun, wie sich die Leistungsverrechnung bei der Senderkostenstelle ausgewirkt hat. Gehen Sie folgendermaßen vor, um das Ergebnis der direkten Leistungsverrechnung im Ist für die Senderkostenstelle »Technischer Service« in einem Bericht anzuzeigen:

1 Folgen Sie dem Pfad **Rechnungswesen ▸ Controlling ▸ Kostenstellenrechnung ▸ Infosystem ▸ Berichte zur Kostenstellenrechnung ▸ Plan/Ist-Vergleiche ▸ Kostenstellen: Ist/Plan/Abweichung** im SAP Easy Access Menü, oder verwenden Sie den Transaktionscode S_ALR_87013611.

2 Es erscheint das Selektionsbild zu diesem Bericht. Füllen Sie die einzelnen Felder folgendermaßen aus:

- **Kostenrechnungskreis**: »1000«
- **Geschäftsjahr**: »2016«
- **von Periode**: »4«, **Bis Periode** »4«
- **oder Wert(e)** (unter **Kostenstellengruppe**): »4100« (Technischer Service)

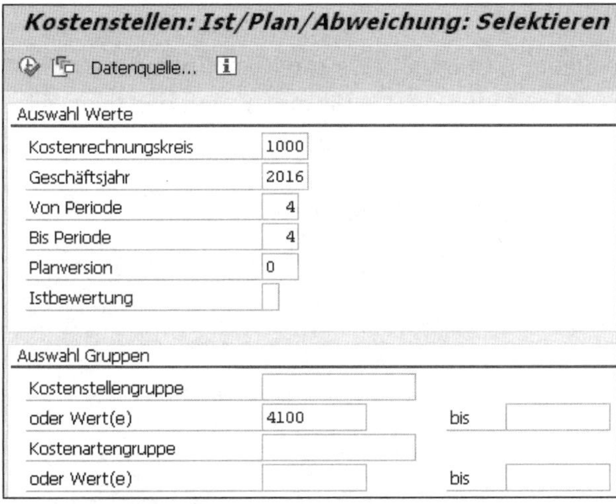

3 Führen Sie den Bericht mit einem Klick auf die Schaltfläche (**Ausführen**) aus. Der Bericht wird angezeigt.

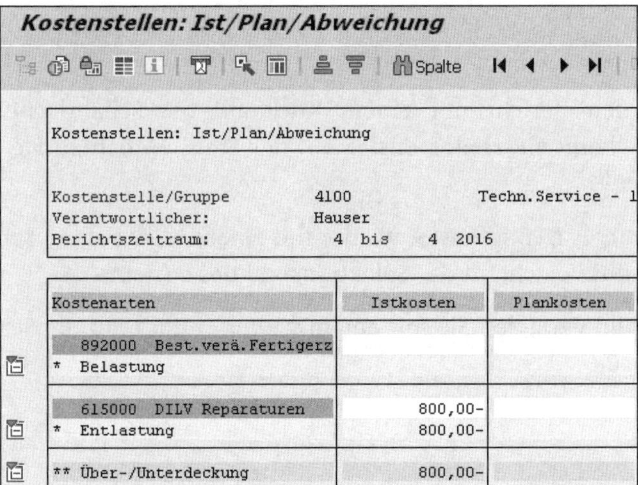

4 Beachten Sie die Spalte **Istkosten**. Die Zeile mit der Entlastung durch die sekundäre Kostenart 615000 »DILV Reparaturen« mit 800 EUR ist das Ergebnis der Leistungsverrechnung, die Sie soeben gebucht haben.

5 Mit dem Betrag (–800 EUR) bucht das System die Menge (–40 Stunden) aus Ihrem Erfassungsbeleg. Die gebuchte Menge können Sie hier im Bericht darstellen, indem Sie auf die Schaltfläche ▶ (**Seite rechts**) klicken. Der Zeilenaufriss nach Kostenarten bleibt erhalten. In den Spalten sehen Sie jetzt Mengen statt Kosten.

6 Beachten Sie die Spalte **Istmenge**. Wie die Kosten wird auch die Menge aus der Leistungsverrechnung, –40 H (Stunden), mit der sekundären Kostenart 615000 »DILV Reparaturen« gebucht.

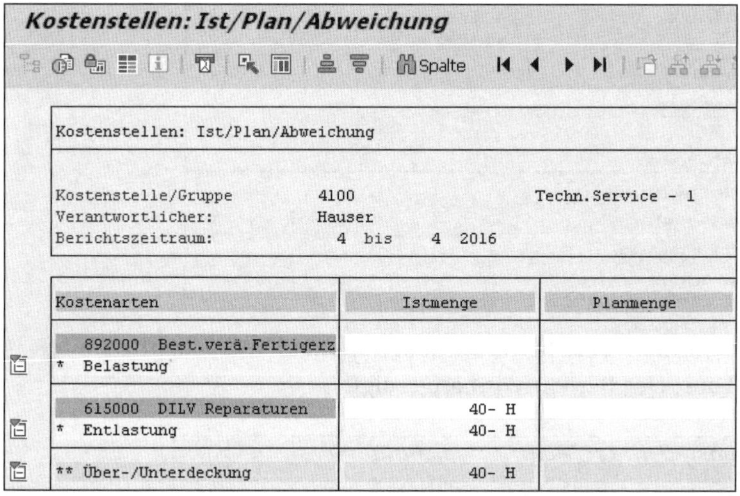

7 Verlassen Sie den Bericht mit einem Klick auf die Schaltfläche (**Zurück**). Es erscheint ein Dialogfenster mit der Frage »Möchten Sie den Bericht verlassen?«.

8 Bestätigen Sie dieses Dialogfenster wieder mit einem Klick auf die Schaltfläche **Ja**. Daraufhin erscheint das Selektionsbild des Berichts.

9 Das Selektionsbild verlassen Sie mit einem weiteren Klick auf die Schaltfläche (**Zurück**).

Ergebnis der Leistungsverrechnung anzeigen: Empfänger

Als Nächstes prüfen Sie, wie sich die Leistungsverrechnung bei der Empfängerkostenstelle ausgewirkt hat.

Das Ergebnis der direkten Leistungsverrechnung im Ist für die Empfängerkostenstelle »Produktion Motorrad« können Sie dazu in einem Bericht anzeigen. So geht's:

1. Folgen Sie dem Pfad **Rechnungswesen ▸ Controlling ▸ Kostenstellenrechnung ▸ Infosystem ▸ Berichte zur Kostenstellenrechnung ▸ Plan/Ist-Vergleiche ▸ Kostenstellen: Ist/Plan/Abweichung** im SAP Easy Access Menü, oder verwenden Sie den Transaktionscode S_ALR_87013611.
2. Es erscheint das Selektionsbild zu diesem Bericht. Füllen Sie die einzelnen Felder so aus:
   - **Kostenrechnungskreis**: »1000«
   - **Geschäftsjahr**: »2016«
   - **von Periode**: »4«, **Bis Periode** »4«
   - **oder Wert(e)** (unter **Kostenstellengruppe**): »4200« (Produktion Motorrad)

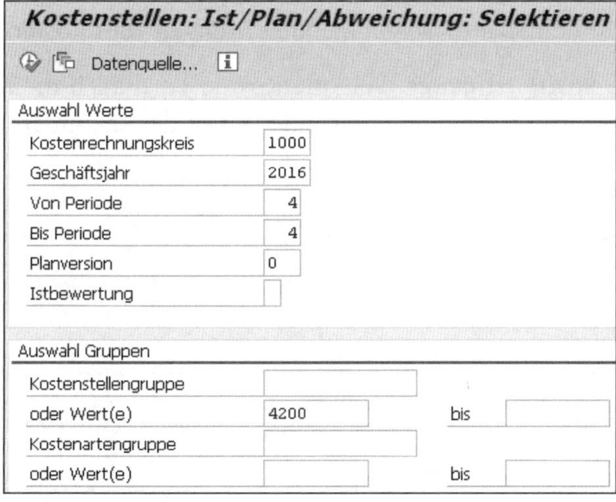

3. Führen Sie den Bericht mit einem Klick auf die Schaltfläche (**Ausführen**) aus. Der Bericht wird angezeigt.

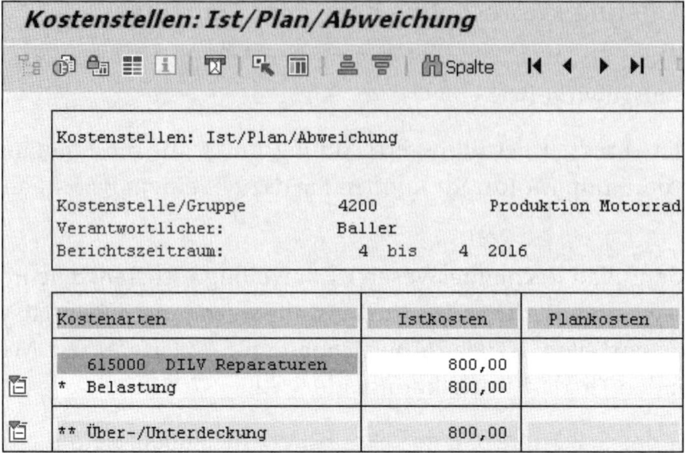

4 Beachten Sie die Spalte **Istkosten**. Die Zeile mit der Belastung durch die sekundäre Kostenart 615000 »DILV Reparaturen« mit 800 EUR ist das Ergebnis der Leistungsverrechnung, die Sie gebucht haben.

5 Mit dem Betrag (800 EUR) bucht das System gleichzeitig die Menge (40 Stunden) aus Ihrem Erfassungsbeleg. Auch die Menge auf der Belastungsseite können Sie hier im Bericht darstellen. Klicken Sie hierfür auf die Schaltfläche ▶ (**Seite rechts**). Der Zeilenaufriss nach Kostenarten bleibt erhalten. In den Spalten sehen Sie jetzt Mengen statt Kosten.

6 Beachten Sie die Spalte **Istmenge**. Wie die Kosten wird auch die Menge aus der Leistungsverrechnung, 40 H (Stunden), mit der sekundären Kostenart 615000 »DILV Reparaturen« gebucht.

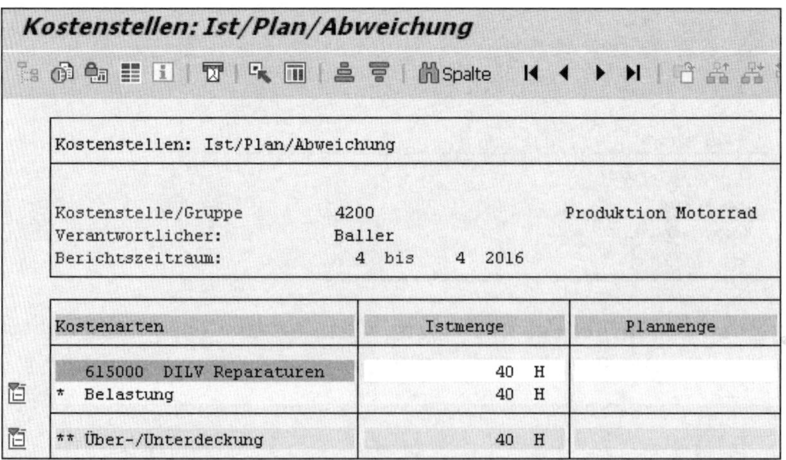

7 Verlassen Sie den Bericht mit einem Klick auf die Schaltfläche (**Zurück**). Es erscheint ein Dialogfenster mit der Frage »Möchten Sie den Bericht verlassen?«.

8 Bestätigen Sie dieses Dialogfenster wieder mit einem Klick auf die Schaltfläche **Ja**. Jetzt erscheint das Selektionsbild des Berichts.

9 Das Selektionsbild verlassen Sie mit einem weiteren Klick auf die Schaltfläche (**Zurück**).

VIDEO

Leistungsverrechnung im Ist

In diesem Video sehen Sie, wie Sie die Leistungsverrechnung im Ist erfassen. Sie buchen die geleistete Menge mit Sender- und Empfängerkostenstelle. Außerdem lernen Sie, wie die gebuchte Menge vom System mit Kosten bewertet wird.

http://s-prs.de/v4140eg

8.5 Probieren Sie es aus!

HINWEIS

Hinweise zur Übung

Die folgenden Übungen können Sie auf einem SAP IDES (International Demonstration and Education System) selbst durchführen. Die Übungen zu diesem Kapitel bauen aufeinander auf. Außerdem bauen die Übungen 9 und 10 auf den Übungen zu Kapitel 7 auf. Die Übungen 1 bis 8 sind unabhängig von den Übungen in anderen Kapiteln.

Alle Übungen in diesem Kapitel beziehen sich auf den Kostenrechnungskreis 1000 »CO Europe«.

Die Lösungshinweise können Sie auf der Webseite zum Buch unter *https://www.rheinwerk-verlag.de/4140/* herunterladen.

Aufgabe 1

Erfassen Sie eine manuelle Kostenumbuchung von 10.000 EUR mit der Kostenart 403000 »Hilfs- und Betriebsstoffe« von der Kostenstelle 9020 »Immobilien Leerstand« auf die Kostenstelle 9021 »Immobilien« für den 01. Januar des folgenden Jahres.

Feld	Dateneingabe
Belegdatum	01.01.2017
BuchDatum	01.01.2017
KostSt Alt	9020
Kostenart	403000
Betrag	10000
Kostst Neu	9021

Welche Erfassungsvariante und welchen Eingabetyp haben Sie genutzt?

Aufgabe 2

Überprüfen Sie das Ergebnis der Umbuchung aus Aufgabe 1 mit einem geeigneten Bericht für die Kostenstelle 9020 »Immobilien Leerstand«.

Feld	Dateneingabe
Kostenrechnungskreis	1000
Geschäftsjahr	2017
Von Periode	1
Bis Periode	1
Planversion	0
oder Wert(e) (unter Kostenstellengruppe)	9020

Mit welchem Vorzeichen wurde die Umbuchung gebucht? Wird die Umbuchung hier als Be- oder als Entlastung ausgewiesen?

Aufgabe 3

Überprüfen Sie das Ergebnis der Umbuchung aus Aufgabe 1 mit einem geeigneten Bericht für die Kostenstelle 9021 »Immobilien«.

Feld	Dateneingabe
Kostenrechnungskreis	1000
Geschäftsjahr	2017

Feld	Dateneingabe
Von Periode	1
Bis Periode	1
Planversion	0
oder Wert(e) (unter Kostenstellengruppe)	9021

Mit welchem Vorzeichen wurde die Umbuchung gebucht? Wird die Umbuchung hier als Be- oder als Entlastung ausgewiesen?

Aufgabe 4

Erfassen Sie Ist-Werte für die Anzahl der Quadratmeter Gebäudefläche, die von den Kostenstellen 2100 »Finanzen & Administration« (100 qm) und 4260 »Produktion Glühbirnen Linie 1000« (300 qm) genutzt wird. Erfassen Sie die Anzahl der Quadratmeter mit der statistischen Kennzahl 2010 »Fläche« für den 01. Januar des folgenden Jahres. Nutzen Sie die folgenden Daten:

Feld	Dateneingabe
Belegdatum	01.01.2017
BuchDatum	01.01.2017
Erste Zeile im Bereich »Positionen«	
EmpfStelle	2100
StatKz	2010
Menge gesamt	100
Zweite Zeile im Bereich »Positionen«	
EmpfStelle	4260
StatKz	2010
Menge gesamt	300

Welche Erfassungsvariante und welchen Eingabetyp haben Sie genutzt?

Aufgabe 5

Überprüfen Sie die Ist-Erfassung der statistischen Kennzahl aus Aufgabe 4 mit einem geeigneten Bericht für den Januar des folgenden Jahres.

Feld	Dateneingabe
Kostenrechnungskreis	1000
Geschäftsjahr	2017
Von Periode	1
Bis Periode	1
Planversion	0
oder Wert(e) (unter Statistische Kennzahlengruppe)	2010

Überprüfen Sie die Ist-Erfassung der statistischen Kennzahl aus Aufgabe 4 mit einem geeigneten Bericht für den Februar des folgenden Jahres.

Feld	Dateneingabe
Kostenrechnungskreis	1000
Geschäftsjahr	2017
Von Periode	2
Bis Periode	2
Planversion	0
oder Wert(e) (unter Statistische Kennzahlengruppe)	2010

Wie ist der Wert für den Februar entstanden?

Überprüfen Sie die Ist-Erfassung der statistischen Kennzahl aus Aufgabe 4 mit einem geeigneten Bericht für das komplette folgende Jahr.

Feld	Dateneingabe
Kostenrechnungskreis	1000
Geschäftsjahr	2017

Feld	Dateneingabe
Von Periode	1
Bis Periode	12
Planversion	0
oder Wert(e) (unter Statistische Kennzahlengruppe)	2010

Wie hoch ist der Wert? Wie können Sie diesen Wert erklären?

Aufgabe 6

Legen Sie einen Umlagezyklus an, mit dem Sie die Ist-Kosten der Kostenstelle 9021 »Immobilien« auf alle Kostenstellen gemäß der statistischen Kennzahl 2010 »Fläche« verrechnen. Nutzen Sie für die Umlage die sekundäre Kostenart 630000 »Umlage allg.« Machen Sie die folgenden Eingaben:

Feld	Dateneingabe
Einstiegsbild	
Zyklus	UMLI2
Anfangsdatum	01.01.2017
Kopfdaten	
Text	Umlage Ist, Quadratmeter
Erstes Segment im Bild »Kopfdaten«	
Segmentname	SEG01
Text	Immobilien
Umlagekostenart	630000
Empfänger-Regel	Variable Anteile
Art var. Anteile	Statist. Kennzahlen Ist
Erstes Segment der Registerkarte »Sender/Empfänger«	
Sender, von, Kostenstelle	9021
Sender, von, Kostenart	0
Sender, bis, Kostenart	999999

Feld	Dateneingabe
Empfänger, von, Kostenstelle	0
Empfänger, bis, Kostenstelle	9999
Erstes Segment der Registerkarte »Empfängerbezugsbasis«	
Version, von	0
Stat.Kennzahl, von	2010

Aufgabe 7

Führen Sie den Umlagezyklus UMLI2 aus Aufgabe 6 für den Januar des nächsten Geschäftsjahres aus, und prüfen Sie im Protokoll der Ausführung die Angaben zu Sender und Empfänger.

Feld	Dateneingabe
Periode	1
bis	1
Geschäftsjahr	2017
Testlauf	»leer«
Detaillisten	»Haken«
Zyklus, erste Zeile	UMLI2
Anfangsdat, erste Zeile	01.01.2017

Aufgabe 8

Prüfen Sie das Ergebnis der Umlage, die Sie in Aufgabe 7 ausgeführt haben, mit einem geeigneten Bericht für jede der drei betroffenen Kostenstellen.

Ihre Eingaben für den Bericht zur Kostenstelle 9021 »Immobilien« lauten:

Feld	Dateneingabe
Kostenrechnungskreis	1000
Geschäftsjahr	2017
Von Periode	1

Feld	Dateneingabe
Bis Periode	1
Planversion	0
oder Wert(e) (unter Kostenstellengruppe)	9021

Wie hoch sind die Kosten, mit denen die Kostenstelle 9021 »Immobilien« im Ist entlastet wurde? Wie hoch ist die Über-/Unterdeckung im Ist?

Machen Sie folgende Eingaben für den Bericht zur Kostenstelle 2100 »Finanzen & Administration«:

Feld	Dateneingabe
Kostenrechnungskreis	1000
Geschäftsjahr	2017
Von Periode	1
Bis Periode	1
Planversion	0
oder Wert(e) (unter Kostenstellengruppe)	2100

Wie hoch sind die Kosten, mit denen die Kostenstelle 2100 »Finanzen & Administration« im Ist belastet wurde? Wie errechnet sich dieser Betrag? Wie hoch ist die Über-/Unterdeckung? Handelt es sich hier um eine Überdeckung oder eine Unterdeckung?

Nehmen Sie folgende Eingaben für den Bericht zur Kostenstelle 4260 »Produktion Glühbirnen Linie 1000« vor:

Feld	Dateneingabe
Kostenrechnungskreis	1000
Geschäftsjahr	2017
Von Periode	1
Bis Periode	1

Feld	Dateneingabe
Planversion	0
oder Wert(e) (unter Kostenstellengruppe)	4260

Wie hoch sind die Kosten, mit denen die Kostenstelle 4260 »Produktion Glühbirnen Linie 1000« im Ist belastet wurde? Wie errechnet sich dieser Betrag? Wie hoch ist die Über-/Unterdeckung? Handelt es sich hier um eine Überdeckung oder eine Unterdeckung?

Aufgabe 9

Erfassen Sie eine Leistungsverrechnung im Ist von 100 Stunden der Kostenstelle 4110 »Technischer Service 2« (Sender) und der Leistungsart 1410 »Reparaturstunden« auf die Kostenstelle 4210 »Montage Motorräder« (Empfänger) für den 01. Januar des folgenden Jahres.

Feld	Dateneingabe
Belegdatum	01.01.2017
BuchDatum	01.01.2017
SendStelle	4110
SLstArt	1410
EmpfStelle	4210
Menge gesamt	1000

Welche Erfassungsvariante und welchen Eingabetyp haben Sie genutzt?

Aufgabe 10

Prüfen Sie das Ergebnis der Leistungsverrechnung, die Sie in Aufgabe 9 ausgeführt haben, mit einem geeigneten Bericht für die beiden betroffenen Kostenstellen.

Ihre Eingaben für den Bericht zur Kostenstelle 4110 »Technischer Service«:

Feld	Dateneingabe
Kostenrechnungskreis	1000
Geschäftsjahr	2017

Feld	Dateneingabe
Von Periode	1
Bis Periode	1
Planversion	0
oder Wert(e) (unter Kostenstellengruppe)	4110

Wie hoch sind die Kosten, mit denen die Kostenstelle 4110 »Technischer Service« im Ist entlastet wurde? Wie hat das System diesen Betrag ermittelt?

Ihre Eingaben für den Bericht zur Kostenstelle 4210 »Montage Motorräder«:

Feld	Dateneingabe
Kostenrechnungskreis	1000
Geschäftsjahr	2017
Von Periode	1
Bis Periode	1
Planversion	0
oder Wert(e) (unter Kostenstellengruppe)	4210

Wie hoch sind die Kosten, mit denen die Kostenstelle 4210 »Montage Motorräder« im Ist belastet wurde?

9 Innenaufträge pflegen

In den Kapiteln 3, 4, 6, 7 und 8 haben Sie sich mit Kostenstellen beschäftigt. Jetzt lernen Sie ein neues Controllingobjekt kennen, den Innenauftrag. Innenaufträge sind neben den Kostenstellen die zweiten wichtigen Kontierungsobjekte im Controlling von SAP.

In diesem Kapitel lernen Sie,

- mit dem persönlichen Arbeitsvorrat im Order Manager zu arbeiten,
- wie Sie einen echten Innenauftrag anlegen,
- wie Sie die Abrechnungsvorschrift zu einem Innenauftrag pflegen,
- welche Möglichkeiten Sie haben, um Auftragsgruppen und -hierarchien zu pflegen.

9.1 Was Sie über Innenaufträge wissen sollten

Innenaufträge sind Controllingobjekte, die je nach Ausprägung ganz unterschiedliche Rollen im SAP-System wahrnehmen. Es gibt Innenaufträge, die dafür eingerichtet werden, die Kosten für zeitlich befristete Maßnahmen zu sammeln, zum Beispiel für Verkaufsmessen. Manchmal werden Innenaufträge dazu verwendet, die Kosten und die Erlöse eines Kundenauftrags zu analysieren. Dann gibt es Innenaufträge, mit denen die Kosten einer Kostenstelle aufgeteilt werden, zum Beispiel für die Gliederung der Fuhrparkkosten nach Fahrzeugen. Und manche Aufträge haben einen eher technischen Charakter, zum Beispiel bei der Abgrenzung von aperiodischen Zahlungen wie dem Urlaubsgeld oder dem Weihnachtsgeld.

Eine ausführliche Diskussion aller Verwendungszwecke von Innenaufträgen würde den Rahmen dieses Buches überschreiten. Ich beschränke mich darauf, Ihnen eine wesentliche Ausprägung vorzustellen: einen echten Innenauftrag als Kontierungsobjekt für Marketingkosten.

9.2 Den Order Manager nutzen

Darf ich vorstellen: der Order Manager (*Order* ist das englische Wort für Auftrag). Mit dem Order Manager werden Stammdaten von Innenaufträgen im SAP-System verwaltet. Im folgenden Bild sehen Sie die dreigeteilte Bildschirmmaske des Order Managers.

Oben links im Bereich **Suche nach** haben Sie die Möglichkeit, nach vorhandenen Aufträgen zu suchen. Unten links im Bereich **Persönlicher Arbeitsvorrat** werden die Aufträge dargestellt, die Sie zuletzt bearbeitet haben. In dem großen Bereich rechts sehen Sie die Stammdaten des ausgewählten Auftrags.

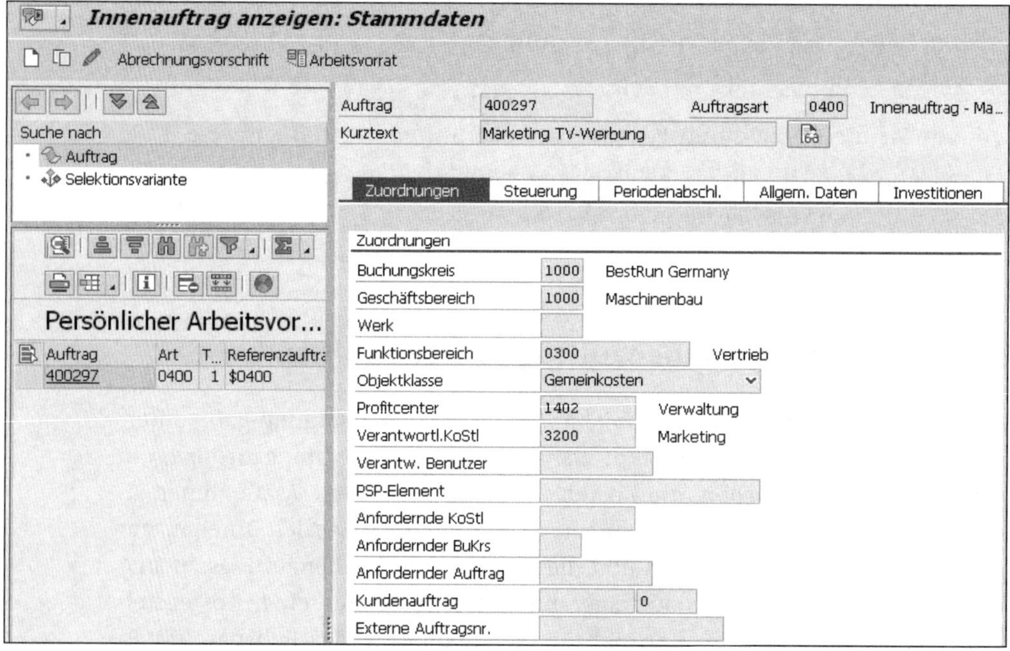

Stammdaten von Innenaufträgen mit dem Order Manager pflegen

Bevor Sie mit der Arbeit mit Innenaufträgen im Allgemeinen und mit dem Order Manager im Besonderen beginnen, müssen Sie sicherstellen, dass Sie den richtigen Kostenrechnungskreis gesetzt haben. Verwenden Sie für alle Beispiele in diesem Kapitel den Kostenrechnungskreis 1000 »CO Europe«.

Gehen Sie folgendermaßen vor, um den Kostenrechnungskreis für Ihren Benutzer zu setzen:

1. Folgen Sie dem Pfad **Rechnungswesen ▸ Controlling ▸ Kostenstellenrechnung ▸ Umfeld ▸ Umfeld ▸ Kostenrechnungskreis setzen** im SAP Easy Access Menü, oder verwenden Sie den Transaktionscode OKKS.
2. Es öffnet sich ein Dialogfenster, in dem Sie im Feld **Kostenrechnungskreis** den Schlüssel des Kostenrechnungskreises eintragen, mit dem Sie arbeiten möchten.

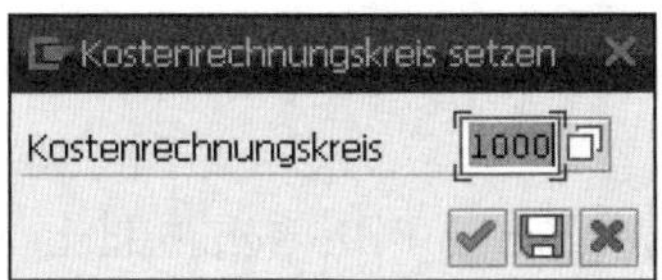

Für alle Beispiele in diesem Kapitel nutzen Sie den Kostenrechnungskreis 1000.

3. Bestätigen Sie Ihre Eingabe mit einem Klick auf die Schaltfläche ✔ (**Weiter**) oder mit der Taste [↵]. Mit dieser Schaltfläche speichern Sie den gewählten Kostenrechnungskreis für die aktuelle SAP-Sitzung. Der Kostenrechnungskreis bleibt so lange gesetzt, bis Sie sich vom SAP-System abmelden.
4. Alternativ können Sie die Eingabe des Kostenrechnungskreises dauerhaft mit einem Klick auf die Schaltfläche 💾 (**Als Benutzerparameter sichern**) oder mit der Taste [F5] speichern.

   Dann bleibt der gewählte Kostenrechnungskreis auch über die aktuelle SAP-Sitzung hinaus gesetzt. Wenn Sie sich ab- und wieder anmelden, weiß das System bereits, mit welchem Kostenrechnungskreis Sie arbeiten möchten.

Als Nächstes erfahren Sie, wie Sie mit dem **Persönlichen Arbeitsvorrat** des Order Managers arbeiten. Gehen Sie folgendermaßen vor, um den Order Manager zu öffnen:

1. Folgen Sie dem Pfad **Rechnungswesen ▸ Controlling ▸ Innenaufträge ▸ Stammdaten ▸ Order Manager** im SAP Easy Access Menü, oder verwenden Sie den Transaktionscode KO04.

2 Der Order Manager wird geöffnet. Beim ersten Einstieg ist der persönliche Arbeitsvorrat (**Persönlicher Arbeitsvor...**) leer. Dieser Arbeitsvorrat wird automatisch mit den Aufträgen gefüllt, die Sie selbst anlegen. Sie können den Arbeitsvorrat aber auch nutzen, um auf bereits bestehende Aufträge zuzugreifen, die von anderen Benutzern angelegt wurden.

3 Um bestehende Aufträge zu suchen, klicken Sie auf die Schaltfläche **Auftrag** im Bereich **Suche nach**. Ein Dialogfenster mit dem Titel **Auftragsnummer (1)** öffnet sich. Tragen Sie die folgenden Werte in die Felder in diesem Dialogfenster ein:

- **Auftragsart**: »0400«
- **Kostenrechnungskreis**: »1000«. Dieser Kostenrechnungskreis wird automatisch aus Ihren Benutzervorgaben übernommen.
- **Auftrag**: »400*«. Das System sucht nach allen Aufträgen, die mit 400 beginnen.

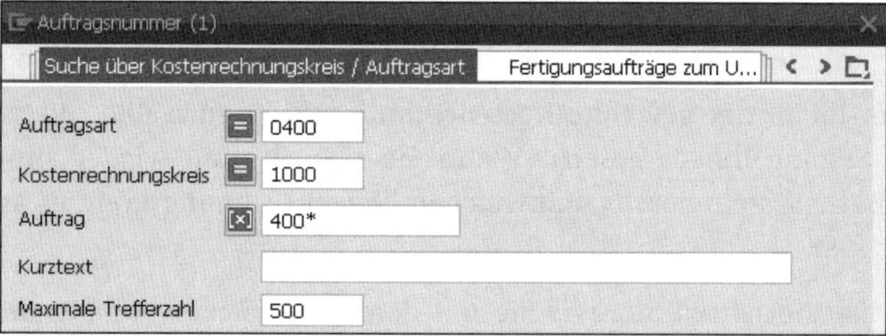

4 Starten Sie die Suche mit einem Klick auf die Schaltfläche (**Suche starten**).

5 Ein weiteres Dialogfenster mit dem Titel **Auftragsnummer (1) nn Einträge gefunden** öffnet sich. **nn** (hier 15) steht für die Anzahl der gefundenen Aufträge.

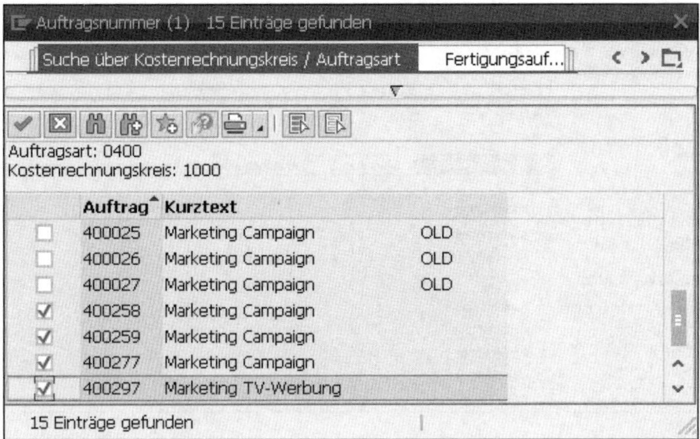

6 Markieren Sie die Aufträge, die Sie in Ihren persönlichen Arbeitsvorrat übernehmen möchten, mit einem Haken in der linken Spalte. Den Haken setzen Sie mit einem Klick in das Kästchen links von der jeweiligen Auftragsnummer.

7 Übernehmen Sie Ihre Auswahl mit einem Klick auf die Schaltfläche ✔ (**Übernehmen**). Die markierten Aufträge sehen Sie jetzt im Order Manager im Bereich **Persönlicher Arbeitsvorrat**.

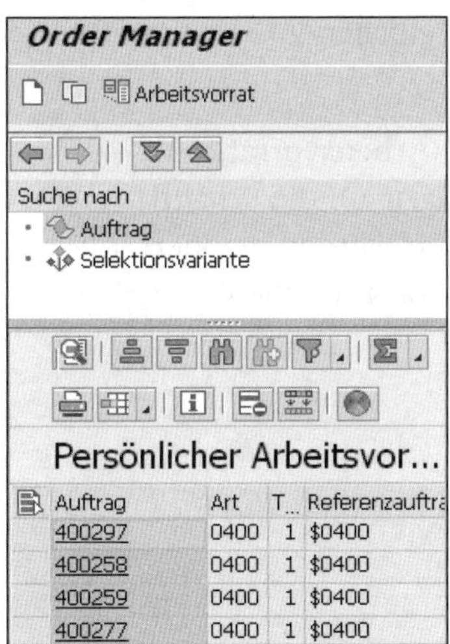

8 Mit einem Klick auf eine Auftragsnummer im persönlichen Arbeitsvorrat werden die Stammdaten zu diesem Auftrag im rechten Bildbereich angezeigt.

9 Zum Ein- und Ausblenden der linken Spalte mit den Bereichen **Suche nach** und **Persönlicher Arbeitsvor...** klicken Sie auf die Schaltfläche **Arbeitsvorrat**. Bei kleinen Bildschirmen ist diese Funktion wichtig, um mehr Platz für den Stammdatenbereich zu schaffen.

10 Möchten Sie einzelne Aufträge aus Ihrem persönlichen Arbeitsvorrat entfernen, klicken Sie auf die graue Schaltfläche links von der entsprechenden Auftragsnummer. Damit wird die Zeile im Arbeitsvorrat markiert.

11 Klicken Sie dann auf die Schaltfläche (**Aus Arbeitsvorrat löschen**). Der markierte Auftrag wird aus Ihrem persönlichen Arbeitsvorrat entfernt, aber *nicht* im System gelöscht.

12 Bereinigen Sie jetzt Ihren persönlichen Arbeitsvorrat, und löschen Sie alle ausgewählten Aufträge. Klicken Sie dazu auf die Schaltfläche . Alle Zeilen in Ihrem persönlichen Arbeitsvorrat werden markiert. Klicken Sie jetzt auf die Schaltfläche (**Aus Arbeitsvorrat löschen**).

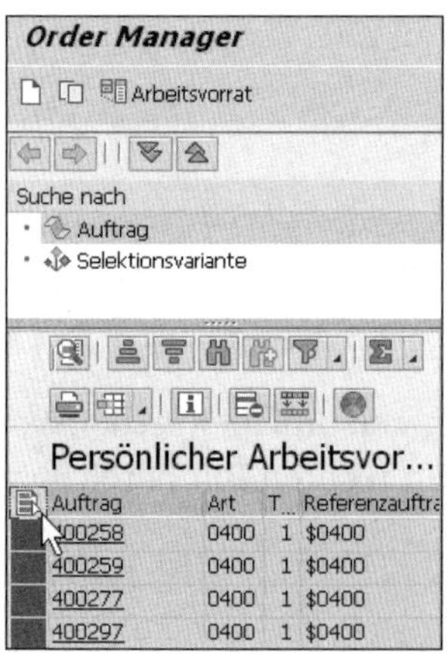

13 Ihr persönlicher Arbeitsvorrat ist jetzt wieder leer, wie beim ersten Einstieg in den Order Manager.

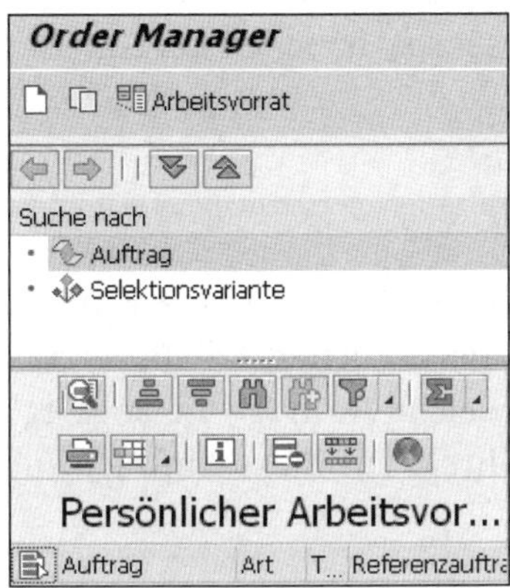

14 Schließen Sie die Transaktion KO04 (Order Manager) mit einem Klick auf die Schaltfläche (**Zurück**).

Sie haben in diesem Abschnitt den Order Manager kennengelernt und können nun mit dem persönlichen Arbeitsvorrat umgehen. Im nächsten Abschnitt nutzen Sie den Order Manager, um einen Innenauftrag anzulegen.

VIDEO

Order Manager nutzen und Innenauftrag anlegen

In diesem Video sehen Sie, wie Sie den Order Manager zum Anlegen und Pflegen von Innenaufträgen nutzen. Sie legen einen neuen Innenauftrag an und die Auftragsnummer wird automatisch vom System ermittelt. Für den Innenauftrag pflegen Sie wichtige Steuerungskennzeichen sowie die Vorschrift zur Auftragsabrechnung.

http://s-prs.de/v4140kb

9.3 Einen Innenauftrag anlegen

Im folgenden Beispiel legen Sie einen Innenauftrag für die Verwaltung der Kosten für TV-Werbung an. Die Kosten sollen direkt auf diesen Innenauftrag gebucht und von diesem weiterverrechnet werden.

Verwenden Sie den Order Manager, um einen Innenauftrag anzulegen. Wenn Sie mit dem Order Manager arbeiten, muss der Kostenrechnungskreis gesetzt sein. Nutzen Sie für das folgende Beispiel den Kostenrechnungskreis »1000«. Wie Sie den Kostenrechnungskreis setzen, habe ich am Anfang dieses Kapitels beschrieben.

Stammdaten anlegen

Zum Anlegen eines Innenauftrags nutzen Sie den Order Manager. Aufträge, die Sie hier anlegen, werden automatisch im persönlichen Arbeitsvorrat fortgeschrieben. So haben Sie immer im Blick, welche Aufträge Sie angelegt haben, und können zum Ändern, falls nötig, direkt auf diese Aufträge zugreifen.

Gehen Sie folgendermaßen vor, um den Order Manager zu öffnen:

1. Folgen Sie dem Pfad **Rechnungswesen ▸ Controlling ▸ Innenaufträge ▸ Stammdaten ▸ Order Manager** im SAP Easy Access Menü, oder verwenden Sie den Transaktionscode KO04.
2. Der Order Manager wird geöffnet. Zum Anlegen eines neuen Auftrags klicken Sie auf die Schaltfläche (**Anlegen**).

HINWEIS

Auftragsart

Die Auftragsart steuert, welche Felder bei der Stammdatenpflege eines Auftrags zur Verfügung stehen und wie sie vorbelegt werden. Außerdem steuert die Auftragsart, wie die Aufträge abgerechnet werden können (dazu später mehr). Die Auftragsarten werden individuell in jedem SAP-System eingerichtet. Sie werden im produktiven SAP-System in Ihrem Unternehmen die Auftragsart 0400 vermutlich nicht in der Ausprägung vorfinden, die ich Ihnen hier beschreibe. Die Ausprägung der Auftragsart 0400, die Sie hier sehen, ist speziell für das Schulungssystem IDES eingerichtet worden.

3 Ein Dialogfenster mit dem Titel **Innenauftrag anlegen** öffnet sich. Tragen Sie »0400« in das Feld **Auftragsart** ein, und bestätigen Sie Ihre Eingabe mit einem Klick auf die Schaltfläche ✔ (**Weiter**).

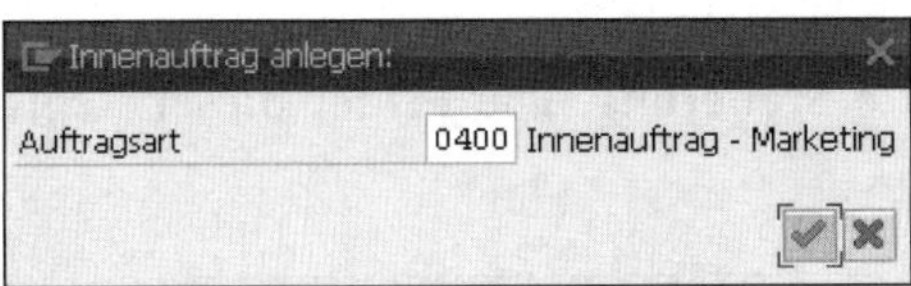

4 Ein neuer Auftrag mit der Auftragsart 0400 wird angelegt. Sie sehen den neuen Auftrag mit der Registerkarte **Zuordnungen**.

5 Die Felder **Kurztext**, **Buchungskreis**, **Geschäftsbereich**, **Objektklasse**, **Profitcenter** und **Verantwortl.KoStl** (verantwortliche Kostenstelle) sind bereits mit Werten vorbelegt. Überschreiben Sie die folgenden Felder:

- **Kurztext**: »Marketing TV-Werbung« statt »Marketing Campaign«
- **Profitcenter**: »1402« statt »1000«

6 Die Auftragsnummer im Feld **Auftrag** fehlt. Sie wird später beim Speichern automatisch vom System festgelegt. Diese Art der Nummernvergabe heißt interne Nummernvergabe.

Im Gegensatz dazu existiert auch die externe Nummernvergabe, bei der Sie als Anwender die Nummer festlegen. Hier ist für diese Auftragsart nur die interne Nummernvergabe vorgesehen.

7 Der Eintrag im Feld **Verantwortl.KoStl** (verantwortliche Kostenstelle) steuert *nicht*, wie dieser Auftrag verrechnet wird. Dieses Feld kann beim Zugriff auf die Stammdaten des Auftrags für die Berechtigungsprüfung genutzt werden.

8 Klicken Sie auf die Registerkarte **Steuerung**. Die Felder dieser Registerkarte werden angezeigt.

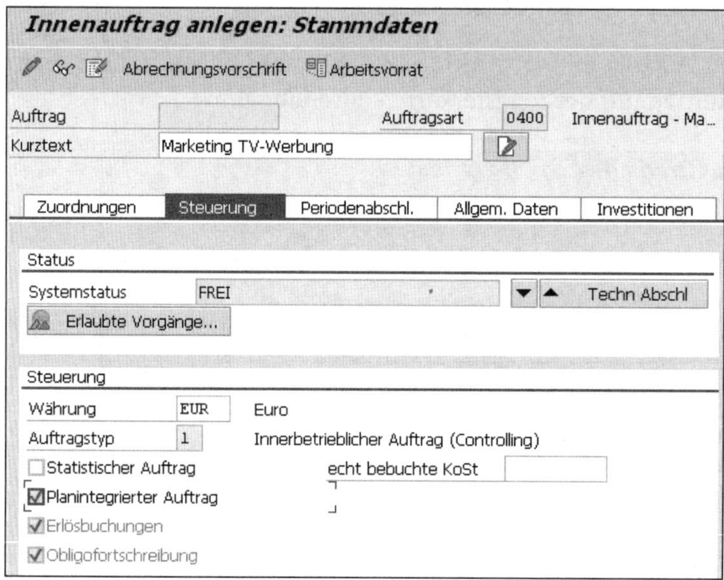

9 Die Einträge der vorbelegten Feldern bedeuten:

- **Systemstatus**: »FREI«. Der Auftrag ist frei und kann bebucht werden.
- **Erlösbuchungen**: »Ja« (Haken gesetzt). Erlösbuchungen sind für diesen Auftrag erlaubt. Durch diesen Parameter unterscheiden sich Kostenstellen und Innenaufträge wesentlich. Bei Innenaufträgen können Sie steuern, ob Erlösbuchungen erlaubt sind oder nicht. Auf Kostenstellen können grundsätzlich *keine* Erlöse gebucht werden. Bei Kostenstellen existiert kein Parameter, der das Buchen von Erlösen erlaubt. Gesteuert durch die Auftragsart 0400, kann dieser Parameter nicht geändert werden.
- **Obligofortschreibung**: »Ja« (Haken gesetzt). Werte aus Bestellanforderungen oder Bestellungen sind für diesen Auftrag sichtbar. Gesteuert durch die Auftragsart kann dieser Parameter nicht geändert werden.

10 Setzen Sie den Haken bei **Planintegrierter Auftrag**, indem Sie das Kästchen links von diesem Parameter anklicken. Damit ermöglichen Sie, dass der Auftrag im Plan abgerechnet werden kann.

11 Speichern Sie den Innenauftrag mit einem Klick auf die Schaltfläche (**Sichern**). Das SAP-System ermittelt die Auftragsnummer, trägt sie in das Feld **Auftrag** ein und speichert den Auftrag. Der Auftrag steht jetzt in Ihrem persönlichen Arbeitsvorrat des Order Managers. Der Order Manager springt in den Anzeigemodus.

12 In meinem System wurde für diesen Auftrag die Nummer »400317« vergeben. In Ihrem System wird wahrscheinlich eine andere Nummer für diesen Auftrag vergeben. Notieren Sie sich Ihre Nummer, wenn Sie die weiteren Beispiele zu diesem Innenauftrag in Ihrem System nachvollziehen möchten.

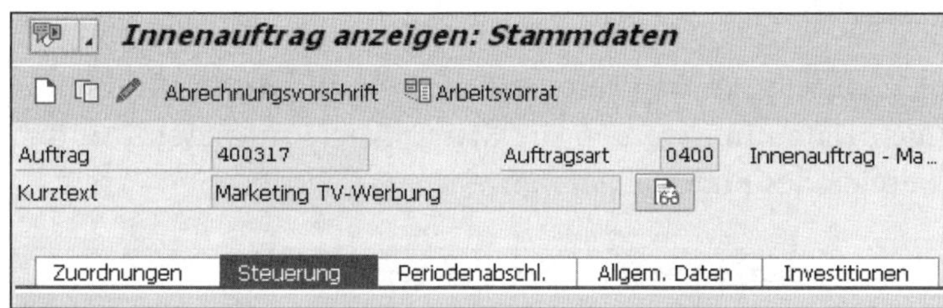

13 Verlassen Sie die Transaktion KO04 (Order Manager), indem Sie zweimal auf die Schaltfläche (**Zurück**) klicken.

Abrechnungsvorschriften pflegen

Sie haben im vorherigen Abschnitt einen echten Innenauftrag »Marketing TV-Werbung« angelegt. Der Auftrag kann sofort mit Kosten im Plan und im Ist belastet werden. Um die Kosten von diesem Auftrag weiterzuverrechnen, benötigen Sie Abrechnungsvorschriften. Nutzen Sie den Order Manager, um die Vorschriften für die Abrechnung im Ist und im Plan zu erfassen.

Gehen Sie folgendermaßen vor, um den Order Manager zu öffnen:

1 Folgen Sie dem Pfad **Rechnungswesen ▸ Controlling ▸ Innenaufträge ▸ Stammdaten ▸ Order Manager** im SAP Easy Access Menü, oder verwenden Sie den Transaktionscode KO04.

2 Der Order Manager wird geöffnet. Im Bereich **Persönlicher Arbeitsvorrat** sehen Sie den Auftrag 400317. Das ist der Auftrag »Marketing TV-Werbung«, den Sie soeben angelegt haben.

3 Wählen Sie diesen Auftrag mit einem Klick auf die Auftragsnummer **400317** aus. Daraufhin werden die Stammdaten zu diesem Auftrag im rechten Bereich des Bildes angezeigt.

4 Wechseln Sie mit einem Klick auf die Schaltfläche (**Ändern**) in den Änderungsmodus der Transaktion. Die änderbaren Felder werden weiß.

5 Pflegen Sie die Abrechnungsvorschrift für die Auftragsabrechnung im Ist. Klicken Sie dazu auf die Schaltfläche **Abrechnungsvorschrift**.

6 Das Bild **Abrechnungsvorschrift pflegen: Übersicht** wird geöffnet. Die Liste **Aufteilungsregeln** ist leer. Tragen Sie in die erste Zeile der **Aufteilungsregeln** diese Werte ein:

- **Typ:** »KST« (Kostenstelle)
- **Abrechnungsempfän...** (Abrechnungsempfänger): »3200« (Marketing)

7 Bestätigen Sie Ihre Eingaben mit einem Klick auf die Schaltfläche ✓ (**Weiter**) oder mit der Taste [↵]. Das Feld **Empfänger-Kurztext** und drei weitere Felder werden gefüllt.

> **HINWEIS**
>
> **Auftragsabrechnung**
>
> Sowohl Kostenstellen als auch Innenaufträge werden mit Kosten be- und entlastet. Für die Entlastung der Kostenstellen haben Sie die Umlage und die Leistungsverrechnung kennengelernt. Aufträge werden ausschließlich mit der Auftragsabrechnung entlastet. Die Regeln für die Auftragsabrechnung werden hier bei den Stammdaten des Innenauftrags hinterlegt.
>
> In den Regeln für die Abrechnung, den Aufteilungsregeln, legen Sie fest, auf welchen Objekttyp (**Typ**) abgerechnet wird. Typen für die Abrechnung sind zum Beispiel »KST« (Kostenstelle), »AUF« (ein anderer Auftrag) oder »ERG« (Ergebnisobjekt in der Ergebnis- und Marktsegmentrechnung). In Abhängigkeit vom Eintrag in der Spalte **Typ** steht in der Spalte **Abrechnungsempfän...** (Abrechnungsempfänger) der entsprechende Schlüssel des Empfängers, zum Beispiel einer Kostenstelle. In der Spalte % legen Sie fest, wie viel Prozent der Auftragskosten an diesen Empfänger verrechnet werden. Sie können mehrere Aufteilungsregeln mit unterschiedlichen Prozentsätzen anlegen, um die Auftragsabrechnung auf mehrere Objekte aufzuteilen. Die Summe der Prozentsätze muss 100 ergeben.

8 Pflegen Sie jetzt die Abrechnungsvorschrift für die Auftragsabrechnung im Plan. Klicken Sie dazu auf die Schaltfläche **Abrechnung Plan**. Ein Dialogfenster mit dem Titel **Planversion wählen** erscheint.

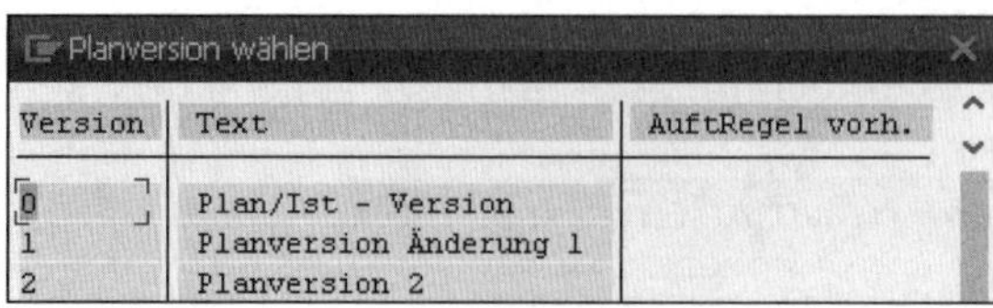

9 Wählen Sie die Version 0 »Plan/Ist – Version« mit einem Doppelklick auf diese Version aus. Das Bild **Abrechnungsvorschrift pflegen: Übersicht** wird geöffnet, dieses Mal für die Abrechnung im Plan mit der Version 0 »Plan/Ist – Version«. Die Liste **Aufteilungsregeln** ist wieder leer.

10 Tragen Sie in die erste Zeile der **Aufteilungsregeln** die gleichen Werte ein, die für die Abrechnung im Ist genutzt werden:

- **Typ**: »KST« (Kostenstelle)
- **Abrechnungsempfän...** (Abrechnungsempfänger): »3200« (Marketing)

11 Bestätigen Sie Ihre Eingaben mit einem Klick auf die Schaltfläche ✓ (**Weiter**) oder mit der Taste [↵]. Das Feld **Empfänger-Kurztext** und drei weitere Felder werden gefüllt.

12 Speichern Sie den Innenauftrag mit den neuen Abrechnungsvorschriften mit einem Klick auf die Schaltfläche (**Sichern**). Der Order Manager wird mit den Stammdaten und der Registerkarte **Zuordnungen** dargestellt. Er befindet sich jetzt wieder im Anzeigemodus.

13 Verlassen Sie die Transaktion KO04 (Order Manager), indem Sie zweimal auf die Schaltfläche (**Zurück**) klicken.

Sie haben Ihren ersten Auftrag angelegt und mit Abrechnungsvorschriften für die Ist- und die Planabrechnung versorgt. Bei diesem Auftrag handelt es sich um den Innenauftrag »Marketing TV-Werbung«. Sie können diesen Auftrag sofort mit Buchungen im Ist und im Plan be- und entlasten.

9.4 Auftragsgruppen und -hierarchien

Aufträge können für summarische Berichte zu Gruppen zusammengefasst werden. Wenn Sie Auftragsgruppen in übergeordneten Gruppen zusammenfassen, entsteht eine Auftragshierarchie, wie Sie sie im folgenden Bild sehen.

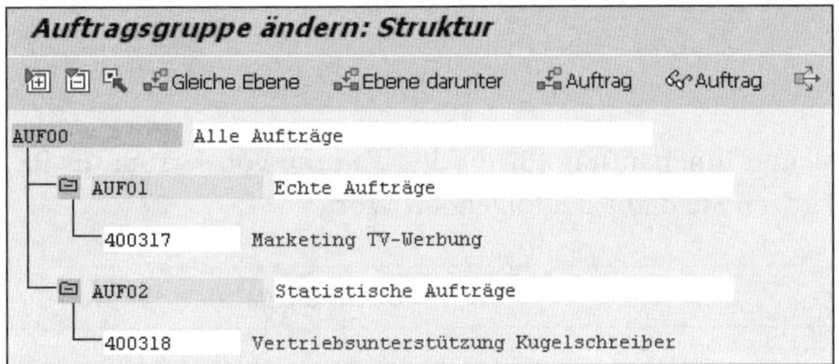

Auftragsgruppen mit zwei Innenaufträgen

Gehen Sie folgendermaßen vor, um neue Auftragsgruppen anzulegen: Folgen Sie dem Pfad **Rechnungswesen ▸ Controlling ▸ Innenaufträge ▸ Stammdaten ▸ Auftragsgruppe ▸ Anlegen** im SAP Easy Access Menü, oder verwenden Sie den Transaktionscode KOH1.

Gehen Sie folgendermaßen vor, um Auftragsgruppen zu ändern: Folgen Sie dem Pfad **Rechnungswesen ▸ Controlling ▸ Innenaufträge ▸ Stammdaten ▸ Auftragsgruppe ▸ Ändern** im SAP Easy Access Menü, oder verwenden Sie den Transaktionscode KOH2.

In den Transaktionen KOH1 (Auftragsgruppe anlegen) und KOH2 (Auftragsgruppe ändern) finden Sie exakt die gleichen Funktionen, die Sie bereits für die Pflege von Kostenartengruppen kennengelernt haben (siehe Abschnitt 2.4, »Kostenartengruppen pflegen«). Auf die detaillierte Beschreibung der Pflege der beiden Transaktionen KOH1 und KOH2 verzichte ich, um Wiederholungen zu vermeiden.

9.5 Probieren Sie es aus!

HINWEIS

Hinweise zur Übung

Die folgenden Übungen können Sie auf einem SAP IDES (International Demonstration and Education System) selbst durchführen. Die Übungen zu diesem Kapitel bauen aufeinander auf. Sie sind unabhängig von den Übungen in anderen Kapiteln.

Die Übungen in diesem Kapitel beziehen sich auf den Kostenrechnungskreis 1000 »CO Europe«.

Die Lösungshinweise können Sie auf der Webseite zum Buch unter *https://www.rheinwerk-verlag.de/4140/* herunterladen.

Aufgabe 1

Legen Sie einen neuen Innenauftrag für die Verwaltung von Kosten für Radiowerbung an. Nutzen Sie dafür die folgenden Werte:

Feld	Dateneingabe
Auftragsart	0400
Auftrag	Wird vom System vergeben.
Kurztext	Marketing Radiowerbung
Profit-Center	1402
Verantwortl.KoStl	3200
Planintegrierter Auftrag	Ja

Mit welcher Auftragsnummer wird der Auftrag in Ihrem System angelegt?

Aufgabe 2

Pflegen Sie die Abrechnungsvorschriften im Ist und im Plan für den Innenauftrag »Marketing Radiowerbung«, den Sie soeben angelegt haben. Der Auftrag soll auf die Kostenstelle 3200 »Marketing« abgerechnet werden. Machen Sie die folgenden Eingaben:

Feld	Dateneingabe
Abrechnungsvorschrift im Ist	
Typ	KST
Abrechnungsempfänger	3200
Abrechnungsvorschrift im Plan	
Planversion	0
Typ	KST
Abrechnungsempfänger	3200

10 Mit Innenaufträgen planen

Im vorangegangenen Kapitel 9, »Innenaufträge pflegen«, haben Sie einen Innenauftrag angelegt: »Marketing TV-Werbung«. Sie werden diesen Innenauftrag jetzt für die Planung nutzen. Der Auftrag soll mit primären und sekundären Kosten belastet werden. Für die Entlastung werden Sie diesen Auftrag auf die Kostenstelle »Marketing« abrechnen.

In diesem Kapitel lernen Sie,

- wie Sie Primärkosten auf einem Innenauftrag planen,
- wie Sie einen Innenauftrag als Empfänger einer Leistungsaufnahme nutzen,
- wie Sie einen Innenauftrag im Plan auf eine Kostenstelle abrechnen,
- wie Sie die gebuchten Plandaten in geeigneten Berichten analysieren.

10.1 Mit primären Kostenarten und Innenaufträgen planen

Primäre Kosten als Belastung haben Sie schon einmal geplant, und zwar in Abschnitt 6.2, »Mit primären Kostenarten und Kostenstellen planen«. Die Planung von primären Kosten auf Aufträgen unterscheidet sich nicht wesentlich von der Planung auf Kostenstellen, die Sie bereits kennen.

Bevor Sie mit der Planung auf Aufträgen beginnen, müssen Sie sicherstellen, dass Sie den richtigen Kostenrechnungskreis gesetzt haben. Nutzen Sie für alle Beispiele in diesem Kapitel den Kostenrechnungskreis 1000 »CO Europe«.

Gehen Sie folgendermaßen vor, um den Kostenrechnungskreis für Ihren Benutzer zu setzen:

1. Folgen Sie dem Pfad **Rechnungswesen ▸ Controlling ▸ Kostenstellenrechnung ▸ Umfeld ▸ Kostenrechnungskreis setzen** im SAP Easy Access Menü, oder verwenden Sie den Transaktionscode OKKS.

2. Es öffnet sich ein Dialogfenster, in dem Sie im Feld **Kostenrechnungskreis** den Schlüssel des Kostenrechnungskreises eintragen, mit dem Sie arbeiten möchten. Für alle Beispiele in diesem Kapitel nutzen Sie den Kostenrechnungskreis 1000.

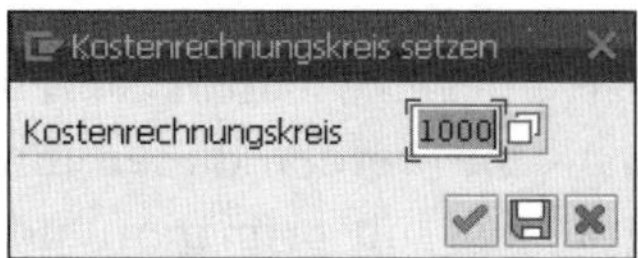

3. Bestätigen Sie Ihre Eingabe mit einem Klick auf die Schaltfläche ✔ (**Weiter**) oder mit der Taste [↵]. Mit dieser Schaltfläche speichern Sie den gewählten Kostenrechnungskreis für die aktuelle SAP-Sitzung. Der Kostenrechnungskreis bleibt so lange gesetzt, bis Sie sich vom SAP-System abmelden.

4. Alternativ können Sie die Eingabe des Kostenrechnungskreises dauerhaft mit einem Klick auf die Schaltfläche 💾 (**Als Benutzerparameter sichern**) oder mit der Taste [F5] speichern. Dann bleibt der gewählte Kostenrechnungskreis auch über die aktuelle SAP-Sitzung hinaus gesetzt. Wenn Sie sich ab- und wieder anmelden, weiß das System bereits, mit welchem Kostenrechnungskreis Sie arbeiten möchten.

Außerdem benötigen Sie für die Planung auf Innenaufträgen ein *Planerprofil*. Als Planerprofil nutzen Sie für die Beispiele in diesem Kapitel »SAPALL«. Gehen Sie folgendermaßen vor, um das Planerprofil für Ihren Benutzer zu setzen:

1. Folgen Sie dem Pfad **Rechnungswesen ▸ Controlling ▸ Innenaufträge ▸ Planung ▸ Planerprofil setzen** im SAP Easy Access Menü, oder verwenden Sie den Transaktionscode KP04.

2. Tragen Sie im Feld **Planerprofil** den Schlüssel »SAPALL« ein.

3. Bestätigen Sie Ihre Eingabe mit einem Klick auf die Schaltfläche ✔ (**Weiter**) oder mit der Taste [↵]. Mit dieser Schaltfläche speichern Sie das ge-

wählte Planerprofil für die aktuelle SAP-Sitzung. Das Planerprofil bleibt so lange gesetzt, bis Sie sich vom SAP-System abmelden.

4 Alternativ können Sie das eingegebene Planerprofil dauerhaft mit einem Klick auf die Schaltfläche **Benutzerstamm (BenutzStamm sichern)** oder mit der Taste F5 speichern. Dann bleibt das gewählte Planerprofil »SAP-ALL« auch über die aktuelle SAP-Sitzung hinaus gesetzt. Wenn Sie sich ab- und wieder anmelden, weiß das System bereits, dass Sie mit »SAP-ALL« arbeiten möchten.

Gehen Sie folgendermaßen vor, um Planwerte auf einem Innenauftrag mit primären Kostenarten zu erfassen:

1 Folgen Sie dem Pfad **Rechnungswesen ▸ Controlling ▸ Innenaufträge ▸ Planung ▸ Kosten/Leistungsaufnahmen ▸ Ändern** im SAP Easy Access Menü, oder verwenden Sie den Transaktionscode KPF6.

2 Es erscheint das Einstiegsbild der Transaktion. Füllen Sie die einzelnen Felder so aus:

   - **Version**: »0«. Die Version »0« ist die Hauptversion der Planung. Parallel zu dieser Hauptversion können Ihre Systemadministratoren beliebig viele Nebenversionen anlegen, zum Beispiel für Best- und Worst-Case-Szenarien.
   - **von Periode**: »1«, **bis Periode** »12«: Wählen Sie alle Perioden des Jahres, hier Januar bis Dezember. So haben Sie die Möglichkeit, einen Jahreswert zu erfassen, der in einem weiteren Schritt automatisch oder manuell auf die einzelnen Monate verteilt wird.
   - **Geschäftsjahr**: »2017«, das Jahr, in dem Sie planen möchten
   - **Auftrag**: »400317« (Marketing TV-Werbung). Das ist der Auftrag, den Sie in Abschnitt 9.3, »Einen Innenauftrag anlegen«, angelegt haben.
   - **Kostenart**: »*«. »*« steht hier für alle Kostenarten. In diesem Einstiegsbild nehmen Sie noch keine Einschränkung für bestimmte Kostenarten vor.

3 Bestätigen Sie Ihre Eingabe mit einem Klick auf die Schaltfläche **(Weiter)** oder mit der Taste ↵. Die Bezeichnungen für die Version, die Monate und den Auftrag werden eingeblendet.

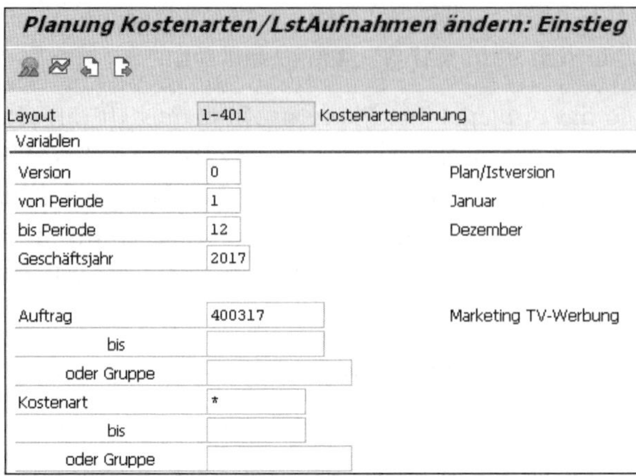

4. Steigen Sie in die Planung ein, indem Sie auf die Schaltfläche (**Übersichtsbild**) klicken. Das Übersichtsbild der Transaktion mit den gewählten Parametern wird geöffnet.

5. Bisher wurden noch keine Plandaten für diesen Auftrag erfasst, deshalb sehen Sie beim ersten Einstieg ein leeres Bildschirmbild. Planen Sie 100.000 EUR »Marketing und Vertriebskosten« mit der Kostenart 478000. Tragen Sie diese Werte ein:
   - **Kostenart**: »478000« (Marketing- und Vertriebskosten)
   - **Plankosten ges.** (Plankosten gesamt): »100.000«

6. Bestätigen Sie Ihre Eingaben mit einem Klick auf die Schaltfläche (**Weiter**) oder mit der Taste [↵]. Der Eintrag in der Spalte **Kostenart** wird grau hinterlegt; hier sind jetzt keine Änderungen mehr möglich. Wenn Sie die Kostenart ändern möchten, müssen Sie den eingegebenen Datensatz löschen und mit der richtigen Kostenart neu erfassen.

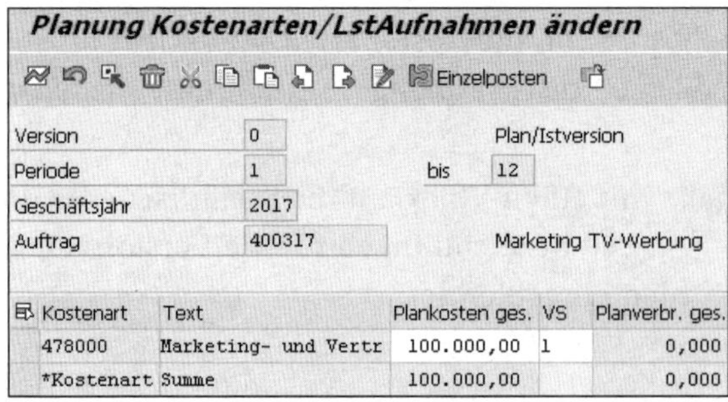

7. Speichern Sie Ihre Plandaten mit einem Klick auf die Schaltfläche (**Buchen**). Das Einstiegsbild der Transaktion KPF6 (Planung Kostenarten/

Leistungsaufnahmen) wird angezeigt. Schließen Sie die Transaktion mit einem Klick auf die Schaltfläche (**Zurück**).

Die erste Kostenplanung auf Ihrem Innenauftrag, die Planung von Primärkosten, ist abgeschlossen. Fahren Sie mit der Planung einer Leistungsaufnahme von der Kostenstelle »Technischer Service« mit der Leistungsart »Reparaturstunden« fort.

VIDEO

Mit primären Kosten und Innenaufträgen planen

In diesem Video sehen Sie, wie Sie Kosten für einen Innenauftrag planen. Sie planen die Belastung mit primären Kosten. Der geplante Jahreswert wird automatisch auf die Monate des Jahres verteilt. Anschließend analysieren Sie Ihren Plan mit dem Bericht »Auftrag Ist/Plan/Abweichung«.

http://s-prs.de/v4140gc

10.2 Leistungsaufnahme planen

Bei den Gesprächen zur Planung erfahren Sie, dass für die Dreharbeiten zu einem geplanten TV-Spot Reparaturarbeiten an dem Prototyp notwendig sind, der in dem Spot gezeigt werden soll. Für diese Reparaturarbeiten planen Sie zehn Stunden, die Sie als Leistungsverrechnung von der Kostenstelle »Technischer Service« auf den Auftrag »Marketing TV-Werbung« verrechnen.

Die Planung in diesem Kapitel erfolgt im Kostenrechnungskreis 1000 »CO Europe«. Am Beginn dieses Kapitels habe ich Ihnen gezeigt, wie Sie diesen Kostenrechnungskreis für Ihren Benutzer setzen.

Um im SAP-System auf Innenaufträgen planen zu können, muss ein Planerprofil gesetzt sein. Sie nutzen für alle Beispiele in diesem Kapitel das Planerprofil »SAPALL«. Wie Sie das Planerprofil »SAPALL« für Ihren Benutzer setzen, habe ich Ihnen ebenfalls am Beginn dieses Kapitels beschrieben.

Gehen Sie folgendermaßen vor, um die Leistungsverrechnung auf einen Innenauftrag zu planen:

1. Folgen Sie dem Pfad **Rechnungswesen ▸ Controlling ▸ Innenaufträge ▸ Planung ▸ Kosten/Leistungsaufnahmen ▸ Ändern** im SAP Easy Access Menü, oder verwenden Sie den Transaktionscode KPF6.

2 Es erscheint das Einstiegsbild der Transaktion. Wechseln Sie das Planungslayout für diese Transaktion mit einem Klick auf die Schaltfläche (**Nächstes Layout**). Im Feld **Layout** wird 1-402 mit dem Text »Leistungsaufnahmen« eingeblendet. Bei diesem Layout werden drei Merkmale bzw. Merkmalsgruppen als Auswahlparameter zur Verfügung gestellt: **Auftrag**, **Senderkostenstelle** und **Senderleistungsart**.

3 Füllen Sie die einzelnen Felder so aus:

- **Version**: »0«. Die Version »0« ist die Hauptversion der Planung.
- **von Periode**: »1«, **bis Periode** »12«: Wählen Sie alle Perioden des Jahres, hier Januar bis Dezember.
- **Geschäftsjahr**: »2017«, das Jahr, in dem Sie planen
- **Auftrag**: »400317« (Marketing TV-Werbung). Das ist der Auftrag, den Sie in Abschnitt 9.3, »Einen Innenauftrag anlegen«, angelegt haben.
- **Senderkostenstelle**: »4100« (Technischer Service & Wartung (1)). Diese Kostenstelle ist der Sender der Leistungsverrechnung.
- **Senderleistungsart**: »1410« (Reparaturstunden). Diese Leistungsart haben Sie bei der Kostenstelle »Technischer Service« geplant (siehe Abschnitt 7.2, »Leistungsarten mit Kostenstellen verknüpfen«).

4 Bestätigen Sie Ihre Eingabe mit einem Klick auf die Schaltfläche (**Weiter**) oder mit der Taste [↵]. Die Bezeichnungen für die Version, die Monate, den Auftrag, die Senderkostenstelle und die Senderleistungsart werden eingeblendet.

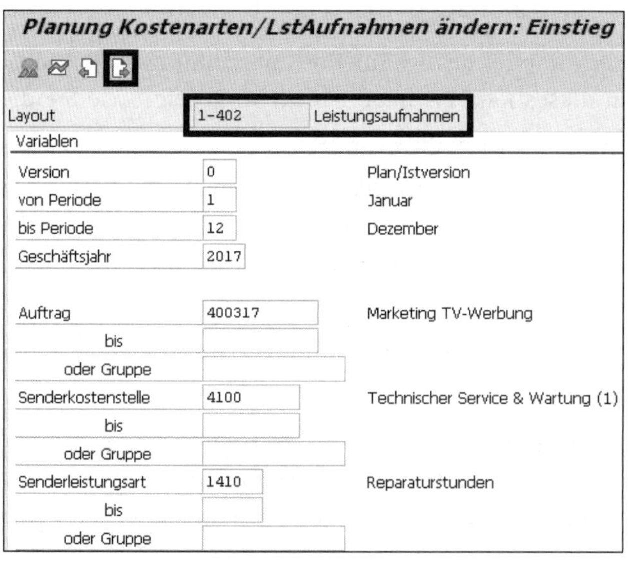

5 Steigen Sie in die Planung ein, indem Sie auf die Schaltfläche (**Übersichtsbild**) klicken. Das Übersichtsbild der Transaktion mit den gewählten Parametern wird geöffnet.

6 Aus dem Einstiegsbild wird der Auftrag 400317 »Marketing TV-Werbung« in den Kopf des Übersichtsbildes übernommen. Die ersten zwei Spalten des Übersichtsbildes werden mit Werten vorbelegt, die ebenfalls aus dem Einstiegsbild übernommen wurden:

- **Send.-KoSt** (Senderkostenstelle): »4100«
- **S-LArt** (Senderleistungsart): »1410«

7 Tragen Sie »10« in die Spalte **Planverbr. ges** (Planverbrauch gesamt) ein, und bestätigen Sie Ihre Eingaben mit einem Klick auf die Schaltfläche (**Weiter**) oder mit der Taste [↵].

8 Aus den Stammdaten der Senderleistungsart 1410 »Reparaturstunden« wird die Leistungseinheit (**EH**) »H« für Stunden übernommen. Ebenfalls aus den Stammdaten der Leistungsart 1410 »Reparaturstunden« wird die sekundäre Kostenart für die Verrechnung dieser Leistungsverrechnung übernommen und in der Spalte **VKostenart** (Verrechnungskostenart) dargestellt: 615000 »DILV Reparaturen«.

9 Die verrechnete Menge von zehn Stunden wird mit 200 EUR bewertet. Diesen Betrag sehen Sie in der Spalte **Plankosten ges** (Plankosten gesamt). Die Leistungsmenge wird mit dem Plantarif der Kostenstelle »Technischer Service«, Leistungsart »Reparaturstunden« bewertet: 20 EUR pro Stunde. Diesen Tarif haben Sie im Rahmen der Tarifermittlung berechnet (siehe Abschnitt 7.5, »Tarife ermitteln, Be- und Entlastungen buchen«).

Plankosten = Planverbrauch × Plantarif
Plankosten = 10 Std. × 20 EUR/Std. = 200 EUR

10 Speichern Sie Ihre Plandaten mit einem Klick auf die Schaltfläche (**Buchen**).

11 Das Einstiegsbild der Transaktion KPF6 (Planung Kostenarten/Leistungsaufnahmen) wird angezeigt. Schließen Sie die Transaktion mit einem Klick auf die Schaltfläche (**Zurück**).

Die Planung der Leistungsverrechnung mit der Kostenstelle »Technischer Service« und der Leistungsart »Reparaturstunden« als Sender und dem Auftrag »Marketing TV-Werbung« als Empfänger ist abgeschlossen. Sie haben den Auftrag mit dieser Leistungsaufnahme mit sekundären Kosten belastet. Entlasten Sie den Auftrag jetzt mit der Abrechnung im Plan.

10.3 Innenauftrag im Plan abrechnen

Die einzige Möglichkeit, mit der sich Innenaufträge entlasten können, ist die Auftragsabrechnung. Dazu nutzen Sie die Abrechnungsvorschrift im Plan, die Sie bei der Pflege der Stammdaten angelegt haben (siehe Abschnitt 9.3, »Einen Innenauftrag anlegen«).

Die Auftragsabrechnung erfolgt im Kostenrechnungskreis 1000 »CO Europe«. Am Beginn dieses Kapitels habe ich Ihnen gezeigt, wie Sie diesen Kostenrechnungskreis für Ihren Benutzer setzen.

Gehen Sie folgendermaßen vor, um einen Innenauftrag im Plan abzurechnen:

1 Folgen Sie dem Pfad **Rechnungswesen ▸ Controlling ▸ Innenaufträge ▸ Planung ▸ Verrechnungen ▸ Abrechnung ▸ Einzelverarbeitung** im SAP Easy Access Menü, oder verwenden Sie den Transaktionscode KO9E.

2 Es erscheint das Auswahlbild der Transaktion. Füllen Sie die Felder in diesem Auswahlbild wie folgt:

   - **Auftrag**: »400317« (Marketing TV-Werbung). Das ist der Auftrag, den Sie abrechnen möchten.
   - **Version**: »0« (Plan/Ist-Version). In dieser Version findet die Planung statt.
   - **Periode**: »1«, **bis** »12«: Die Abrechnung soll für alle Perioden des Jahres erfolgen.
   - **Geschäftsjahr**: »2017«

- **Testlauf**: Nein (Kästchen leer). Entfernen Sie den Haken bei diesem Parameter mit einem Klick auf das Kästchen.

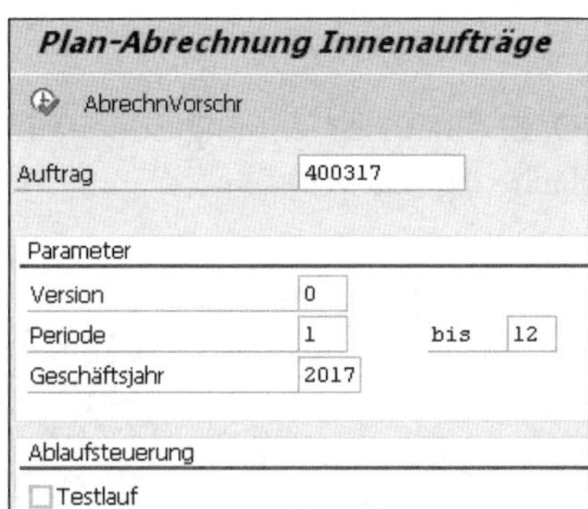

3 Führen Sie die Abrechnung mit einem Klick auf die Schaltfläche (**Ausführen**) aus. Die Abrechnung wird durchgeführt. Das Protokoll wird angezeigt. Sie sehen die Grundliste des Protokolls. 10

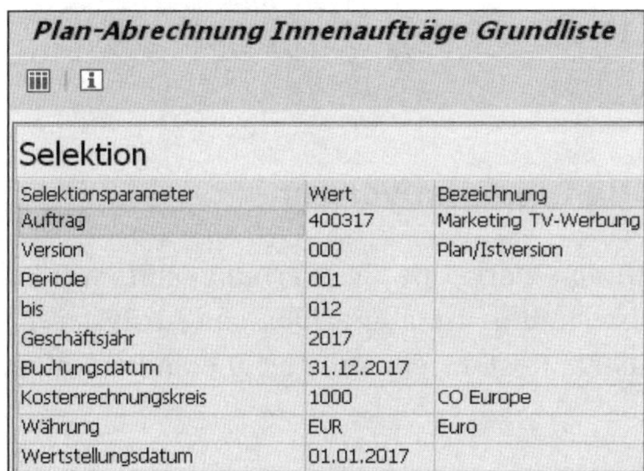

4 Klicken Sie in der Grundliste auf die Schaltfläche (**Detaillisten**), um weitere Informationen zu dieser Abrechnung zu erhalten. Die Detailliste mit einer Zeile wird angezeigt.

5. Vom **Sender** AUF 400317 (Auftrag »Marketing TV-Werbung«) wurden auf den Empfänger (**Empf**) KST 3200 (Kostenstelle »Marketing«) 100.200 EUR abgerechnet. Sehr schön! Das ist genau das, was Sie mit dieser Abrechnung erreichen wollten.

6. Verlassen Sie die Transaktion KO9E (Plan-Abrechnung Innenaufträge), indem Sie dreimal auf die Schaltfläche (**Zurück**) klicken.

VIDEO

Innenauftrag im Plan abrechnen und Ergebnisse analysieren

In diesem Video sehen Sie, wie Sie einen Innenauftrag im Plan an eine Kostenstelle abrechnen. Der Innenauftrag wird mit Kosten entlastet, die Kostenstelle wird mit Kosten belastet. Das Ergebnis der Abrechnung analysieren Sie mit den Berichten »Auftrag Ist/Plan/Abweichung« und »Kostenstellen Ist/Plan/Abweichung«.

http://s-prs.de/v4140pc

10.4 Ergebnisse der Planung analysieren

Die Planung für den Innenauftrag »Marketing TV-Werbung« mit zwei Belastungsbuchungen und der Abrechnung ist abgeschlossen. Analysieren Sie jetzt den Auftrag und die belastete Kostenstelle mit geeigneten Berichten.

Innenauftrag analysieren

Nach Abschluss der Planung analysieren Sie jetzt den Auftrag »Marketing TV-Werbung«. Nutzen Sie hierfür wieder den Bericht **Auftrag: Ist/Plan/Abweichung**.

So zeigen Sie den Bericht an:

1. Folgen Sie dem Pfad **Rechnungswesen ▸ Controlling ▸ Innenaufträge ▸ Infosystem ▸ Berichte zu Innenaufträgen ▸ Plan/Ist-Vergleiche ▸ Auftrag: Ist/Plan/Abweichung** im SAP Easy Access Menü, oder verwenden Sie den Transaktionscode S_ALR_87012993.

2 Es erscheint das Selektionsbild zu diesem Bericht. Füllen Sie die einzelnen Felder folgendermaßen aus:

   - **Kostenrechnungskreis**: »1000«
   - **Geschäftsjahr**: »2017«
   - **Von Periode**: »1«, **Bis Periode** »12«
   - **Planversion**: »0«
   - **oder Wert(e)** (unter **Auftragsgruppe**): »400317« (Marketing TV-Werbung)

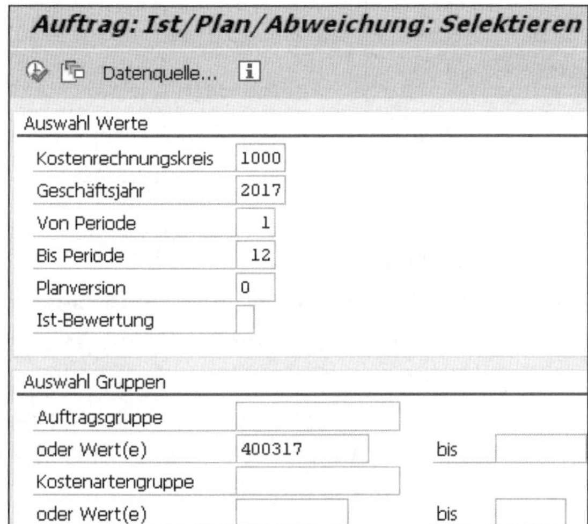

3 Führen Sie den Bericht mit einem Klick auf die Schaltfläche (**Ausführen**) aus. Der Bericht wird angezeigt.

4 In der Spalte **Plan** sehen Sie zwei Zeilen, zusammengefasst als **Kosten**:

   - 478000 »Marketing- und Vertr«: 100.000 EUR. Diese Zeile ist das Ergebnis Ihrer Primärkostenplanung.
   - 615000 »DILV Reparaturen«: 200 EUR. Diese Zeile ist das Ergebnis der Leistungsaufnahmeplanung. Sie haben hier von der Kostenstelle »Technischer Service«, Leistungsart »Reparaturstunden« Leistungen bezogen.

5 Die Zeile 650000 »Auftragsabrechnung« mit –100.200 EUR ist das Ergebnis der Planabrechnung, die Sie soeben ausgeführt haben.

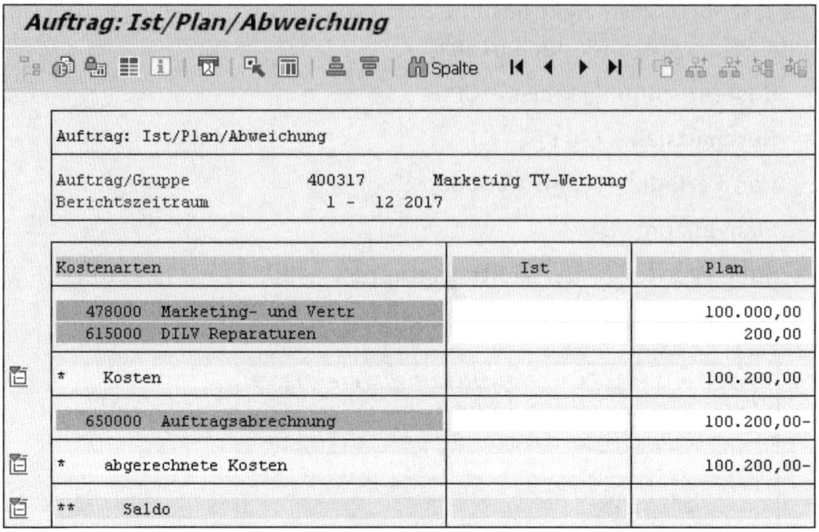

Auftrag: Ist/Plan/Abweichung

Spalte

Auftrag: Ist/Plan/Abweichung

Auftrag/Gruppe 400317 Marketing TV-Werbung
Berichtszeitraum 1 - 12 2017

Kostenarten	Ist	Plan
478000 Marketing- und Vertr		100.000,00
615000 DILV Reparaturen		200,00
* Kosten		100.200,00
650000 Auftragsabrechnung		100.200,00-
* abgerechnete Kosten		100.200,00-
** Saldo		

HINWEIS

Kostenart für die Auftragsabrechnung

Der Auftrag 400317 »Marketing TV-Werbung«, den Sie in diesem Beispiel sehen, ist der Auftragsart 0400 zugeordnet. Im Customizing des Schulungssystems IDES wurde festgelegt, dass alle Aufträge, die zu dieser Auftragsart 0400 gehören, mit der Kostenart 650000 »Auftragsabrechnung« abgerechnet werden. Diese sekundäre Kostenart 650000 ist eine Kostenart vom Typ 21 »Abrechnung intern«.

6 Die Zeile **abgerechnete Kosten** summiert alle Abrechnungen (hier nur eine Zeile). Die abgerechneten Kosten (–100.200 EUR) gleichen die Kosten (100.200 EUR) genau aus. Der **Saldo** des Auftrags ist dementsprechend null.

7 Verlassen Sie den Bericht mit einem Klick auf die Schaltfläche (**Zurück**). Es erscheint ein Dialogfenster mit der Frage »Möchten Sie den Bericht verlassen?«.

8 Bestätigen Sie dieses Dialogfenster mit einem Klick auf die Schaltfläche **Ja**. Jetzt erscheint das Selektionsbild des Berichts.

9 Das Selektionsbild verlassen Sie mit einem weiteren Klick auf die Schaltfläche (**Zurück**).

Empfängerkostenstelle analysieren

Die Abrechnung des Auftrags, den Sie soeben analysiert haben, erfolgte auf die Kostenstelle 3200 »Marketing«. Das haben Sie in der Abrechnungsvorschrift so festgelegt und im Protokoll der Abrechnung gesehen. Überzeugen Sie sich mit einem geeigneten Kostenstellenbericht, ob die Auftragsabrechnung richtig verbucht wurde. Nutzen Sie hierfür den Bericht **Kostenstellen: Ist/Plan/Abweichung**.

Gehen Sie folgendermaßen vor, um den Bericht anzuzeigen:

1. Folgen Sie dem Pfad **Rechnungswesen ▸ Controlling ▸ Kostenstellenrechnung ▸ Infosystem ▸ Berichte zur Kostenstellenrechnung ▸ Plan/Ist-Vergleiche ▸ Kostenstellen: Ist/Plan/Abweichung** im SAP Easy Access Menü, oder verwenden Sie den Transaktionscode S_ALR_87013611.

2. Es erscheint das Selektionsbild zu diesem Bericht. Füllen Sie die einzelnen Felder so aus:
   - **Kostenrechnungskreis**: »1000«
   - **Geschäftsjahr**: »2017«
   - **Von Periode**: »1«, **Bis Periode** »12«
   - **Planversion**: »0«
   - **oder Wert(e)** (unter **Kostenstellengruppe**): »3200« (Marketing)

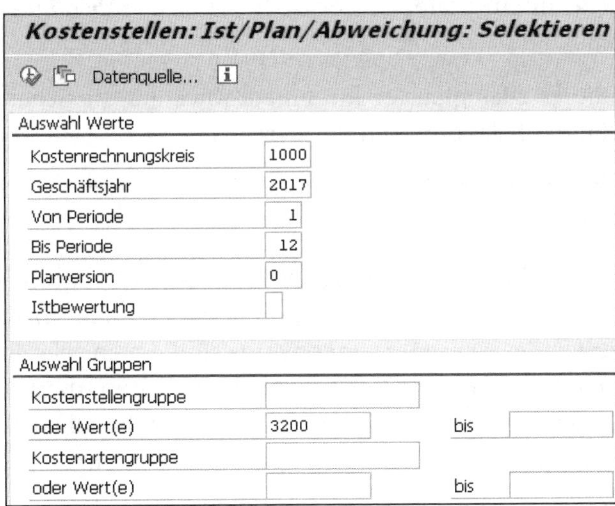

3. Führen Sie den Bericht mit einem Klick auf die Schaltfläche (**Ausführen**) aus. Der Bericht wird angezeigt.

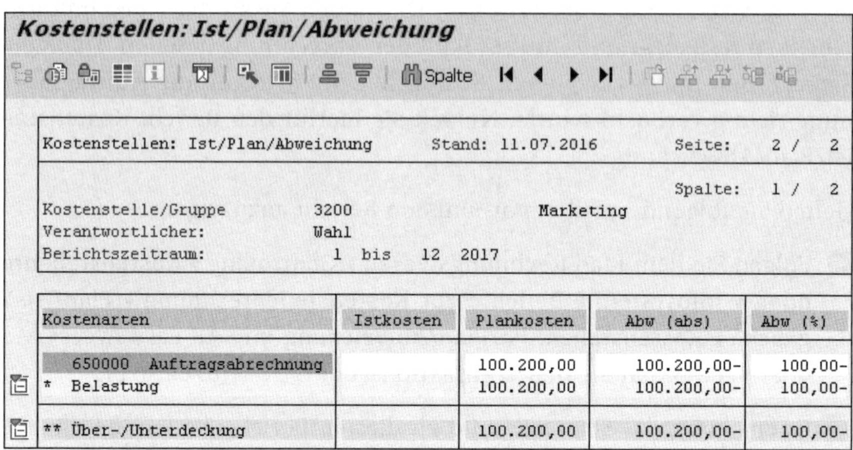

Kostenstellen: Ist/Plan/Abweichung

Kostenstellen: Ist/Plan/Abweichung — Stand: 11.07.2016 — Seite: 2 / 2

Spalte: 1 / 2

Kostenstelle/Gruppe 3200 Marketing
Verantwortlicher: Wahl
Berichtszeitraum: 1 bis 12 2017

Kostenarten	Istkosten	Plankosten	Abw (abs)	Abw (%)
650000 Auftragsabrechnung		100.200,00	100.200,00-	100,00-
* Belastung		100.200,00	100.200,00-	100,00-
** Über-/Unterdeckung		100.200,00	100.200,00-	100,00-

4. Sehr schön! Die Kosten aus der Auftragsabrechnung wurden richtig verbucht und sind bei der Kostenstelle »Marketing« als Belastung ausgewiesen. Der Belastung steht auf dieser Kostenstelle noch keine Entlastung gegenüber. In der Zeile **Über-/Unterdeckung** sehen Sie eine Unterdeckung von 100.200 EUR.

5. Verlassen Sie den Bericht mit einem Klick auf die Schaltfläche (**Zurück**). Es erscheint ein Dialogfenster mit der Frage »Möchten Sie den Bericht verlassen?«.

6. Bestätigen Sie dieses Dialogfenster mit einem Klick auf die Schaltfläche **Ja**. Jetzt erscheint das Selektionsbild des Berichts.

7. Das Selektionsbild verlassen Sie mit einem weiteren Klick auf die Schaltfläche (**Zurück**).

Die Planung des Innenauftrags »Marketing TV-Werbung« ist abgeschlossen. Bei der Planung der Primärkosten und der Leistungsaufnahmen haben Sie Planungslayouts verwendet. Diese Planungslayouts sind denen sehr ähnlich, die Sie aus der Kostenstellenplanung kennen. Auch der Auftragsbericht, den Sie für die Analyse genutzt haben, sieht dem Kostenstellenbericht sehr ähnlich. Ganz neu war für Sie die Kostenentlastung per Abrechnung. Die gibt es nur bei den Aufträgen.

10.5 Probieren Sie es aus!

HINWEIS

Hinweise zur Übung

Die folgenden Übungen können Sie auf einem SAP IDES (International Demonstration and Education System) selbst durchführen. Die Übungen zu diesem Kapitel bauen aufeinander auf. Sie bauen außerdem auf den Übungen zu den Kapiteln 7 und 9 auf. Die Übungen zu diesem Kapitel sind unabhängig von den Übungen in den Kapiteln 1 bis 6 und 8.

Die Übungen in diesem Kapitel beziehen sich auf den Kostenrechnungskreis 1000 »CO Europe«.

Die Lösungshinweise können Sie auf der Webseite zum Buch unter *https://www.rheinwerk-verlag.de/4140/* herunterladen.

Aufgabe 1

Planen Sie auf dem Innenauftrag »Marketing Radiowerbung«, den Sie in der Übung zu Kapitel 9 angelegt haben, primäre Kosten in Höhe von 5.000 EUR mit der Kostenart 478000 »Marketing- und Vertriebskosten« für das nächste Geschäftsjahr.

Feld	Dateneingabe
Version	0
von Periode	1
bis Periode	12
Geschäftsjahr	2017
Auftrag	Auftragsnummer aus Aufgabe 1 zu Kapitel 9
Kostenart	478000
Plankosten ges.	5.000

Aufgabe 2

Planen Sie eine Leistungsaufnahme von fünf Stunden des Auftrags »Marketing Radiowerbung« (Empfänger) von der Kostenstelle 4110 »Technischer Service 2« (Sender) und der Leistungsart 1410 »Reparaturstunden«.

Feld	Dateneingabe
Version	0
von Periode	1
bis Periode	12
Geschäftsjahr	2017
Auftrag	Auftragsnummer aus Aufgabe 1 zu Kapitel 9
Senderkostenstelle	4110
Senderleistungsart	1410
Planverbrauch ges.	5

Welches Layout haben Sie für die Erfassung dieser Leistungsaufnahme genutzt? Wie hoch ist der Wert der Leistungsaufnahme? Wie erklären Sie den Wert der Leistungsaufnahme?

Aufgabe 3

Führen Sie für Ihren Auftrag »Marketing Radiowerbung« eine Abrechnung im Plan aus.

Feld	Dateneingabe
Auftrag	Auftragsnummer aus Aufgabe 1 zu Kapitel 9
Version	0
Periode	1
bis	12
Geschäftsjahr	2017
Testlauf	Nein (Kein Haken)

Wie hoch ist der Betrag, den Sie abgerechnet haben? Wie setzt sich dieser Betrag zusammen? Auf welchen Empfänger wurde abgerechnet? Wie hat das System den Abrechnungsempfänger ermittelt?

Aufgabe 4

Überprüfen Sie Ihre Planung für den Auftrag »Marketing Radiowerbung« aus den Aufgaben 1 bis 3 mit einem geeigneten Bericht.

Feld	Dateneingabe
Kostenrechnungskreis	1000
Geschäftsjahr	2017
Von Periode	1
Bis Periode	12
Planversion	0
oder Wert(e) (unter Auftragsgruppe)	Auftragsnummer aus Aufgabe 1 zu Kapitel 9

Wie hoch sind die Kosten im Plan? Wie hoch sind die abgerechneten Kosten im Plan? Wie hoch ist der Saldo im Plan?

Aufgabe 5

Überprüfen Sie das Ergebnis der Abrechnung aus Aufgabe 3 für die Kostenstelle 3200 »Marketing« mit einem geeigneten Bericht.

Feld	Dateneingabe
Kostenrechnungskreis	1000
Geschäftsjahr	2017
Von Periode	1
Bis Periode	12
Planversion	0
oder Wert(e) (unter Kostenstellengruppe)	3200

Wie hoch ist die Belastung? Welche Kostenart hat die Belastung? Handelt es sich bei dieser Kostenart um eine primäre oder eine sekundäre Kostenart? Wie hat das System diese Kostenart bestimmt? Wie hoch ist die Entlastung? Wie hoch ist die Über-/Unterdeckung? Handelt es sich um eine Über- oder eine Unterdeckung?

11 Ist-Buchungen mit Innenaufträgen

In Kapitel 9, »Innenaufträge pflegen«, haben Sie den Innenauftrag »Marketing TV-Werbung« angelegt. Für diesen Auftrag haben Sie in Kapitel 10, »Mit Innenaufträgen planen«, Plandaten erfasst und auf eine Kostenstelle abgerechnet. Jetzt werden Sie sich noch einmal mit diesem Auftrag beschäftigen und verschiedene Buchungen und eine Auftragsabrechnung im Ist durchführen.

In diesem Kapitel lernen Sie,

- wie Sie Primärkosten auf einen Innenauftrag umbuchen,
- wie Sie einen Innenauftrag als Empfänger einer Leistungsverrechnung im Ist nutzen,
- wie Sie einen Innenauftrag im Ist auf eine Kostenstelle abrechnen,
- wie Sie die Ist-Werte mit geeigneten Berichten analysieren.

11.1 Kosten manuell umbuchen

Bei der Analyse von Kosten auf Kostenstellen oder Innenaufträgen kommt es vor, dass Sie Buchungsfehler entdecken. In dem Beleg, den Sie in der folgenden Abbildung sehen, wurde eine Auszahlung für »Marketing- und Vertr« (Marketing- und Vertriebskosten) Kostenstelle 3200 »Marketing« zugeordnet. Diese Zuordnung war falsch. Richtig wäre die Zuordnung der Kosten zum Auftrag 400317 »Marketing TV-Werbung« gewesen. Diesen Auftrag haben Sie in Abschnitt 9.3, »Einen Innenauftrag anlegen«, angelegt.

Einen ähnlichen Buchungsfehler habe ich Ihnen in Abschnitt 8.1, »Kosten manuell umbuchen«, gezeigt. Was ich dort angemerkt habe, gilt auch hier: Suchen Sie nach der Ursache des Fehlers, und versuchen Sie, den Beleg an der Quelle zu stornieren. Die Quelle für diesen Beleg ist die Buchhaltung.

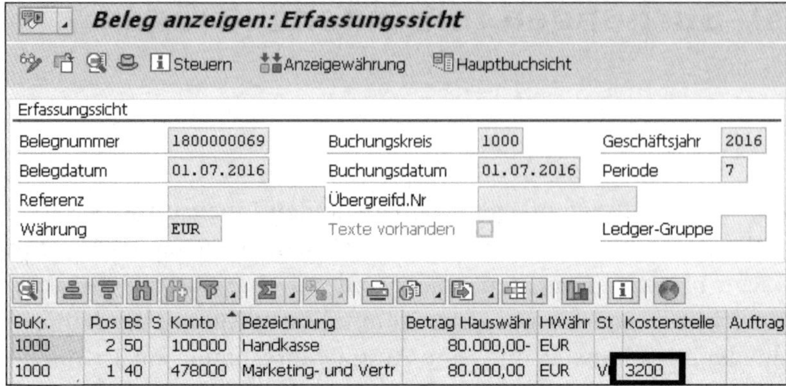

Buchhaltungsbeleg mit der Zuordnung zu einer Kostenstelle statt der Zuordnung zu einem Auftrag

Nur wenn die Stornierung an der Quelle nicht möglich sein sollte, rate ich Ihnen dazu, die manuelle Umbuchung im Controlling durchzuführen. Die manuelle Umbuchung korrigiert nur die Auswirkungen im Controlling, nicht aber den Originalbeleg in der Buchhaltung.

Manuelle Umbuchung erfassen

Die manuelle Umbuchung verschiebt Werte von einem Kostenrechnungsobjekt (zum Beispiel von einer Kostenstelle) zu einem anderen Kostenrechnungsobjekt (hier auf einen Innenauftrag).

Bevor Sie mit der Erfassung einer manuellen Umbuchung beginnen, müssen Sie sicherstellen, dass Sie den richtigen Kostenrechnungskreis gesetzt haben. Nutzen Sie für alle Beispiele in diesem Kapitel den Kostenrechnungskreis 1000 »CO Europe«.

Gehen Sie folgendermaßen vor, um den Kostenrechnungskreis für Ihren Benutzer zu setzen:

1. Folgen Sie dem Pfad **Rechnungswesen ▸ Controlling ▸ Kostenstellenrechnung ▸ Umfeld ▸ Kostenrechnungskreis setzen** im SAP Easy Access Menü, oder verwenden Sie den Transaktionscode OKKS.

2. Es öffnet sich ein Dialogfenster, in dem Sie im Feld **Kostenrechnungskreis** den Schlüssel des Kostenrechnungskreises eintragen, mit dem Sie arbeiten möchten. Für alle Beispiele in diesem Kapitel nutzen Sie den Kostenrechnungskreis 1000.

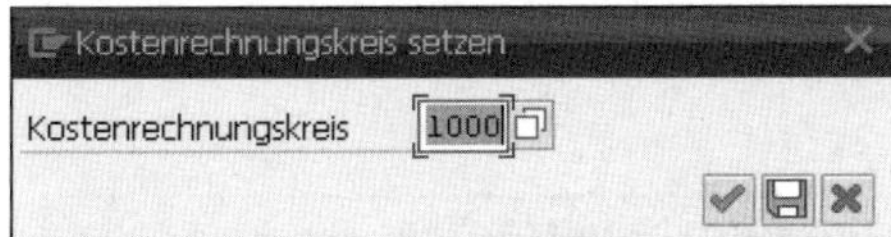

3 Bestätigen Sie Ihre Eingabe mit einem Klick auf die Schaltfläche ✔ (**Weiter**) oder mit der Taste [↵]. Mit dieser Schaltfläche speichern Sie den gewählten Kostenrechnungskreis für die aktuelle SAP-Sitzung. Der Kostenrechnungskreis bleibt so lange gesetzt, bis Sie sich vom SAP-System abmelden.

4 Alternativ können Sie die Eingabe des Kostenrechnungskreises dauerhaft mit einem Klick auf die Schaltfläche 💾 (**Als Benutzerparameter sichern**) oder mit der Taste [F5] speichern. Dann bleibt der gewählte Kostenrechnungskreis auch über die aktuelle SAP-Sitzung hinaus gesetzt. Wenn Sie sich ab- und wieder anmelden, weiß das System bereits, mit welchem Kostenrechnungskreis Sie arbeiten möchten.

Gehen Sie folgendermaßen vor, um eine manuelle Umbuchung von Kosten zu erfassen:

1 Folgen Sie dem Pfad **Rechnungswesen ▸ Controlling ▸ Innenaufträge ▸ Istbuchungen ▸ Manuelle Umbuchung Kosten ▸ Erfassen** im SAP Easy Access Menü, oder verwenden Sie den Transaktionscode KB11N.

2 Es erscheint sofort das Bild zur Belegerfassung. Füllen Sie die einzelnen Felder so aus:

- **Belegdatum**: »01.07.2016«, das ist das Datum, das auf dem Originalbeleg angegeben ist. Dieses Datum hat *keine* Auswirkung auf die Periode, in der der Beleg im System abgelegt wird.
- **BuchDatum** (Buchungsdatum): »01.07.2016«, aus diesem Datum werden das Geschäftsjahr und die Periode für die Buchung im System abgeleitet. Das Feld **Periode** wird automatisch an den Monat in diesem Datum angepasst.
- **ErfassVar** (Erfassungsvariante): »Kostenstelle/Auftrag/PersNr«, mit dieser Erfassungsvariante können Sie eine Umbuchung von einer Kostenstelle an einen Innenauftrag erfassen. Mit der Auswahl einer Option in diesem Feld wird der Bereich **Positionen** automatisch angepasst.
- **Eingabetyp**: »Listerfassung«, bei der Listerfassung ist die Eingabe von mehreren Umbuchungszeilen in einem Bildschirmbild möglich. Mit

der Auswahl einer Option in diesem Feld wird der Bereich **Positionen** automatisch angepasst.

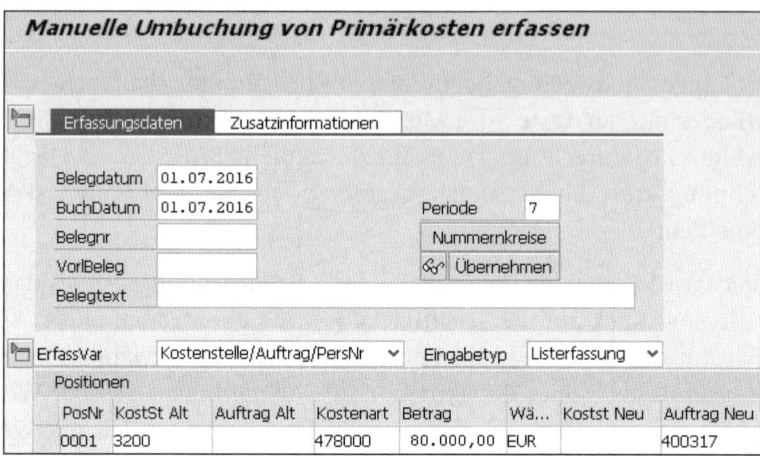

3 Erfassen Sie Ihre Umbuchung in der ersten Zeile des Bereichs **Positionen**:

- **KostSt Alt** (alte Kostenstelle): »3200« (Marketing), von dieser Kostenstelle wird der Betrag entfernt, der Wert in der Spalte **Betrag** wird mit umgekehrtem Vorzeichen auf der Belastungsseite der Kostenstelle gebucht.
- **Kostenart**: »478000« (Marketing- und Vertriebskosten), mit dieser primären Kostenart wird die Umbuchung durchgeführt.
- **Betrag**: »80.000«, dieser Wert wird auf der Kostenstelle (**KostSt Alt**) entfernt, das heißt mit Minus gebucht und beim Auftrag (**Auftrag Neu**) hinzugefügt.
- **Wä...** (Währung): »EUR«, wird automatisch aus dem gesetzten Kostenrechnungskreis abgeleitet und hier als Vorschlagswert eingetragen.
- **Auftrag Neu** (neuer Auftrag): »400317« (Marketing TV-Werbung), auf diesem Auftrag wird der Betrag hinzugefügt, der Wert in der Spalte **Betrag** wird auf der Kostenseite des Auftrags gebucht.

4 Bestätigen Sie Ihre Eingaben mit einem Klick auf die Schaltfläche (**Weiter**) oder mit der Taste [↵]. Das System überprüft die Daten und setzt die Positionsnummer 0001 in der Spalte **PosNr**.

5 Speichern Sie den Beleg mit einem Klick auf die Schaltfläche (**Buchen**). Das System speichert den Beleg und entfernt alle Eingaben aus dem Erfassungsbild der Transaktion.

6 Verlassen Sie die Transaktion KB11N (Manuelle Umbuchung Kosten) mit einem Klick auf die Schaltfläche (**Zurück**).

Sie haben die Umbuchung von 80.000 EUR von der Kostenstelle »Marketing« auf den Auftrag »Marketing TV-Werbung« im System erfasst. Prüfen Sie nun, welche Auswirkung diese Umbuchung auf die Berichte zum Innenauftrag und zur Kostenstelle hat.

Auswirkung der Umbuchung bei der Kostenstelle analysieren

Nach der Umbuchung analysieren Sie den Kostenstellenbericht für die Kostenstelle »Marketing«. Nutzen Sie hierfür den Bericht **Kostenstellen: Ist/Plan/Abweichung**.

Gehen Sie folgendermaßen vor, um Ist-Daten in einem Bericht anzuzeigen:

1 Folgen Sie dem Pfad **Rechnungswesen ▸ Controlling ▸ Kostenstellenrechnung ▸ Infosystem ▸ Berichte zur Kostenstellenrechnung ▸ Plan/Ist-Vergleiche ▸ Kostenstellen: Ist/Plan/Abweichung** im SAP Easy Access Menü, oder verwenden Sie den Transaktionscode S_ALR_87013611.

2 Es erscheint das Selektionsbild zu diesem Bericht. Füllen Sie die einzelnen Felder so aus:

- **Kostenrechnungskreis:** »1000«
- **Geschäftsjahr:** »2016«
- **Von Periode:** »1«, **Bis Periode** »12«
- **Planversion:** »0«
- **oder Wert(e)** (unter **Kostenstellengruppe**): »3200« (Marketing)

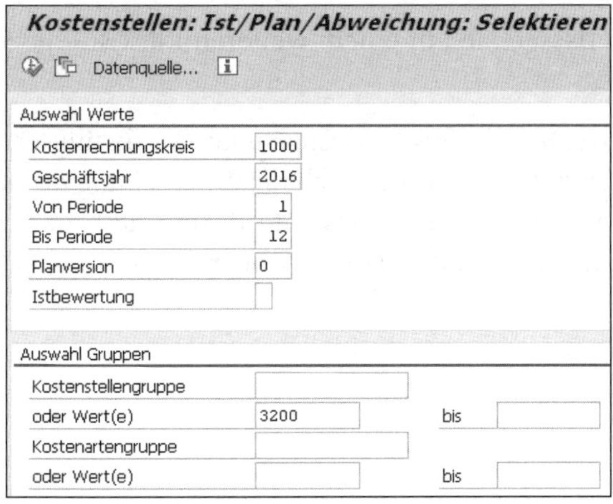

3. Führen Sie den Bericht mit einem Klick auf die Schaltfläche (**Ausführen**) aus. Der Bericht wird angezeigt.

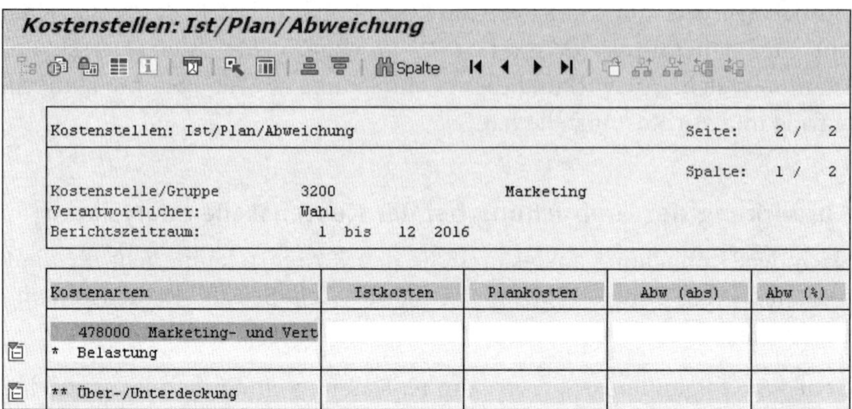

4. Die Spalte **Istkosten** ist leer. Das ist auch gut so. Im ursprünglichen Buchhaltungsbeleg am Anfang dieses Kapitels haben Sie gesehen, dass 80.000 EUR für »Marketing- und Vertriebskosten« auf die Kostenstelle 3200 »Marketing« gebucht waren. Mit der manuellen Umbuchung der Kosten haben Sie diesen Fehler korrigiert. Die Kostenart »Marketing- und Vertriebskosten« ist im Kostenstellenbericht noch sichtbar, aber der Wert in der Spalte **Istkosten** ist null.

5. Verlassen Sie den Bericht mit einem Klick auf die Schaltfläche (**Zurück**).

6. Es erscheint ein Dialogfenster mit der Frage »Möchten Sie den Bericht verlassen?«. Bestätigen Sie dieses Dialogfenster mit einem Klick auf die Schaltfläche **Ja**. Jetzt erscheint das Selektionsbild des Berichts.

7. Das Selektionsbild verlassen Sie mit einem weiteren Klick auf die Schaltfläche (**Zurück**).

Sie haben gesehen, dass der Bericht für die Kostenstelle »Marketing«, also für die Kostenstelle, die falsch bebucht wurde, nach der Umbuchung der Kosten bereinigt ist. Vergewissern Sie sich jetzt, dass die Kosten nach der Umbuchung tatsächlich auf dem Auftrag »Marketing TV-Werbung« gelandet sind.

Auswirkung der Umbuchung beim Innenauftrag analysieren

Nach der Umbuchung analysieren Sie jetzt den Auftragsbericht für den Innenauftrag »Marketing TV-Werbung«. Nutzen Sie hierfür wieder den Bericht **Auftrag: Ist/Plan/Abweichung**. Gehen Sie folgendermaßen vor, um Ist-Daten in diesem Bericht anzuzeigen:

1. Folgen Sie dem Pfad **Rechnungswesen ▸ Controlling ▸ Innenaufträge ▸ Infosystem ▸ Berichte zu Innenaufträgen ▸ Plan/Ist-Vergleiche ▸ Auftrag: Ist/Plan/Abweichung** im SAP Easy Access Menü, oder verwenden Sie den Transaktionscode S_ALR_87012993.

2. Es erscheint das Selektionsbild zu diesem Bericht. Füllen Sie die einzelnen Felder so aus:
   - **Kostenrechnungskreis**: »1000«
   - **Geschäftsjahr**: »2016«
   - **Von Periode**: »1«, **Bis Periode** »12«
   - **Planversion**: »0«
   - **oder Wert(e)** (unter **Auftragsgruppe**): »400317« (Marketing TV-Werbung)

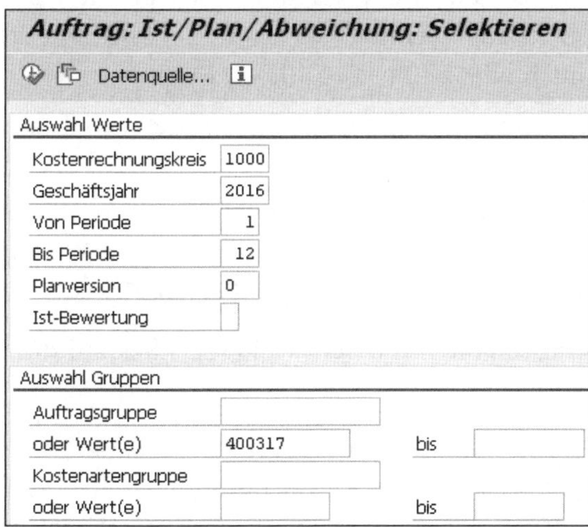

3. Führen Sie den Bericht mit einem Klick auf die Schaltfläche (**Ausführen**) aus. Der Bericht wird angezeigt.

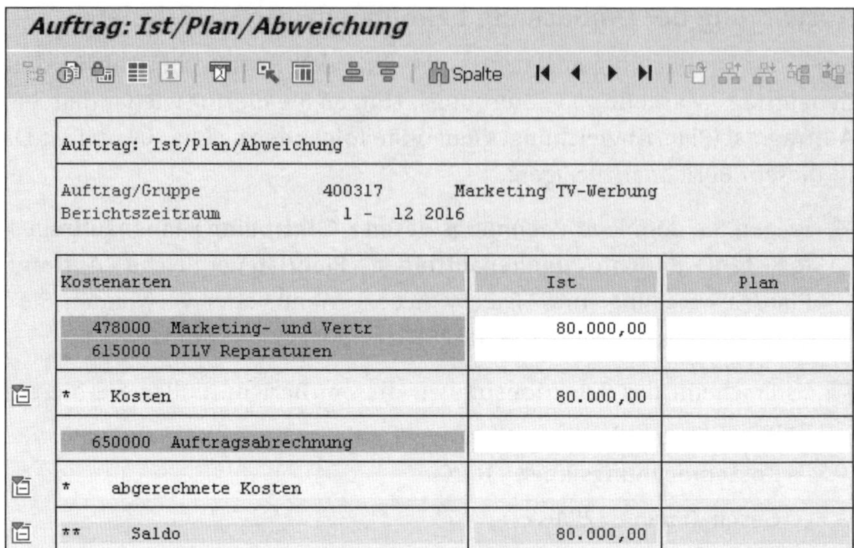

Auftrag: Ist/Plan/Abweichung

Spalte

Auftrag: Ist/Plan/Abweichung

Auftrag/Gruppe 400317 Marketing TV-Werbung
Berichtszeitraum 1 - 12 2016

Kostenarten	Ist	Plan
478000 Marketing- und Vertr	80.000,00	
615000 DILV Reparaturen		
* Kosten	80.000,00	
650000 Auftragsabrechnung		
* abgerechnete Kosten		
** Saldo	80.000,00	

4 Beachten Sie die Spalte **Ist**. Sie sehen im Bereich **Kosten** die Zeile 478000 »Marketing- und Vertr« mit 80.000 EUR. Diese Zeile ist das Ergebnis der manuellen Umbuchung, die Sie soeben ausgeführt haben.

5 Die Zeile **abgerechnete Kosten** in der Spalte **Ist** ist leer. Sie haben den Auftrag im Ist noch nicht abgerechnet. Der **Saldo** des Auftrags ist dementsprechend gleich hoch wie die Kosten: 80.000 EUR.

Verlassen Sie den Bericht mit einem Klick auf die Schaltfläche (**Zurück**).

6 Es erscheint ein Dialogfenster mit der Frage »Möchten Sie den Bericht verlassen?«. Bestätigen Sie dieses Dialogfenster mit einem Klick auf die Schaltfläche **Ja**. Jetzt erscheint das Selektionsbild des Berichts.

7 Das Selektionsbild verlassen Sie mit einem weiteren Klick auf die Schaltfläche (**Zurück**).

Sie haben am Beginn dieses Kapitels einen Buchhaltungsbeleg mit einer falsch kontierten Kostenstelle gesehen. Den Buchungsfehler haben Sie mit der Transaktion KB11N (Manuelle Umbuchung Kosten) korrigiert und auf einen Innenauftrag umgebucht. Danach haben Sie das Ergebnis der Umbuchung mit Berichten für die Kostenstelle und den Auftrag analysiert und herausgefunden, dass Sie Ihr Ziel erreicht haben.

11.2 Leistungsverrechnung im Ist

Die Leistungsverrechnung im Plan auf den Auftrag kennen Sie bereits aus Kapitel 10, »Mit Innenaufträgen planen«. Aus der Planung einer Leistungsaufnahme hat sich eine Belastung mit Plankosten auf dem Auftrag »Marketing TV-Werbung« ergeben. Der Betrag der Belastung ergab sich aus dem Planverbrauch (Anzahl der verrechneten Reparaturstunden) und dem Plantarif.

Denselben Tarif aus der Planung nutzen Sie jetzt, um die Ist-Leistungen zu bewerten. Bei der Leistungsverrechnung im Ist werden Ist-Mengen oder Ist-Stunden erfasst. Der verrechnete Wert ergibt sich aus der Multiplikation der Ist-Mengen bzw. Ist-Stunden mit den Plantarifen.

Leistungsverrechnung erfassen

Sie erfassen eine direkte Leistungsverrechnung im Ist im Kostenrechnungskreis 1000 »CO Europe«. Am Beginn dieses Kapitels habe ich Ihnen gezeigt, wie Sie diesen Kostenrechnungskreis für Ihren Benutzer setzen.

Gehen Sie folgendermaßen vor, um eine Leistungsverrechnung im Ist zu erfassen:

1. Folgen Sie dem Pfad **Rechnungswesen ▸ Controlling ▸ Innenaufträge ▸ Istbuchungen ▸ Leistungsverrechnung ▸ Erfassen** im SAP Easy Access Menü, oder verwenden Sie den Transaktionscode KB21N.

2. Es erscheint sofort das Bild zur Belegerfassung. Füllen Sie die einzelnen Felder so aus:
   - **Belegdatum**: »01.07.2016«, das ist das Datum, das auf dem Originalbeleg angegeben ist. Dieses Datum hat *keine* Auswirkung auf die Periode, in der der Beleg im System abgelegt wird.
   - **BuchDatum** (Buchungsdatum): »01.07.2016«, aus diesem Datum werden das Geschäftsjahr und die Periode für die Buchung im System abgeleitet. Das Feld **Periode** wird automatisch an den Monat in diesem Datum angepasst.
   - **ErfassVar** (Erfassungsvariante): »Kostenstelle/Auftrag/PersNr«, mit dieser Erfassungsvariante können Sie Leistungsverrechnungen von einer Kostenstelle auf einen Auftrag erfassen. Mit der Auswahl einer Option in diesem Feld wird der Bereich **Positionen** automatisch angepasst.
   - **Eingabetyp**: »Listerfassung«, bei der Listerfassung ist die Eingabe von mehreren Buchungszeilen in einem Bildschirmbild möglich. Mit der

Auswahl einer Option in diesem Feld wird der Bereich **Positionen** automatisch angepasst.

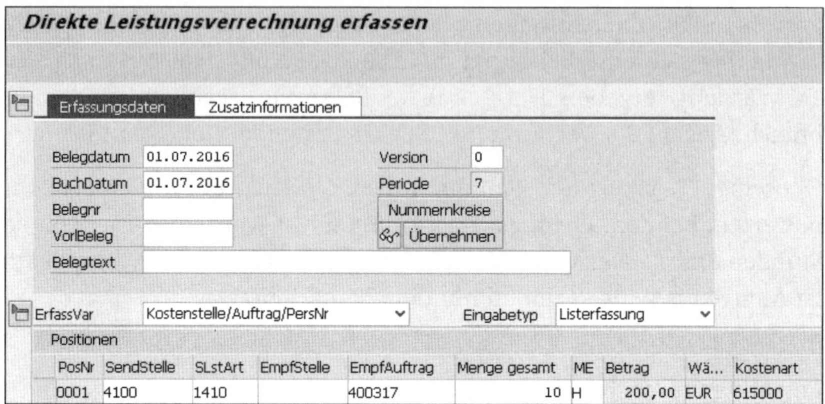

3 Erfassen Sie Ihre Leistungsverrechnung in der ersten Zeile des Bereichs **Positionen**:

- **SendStelle** (sendende Kostenstelle): »4100« (Technischer Service), diese Kostenstelle wird mit dem Wert der Leistungsverrechnung entlastet.
- **SLstArt** (sendende Leistungsart): »1410« (Reparaturstunden), diese Leistungsart muss mit Planleistung und Tarif in der gebuchten Periode für die sendende Kostenstelle geplant sein.
- **EmpfAuftrag** (empfangender Auftrag): »400317« (Marketing TV-Werbung), dieser Auftrag wird mit dem Wert der Leistungsverrechnung belastet.
- **Menge gesamt**: »10«, Sie erfassen die Ist-Verrechnung von zehn Reparaturstunden.
- **ME** (Mengeneinheit): »H« (Stunden), wird automatisch aus den Stammdaten der Leistungsart übernommen. Der Wert kann in diesem Erfassungsbild *nicht* geändert werden.
- **Betrag**: »200,00«, dieser Wert ist das Ergebnis der Multiplikation der von Ihnen erfassten Menge von zehn Stunden und dem Tarif, den Sie in der Planung ermittelt haben: 20 EUR pro Stunde (siehe Abschnitt 7.5, »Tarife ermitteln, Be- und Entlastungen buchen«). Der Betrag wird vom System in dieses Feld eingetragen und kann manuell *nicht* geändert werden.

Betrag der Leistungsverrechnung = Menge × Plantarif
Betrag der Leistungsverrechnung = 10 Std. × 20 EUR/Std. = 200 EUR

- **Wä...** (Währung): »EUR«, die Währung des Belegs, hier die Buchungskreiswährung, wird vom System eingetragen und kann manuell *nicht* geändert werden.
- **Kostenart**: »615000« (DILV Reparaturen), wird vom System aus den Plandaten übernommen und kann manuell *nicht* geändert werden.

4 Bestätigen Sie Ihre Eingaben mit einem Klick auf die Schaltfläche (**Weiter**) oder mit der Taste ↵. Das System überprüft die Daten und setzt die Positionsnummer 0001 in der Spalte **PosNr**.

5 Speichern Sie den Beleg mit einem Klick auf die Schaltfläche (**Buchen**). Das System speichert den Beleg und entfernt alle Eingaben aus dem Erfassungsbild der Transaktion.

6 Verlassen Sie die Transaktion KB21N (Direkte Leistungsverrechnung erfassen) mit einem Klick auf die Schaltfläche (**Zurück**).

Der Beleg für die Leistungsverrechnung wurde gespeichert. Die sendende Kostenstelle wird entlastet, der empfangende Auftrag wird belastet. Überprüfen Sie nun die Belastung mit einem passenden Auftragsbericht.

Ergebnis der Leistungsverrechnung anzeigen

Prüfen Sie nun, wie sich die Leistungsverrechnung im Ist im Bericht für den Auftrag »Marketing TV-Werbung« ausgewirkt hat. Nutzen Sie hierfür wieder den Bericht **Auftrag: Ist/Plan/Abweichung**.

Gehen Sie folgendermaßen vor, um diesen Bericht anzuzeigen:

1 Folgen Sie dem Pfad **Rechnungswesen ▸ Controlling ▸ Innenaufträge ▸ Infosystem ▸ Berichte zu Innenaufträgen ▸ Plan/Ist-Vergleiche ▸ Auftrag: Ist/Plan/Abweichung** im SAP Easy Access Menü, oder verwenden Sie den Transaktionscode S_ALR_87012993.

2 Es erscheint das Selektionsbild zu diesem Bericht. Füllen Sie die einzelnen Felder so aus:

- **Kostenrechnungskreis**: »1000«
- **Geschäftsjahr**: »2016«
- **Von Periode**: »1«, **Bis Periode** »12«
- **Planversion**: »0«

– **oder Wert(e)** (unter **Auftragsgruppe**): »400317« (Marketing TV-Werbung)

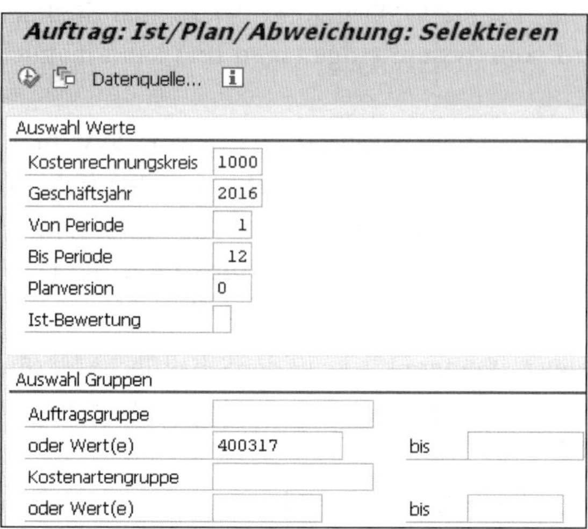

3 Führen Sie den Bericht mit einem Klick auf die Schaltfläche (**Ausführen**) aus. Der Bericht wird angezeigt.

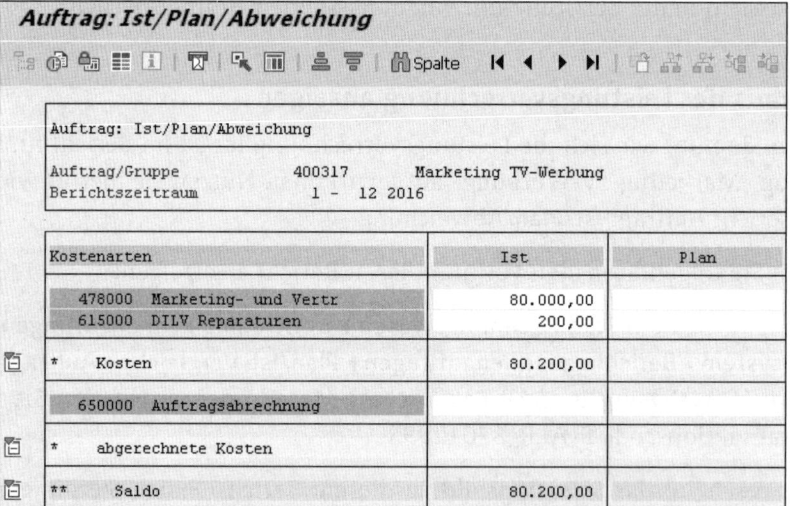

4 Beachten Sie die Spalte **Ist**. Die Zeile 615000 »DILV Reparaturen« zeigt das Ergebnis der Leistungsverrechnung mit 200 EUR.

5 Die Zeile **abgerechnete Kosten** in der Spalte **Ist** ist immer noch leer. Der **Saldo** des Auftrags hat sich durch die Leistungsverrechnung auf 80.200 EUR erhöht.

6 Verlassen Sie den Bericht mit einem Klick auf die Schaltfläche (**Zurück**).

7 Es erscheint ein Dialogfenster mit der Frage »Möchten Sie den Bericht verlassen?«. Bestätigen Sie dieses Dialogfenster mit einem Klick auf die Schaltfläche **Ja**. Daraufhin erscheint das Selektionsbild des Berichts.

8 Das Selektionsbild verlassen Sie mit einem weiteren Klick auf die Schaltfläche (**Zurück**).

11.3 Innenauftrag im Ist abrechnen

Die Auftragsabrechnung haben Sie in Abschnitt 10.3, »Innenauftrag im Plan abrechnen«, bereits kennengelernt. Die Auftragsabrechnung im Ist sieht ähnlich aus wie die im Plan. Auch für die Abrechnung im Ist benötigt der Auftrag eine Abrechnungsvorschrift. Die Vorschrift für die Abrechnung im Ist haben Sie genauso wie die Vorschrift für die Abrechnung im Plan bei der Pflege der Stammdaten angelegt (siehe Abschnitt 9.3, »Einen Innenauftrag anlegen«).

Abrechnung ausführen

Die Auftragsabrechnung erfolgt im Kostenrechnungskreis 1000 »CO Europe«. Am Beginn dieses Kapitels habe ich Ihnen gezeigt, wie Sie diesen Kostenrechnungskreis für Ihren Benutzer setzen.

So führen Sie eine Auftragsabrechnung im Ist aus:

1 Folgen Sie dem Pfad **Rechnungswesen ▸ Controlling ▸ Innenaufträge ▸ Periodenabschluss ▸ Abrechnung ▸ Einzelverarbeitung** im SAP Easy Access Menü, oder verwenden Sie den Transaktionscode KO88.

2 Es erscheint das Auswahlbild der Transaktion. Füllen Sie die Felder in diesem Auswahlbild wie folgt aus:

- **Auftrag**: »400317« (Marketing TV-Werbung). Das ist der Auftrag, den Sie abrechnen möchten.
- **Abrechnungsperiode**: »7«. Die Abrechnung soll für den Juli durchgeführt werden.
- **Geschäftsjahr**: »2016«

- **Verarbeitungsart**: »Automatisch«. Das System ermittelt aus den Aufteilungsregeln der Abrechnungsvorschrift automatisch, wie der Auftrag abgerechnet wird.
- **Testlauf**: Nein (Kästchen leer). Entfernen Sie den Haken bei diesem Parameter mit einem Klick auf das Kästchen.
- **Bewegungsdaten prüfen**: Nein (Kästchen leer). Entfernen Sie den Haken bei diesem Parameter mit einem Klick auf das Kästchen.

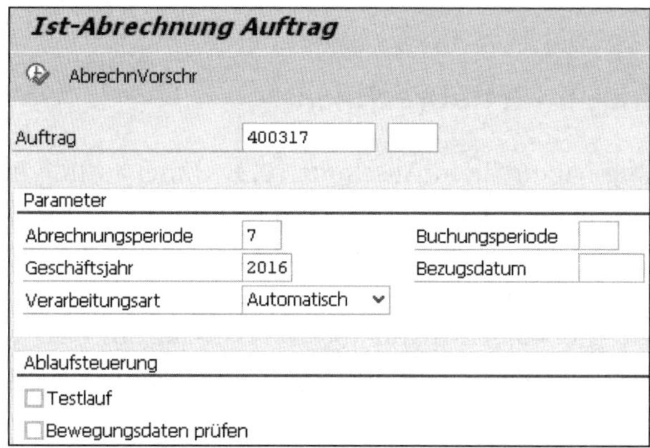

3 Führen Sie die Abrechnung mit einem Klick auf die Schaltfläche (**Ausführen**) aus. Die Abrechnung wird durchgeführt. Das Protokoll wird angezeigt. Sie sehen die Grundliste des Protokolls.

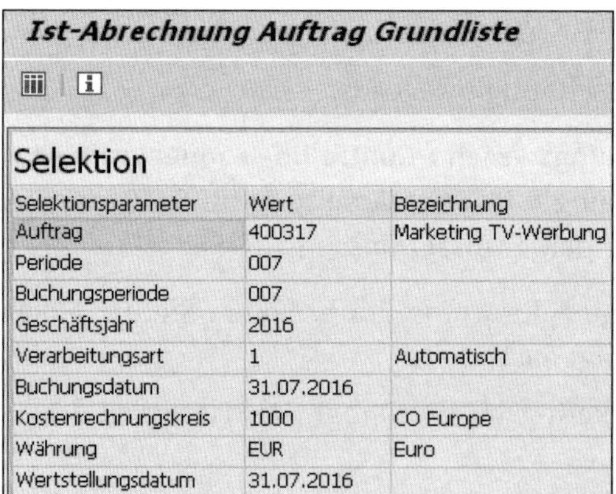

4 Klicken Sie in der Grundliste auf die Schaltfläche (**Detaillisten**), um weitere Informationen zu dieser Abrechnung zu erhalten. Die Detailliste mit einer Zeile wird angezeigt.

5. Vom **Sender** AUF 400317 (Auftrag »Marketing TV-Werbung«) wurden auf den Empfänger (**Empf**) KST 3200 (Kostenstelle »Marketing«) 80.200 EUR abgerechnet. 80.200 EUR ist die Summe aus der manuellen Umbuchung und der Leistungsverrechnung, die bei diesem Auftrag im Januar als Kosten aufgelaufen ist.

6. Verlassen Sie die Transaktion KO88 (Ist-Abrechnung Auftrag), indem Sie dreimal auf die Schaltfläche (**Zurück**) klicken.

Die Ist-Buchungen für den Innenauftrag »Marketing TV-Werbung« mit zwei Belastungsbuchungen und der Abrechnung sind abgeschlossen. Analysieren Sie jetzt den Auftrag und die belastete Kostenstelle mit geeigneten Berichten.

Innenauftrag analysieren

Nach Abschluss der Periode im Ist analysieren Sie jetzt den Auftrag »Marketing TV-Werbung«. Nutzen Sie hierfür den Bericht **Auftrag: Ist/Plan/Abweichung**. So geht's:

1. Folgen Sie dem Pfad **Rechnungswesen ▸ Controlling ▸ Innenaufträge ▸ Infosystem ▸ Berichte zu Innenaufträgen ▸ Plan/Ist-Vergleiche ▸ Auftrag: Ist/Plan/Abweichung** im SAP Easy Access Menü, oder verwenden Sie den Transaktionscode S_ALR_87012993.

2. Es erscheint das Selektionsbild zu diesem Bericht. Füllen Sie die einzelnen Felder wie folgt aus:
   - **Kostenrechnungskreis**: »1000«
   - **Geschäftsjahr**: »2016«
   - **Von Periode**: »1«, **Bis Periode** »12«
   - **Planversion**: »0«
   - **oder Wert(e)** (unter **Auftragsgruppe**): »400317« (Marketing TV-Werbung)

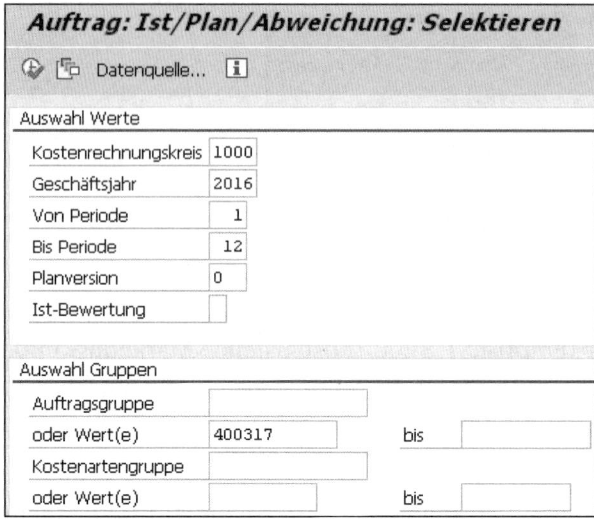
Auftrag: Ist/Plan/Abweichung: Selektieren

Datenquelle...

Auswahl Werte

Kostenrechnungskreis	1000
Geschäftsjahr	2016
Von Periode	1
Bis Periode	12
Planversion	0
Ist-Bewertung	

Auswahl Gruppen

Auftragsgruppe			
oder Wert(e)	400317	bis	
Kostenartengruppe			
oder Wert(e)		bis	

3 Führen Sie den Bericht mit einem Klick auf die Schaltfläche (**Ausführen**) aus. Der Bericht wird angezeigt.

4 Beachten Sie die Spalte **Ist**. Neu in dieser Spalte ist der Abrechnungsbetrag von –80.200 EUR in der Zeile 650000 »Auftragsabrechnung«. Diese Entlastung des Auftrags haben Sie soeben durch die Auftragsabrechnung generiert.

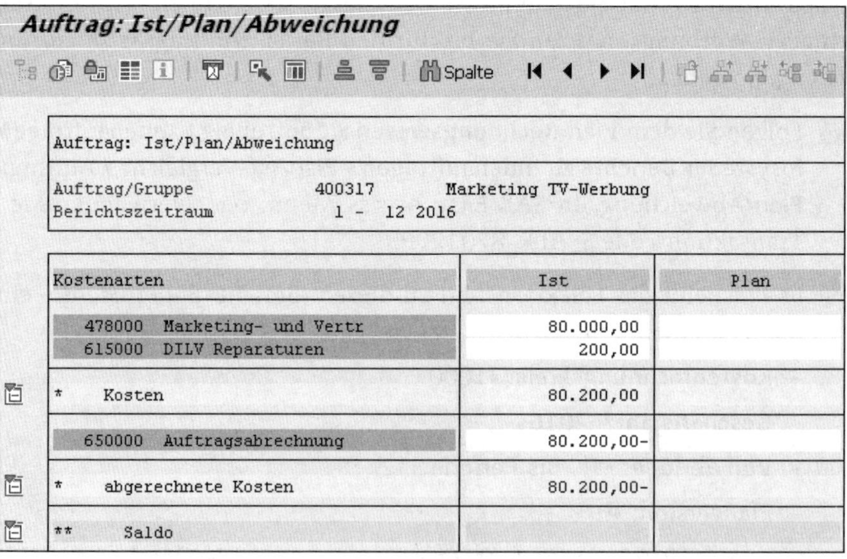
Auftrag: Ist/Plan/Abweichung

Spalte

Auftrag: Ist/Plan/Abweichung

Auftrag/Gruppe 400317 Marketing TV-Werbung
Berichtszeitraum 1 - 12 2016

Kostenarten	Ist	Plan
478000 Marketing- und Vertr	80.000,00	
615000 DILV Reparaturen	200,00	
* Kosten	80.200,00	
650000 Auftragsabrechnung	80.200,00-	
* abgerechnete Kosten	80.200,00-	
** Saldo		

5 Die Zeile **abgerechnete Kosten** summiert alle Abrechnungen (hier nur eine Zeile). Die abgerechneten Kosten (–80.200 EUR) gleichen die Kosten (80.200 EUR) genau aus. Der **Saldo** des Auftrags ist dementsprechend null. Verlassen Sie den Bericht mit einem Klick auf die Schaltfläche (**Zurück**).

6 Es erscheint ein Dialogfenster mit der Frage »Möchten Sie den Bericht verlassen?«. Bestätigen Sie dieses Dialogfenster mit einem Klick auf die Schaltfläche **Ja**. Jetzt erscheint das Selektionsbild des Berichts.

7 Das Selektionsbild verlassen Sie mit einem weiteren Klick auf die Schaltfläche (**Zurück**).

Empfängerkostenstelle analysieren

Die Abrechnung des Auftrags, den Sie soeben analysiert haben, erfolgte auf die Kostenstelle 3200 »Marketing«. Das haben Sie in der Abrechnungsvorschrift so festgelegt und im Protokoll der Abrechnung gesehen.

Überzeugen Sie sich mit einem geeigneten Kostenstellenbericht, ob die Auftragsabrechnung richtig verbucht wurde. Nutzen Sie hierfür den Bericht **Kostenstellen: Ist/Plan/Abweichung**.

Gehen Sie folgendermaßen vor, um den Bericht anzuzeigen:

1 Folgen Sie dem Pfad **Rechnungswesen ▸ Controlling ▸ Kostenstellenrechnung ▸ Infosystem ▸ Berichte zur Kostenstellenrechnung ▸ Plan/Ist-Vergleiche ▸ Kostenstellen: Ist/Plan/Abweichung** im SAP Easy Access Menü, oder verwenden Sie den Transaktionscode S_ALR_87013611.

2 Es erscheint das Selektionsbild zu diesem Bericht. Füllen Sie die einzelnen Felder so aus:
   - **Kostenrechnungskreis**: »1000«
   - **Geschäftsjahr**: »2016«
   - **Von Periode**: »1«, **Bis Periode** »12«
   - **Version**: »0«
   - **oder Wert(e)** (unter **Kostenstellengruppe**): »3200« (Marketing)

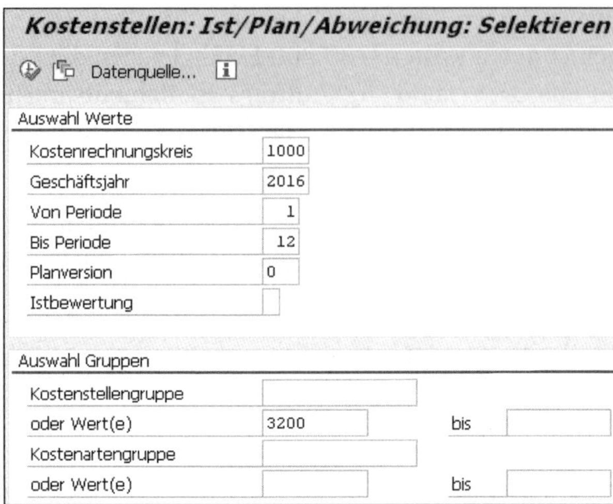

3 Führen Sie den Bericht mit einem Klick auf die Schaltfläche (**Ausführen**) aus. Der Bericht wird angezeigt.

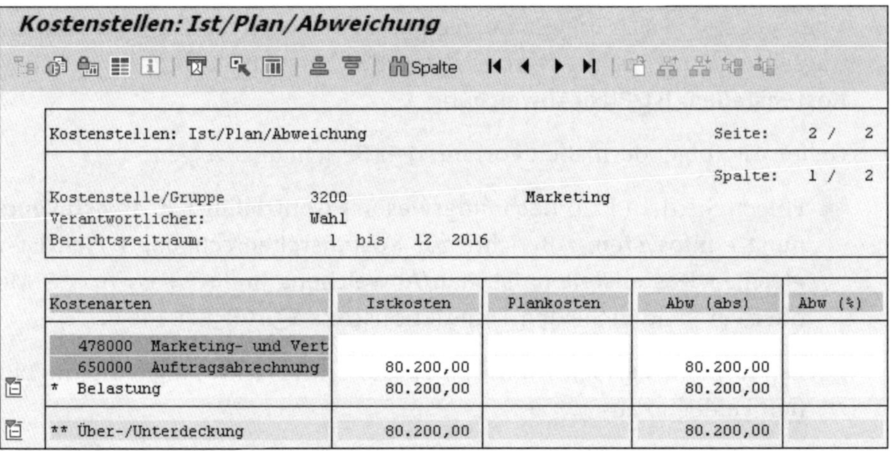

Kostenstellen: Ist/Plan/Abweichung   Seite: 2 / 2
Spalte: 1 / 2
Kostenstelle/Gruppe 3200 Marketing
Verantwortlicher: Wahl
Berichtszeitraum: 1 bis 12 2016

Kostenarten	Istkosten	Plankosten	Abw (abs)	Abw (%)
478000 Marketing- und Vert				
650000 Auftragsabrechnung	80.200,00		80.200,00	
* Belastung	80.200,00		80.200,00	
** Über-/Unterdeckung	80.200,00		80.200,00	

4 Beachten Sie die Spalte **Istkosten**. Die Kosten aus der Auftragsabrechnung wurden verbucht und sind bei der Kostenstelle »Marketing« als Belastung ausgewiesen. Die sekundäre Kostenart 650000 »Auftragsabrechnung« ist dieselbe, die beim Auftrag als abgerechnete Kosten ausgewiesen wurde. Der Belastung steht auf dieser Kostenstelle auch im Ist noch keine Entlastung gegenüber. In der Zeile **Über-/Unterdeckung** sehen Sie eine Unterdeckung von 80.200 EUR. Verlassen Sie den Bericht mit einem Klick auf die Schaltfläche (**Zurück**).

5 Es erscheint ein Dialogfenster mit der Frage »Möchten Sie den Bericht verlassen?«. Bestätigen Sie dieses Dialogfenster mit einem Klick auf die Schaltfläche **Ja**. Jetzt erscheint das Selektionsbild des Berichts.

6 Das Selektionsbild verlassen Sie mit einem weiteren Klick auf die Schaltfläche (**Zurück**).

Die Ist-Buchungen auf dem Innenauftrag »Marketing TV-Werbung« sind abgeschlossen. Sie haben »Marketing- und Vertriebskosten« von einer Kostenstelle auf diesen Auftrag manuell umgebucht. Dann haben Sie den Auftrag mit »Reparaturstunden« aus einer Leistungsverrechnung zusätzlich belastet. Die gesamten Kosten wurden dann mittels Auftragsabrechnung auf eine Kostenstelle verrechnet.

11.4 Probieren Sie es aus!

HINWEIS

Hinweise zur Übung

Die folgenden Übungen können Sie auf einem SAP IDES (International Demonstration and Education System) selbst durchführen. Die Übungen zu diesem Kapitel bauen aufeinander auf. Sie bauen außerdem auf den Übungen zu den Kapiteln 7 und 9 auf. Die Übungen zu diesem Kapitel sind unabhängig von den Übungen in den Kapiteln 1 bis 6 sowie 8 und 10.

Die Übungen in diesem Kapitel beziehen sich auf den Kostenrechnungskreis 1000 »CO Europe«.

Die Lösungshinweise können Sie auf der Webseite zum Buch unter *https://www.rheinwerk-verlag.de/4140/* herunterladen.

Aufgabe 1

Erfassen Sie eine manuelle Kostenumbuchung von 4.000 EUR mit der Kostenart 478000 »Marketing- und Vertriebskosten« von der Kostenstelle 3200 »Marketing« auf den Innenauftrag »Marketing Radiowerbung«, den Sie in der Übung zu Kapitel 9 angelegt haben. Der Beleg soll am 01. Januar des folgenden Jahres gebucht werden.

Feld	Dateneingabe
Belegdatum	01.01.2017
BuchDatum	01.01.2017
KostSt Alt	3200
Kostenart	478000
Betrag	4.000
Auftrag Neu	Auftragsnummer aus Aufgabe 1 zu Kapitel 9

Welche Erfassungsvariante und welchen Eingabetyp haben Sie verwendet?

Aufgabe 2

Überprüfen Sie das Ergebnis der Umbuchung aus Aufgabe 1 mit einem geeigneten Bericht für die Kostenstelle 3200 »Marketing«.

Feld	Dateneingabe
Kostenrechnungskreis	1000
Geschäftsjahr	2017
Von Periode	1
Bis Periode	1
Planversion	0
oder Wert(e) (unter Kostenstellengruppe)	3200

Mit welchem Vorzeichen wurde die Umbuchung gebucht? Wird die Umbuchung hier als Be- oder als Entlastung ausgewiesen?

Aufgabe 3

Überprüfen Sie das Ergebnis der Umbuchung aus Aufgabe 1 mit einem geeigneten Bericht für den Auftrag »Marketing Radiowerbung«.

Feld	Dateneingabe
Kostenrechnungskreis	1000
Geschäftsjahr	2017
Von Periode	1
Bis Periode	1
Planversion	0
oder Wert(e) (unter Auftragsgruppe)	Auftragsnummer aus Aufgabe 1 zu Kapitel 9

Mit welchem Vorzeichen wurde die Umbuchung gebucht? Wird die Umbuchung als Kosten oder als abgerechnete Kosten ausgewiesen?

Aufgabe 4

Erfassen Sie eine Leistungsverrechnung im Ist von fünf Stunden von der Kostenstelle 4110 »Technischer Service 2« (Sender) und der Leistungsart 1410 »Reparaturstunden« auf den Innenauftrag »Marketing Radiowerbung« (Empfänger), den Sie in der Übung zu Kapitel 9 angelegt haben. Der Beleg soll am 01. Januar des folgenden Jahres gebucht werden.

Feld	Dateneingabe
Belegdatum	01.01.2017
BuchDatum	01.01.2017
SendStelle	4110
SLstArt	1410
EmpfAuftrag	Auftragsnummer aus Aufgabe 1 zu Kapitel 9
Menge gesamt	5

Welche Erfassungsvariante und welchen Eingabetyp haben Sie genutzt?

Aufgabe 5

Prüfen Sie das Ergebnis der Leistungsverrechnung, die Sie in Aufgabe 4 ausgeführt haben, mit einem geeigneten Bericht für den Auftrag »Marketing Radiowerbung«.

Feld	Dateneingabe
Kostenrechnungskreis	1000
Geschäftsjahr	2017
Von Periode	1
Bis Periode	1
Planversion	0
oder Wert(e) (unter Auftragsgruppe)	Auftragsnummer aus Aufgabe 1 zu Kapitel 9

Wie hoch sind die Kosten aus der Leistungsverrechnung, mit denen der Auftrag im Ist belastet wurde? Wie hat das System die Kosten ermittelt? Mit welcher Kostenart wurde die Leistungsverrechnung gebucht? Wie hat das System diese Kostenart ermittelt?

Aufgabe 6

Führen Sie für Ihren Auftrag »Marketing Radiowerbung« eine Abrechnung im Ist aus.

Feld	Dateneingabe
Auftrag	Auftragsnummer aus Aufgabe 1 zu Kapitel 9
Abrechnungsperiode	1
Geschäftsjahr	2017
Verarbeitungsart	Automatisch
Testlauf	Nein (Kein Haken)
Bewegungsdaten prüfen	Nein (Kein Haken)

Wie hoch ist der Betrag, den Sie abgerechnet haben? Wie setzt sich dieser Betrag zusammen? Auf welchen Empfänger wurde abgerechnet? Wie hat das System den Abrechnungsempfänger ermittelt?

Aufgabe 7

Überprüfen Sie die Ist-Abrechnung für den Auftrag »Marketing Radiowerbung« aus Aufgabe 7 mit einem geeigneten Bericht.

Feld	Dateneingabe
Kostenrechnungskreis	1000
Geschäftsjahr	2017
Von Periode	1
Bis Periode	1
Planversion	0
oder Wert(e) (unter Auftragsgruppe)	Auftragsnummer aus Aufgabe 1 zu Kapitel 9

Wie hoch sind die abgerechneten Kosten im Ist? Wie hoch ist der Saldo im Ist?

12 Profit-Center-Rechnung

In den vorangegangenen Kapiteln dieses Buches haben Sie sich mit der Buchung und der Verrechnung von Kosten auf Kostenstellen und Innenaufträgen beschäftigt. Die Buchungen und Verrechnungen, die Sie bisher ausgeführt haben, werden jetzt in Profit-Centern zusammengeführt.

In diesem Kapitel lernen Sie,

- wie Sie Profit-Center anlegen,
- wie Sie die Standardhierarchie für Profit-Center pflegen,
- wie Sie alternative Gruppen und Hierarchien für Profit-Center pflegen,
- wie Sie Innenaufträge und Kostenstellen zu Profit-Centern zuordnen,
- wie Sie die Buchungen auf Profit-Centern mit geeigneten Berichten analysieren.

12.1 Was Sie über die Profit-Center-Rechnung wissen sollten

Profit ist das englische Wort für Gewinn. Im Gegensatz zur Kostenstelle (englisch: *Cost Center*) ist das Profit-Center also eine »Gewinnstelle«. Das Profit-Center stellt wie die Kostenstelle eine organisatorische Einheit im Unternehmen dar. Auf der Kostenstelle werden, wie der Name sagt, ausschließlich Kosten gesammelt. Das Profit-Center hingegen versucht, den Kosten der organisatorischen Einheiten Erlöse gegenüberzustellen. Erlöse kann ein Profit-Center durch Umsatz an Kunden erhalten, aber auch durch die Verrechnung von Leistungen oder Produkten an andere unternehmensinterne Einheiten. Die Kosten und Erlöse des Profit-Centers werden zum Gewinn saldiert.

Das SAP-System unterscheidet zwischen echten und statistischen Buchungen. Alle Buchungen auf Kostenstellen und Innenaufträgen, die Sie bisher kennengelernt haben, waren echte Buchungen. Zusätzlich zu diesen echten Buchungen wurden statistische Buchungen auf Profit-Centern generiert. Die statistischen Buchungen auf Profit-Centern erfolgen automatisch im Hintergrund. Sie müssen sich im Normalfall nicht um die Buchung auf Profit-Center kümmern. Zusätzlich zu den Buchungen auf Kostenstellen und Innenaufträgen werden auch zum Beispiel die Buchungen auf Fertigungsaufträge und in die Ergebnis- und Marktsegmentrechnung in der Profit-Center-Rechnung dargestellt. So entsteht auf den Profit-Centern ein umfassendes finanzielles Bild des Unternehmens.

Der Trick bei der Profit-Center-Rechnung besteht darin, alle echten Kontierungsobjekte Profit-Centern zuzuordnen, also zum Beispiel die Kostenstellen, Innenaufträge und Produkte (für Fertigungskosten und Umsätze). So weiß das System bei jeder Buchung automatisch, wie der entsprechende Beleg aus Profit-Center-Sicht zuzuordnen ist.

Steigen Sie jetzt ein in die Profit-Center-Rechnung im SAP-System. Als Erstes lernen Sie, wie Sie die nötigen Stammdaten anlegen.

12.2 Profit-Center anlegen

Mit Stammdaten haben Sie sich schon öfter in diesem Buch beschäftigt. Sie haben Stammdaten zu Kostenarten, Kostenstellen, statistischen Kennzahlen, Leistungsarten und Innenaufträgen gepflegt. Bei der Pflege der Stammdaten von Profit-Centern werden Sie vieles von dem, was Sie bisher gelernt haben, wiedererkennen und nutzen können.

Bevor Sie mit der Arbeit mit Profit-Center-Stammdaten beginnen, müssen Sie sicherstellen, dass Sie den richtigen Kostenrechnungskreis gesetzt haben. Nutzen Sie für alle Beispiele in diesem Kapitel den Kostenrechnungskreis 1000 »CO Europe«.

Gehen Sie folgendermaßen vor, um den Kostenrechnungskreis für Ihren Benutzer zu setzen:

1. Folgen Sie dem Pfad **Rechnungswesen ▸ Controlling ▸ Profit-Center-Rechnung ▸ Umfeld ▸ Kostenrechnungskreis setzen** im SAP Easy Access Menü, oder verwenden Sie den Transaktionscode OKKS.

2. Es öffnet sich ein Dialogfenster, in dem Sie im Feld **Kostenrechnungskreis** den Schlüssel des Kostenrechnungskreises eintragen, mit dem Sie arbeiten möchten. Für alle Beispiele in diesem Kapitel nutzen Sie den Kostenrechnungskreis 1000.

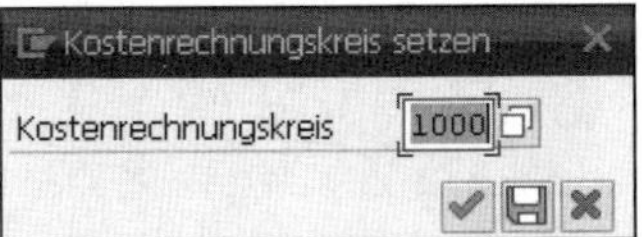

3 Bestätigen Sie Ihre Eingabe mit einem Klick auf die Schaltfläche ✔ (**Weiter**) oder mit der Taste [↵]. Mit dieser Schaltfläche speichern Sie den gewählten Kostenrechnungskreis für die aktuelle SAP-Sitzung. Der Kostenrechnungskreis bleibt so lange gesetzt, bis Sie sich vom SAP-System abmelden.

4 Alternativ können Sie die Eingabe des Kostenrechnungskreises dauerhaft mit einem Klick auf die Schaltfläche 💾 (**Als Benutzerparameter sichern**) oder mit der Taste [F5] speichern. In diesem Fall bleibt der gewählte Kostenrechnungskreis auch über die aktuelle SAP-Sitzung hinaus gesetzt. Wenn Sie sich ab- und wieder anmelden, weiß das System bereits, mit welchem Kostenrechnungskreis Sie arbeiten möchten.

Als Nächstes legen Sie ein neues Profit-Center an. So geht's:

1 Folgen Sie dem Pfad **Rechnungswesen ▸ Controlling ▸ Profit-Center-Rechnung ▸ Stammdaten ▸ Profit-Center ▸ Einzelbearbeitung ▸ Anlegen** im SAP Easy Access Menü, oder verwenden Sie den Transaktionscode KE51.

2 Es öffnet sich das Einstiegsbild der Transaktion. Tragen Sie im Feld **Profitcenter** den Schlüssel ein, mit dem das Profit-Center identifiziert werden soll (hier 1405). Dieser Schlüssel kann bis zu zehn Zeichen lang sein. Buchstaben und Ziffern sind erlaubt.

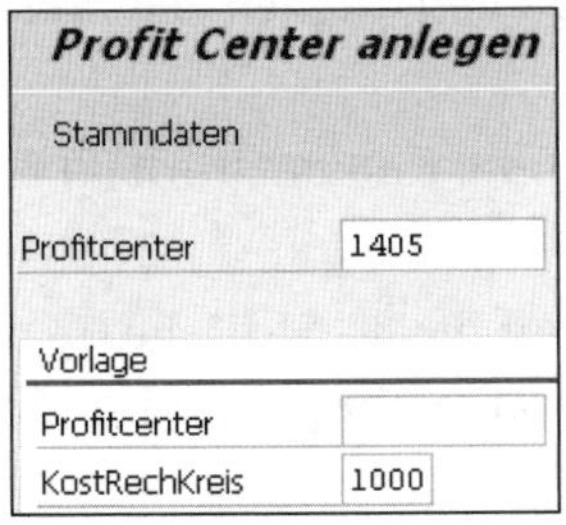

3 Fahren Sie mit einem Klick auf die Schaltfläche **Stammdaten** oder mit der Taste [↵] fort.

4 Im nächsten Bild sehen Sie die Stammdatenfelder zu Ihrem neuen Profit-Center mit der Registerkarte **Grunddaten**.

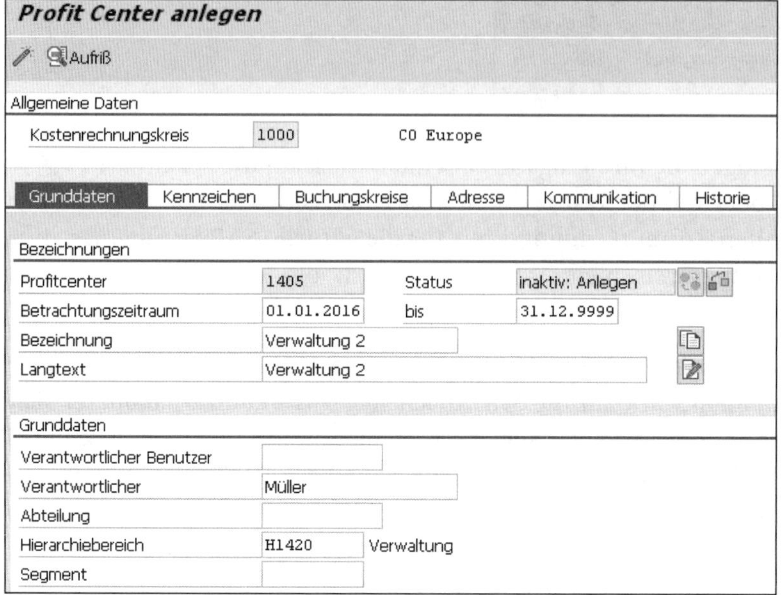

5 Das Feld **Betrachtungszeitraum** wird automatisch mit dem ersten Tag des aktuellen Jahres gefüllt. In das Feld **bis** trägt das System das Datum 31.12.9999 ein. Übernehmen Sie diese Einträge.

6 Tragen Sie in weitere Felder diese Werte ein:

- **Bezeichnung**: »Verwaltung 2«, Bezeichnung des Profit-Centers mit bis zu 20 Zeichen
- **Langtext**: »Verwaltung 2«, Text für das Profit-Center mit bis zu 40 Zeichen
- **Verantwortlicher**: »Müller«, Freitextfeld für den Namen des Verantwortlichen
- **Hierarchiebereich**: »H1420« (Verwaltung), ein Knoten in der Profit-Center-Standardhierarchie

7 Bestätigen Sie Ihre Eingaben mit einem Klick auf die Schaltfläche ✓ oder mit der Taste [↵]. Die Bezeichnung zum Hierarchiebereich wird eingeblendet.

8 Überprüfen Sie die Zuordnung des neuen Profit-Centers zu Buchungskreisen mit einem Klick auf die Registerkarte **Buchungskreise**. Eine Liste mit allen Buchungskreisen erscheint, die dem Kostenrechnungskreis 1000 zugeordnet sind.

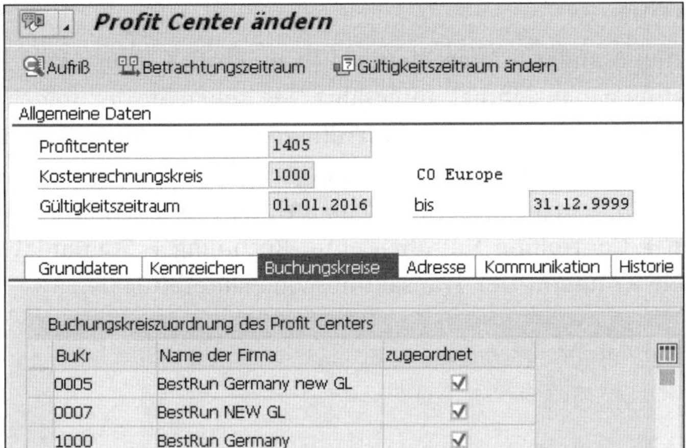

9 Ein neues Profit-Center ist standardmäßig allen vorhandenen Buchungskreisen zugeordnet. Das erkennen Sie an den Haken in der Spalte **zugeordnet**, die in jeder Zeile gesetzt sind. Übernehmen Sie diese Zuordnung.

10 Für das Speichern der Stammdaten zum Profit-Center reicht es *nicht* aus, die Schaltfläche anzuklicken. Diese Schaltfläche heißt hier **Inaktiv sichern**. Stammdaten zum Profit-Center müssen aktiviert werden. Klicken Sie dazu auf die Schaltfläche (**Aktivieren**). Das Profit-Center wird aktiviert und gespeichert.

11 Sie sehen das Einstiegsbild der Transaktion KE51 (Profit-Center anlegen). Verlassen Sie die Transaktion mit einem Klick auf die Schaltfläche (**Zurück**).

Sie haben ein neues Profit-Center angelegt. Jetzt erfahren Sie, wie Sie die Profit-Center in Gruppen, in der Standardhierarchie und in alternativen Hierarchien organisieren können.

12.3 Profit-Center-Gruppen und -Hierarchien pflegen

Die Organisation von Stammdaten in Gruppen und Hierarchien haben Sie bereits im Zusammenhang mit Kostenarten, Kostenstellen und Innenaufträgen kennengelernt. Für die Gruppierung von Profit-Centern stehen Ihnen die bekannten Funktionen zur Verfügung.

Standardhierarchie

In der Profit-Center-Standardhierarchie wird jedes Profit-Center eines Kostenrechnungskreises genau einmal aufgeführt. Sie sehen in der folgenden Abbildung einen Ausschnitt aus der Standardhierarchie der Profit-Center im IDES zum Kostenrechnungskreis 1000 »CO-Europe«. Die Transaktion zu diesem Bild finden Sie, indem Sie diesem Pfad im SAP Easy Access Menü folgen: **Rechnungswesen ▸ Controlling ▸ Profit-Center-Rechnung ▸ Stammdaten ▸ Standardhierarchie ▸ Ändern**. Der Transaktionscode lautet KCH5N.

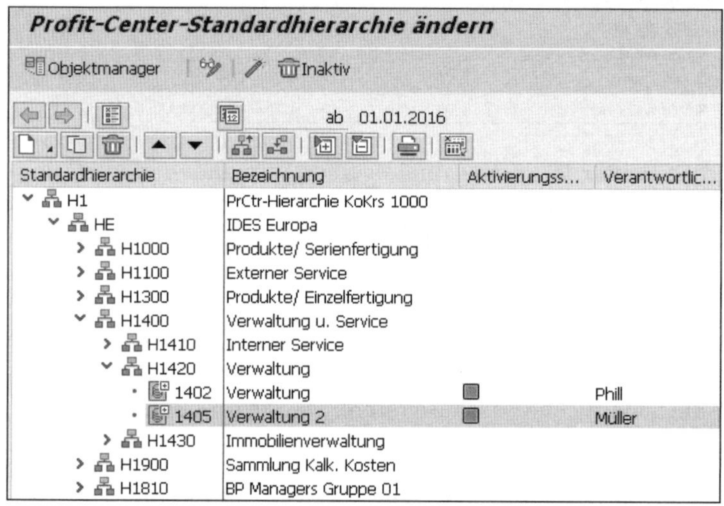

Profit-Center-Standardhierarchie zum Kostenrechnungskreis »CO-Europe«

Den Begriff *Standardhierarchie* haben Sie bereits im Zusammenhang mit Kostenstellen kennengelernt. Die Standardhierarchie für Kostenstellen ist der für Profit-Center sehr ähnlich. Insbesondere gilt auch für die Profit-Center-Standardhierarchie, dass alle Objekte eines Kostenrechnungskreises (in diesem Fall die einzelnen Profit-Center) genau einmal in der Standardhierarchie vorkommen. Dadurch ist diese Hierarchie mit Sicherheit vollständig und überschneidungsfrei. Diese Eigenschaft gilt genauso für die Kostenstellen in Bezug auf die Kostenstellen-Standardhierarchie.

Die Pflege der Kostenstellen-Standardhierarchie habe ich ausführlich in Kapitel 4, »Kostenstellengruppen und -hierarchien«, beschrieben. Das dort Gelernte können Sie direkt auf die Pflege der Profit-Center-Standardhierarchie (Transaktionscode KCH5N) übertragen. Um Wiederholungen zu vermeiden, verzichte ich auf die detaillierte Beschreibung dieser Transaktion.

Alternative Gruppen und Hierarchien

Zusätzlich zur Standardhierarchie kann die Zusammenfassung von Profit-Centern in alternativen Gruppen und Hierarchien sinnvoll sein. Ein Beispiel für eine alternative Hierarchie sehen Sie in der folgenden Abbildung.

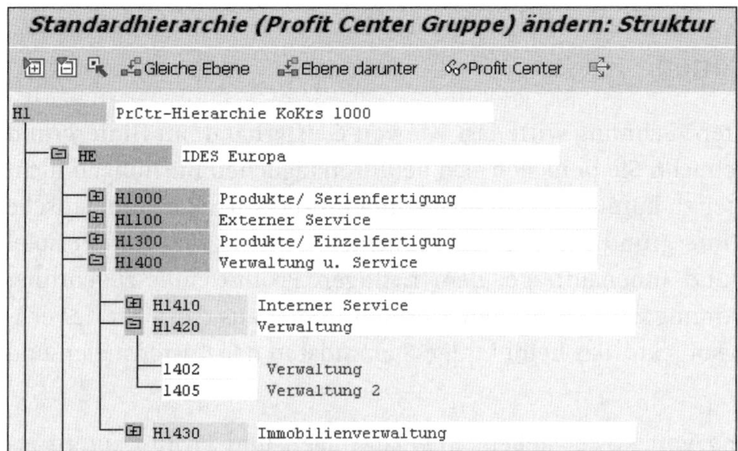

Alternative Profit-Center-Hierarchie

Gehen Sie folgendermaßen vor, um neue alternative Kostenstellengruppen anzulegen: Folgen Sie dem Pfad **Rechnungswesen ▸ Controlling ▸ Profit-Center-Rechnung ▸ Stammdaten ▸ Profit-Center-Gruppe ▸ Anlegen** im SAP Easy Access Menü, oder verwenden Sie den Transaktionscode KCH1.

So ändern Sie alternative Kostenstellengruppen: Folgen Sie dem Pfad **Rechnungswesen ▸ Controlling ▸ Profit-Center-Rechnung ▸ Stammdaten ▸ Profit-Center-Gruppe ▸ Ändern** im SAP Easy Access Menü, oder verwenden Sie den Transaktionscode KCH2.

Die beiden Transaktionen KCH1 (Profit-Center-Gruppe anlegen) und KCH2 (Profit-Center-Gruppe ändern) funktionieren genauso wie die entsprechenden Transaktionen für die Pflege von Kostenartengruppen, alternativen Kostenstellengruppen und Auftragsgruppen. Eine ausführliche Beschreibung der Funktionen in diesen Transaktionen finden Sie in Abschnitt 2.4, »Kostenartengruppen pflegen«. Auch bezüglich der Pflege von alternativen Profit-Center-Gruppen und -Hierarchien verweise ich auf diesen Abschnitt.

Wie Sie ein Profit-Center anlegen, habe ich ausführlich beschrieben und kurz darauf hingewiesen, wie Profit-Center in der Standardhierarchie und in alternativen Gruppen organisiert werden. Jetzt zeige ich Ihnen, was es mit dem erwähnten Trick in der Profit-Center-Rechnung auf sich hat. Sie erfahren, wie Kostenstellen und Innenaufträge zu Profit-Centern zugeordnet werden.

12.4 Kostenstellen und Innenaufträge zu Profit-Centern zuordnen

Die Profit-Center-Rechnung wird, fast wie von Geisterhand, im Hintergrund automatisch bebucht. Sie brauchen sich bei Ihren täglichen Buchungen nicht um Profit-Center zu kümmern. Voraussetzung für die korrekte automatische Buchung im Hintergrund ist, dass alle bebuchten Objekte, wie zum Beispiel Kostenstellen und Innenaufträge, dem richtigen Profit-Center zugeordnet sind. Die Zuordnung zum Profit-Center erfolgt immer aus der Sicht des echten Kontierungsobjekts, das heißt in den Stammdaten der Kostenstellen und Innenaufträge.

Die Bearbeitung von Kostenstellen, Innenaufträgen und Profit-Centern erfolgt in diesem Abschnitt im Kostenrechnungskreis 1000 »CO-Europe«. Wie Sie diesen Kostenrechnungskreis für Ihren Benutzer setzen, habe ich in Abschnitt 12.2, »Profit-Center anlegen«, gezeigt.

Eine Kostenstelle zuordnen

Für die Zuordnung einer Kostenstelle zu einem Profit-Center nutzen Sie die Pflegetransaktionen, die Ihnen bereits aus Kapitel 3, »Kostenstellen pflegen«, vertraut sind.

Gehen Sie folgendermaßen vor, um die Zuordnung einer Kostenstelle zu einem Profit-Center zu ändern:

1. Folgen Sie dem Pfad **Rechnungswesen ▸ Controlling ▸ Kostenstellenrechnung ▸ Stammdaten ▸ Kostenstelle ▸ Einzelbearbeitung ▸ Ändern** im SAP Easy Access Menü, oder verwenden Sie den Transaktionscode KS02.

2. Es erscheint das Einstiegsbild zum Ändern von Kostenstellen. Tragen Sie im Feld **Kostenstelle** ein, welche Kostenstelle Sie ändern möchten, hier 3200 (Marketing). Fahren Sie mit einem Klick auf die Schaltfläche **Stammdaten** oder mit der Taste [↵] fort.

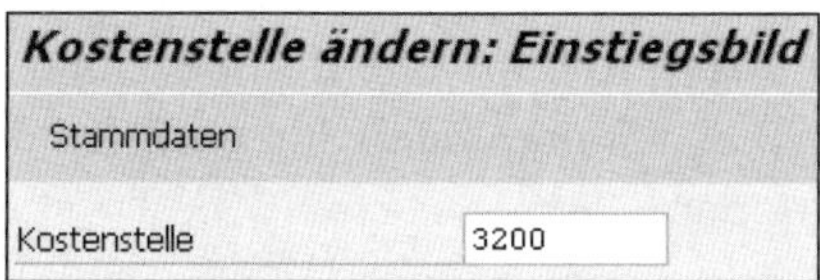

3. Das Grundbild der Transaktion mit der Registerkarte **Grunddaten** erscheint. An dem Eintrag im Feld **Profitcenter** sehen Sie, dass die Kostenstelle »Marketing« dem Profit-Center 1402 »Verwaltung« zugeordnet ist.

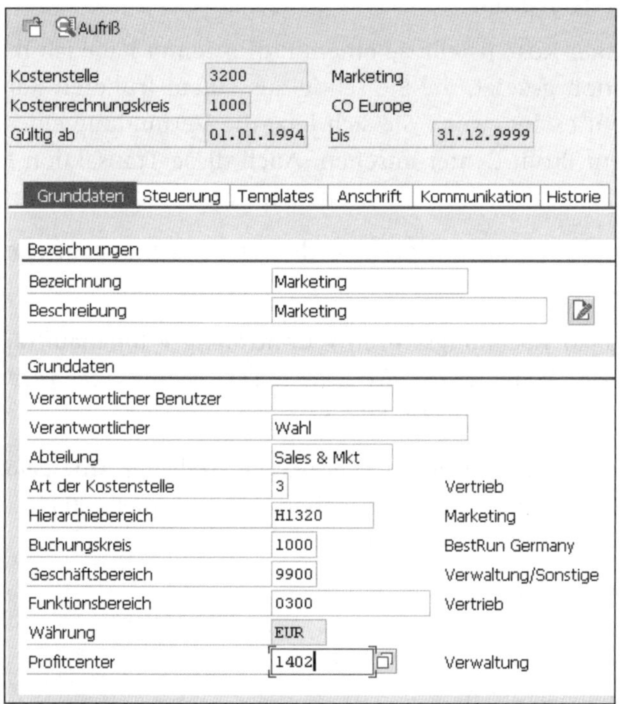

4. Solange keine Buchung für die Kostenstelle erfasst wurde, können Sie die Zuordnung zum Profit-Center hier ändern.

5. Schließen Sie die Transaktion KS02 (Kostenstelle ändern), indem Sie zweimal auf die Schaltfläche (**Zurück**) klicken.

> HINWEIS
>
> **Profit-Center-Zuordnung von Kostenstellen ändern**
>
> Falls die Kostenstelle schon im Ist oder im Plan für Buchungen verwendet wurde, ist die Änderung nur für das folgende Geschäftsjahr oder später möglich. Dazu pflegen Sie die Kostenstellenstammdaten für

einen neuen, zukünftigen Betrachtungszeitraum. Wie das funktioniert, habe ich ausführlich in Abschnitt 3.3, »Stammdaten für unterschiedliche Zeiträume verwalten«, beschrieben.

Sie wissen jetzt, wie Sie eine Kostenstelle einem Profit-Center zuordnen. Fahren Sie fort mit der Profit-Center-Zuordnung eines Innenauftrags.

Einen Innenauftrag zuordnen

Bei der Zuordnung einer Kostenstelle zu einem Profit-Center habe ich Ihnen soeben eine Transaktion gezeigt, die Sie schon aus einem früheren Kapitel kennen. Genauso sieht es aus, wenn Sie sich jetzt die Verbindung eines Innenauftrags mit einem Profit-Center ansehen. Auch diese Transaktion kennen Sie schon (siehe Abschnitt 9.3, »Einen Innenauftrag anlegen«).

Gehen Sie folgendermaßen vor, um die Zuordnung eines Innenauftrags zu einem Profit-Center anzuzeigen:

1. Folgen Sie dem Pfad **Rechnungswesen ▸ Controlling ▸ Innenaufträge ▸ Stammdaten ▸ Order Manager** im SAP Easy Access Menü, oder verwenden Sie den Transaktionscode KO04.
2. Der Order Manager wird geöffnet. Im Bereich **Persönlicher Arbeitsvorrat** sehen Sie die Aufträge, die Sie angelegt haben, zum Beispiel 400317. Das ist der Auftrag »Marketing TV-Werbung«.

3. Wählen Sie den Auftrag **400317** mit einem Klick auf die Auftragsnummer aus. Daraufhin werden die Stammdaten zu diesem Auftrag auf der Registerkarte **Zuordnungen** angezeigt.

4. An dem Eintrag im Feld **Profitcenter** sehen Sie, dass der Auftrag »Marketing TV-Werbung« dem Profit-Center 1402 »Verwaltung« zugeordnet ist. Das ist dasselbe Profit-Center, mit dem die Kostenstelle »Marketing« verknüpft ist.

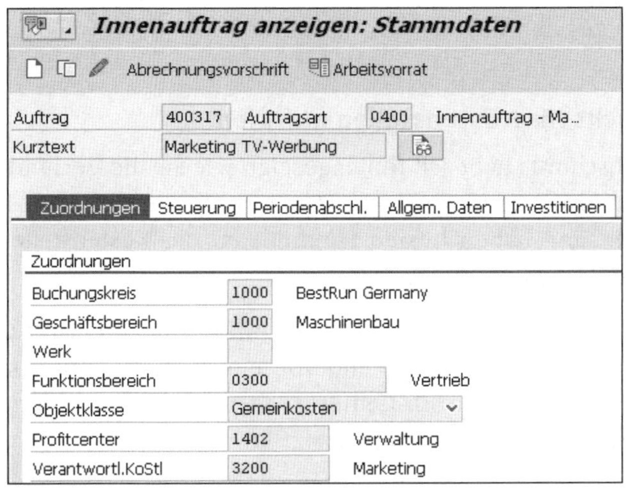

5. Mit einem Klick auf die Schaltfläche (**Ändern**) wechseln Sie in den Änderungsmodus der Transaktion. Jetzt können Sie den Eintrag im Feld **Profitcenter** und damit die Profit-Center-Zuordnung des Auftrags ändern.

6. Verlassen Sie die Transaktion KO04 (Order Manager), indem Sie zweimal auf die Schaltfläche (**Zurück**) klicken.

HINWEIS

Profit-Center-Zuordnung von Innenaufträgen ändern

Die Änderung der Profit-Center-Zuordnung eines Innenauftrags funktioniert nur, solange der Auftrag weder im Ist noch im Plan bebucht wurde. Nach der ersten Buchung ist keine Änderung der Profit-Center-Zuordnung mehr möglich. Die Stammdaten von Innenaufträgen sind, anders als die Stammdaten von Kostenstellen, nicht zeitabhängig. Das heißt, dass für den Auftrag keine Stammdatenänderungen für andere Betrachtungszeiträume in der Zukunft möglich sind. Und weiter bedeutet das, bei grundlegenden Änderungen in der Profit-Center-Struktur mit neuen Profit-Centern müssen die Innenaufträge mit Zuordnungen zu diesen neuen Profit-Centern neu angelegt werden. Das Umziehen bestehender Aufträge von alten zu neuen Profit-Centern funktioniert leider nicht.

Sie wissen jetzt, wie Kostenstellen und Innenaufträge Profit-Centern zugeordnet werden. Außerdem kennen Sie die Voraussetzungen, die erfüllt sein müssen, um Änderungen bei diesen Zuordnungen vornehmen zu können. Bis jetzt haben Sie die Zuordnung aus der Sicht der Kostenstelle bzw. des Innenauftrags betrachtet. Wechseln Sie nun die Perspektive, und betrachten Sie die Zuordnungen aus der Sicht der Profit-Center.

Zuordnungsübersicht für Kostenstellen aufrufen

Am Anfang dieses Abschnitts habe ich Ihnen gezeigt, wie Sie die Verbindung von Kostenstelle und Profit-Center pflegen. Dabei waren Sie von einer Kostenstelle ausgegangen und haben in den Stammdaten der Kostenstelle die Zuordnung zu einem Profit-Center gepflegt.

Der umgekehrte Weg funktioniert leider nicht. Zuordnungen von Profit-Centern zu Kostenstellen können Sie ausgehend von einem Profit-Center *nicht* anlegen. Aus der Perspektive der Profit-Center ist aber eine Anzeige- und Änderungsfunktion verfügbar: die *Zuordnungsübersicht*.

Gehen Sie folgendermaßen vor, um die Zuordnungsübersicht von Profit-Centern zu Kostenstellen anzuzeigen:

1. Folgen Sie dem Pfad **Rechnungswesen ▸ Controlling ▸ Profit-Center-Rechnung ▸ Stammdaten ▸ Zuordnungsübersicht** im SAP Easy Access Menü, oder verwenden Sie den Transaktionscode 1KE4.

2. Fahren Sie fort, indem Sie in der Menüleiste **Zuordnungsübersicht ▸ Kostenstellen ▸ KoStl zu PrCtr** (Kostenstellen zu Profit-Centern) wählen.

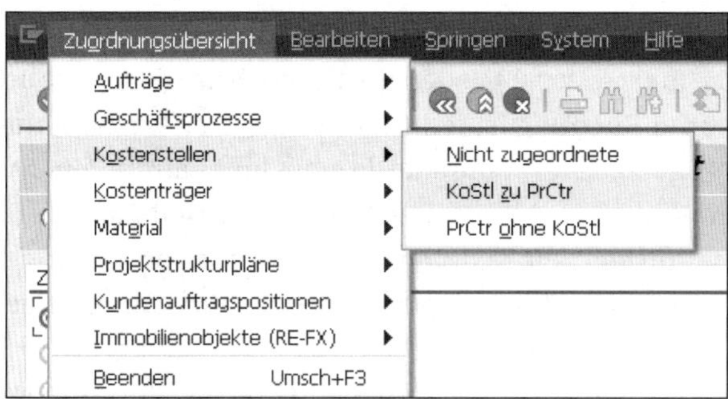

3. Ein Auswahlbild mit dem Titel **EC-PCA: Kostenstellen zu Profit Centern** erscheint. EC-PCA ist die technische Abkürzung für die englische Bezeichnung der Profit-Center-Rechnung: *Enterprise Controlling – Profit Center Accounting*.

Lassen Sie in diesem Auswahlbild die Felder **Art der Kostenstelle** und **Profit-Center-Gruppe** leer. Tragen Sie »1402« (Verwaltung) in das Feld **Profitcenter** ein.

4 Bestätigen Sie Ihre Eingaben mit einem Klick auf die Schaltfläche (**Weiter**) oder mit der Taste [↵].

5 Führen Sie die Übersicht mit einem Klick auf die Schaltfläche (**Ausführen**) aus.

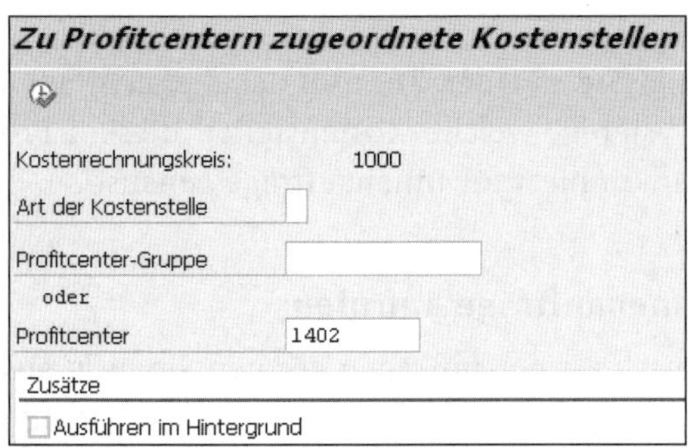

6 Eine Liste mit allen Kostenstellen wird angezeigt, die dem Profit-Center 1402 »Verwaltung« zugeordnet sind. Unter anderem sehen Sie hier die Kostenstelle 3200 »Marketing«, die Sie am Beginn dieses Abschnitts im Zugriff hatten.

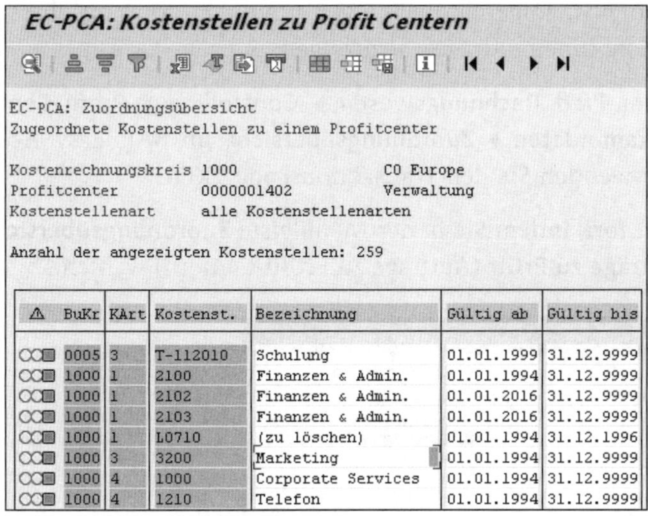

EC-PCA: Kostenstellen zu Profit Centern

EC-PCA: Zuordnungsübersicht
Zugeordnete Kostenstellen zu einem Profitcenter

Kostenrechnungskreis 1000 CO Europe
Profitcenter 0000001402 Verwaltung
Kostenstellenart alle Kostenstellenarten

Anzahl der angezeigten Kostenstellen: 259

⚠	BuKr	KArt	Kostenst.	Bezeichnung	Gültig ab	Gültig bis
	0005	3	T-112010	Schulung	01.01.1999	31.12.9999
	1000	1	2100	Finanzen & Admin.	01.01.1994	31.12.9999
	1000	1	2102	Finanzen & Admin.	01.01.2016	31.12.9999
	1000	1	2103	Finanzen & Admin.	01.01.2016	31.12.9999
	1000	1	L0710	(zu löschen)	01.01.1994	31.12.1996
	1000	3	3200	Marketing	01.01.1994	31.12.9999
	1000	4	1000	Corporate Services	01.01.1994	31.12.9999
	1000	4	1210	Telefon	01.01.1994	31.12.9999

7 Zum Ändern der Zuordnung einer bestimmten Kostenstelle können Sie von hier direkt in die Transaktion (Kostenstelle ändern) abspringen. Das

ist die Transaktion, die ich Ihnen in diesem Abschnitt bereits vorgestellt habe. Für den Absprung klicken Sie doppelt auf die Zeile mit der gewünschten Kostenstelle.

8 In der Transaktion KS02 führt Sie dann ein Klick auf die Schaltfläche (**Sichern**) oder (**Zurück**) zu der Zuordnungsübersicht **EC-PCA: Kostenstellen zu Profit Centern** zurück.

9 Schließen Sie die Transaktion 1KE4 (Zuordnungsübersicht), indem Sie dreimal auf die Schaltfläche (**Zurück**) klicken.

Wie Sie gesehen haben, können Sie mit der Zuordnungsübersicht aus der Sicht eines Profit-Centers analysieren, welche Kostenstellen diesem Profit-Center zugeordnet sind. Das funktioniert für Innenaufträge genauso.

Zuordnungsübersicht für Innenaufträge aufrufen

Zuordnungen von Profit-Centern zu Innenaufträgen können Sie *nicht* ausgehend von einem Profit-Center anlegen. Das funktioniert genauso wenig wie das Anlegen von Profit-Center-Zuordnungen zu Kostenstellen aus Sicht eines Profit-Centers.

Aus der Perspektive der Profit-Center können Sie die Zuordnungen zu Innenaufträgen aber genauso anzeigen und ändern, wie Sie das soeben für Kostenstellen gesehen haben. Nutzen Sie hierfür wieder die Transaktion *Zuordnungsübersicht*. Gehen Sie folgendermaßen vor, um die Zuordnungsübersicht von Profit-Centern zu Innenaufträgen anzuzeigen:

1 Folgen Sie dem Pfad **Rechnungswesen ▸ Controlling ▸ Profit-Center-Rechnung ▸ Stammdaten ▸ Zuordnungsübersicht** im SAP Easy Access Menü, oder verwenden Sie den Transaktionscode 1KE4.

2 Fahren Sie jetzt fort, indem Sie in der Menüleiste **Zuordnungsübersicht ▸ Aufträge ▸ Aufträge zu PrCtr** (Aufträge zu Profit-Centern) wählen.

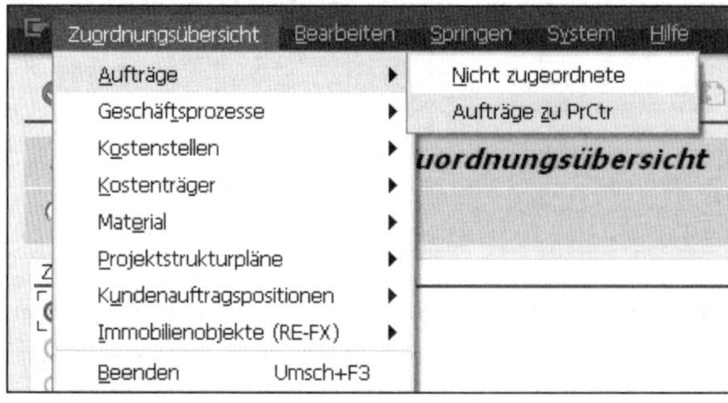

3 Ein Auswahlbild mit dem Titel **EC-PCA: Aufträge zu Profit Centern** erscheint.

- Tragen Sie »1« (Innerbetrieblicher Auftrag (Controlling)) in das Feld **Auftragstyp** ein.
- Lassen Sie in die Felder **Auftragsart** und **Profit-Center-Gruppe** leer.
- Tragen Sie »1402« (Verwaltung) in das Feld **Profitcenter** ein.

4 Bestätigen Sie Ihre Eingaben mit einem Klick auf die Schaltfläche ✓ (**Weiter**) oder mit der Taste [↵]. Die Bezeichnung des Auftragstyps wird eingeblendet.

5 Führen Sie die Übersicht mit einem Klick auf die Schaltfläche (**Ausführen**) aus.

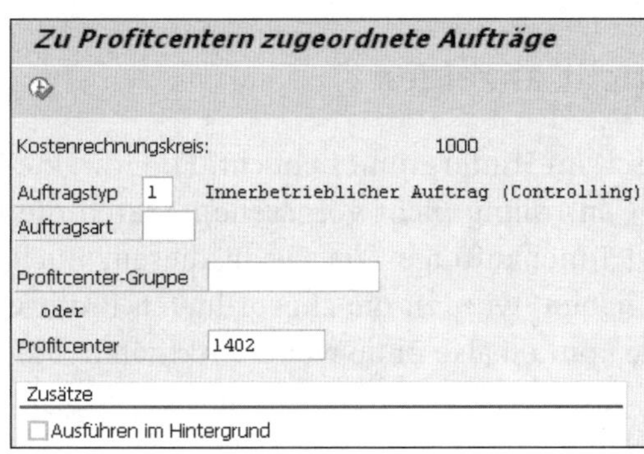

6 Eine Liste mit allen Innenaufträgen wird angezeigt, die dem Profit-Center 1402 »Verwaltung« zugeordnet sind. Unter anderem sehen Sie hier den Auftrag 400317 »Marketing TV-Werbung«, den Sie aus den Kapiteln 9, 10 und 11 bereits kennen.

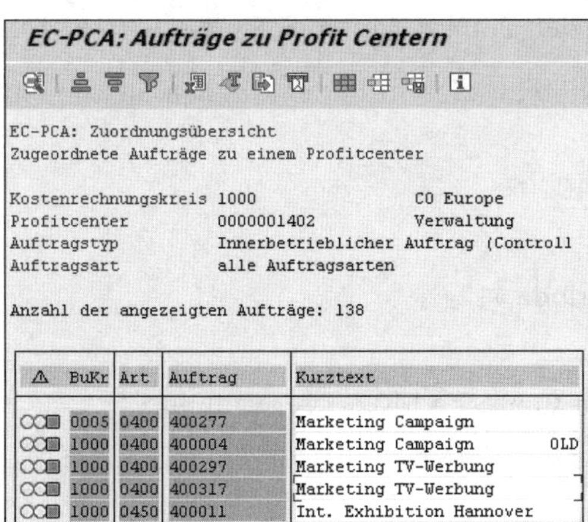

7 Zum Ändern der Zuordnung eines bestimmten Auftrags können Sie von hier wieder direkt in eine Transaktion zum Ändern von Auftragsstammdaten abspringen und von dort wieder in diese Zuordnungsübersicht zurückkehren.

8 Schließen Sie die Transaktion 1KE4 (Zuordnungsübersicht), indem Sie dreimal auf die Schaltfläche (**Zurück**) klicken.

Jetzt wissen Sie, wie Sie Stammdaten für Profit-Center anlegen und wie Sie die Zuordnung von Kostenstellen und Innenaufträgen zu Profit-Centern aus verschiedenen Perspektiven pflegen. Zum Abschluss dieses Kapitels zeige ich Ihnen nun einen Profit-Center-Bericht, der durch andere Beispiele in diesem Buch bereits automatisch gefüllt wurde.

12.5 Profit-Center-Bericht anzeigen

Profit-Center werden automatisch im Hintergrund bebucht. Eine direkte Buchung auf Profit-Center ist im Controlling nicht vorgesehen. Durch die Buchungen auf Kostenstellen und Innenaufträge, die Sie in diesem Buch im Plan und im Ist kennengelernt haben, wurden die zugeordneten Profit-Center automatisch mit bebucht. Sie können also ohne weitere Aktivitäten direkt in die Analyse einsteigen.

Gehen Sie folgendermaßen vor, um die gebuchten Werte für ein Profit-Center in einem Bericht anzuzeigen:

1 Folgen Sie dem Pfad **Rechnungswesen ▸ Controlling ▸ Profit-Center-Rechnung ▸ Infosystem ▸ Berichte zur Profit-Center-Rechnung ▸ Listorientierte Berichte ▸ PrCtr-Gruppe: Plan/Ist/Abweichung** im SAP Easy Access Menü, oder verwenden Sie den Transaktionscode S_ALR_87013340.

2 Es erscheint das Selektionsbild zu diesem Bericht. Füllen Sie die einzelnen Felder so aus:

   - **Kostenrechnungskreis**: »1000«
   - **Geschäftsjahr**: »2016«
   - **Von-Periode**: »1«, **Bis-Periode** »12«
   - **Planversion**: »0«
   - **oder Wert(e)** (unter **Profit Center**): »1402« (Verwaltung)

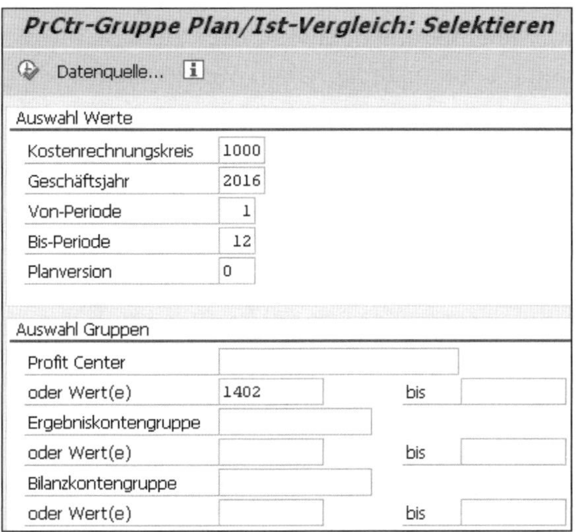

3 Führen Sie den Bericht mit einem Klick auf die Schaltfläche (**Ausführen**) aus.

4 Der Bericht wird ausgeführt. Im Bereich **Berichte** werden Ihnen zwei Berichte angeboten:

- **Plan/Ist/Abw. o. BUE**: Plan-/Ist-Abweichung ohne Binnenumsatzeliminierung
- **Plan/Ist/Abw. mit BUE**: Plan-/Ist-Abweichung mit Binnenumsatzeliminierung

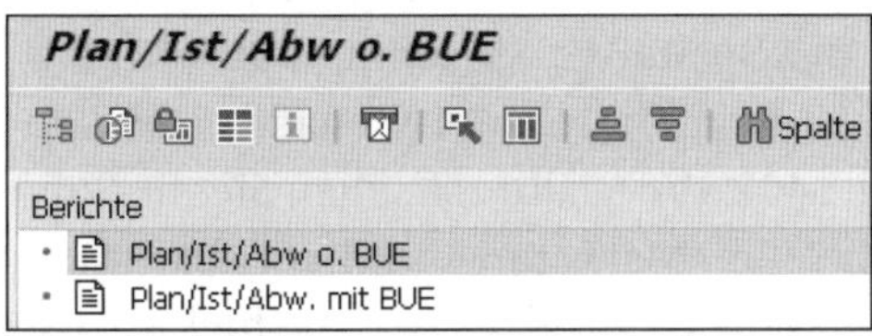

Wählen Sie den ersten Bericht **Plan/Ist/Abw. o. BUE** mit einem Klick aus.

HINWEIS

Binnenumsatzeliminierung

Die Binnenumsatzeliminierung ist bei der Auswertung einer Profit-Center-Gruppe mit mehreren untergeordneten Profit-Centern relevant.

- Mit Binnenumsatzeliminierung bedeutet: Die Umsätze, die die Profit-Center der Gruppe untereinander haben, werden eliminiert. Das heißt, diese Umsätze werden im Bericht nicht angezeigt.

- Ohne Binnenumsatzeliminierung bedeutet: Die Umsätze, die die Profit-Center der Gruppe untereinander haben, werden angezeigt.

Für die Auswertung eines einzelnen Profit-Centers, wie in diesem Beispiel, spielt die Binnenumsatzeliminierung keine Rolle. Beide Berichte kommen zum selben Ergebnis.

5 Sie sehen zwei Zeilen mit den Kostenarten:

- 478000 »Marketing- und Vertriebskosten«
- 615000 »Direkte Leistungsverr. Reparaturen«

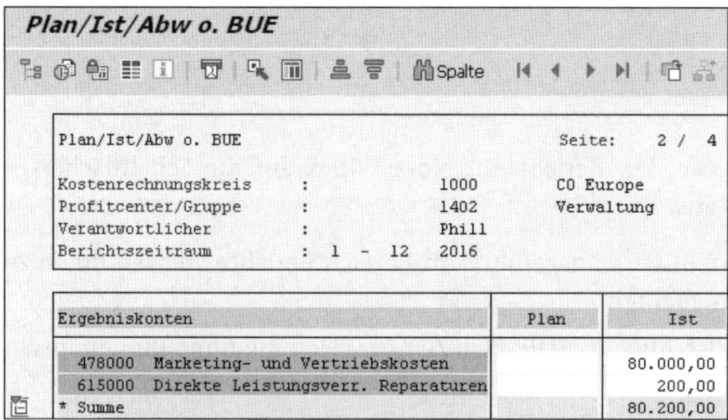

Plan/Ist/Abw o. BUE

Spalte

Plan/Ist/Abw o. BUE — Seite: 2 / 4

Kostenrechnungskreis : 1000 CO Europe
Profitcenter/Gruppe : 1402 Verwaltung
Verantwortlicher : Phill
Berichtszeitraum : 1 - 12 2016

Ergebniskonten	Plan	Ist
478000 Marketing- und Vertriebskosten		80.000,00
615000 Direkte Leistungsverr. Reparaturen		200,00
* Summe		80.200,00

6 Die Kostenarten »Marketing- und Vertriebskosten« und »Direkte Leistungsverr. Reparaturen« sind Ihnen bereits vertraut, genauso die Beträge 80.000 EUR und 200 EUR in der Spalte **Ist**. Sie kennen diese Werte aus den Beispielen in Kapitel 11, »Ist-Buchungen mit Innenaufträgen«. In diesem Bericht zum Profit-Center 1402 »Verwaltung« sehen Sie die Summen der Werte, die auf die Kostenstelle »Marketing« und auf den Innenauftrag »Marketing TV-Werbung« gebucht wurden. Beide Objekte (die Kostenstelle und der Auftrag) sind dem Profit-Center 1402 zugeordnet.

7 In diesem Profit-Center-Bericht fehlt die Kostenart 650000 »Auftragsabrechnung«. Der Wert dieser Kostenart wird auf dem Auftrag entlastet und mit umgekehrtem Vorzeichen auf der Kostenstelle belastet. Im Profit-Center-Bericht heben sich die Entlastung des Auftrags und die Belastung der Kostenstelle auf. Der resultierende Wert ist null. Eine Nullzeile wird in diesem Profit-Center-Bericht *nicht* angezeigt.

8 Verlassen Sie den Bericht **PrCtr-Gruppe Plan/Ist-Vergleich** (Transaktion S_ALR_87013340) mit einem Klick auf die Schaltfläche (**Zurück**).

9 Es erscheint ein Dialogfenster mit der Frage »Möchten Sie den Bericht verlassen?«. Bestätigen Sie dieses Dialogfenster mit einem Klick auf die Schaltfläche **Ja**.

10 Jetzt erscheint das Selektionsbild des Berichts. Das Selektionsbild verlassen Sie mit einem weiteren Klick auf die Schaltfläche **(Zurück)**.

In diesem Kapitel haben Sie einen Einblick in die Profit-Center-Rechnung erhalten. Sie können Stammdaten für Profit-Center anlegen und Kostenstellen sowie Innenaufträge Profit-Centern zuordnen. Zum Abschluss dieses Kapitels haben Sie gesehen, wie die gebuchten Werte eines Profit-Centers in einem Bericht ausgewertet werden können.

12.6 Probieren Sie es aus!

HINWEIS

Hinweise zur Übung

Die folgenden Übungen können Sie auf einem SAP IDES (International Demonstration and Education System) selbst durchführen. Die Übungen zu diesem Kapitel bauen aufeinander auf. Sie bauen außerdem auf den Übungen zu den Kapiteln 3 und 9 auf. Von den anderen Kapiteln sind diese Übungen unabhängig.

Die Übungen in diesem Kapitel beziehen sich auf den Kostenrechnungskreis 1000 »CO Europe«.

Die Lösungshinweise können Sie auf der Webseite zum Buch unter *https://www.rheinwerk-verlag.de/4140/* herunterladen.

12

Aufgabe 1

Legen Sie ein neues Profit-Center 1407 »Verwaltung Zentrale« an.

Feld	Dateneingabe
Profit-Center	1407
Betrachtungszeitraum	01.01.2017
bis	31.12.9999
Bezeichnung	Service Zentrale
Langtext	Service Zentrale

Feld	Dateneingabe
Verantwortlicher	Heinrich
Hierarchiebereich	H1420

Aufgabe 2

In den Übungen zu Kapitel 3 haben Sie die Kostenstelle 4151 »Werkstatt 2« angelegt.

- Überprüfen Sie, welchem Profit-Center diese Kostenstelle zugeordnet ist.
- Überlegen Sie, ob Sie die Zuordnung des Profit-Centers für diese Kostenstelle ändern können. Begründen Sie Ihre Antwort.
- Ändern Sie die Zuordnung dieser Kostenstellen zum Profit-Center ab dem kommenden Geschäftsjahr auf Ihr neues Profit-Center 1407 »Service Zentrale«.

Aufgabe 3

In den Übungen zu Kapitel 9 haben Sie den Innenauftrag »Marketing Radiowerbung« angelegt.

- Überprüfen Sie, welchem Profit-Center dieser Auftrag zugeordnet ist.
- Überlegen Sie, ob Sie die Zuordnung des Profit-Centers für diesen Auftrag ändern können. Begründen Sie Ihre Antwort.

Aufgabe 4

Überprüfen Sie, welche Kostenstellen dem Profit-Center 1400 »Interner Service« zugeordnet sind. Wie viele Kostenstellen haben Sie gefunden?

Aufgabe 5

Überprüfen Sie, welche Innenaufträge dem Profit-Center 1400 »Interner Service« zugeordnet sind. Wie viele Innenaufträge haben Sie gefunden?

13 Ergebnis- und Marktsegmentrechnung

Sie haben in diesem Buch bislang viel gelernt. Wenn Sie mir bis zu diesem Kapitel gefolgt sind, dann wissen Sie, was Kostenarten, Kostenstellen, statistische Kennzahlen, Leistungsarten, Innenaufträge und Profit-Center sind und wie diese unterschiedlichen Strukturen im SAP-System zusammenhängen. Jetzt, im letzten Kapitel, geht es um die *Ergebnis- und Marktsegmentrechnung*, die von SAP-Experten nur *Ergebnisrechnung* genannt wird. Auch ich werde ab jetzt diesen Begriff verwenden.

In diesem Kapitel lernen Sie,

- wie die Ergebnisrechnung aufgebaut ist,
- wie Sie eine Kostenstellenumlage in die Ergebnisrechnung anlegen und ausführen,
- wie Sie einen Innenauftrag in die Ergebnisrechnung abrechnen,
- wie Sie einen Bericht in der Ergebnisrechnung ausführen.

13.1 Was Sie über die Ergebnisrechnung wissen sollten

Zunächst eine schlechte Nachricht: In einem neuen, leeren SAP-System gibt es keine Ergebnisrechnung. Das ist bei Kostenstellen, Innenaufträgen und Profit-Centern anders. Für diese drei Objekte werden die Datenstrukturen, die Transaktionen zum Pflegen von Stammdaten und zum Buchen von Belegen sowie die Standardberichte für das Auswerten der Daten in jedem SAP-System mit ausgeliefert. Bei der Ergebnisrechnung gibt es nichts. Sie muss von jedem SAP-Kunden selbst entworfen und im System eingerichtet werden.

Alle Beispiele in diesem Buch beziehen sich auf das Schulungssystem IDES. Die Beispiele zu Kostenstellen, Innenaufträgen und Profit-Centern in den vorangegangenen Kapiteln sind direkt auf das produktive System in Ihrem Unternehmen übertragbar. Die Beispiele zur Ergebnisrechnung sind *nicht* direkt übertragbar, weil die Ergebnisrechnung in Ihrem Unternehmen bei der SAP-Einführung individuell gestaltet wurde. Die Ergebnisrechnung in Ihrem Unternehmen unterscheidet sich mehr oder weniger stark von der Ergebnisrechnung des Schulungssystems IDES.

Unterschied zwischen Profit-Center-Rechnung und Ergebnisrechnung

Nun aber zur Ergebnisrechnung im Allgemeinen. Worum geht es in der Ergebnisrechnung? Vergleichen Sie die Ergebnisrechnung zunächst mit der Profit-Center-Rechnung. In Abschnitt 12.1, »Was Sie über die Profit-Center-Rechnung wissen sollten«, habe ich *Profit-Center* frei übersetzt mit *Gewinnstelle*. Ich schrieb, dass auf den Profit-Centern die Umsätze von Kunden oder Leistungen an interne Einheiten den Kosten gegenübergestellt werden. Die Umsätze, Leistungen und Kosten werden zum Profit-Center-Gewinn saldiert. Auch in der Ergebnisrechnung geht es darum, den Gewinn aus Umsatz und Kosten zu berechnen. *Ergebnis* ist in diesem Zusammenhang ein Synonym für *Gewinn*. Mit dem Ziel, ein Ergebnis oder einen Gewinn zu ermitteln, enden allerdings die Gemeinsamkeiten von Profit-Center-Rechnung und Ergebnisrechnung.

Die Profit-Center-Rechnung unterscheidet sich wesentlich von der Ergebnisrechnung, zum Beispiel in diesen Punkten:

- **Statistisch – echt**
  In die Profit-Center-Rechnung wird nur statistisch gebucht, echte Buchungen sind hier *nicht* möglich. In die Ergebnisrechnung wird echt gebucht. Zum Beispiel können Erlöse aus Kundenrechnungen, Umlagen von Kostenstellen und Abrechnungen von Innenaufträgen in die Ergebnisrechnung gebucht werden.
- **Intern – extern**
  Die Profit-Center-Rechnung bildet die interne Struktur eines Unternehmens ab, zum Beispiel Abteilungen, Bereiche, Werke. Die Ergebnisrechnung wird für externe Strukturen erstellt, zum Beispiel für Kunden, Regionen, Länder, Marken, Produktlinien, Produkte.
- **Kostenarten – Wertfelder**
  In der Profit-Center-Rechnung werden Kosten und Erlöse nach Kostenarten gegliedert. In der Ergebnisrechnung werden Kosten und Erlöse nach Wertfeldern gegliedert, dazu gleich mehr.

Merkmale und Wertfelder

Jede Ergebnisrechnung ist aus Merkmalen und Wertfeldern aufgebaut. Typische Merkmale sind Artikel (Verkaufsprodukte), Kunde, Land (des Kunden), Produktgruppe, Kundengruppe. Die Daten der Ergebnisrechnung können mit den Merkmalen selektiert und gruppiert werden.

Mit den genannten Merkmalen könnten Sie Ihre Ergebnisrechnung zum Beispiel so auswerten:

- Zeige mir den Artikel »Apfel«.
- Zeige mir alle Artikel der Produktgruppe »Obst«.
- Zeige mir alle Länder, in die der Artikel »Erdbeeren« verkauft wurde.
- Zeige mir alle Kunden in »Deutschland«, »Österreich« und »Schweiz«.

Wertfelder bilden, wie der Name sagt, die Werte in der Ergebnisrechnung ab. Typische Beispiele für Wertfelder sind Absatz, Umsatz, variable Herstellkosten, fixe Herstellkosten, Verwaltungskosten, Vertriebskosten, Marketingkosten. Im Prinzip geht es bei den Wertfeldern um die gleichen Inhalte, die auch in Kostenarten gegliedert werden.

Zum Vergleich: Die Struktur der Kostenarten orientiert sich an den Vorgaben der Buchhaltung. Typische Kostenarten sind: Personalkosten, Abschreibung, Materialkosten. Bei den Wertfeldern wird nach betriebswirtschaftlichen Kriterien und nicht nach Kostenarten gegliedert. Beispiel: Dem Wertfeld Vertriebskosten werden Personalkosten, Abschreibungen und Materialkosten durch Umlagen von Vertriebskostenstellen zugeordnet. Im Wertfeld Marketingkosten landen Umlagen aus Marketingkostenstellen, die sich letztlich ebenso wie die Vertriebskosten aus Personalkosten, Abschreibungen und Materialkosten zusammensetzen.

Die Merkmale und Wertfelder bilden die Datenbasis der Ergebnisrechnung. Sie werden in jedem SAP-System individuell zusammengestellt.

13.2 Ergebnisobjekte

Ergebnisobjekte sind die Stammdaten der Ergebnisrechnung. Sie sind echte Kontierungsobjekte im Controlling, genauso wie Kostenstellen und echte Innenaufträge. Die Stammdaten der Kostenstellen und Innenaufträge haben Sie mit Stammdatentransaktionen im System gepflegt. Für die Pflege der Ergebnisobjekte gibt es keine Transaktionen, sie werden nie manuell gepflegt.

Ergebnisobjekte entstehen automatisch mit den Buchungen in die Ergebnisrechnung. Buchungen in die Ergebnisrechnung werden zum Beispiel bei der Fakturierung in der Komponente Vertrieb durch die Umlage von Kostenstellen oder die Abrechnung von Aufträgen ausgelöst. Jeder dieser Vorgänge ermittelt beim Übergang in die Ergebnisrechnung das Ergebnisobjekt, das bebucht werden soll. Dann überprüft das System, ob dieses Ergebnisobjekt bei einer früheren Buchung schon angelegt wurde. Wenn ja, wird dieses alte Objekt genutzt, falls nein, wird das Ergebnisobjekt automatisch im Hintergrund angelegt. Sie als Anwender merken von diesem Vorgang nichts. Die Nummern der Ergebnisobjekte, die das System im Hintergrund vergibt, sind auf der Anwenderebene nirgends sichtbar. Ergebnisobjekte entstehen zwar versteckt im System, sie sind aber für das Verständnis der Ergebnisrechnung wichtig. Ergebnisobjekte entstehen aus der Kombination der Merkmalswerte für alle Merkmale der Ergebnisrechnung. Dieser theoretische Satz hilft Ihnen nicht weiter. Deshalb ein Beispiel:

Nehmen Sie an, Ihre Ergebnisrechnung hat zwei Merkmale: Kunde und Artikel. Ihr Unternehmen hat einen Kunden »Maier« und verkauft zwei Artikel »Äpfel« und »Birnen«. Ein zusätzlicher möglicher Merkmalswert für jedes Merkmal ist »nicht zugeordnet«, dargestellt durch das Symbol »#«. Das heißt: Für das Merkmal Kunde sind zwei Merkmalswerte verfügbar: »nicht zugeordnet« und »Maier«. Für das Merkmal Artikel sind drei Merkmalswerte verfügbar: »nicht zugeordnet«, »Äpfel« und »Birnen«. Durch die Kombination der beiden Merkmalswerte beim Merkmal Kunde mit den drei Werten beim Artikel entstehen sechs mögliche Ausprägungen für Ergebnisobjekte. Diese sechs möglichen Ergebnisobjekte sind in der folgenden Tabelle aufgelistet.

Ergebnisobjekt	Kunde	Artikel
1	#	#
2	Maier	#
3	#	Äpfel
4	#	Birnen
5	Maier	Äpfel
6	Maier	Birnen

Ergebnisobjekte in einer Ergebnisrechnung mit zwei Merkmalen und zwei bzw. drei Merkmalswerten

Überlegen Sie nun, welcher Vorgang im Controlling welches Ergebnisobjekt in der soeben gezeigten Tabelle bebuchen würde:

- Ergebnisobjekt 1: Die Umlage der Kostenstelle »Verwaltung« kann weder dem Kunden noch einem Artikel zugeordnet werden.
- Ergebnisobjekt 2: Die Kosten für eine Hausmesse beim Kunden »Maier« können dem Kunden, aber keinem der beiden Artikel zugeordnet werden.
- Ergebnisobjekt 3: Die Werbekosten für »Äpfel« können nur diesem Artikel, aber nicht einem Kunden zugeordnet werden.
- Ergebnisobjekt 4: Die Werbekosten für »Birnen« können nur diesem Artikel, aber nicht einem Kunden zugeordnet werden.
- Ergebnisobjekt 5: Die Rechnungsposition mit Umsatz für den Verkauf von »Äpfeln« an den Kunden »Maier« wird diesem Ergebnisobjekt zugeordnet.
- Ergebnisobjekt 6: Die Rechnungsposition mit Umsatz für den Verkauf von »Birnen« an den Kunden »Maier« wird diesem Ergebnisobjekt zugeordnet.

In der Praxis gehören zu einer Ergebnisrechnung nicht zwei, sondern 50 bis 100 Merkmale. Die Merkmale verfügen teilweise über 1.000 oder mehr Merkmalsausprägungen. Das führt in produktiven Ergebnisrechnungen oft dazu, dass mehrere Millionen Ergebnisobjekte generiert werden. Wie gut, dass Sie diese Ergebnisobjekte nicht alle selbst anlegen müssen. Wie gut, dass das SAP-System die Ergebnisobjekte automatisch beim Buchen für Sie anlegt.

13.3 Ergebnisbereich identifizieren und setzen

Kostenarten, Kostenstellen, Innenaufträge und Profit-Center beziehen sich auf einen Kostenrechnungskreis. Die Ergebnisrechnung bezieht sich nicht auf einen Kostenrechnungskreis, sondern auf einen Ergebnisbereich. Wie Sie aus den Erläuterungen in Abschnitt 1.7, »Organisationseinheiten im Controlling«, wissen, ist der Ergebnisbereich dem Kostenrechnungskreis übergeordnet. Das heißt, zu einem Ergebnisbereich können ein Kostenrechnungskreis oder mehrere Kostenrechnungskreise gehören. Umgekehrt kann ein Kostenrechnungskreis nur genau einem Ergebnisbereich zugeordnet sein.

Bisher haben Sie in diesem Buch mit dem Kostenrechnungskreis 1000 »CO Europe« gearbeitet. Für das Beispiel in diesem Kapitel müssen Sie wissen, welchem Ergebnisbereich dieser Kostenrechnungskreis zugeordnet ist. Das herauszufinden, ist gar nicht so leicht. Zur Darstellung des Zusammenhangs von Kostenrechnungskreis und Ergebnisbereich gibt es *keine* Transaktion für den Endanwender im SAP Easy Access Menü. Um diesen Zusammenhang darzustellen, müssen Sie in das Customizing abspringen:

Gehen Sie folgendermaßen vor, um das Customizing-Menü Ihres SAP-Systems aufzurufen:

1. Folgen Sie dem Pfad **Werkzeuge ▸ Customizing ▸ IMG ▸ Projektbearbeitung** im SAP Easy Access Menü, oder verwenden Sie den Transaktionscode SPRO.
2. Es erscheint eine Projektliste mit dem Titel **Customizing: Projektbearbeitung**. Klicken Sie auf die Schaltfläche **SAP Referenz-IMG**.

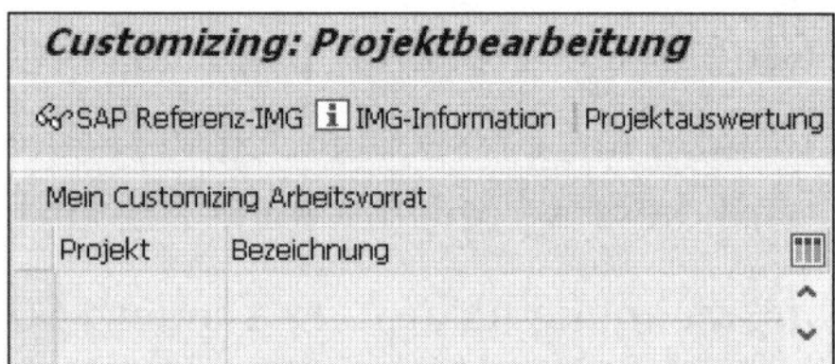

3. Das Menü mit dem **SAP Customizing Einführungsleitfaden** wird angezeigt. Folgen Sie in diesem Menü dem Pfad **Unternehmensstruktur ▸ Zuordnung ▸ Controlling ▸ Kostenrechnungskreis – Ergebnisbereich zuordnen**, und klicken Sie auf die Schaltfläche **(IMG-Aktivität)** links von dieser Funktion.

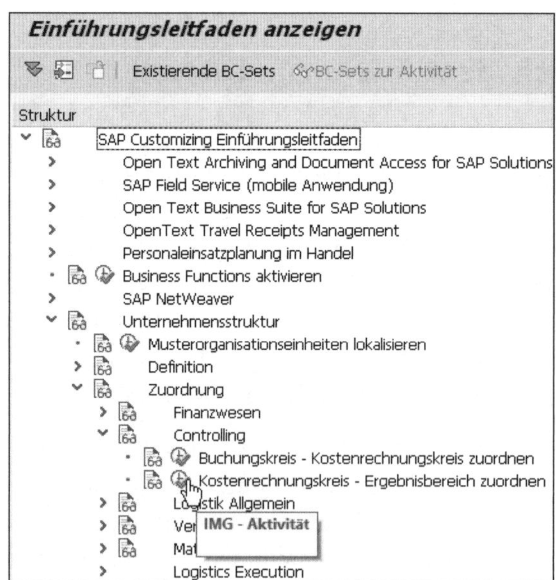

4 Eine Liste mit dem Titel **Sicht »Zuordnung Erg.bereich zu Kokrs« ändern: Übersicht** erscheint.

5 In dieser Liste sind in der Spalte **KKrs** (Kostenrechnungskreis) alle Kostenrechnungskreise des Systems aufgeführt. In der Spalte **ERGB** (Ergebnisbereich) sehen Sie für jeden Kostenrechnungskreis den zugeordneten Ergebnisbereich.

Der Ihnen vertraute Kostenrechnungskreis 1000 »CO Europe« ist dem Ergebnisbereich IDEA »Ergebnisbereich IDES global« zugeordnet.

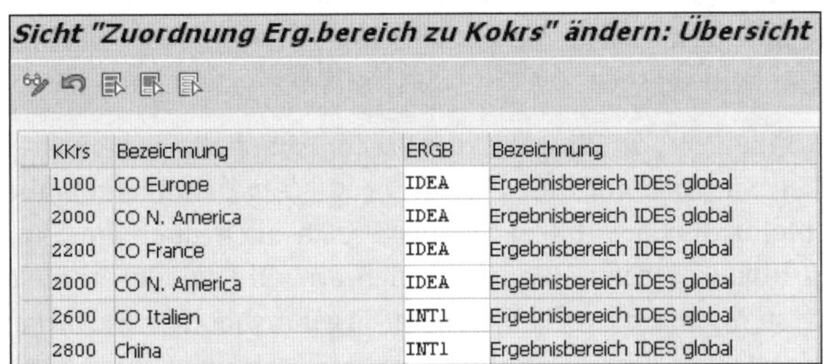

Sicht "Zuordnung Erg.bereich zu Kokrs" ändern: Übersicht

KKrs	Bezeichnung	ERGB	Bezeichnung
1000	CO Europe	IDEA	Ergebnisbereich IDES global
2000	CO N. America	IDEA	Ergebnisbereich IDES global
2200	CO France	IDEA	Ergebnisbereich IDES global
2000	CO N. America	IDEA	Ergebnisbereich IDES global
2600	CO Italien	INT1	Ergebnisbereich IDES global
2800	China	INT1	Ergebnisbereich IDES global

6 Verlassen Sie die Customizing-Transaktion, indem Sie dreimal auf die Schaltfläche (**Zurück**) klicken.

13

Sie wissen jetzt, dass der Kostenrechnungskreis 1000 »CO Europe« dem Ergebnisbereich IDEA »Ergebnisbereich IDES global« zugeordnet ist. Für die weiteren Beispiele in diesem Kapitel muss dieser Ergebnisbereich für Ihren Benutzer gesetzt sein.

So können Sie den Ergebnisbereich für Ihren Benutzer setzen:

1 Folgen Sie dem Pfad **Rechnungswesen ▸ Controlling ▸ Ergebnis- und Marktsegmentrechnung ▸ Umfeld ▸ Ergebnisbereich setzen** im SAP Easy Access Menü, oder verwenden Sie den Transaktionscode KEBC.

2 Es öffnet sich ein Dialogfenster, in dem Sie im Feld **Ergebnisbereich** den Schlüssel des Ergebnisbereichs eintragen, mit dem Sie arbeiten möchten.

Für alle Beispiele in diesem Kapitel nutzen Sie den Ergebnisbereich IDEA »Ergebnisbereich IDES global«.

Markieren Sie im Bereich **Form der Ergebnisrechnung** den Auswahlknopf für **kalkulatorisch**.

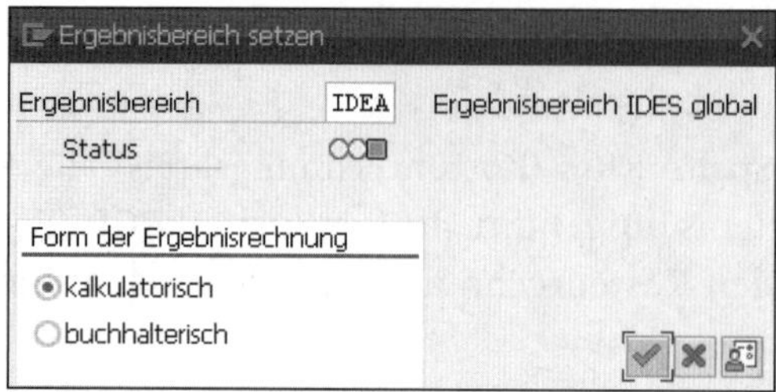

3 Bestätigen Sie Ihre Eingabe mit einem Klick auf die Schaltfläche (**Weiter**) oder mit der Taste [↵]. Mit dieser Schaltfläche speichern Sie den gewählten Ergebnisbereich für die aktuelle SAP-Sitzung. Der Ergebnisbereich bleibt so lange gesetzt, bis Sie sich vom SAP-System abmelden.

4 Alternativ können Sie die Eingabe des Ergebnisbereichs dauerhaft speichern. Klicken Sie dazu auf die Schaltfläche (**Als Benutzervorgabe sichern**). So bleibt der gewählte Ergebnisbereich auch über die aktuelle SAP-Sitzung hinaus gesetzt. Wenn Sie sich ab- und wieder anmelden, weiß das System bereits, mit welchem Ergebnisbereich Sie arbeiten möchten.

Sie haben herausgefunden, dass dem Kostenrechnungskreis 1000 »CO Europe« der Ergebnisbereich IDEA »Ergebnisbereich IDES global« zugeordnet ist. Dieser Ergebnisbereich ist jetzt für Ihren Benutzer gesetzt. Steigen Sie nun tiefer in das System ein, und lernen Sie die Umlage von Kostenstellen in die Ergebnisrechnung kennen.

13.4 Kostenstelle in die Ergebnisrechnung umlegen

Denken Sie zurück an Kapitel 6, »Mit Kostenstellen fixe Kosten planen«. Dort hatten Sie die Kostenstelle 3100 »Vertrieb Motorräder« im Zugriff. Diese Kostenstelle wurde mit Kosten belastet, aber noch nicht weiterverrechnet. Die Kosten dieser Kostenstelle sollen jetzt per Umlage in die Ergebnisrechnung verrechnet werden.

Kostenstellenbericht vor der Umlage anzeigen

Zur Erinnerung rufen Sie den Bericht zur Kostenstelle 3100 »Vertrieb Motorräder« noch einmal auf. Gehen Sie folgendermaßen vor, um die Plandaten dieser Kostenstelle in einem Bericht anzuzeigen:

1. Folgen Sie dem Pfad **Rechnungswesen ▸ Controlling ▸ Kostenstellenrechnung ▸ Infosystem ▸ Berichte zur Kostenstellenrechnung ▸ Plan/Ist-Vergleiche ▸ Kostenstellen: Ist/Plan/Abweichung** im SAP Easy Access Menü, oder verwenden Sie den Transaktionscode S_ALR_87013611.

2. Es erscheint das Selektionsbild zu diesem Bericht. Füllen Sie die einzelnen Felder so aus:
   - **Kostenrechnungskreis:** »1000«
   - **Geschäftsjahr:** »2017«
   - **Von Periode:** »1«, **Bis Periode** »12«
   - **Planversion:** »0«
   - **oder Wert(e)** (unter **Kostenstellengruppe**): »3100« (Vertrieb Motorräder)

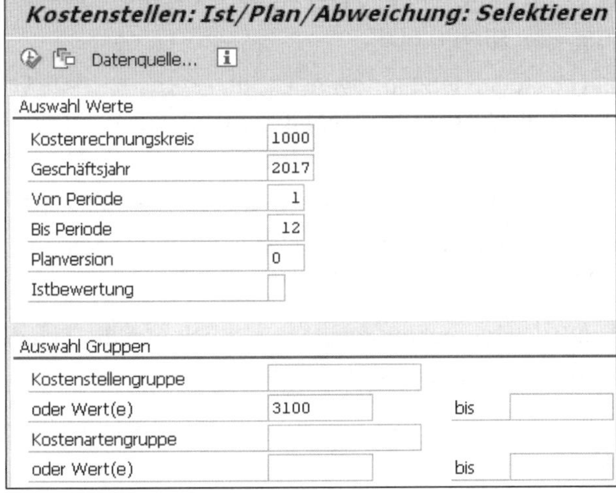

3. Führen Sie den Bericht mit einem Klick auf die Schaltfläche (**Ausführen**) aus. Der Bericht wird angezeigt.

4. Beachten Sie die Spalte **Plankosten**. Derzeit ist die Kostenstelle mit primären Kosten der Kostenarten 430000 »Gehaelter kul« und 481000 »Kalk. Abschreibung« belastet. Eine weitere Belastung mit der sekundären Kostenart 631000 »Umlage Kantine« stammt aus einer Umlage, bei der die Kostenstelle »Kantine« gemäß einer statistischen Kennzahl verrechnet wurde.

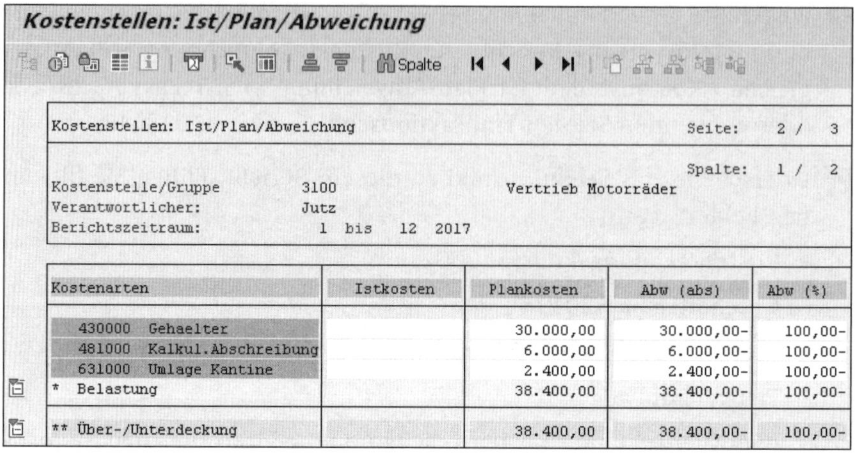

Kostenstellen: Ist/Plan/Abweichung

Spalte

Kostenstellen: Ist/Plan/Abweichung Seite: 2 / 3

Spalte: 1 / 2

Kostenstelle/Gruppe 3100 Vertrieb Motorräder
Verantwortlicher: Jutz
Berichtszeitraum: 1 bis 12 2017

Kostenarten	Istkosten	Plankosten	Abw (abs)	Abw (%)
430000 Gehaelter		30.000,00	30.000,00-	100,00-
481000 Kalkul.Abschreibung		6.000,00	6.000,00-	100,00-
631000 Umlage Kantine		2.400,00	2.400,00-	100,00-
* Belastung		38.400,00	38.400,00-	100,00-
** Über-/Unterdeckung		38.400,00	38.400,00-	100,00-

5 Der Bereich **Entlastung** fehlt. In der Zeile **Über-/Unterdeckung** sehen Sie eine Unterdeckung von 38.400 EUR.

Das Ziel der Umlage, die Sie jetzt anlegen, ist, diese Kostenstelle vollständig zu entlasten und die Kosten im Gegenzug in der Ergebnisrechnung auszuweisen.

6 Verlassen Sie den Bericht mit einem Klick auf die Schaltfläche **(Zurück)**. Es erscheint ein Dialogfenster mit der Frage »Möchten Sie den Bericht verlassen?«.

7 Bestätigen Sie dieses Dialogfenster mit einem Klick auf die Schaltfläche **Ja**. Jetzt erscheint das Selektionsbild des Berichts.

8 Das Selektionsbild verlassen Sie mit einem weiteren Klick auf die Schaltfläche **(Zurück)**.

Sie haben im Bericht für die Kostenstelle »Vertrieb Motorräder« gesehen, dass Sie handeln müssen. Die Kostenstelle wünscht sich eine Entlastung.

Umlagezyklus anlegen

Um die Kostenstelle »Vertrieb Motorräder« zu entlasten und in die Ergebnisrechnung umzulegen, definieren Sie einen Umlagezyklus. Dieser Umlagezyklus soll die Kostenstelle in die Ergebnisrechnung verrechnen. Der Zyklus wird in der Ergebnisrechnung mit Bezug zum Ergebnisbereich IDEA »Ergebnisbereich IDES global« angelegt. Diesen Ergebnisbereich haben Sie in Abschnitt 13.3, »Ergebnisbereich identifizieren und setzen«, für Ihren Benutzer gesetzt.

Gehen Sie folgendermaßen vor, um einen neuen Zyklus für eine Kostenstellenumlage in die Ergebnisrechnung im Plan anzulegen:

1 Folgen Sie dem Pfad **Rechnungswesen ▸ Controlling ▸ Ergebnis- und Marktsegmentrechnung ▸ Planung ▸ Planungsintegration ▸ Kostenstellen-/Prozessplanung übernehmen ▸ Umlage** im SAP Easy Access Menü, oder verwenden Sie den Transaktionscode KEUB.

2 Es erscheint das Einstiegsbild zum Ausführen von Umlagen in der Ergebnisrechnung. Wählen Sie in der Menüleiste **Zusätze ▸ Zyklus ▸ Anlegen**.

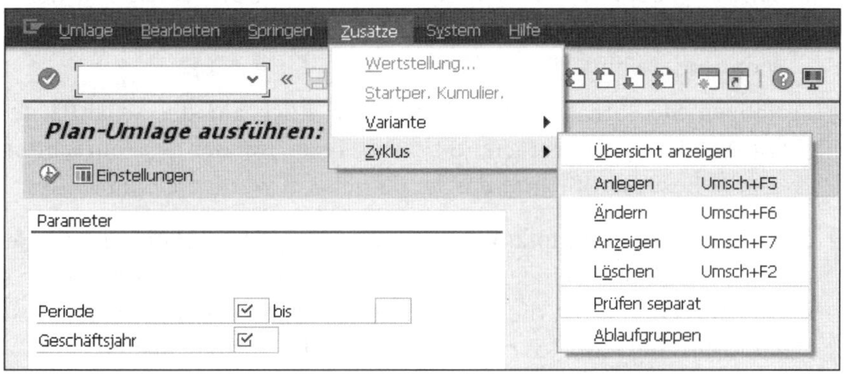

3 Es erscheint das Einstiegsbild der Transaktion *Plan-Umlagezyklus anlegen*. Tragen Sie in das Feld **Zyklus** einen sechsstelligen Schlüssel ein, mit dem der Zyklus identifiziert wird: »UMLPLA« (für Umlage im Plan).

4 Tragen Sie den ersten Tag des Planjahres in das Feld **Anfangsdatum** ein: »01.01.2017«. Bestätigen Sie Ihre Eingaben mit einem Klick auf die Schaltfläche ✓ (**Ausführen**) oder mit der Taste ↵.

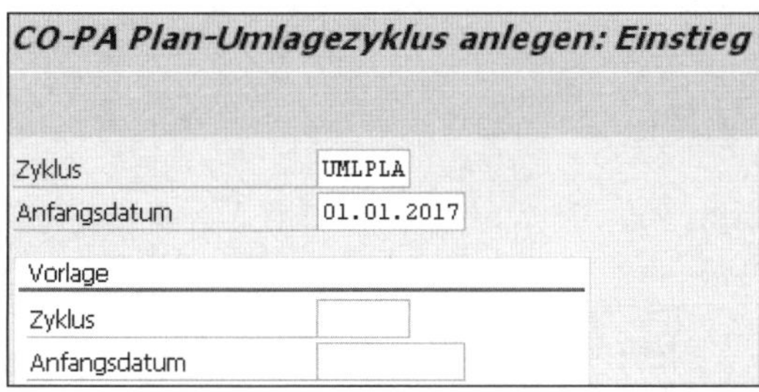

5 Die Kopfdaten des neuen Zyklus werden angezeigt. Die Bezeichnung des Zyklus im Feld **Zyklus** und das **Anfangsdatum** werden aus dem Einstiegsbild übernommen. In das Feld **bis** trägt das System automatisch den letzten Tag des Jahres ein.

Tragen Sie eine Beschreibung des Zyklus in das Feld **Text** ein: »Umlage Kostenstellen -> Erg.«.

6 Füllen Sie die Felder im Bereich **Voreingestellte Selektionskriterien** so aus:

- **KostRechKreis** (Kostenrechnungskreis): »1000« (CO Europe). Das ist der Kostenrechnungskreis, dem die Kostenstelle zugeordnet ist, die Sie umlegen möchten.
- **Bezugsgröße**: »1« (kalkulatorisch). Dieser Eintrag bezieht sich auf die Art der Ergebnisrechnung.
- **Senderversion**: »0« (Plan/Ist-Version). Das ist die Version in der Kostenstellenrechnung, in der Sie die Plandaten der Kostenstelle »Vertrieb Motorräder« hinterlegt haben.

7 Bestätigen Sie Ihre Eingaben mit einem Klick auf die Schaltfläche ✓ (**Weiter**) oder mit der Taste [↵]. Die Texte für den Kostenrechnungskreis, die Bezugsgröße und die Senderversion werden eingeblendet.

8 Die **Empf.-version** (Empfängerversion) »110« (Absatzplanung) wird automatisch vom System eingetragen. Im Customizing der Versionen zur Kostenstellenrechnung ist die Planversion 0 »Plan/Ist-Version« der Kostenstellenrechnung mit der Planversion 110 »Absatzplanung« in der Ergebnisrechnung verknüpft.

9 Legen Sie ein Segment zu diesem Zyklus an, indem Sie auf die Schaltfläche **Anhängen Segment** klicken.

10 Das Bild **Segment** erscheint mit der Registerkarte **Segmentkopf**. Tragen Sie in das Feld **Segmentname** einen bis zu zehnstelligen Schlüssel ein, mit dem das Segment identifiziert wird: »SEG001«. In das Textfeld rechts ne-

ben dem Segmentnamen können Sie eine bis zu 30-stellige Beschreibung des Segments eintragen: »KSt. 3100 Vertrieb Motorräder«.

11 Die Felder der Registerkarte **Segmentkopf** füllen Sie wie folgt:

- **Umlagekostenart:** »691000« (Umlage PA Vertrieb). Mit dieser Kostenart wird die Kostenstelle bei der Umlage entlastet.
- **Wertfeld fix:** »VV390« (Vert.Gemeinkst CO-OM). Die Kosten, die Sie als fixe Kosten auf der Kostenstelle geplant haben, werden in dieses Wertfeld in der Ergebnisrechnung umgelegt.
- **Wertfeld var.:** »VV390« (Vert.Gemeinkst CO-OM). Die Kosten, die Sie als variable Kosten auf der Kostenstelle geplant haben, werden in dieses Wertfeld in der Ergebnisrechnung umgelegt.
- **Senderwerte, Regel:** »Gebuchte Beträge«. Das ist der Saldo der Kosten (aus Be- und Entlastungen), der sich zum Zeitpunkt der Umlage auf der Kostenstelle befindet. Dieser Saldo wird umgelegt.
- **Anteil in %:** »100«. Der Saldo der Kostenstelle soll zu 100 % umgelegt werden.
- **Empfängerbezugsbasis, Regel:** »Feste Prozentsätze«. Die Empfängerobjekte (Ergebnisobjekte) werden bei dieser Regel im Zyklus identifiziert (Registerkarte **Sender/Empfänger**) und jeweils mit festen Prozentsätzen versorgt (Registerkarte **Empfängerbezugsbasis**).

12 Bestätigen Sie Ihre Eingaben mit einem Klick auf die Schaltfläche ✔ (**Weiter**) oder mit der Taste ↵. Die Texte für die Umlagekostenart und die Wertfelder werden eingeblendet.

13 Sehen Sie sich die Einträge zum Feld **Wertfeld fix** genauer an. Klicken Sie in dieses Feld, und rufen Sie dann die F4-Hilfe auf, indem Sie die Taste F4 drücken.

14 Ein Dialogfenster mit dem Titel **Feldname (1) nn Einträge gefunden** erscheint. **NN** (hier 98) steht für die Anzahl der Einträge in dieser Liste.

Sie sehen eine Liste aller Wertfelder, die dem Ergebnisbereich IDEA »Ergebnisbereich IDES global« zugeordnet sind. In dieser Liste finden Sie auch das Wertfeld VV390 »Vertr.Gemeinkst CO-OM«, das in diesem Zyklus verwendet wird.

15 Schließen Sie das Dialogfenster mit einem Klick auf die Schaltfläche ☒ (**Schließen**). Sie sehen wieder den Umlagezyklus mit der Registerkarte **Segmentkopf**.

16 Klicken Sie auf die Registerkarte **Sender/Empfänger**. Die Felder dieser Registerkarte füllen Sie wie folgt:

- **Sender, Kostenstelle, von:** »3100« (Vertrieb Motorräder). Das ist die Kostenstelle, die Sie umlegen möchten.
- **Sender, Kostenart, von:** »0«, **bis** »999999«: Der Saldo aus allen gebuchten Kostenarten soll umgelegt werden.
- **Empfänger, Buchungskreis:** »1000«. In der Ergebnisrechnung soll der umgelegte Wert einem Ergebnisobjekt mit dem Buchungskreis 1000 zugeordnet werden.

Unter **Empfänger** sehen Sie alle Merkmale, die dem Ergebnisbereich IDEA »Ergebnisbereich IDES global« zugeordnet sind. Die Liste aller 59

Merkmale umfasst drei Bildseiten. Hier können Sie über die Auswahl der Merkmalswerte die Ergebnisobjekte beschreiben, die mit dieser Umlage bebucht werden sollen.

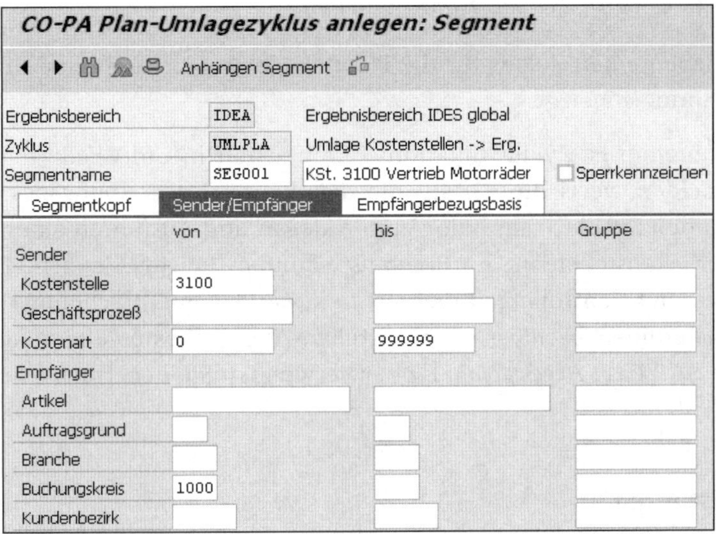

17 Klicken Sie auf die Registerkarte **Empfängerbezugsbasis**. Auf dieser Registerkarte generiert das System eine Liste der Merkmalsausprägungen, die Sie durch Ihre Auswahl der Empfänger auf der Registerkarte **Sender/ Empfänger** vorgegeben haben. Sie sehen eine Zeile für den Buchungskreis 1000 (BestRun Germany). Die gesamte Umlage soll diesem Buchungskreis in der Ergebnisrechnung zugeordnet werden. Tragen Sie in das Feld **Anteil/Prozent** »100« ein.

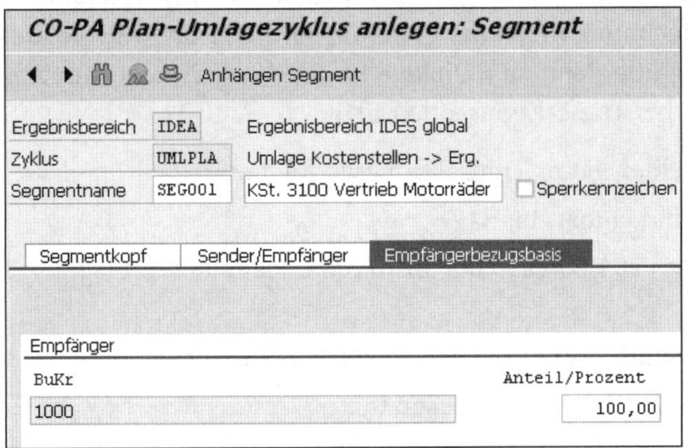

18 Speichern Sie den Zyklus mit einem Klick auf die Schaltfläche (**Ohne Prüfung**).

19 Schließen Sie die Transaktion KSUB (Plan-Umlagezyklus), indem Sie viermal auf die Schaltfläche (**Zurück**) klicken.

Sie haben soeben einen Zyklus für die Planumlage von Kostenstellen in die Ergebnisrechnung angelegt.

Die Definition eines Ist-Zyklus funktioniert ganz ähnlich. Um Wiederholungen zu vermeiden, verzichte ich auf die detaillierte Beschreibung des Ist-Zyklus. So finden Sie die Transaktion zum Anlegen und Ausführen eines Ist-Zyklus von Kostenstellen in die Ergebnisrechnung: Folgen Sie dem Pfad **Rechnungswesen ▸ Controlling ▸ Ergebnis- und Marktsegmentrechnung ▸ Istbuchungen ▸ Periodenabschluss ▸ Kostenstellen-/Prozesskosten übernehmen ▸ Umlage** im SAP Easy Access Menü, oder verwenden Sie den Transaktionscode KEU5.

Umlage ausführen

Im Umlagezyklus haben Sie soeben die Regeln festgelegt, nach denen die Plankosten der Kostenstelle »Vertrieb Motorräder« in die Ergebnisrechnung verrechnet werden sollen. Die Kosten sollen zu 100 % einem Ergebnisobjekt mit dem Buchungskreis 1000 »BestRun Germany« zugeordnet werden. Führen Sie die Umlage jetzt aus.

Gehen Sie wie folgt vor, um eine Umlage von Kostenstellen in die Ergebnisrechnung für Plandaten auszuführen:

1 Folgen Sie dem Pfad **Rechnungswesen ▸ Controlling ▸ Ergebnis- und Marktsegmentrechnung ▸ Planung ▸ Planungsintegration ▸ Kostenstellen-/Prozessplanung übernehmen ▸ Umlage** im SAP Easy Access Menü, oder verwenden Sie den Transaktionscode KEUB.

2 Füllen Sie die Felder dieser Transaktion wie folgt aus:

- **Periode**: »1« für Januar, **bis** »12«
- **Geschäftsjahr**: »2017«; das Jahr, für das Sie Plandaten umlegen möchten
- **Hintergrundverarbeitung**: »Nein« (Haken nicht gesetzt)
- **Testlauf**: »Nein« (Haken nicht gesetzt)
- **Detaillisten**: »Ja« (Haken gesetzt)

- Erste Zeile unter **Zyklus**: »UMLPLA«. Das ist der Zyklus, den Sie im vorhergehenden Abschnitt angelegt haben.
- Erste Zeile unter **Anfangsdat**: »01.01.2017«. Das ist das Anfangsdatum des Zyklus, den Sie im vorhergehenden Abschnitt angelegt haben.

3 Bestätigen Sie Ihre Eingaben mit einem Klick auf die Schaltfläche ✓ (**Weiter**) oder mit der Taste [↵]. Der Text des Zyklus »Umlage Kostenstellen -> Erg.« wird eingeblendet.

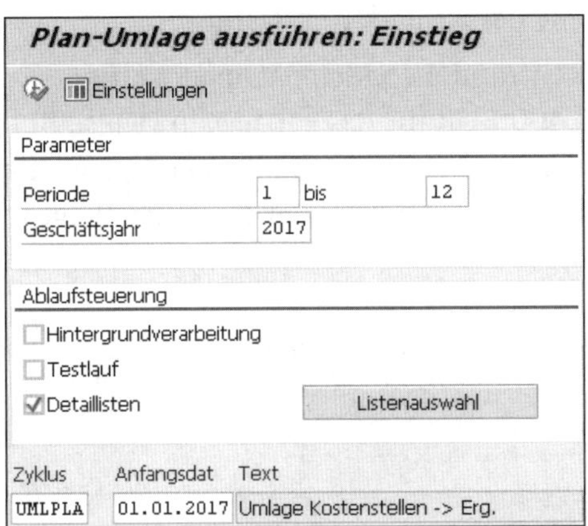

4 Führen Sie die Umlage mit einem Klick auf die Schaltfläche (**Ausführen**) aus.

5 Wenn Sie diese Umlage zum ersten Mal ausführen, startet die Verarbeitung sofort. Anderenfalls werden die Belege storniert, die das System bei der vorhergehenden Verarbeitung erzeugt hat, und danach erst beginnt die neue Verarbeitung.

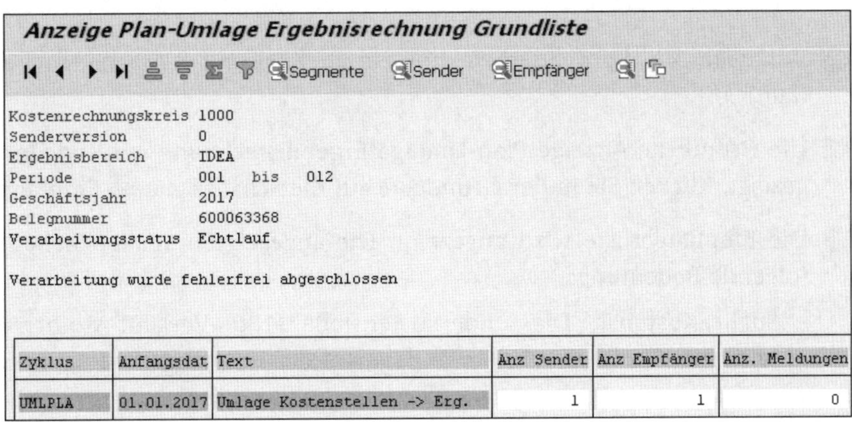

6 Nach erfolgreicher Umlage wird ein Protokoll angezeigt. Klicken Sie auf die Schaltfläche **Sender**.

7 Die **Senderliste** wird mit den Umlagen für jede Periode des Jahres 2017 angezeigt.

- Spalte **Kostenst.**: Einziger Sender in diesem Zyklus ist die Kostenstelle 3100 »Vertrieb Motorräder«.
- Spalte **Kostenart**: Die Kosten werden mit der sekundären Kostenart 691000 »Umlage PA Vertrieb« beim Sender entlastet.
- Spalten **Plankosten fix** und **KWähr**: In jedem Monat werden –3.200 EUR umgelegt, das sind –38.400 EUR für das ganze Jahr. Diese Beträge werden als Entlastung gebucht und gleichen die Belastung aus, die Sie am Beginn dieses Abschnitts bei der Analyse der Kostenstelle gesehen haben.

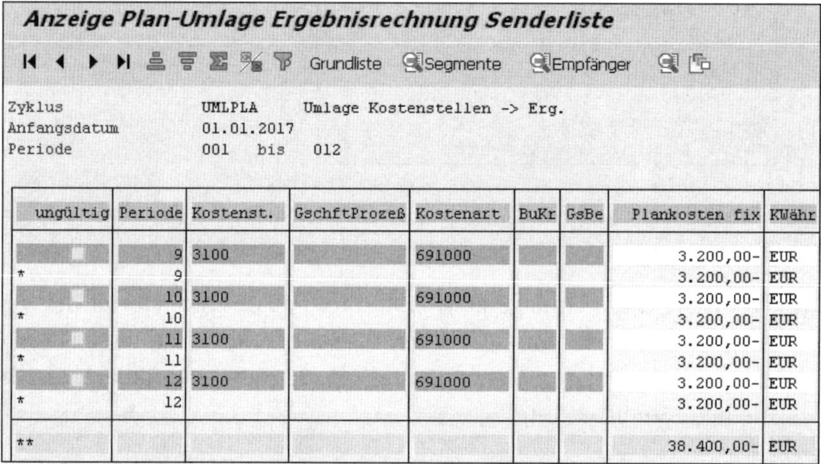

ungültig	Periode	Kostenst.	GschftProzeß	Kostenart	BuKr	GsBe	Plankosten fix	KWähr
	9	3100		691000			3.200,00-	EUR
*	9						3.200,00-	EUR
	10	3100		691000			3.200,00-	EUR
*	10						3.200,00-	EUR
	11	3100		691000			3.200,00-	EUR
*	11						3.200,00-	EUR
	12	3100		691000			3.200,00-	EUR
*	12						3.200,00-	EUR
**							38.400,00-	EUR

8 Verlassen Sie die **Senderliste** mit einem Klick auf die Schaltfläche **(Zurück)**.

9 Die Grundliste **Anzeige Plan-Umlage Ergebnisrechnung** wird wieder angezeigt. Klicken Sie in der Grundliste auf die Schaltfläche **Empfänger**.

10 Die Empfängerliste wird angezeigt. Die angezeigten Spalten haben die folgende Bedeutung:

- Spalte **Kostenst.**: Die Senderkostenstelle 3100 »Verkauf Motorräder« wird hier im Protokoll der Umlage auf der Empfängerseite ausgewiesen. In den Berichten der Ergebnisrechnung ist eine Auswertung nach den Senderkostenstellen allerdings nicht möglich.

- Spalte **Kostenart**: Die Kostenentlastung wird mit der sekundären Kostenart 691000 »Umlage PA Vertrieb« auf der Senderkostenstelle ausgewiesen. Für die Berichte in der Ergebnisrechnung gilt für die Kostenart das Gleiche wie für die Kostenstelle. Die Kostenart wird zwar im Empfängerprotokoll der Umlage ausgewiesen, steht aber in den Standardberichten der Ergebnisrechnung nicht zur Verfügung.
- Spalte **GsBe** (Geschäftsbereich): Die Kostenstelle »Vertrieb Motorräder« ist dem Geschäftsbereich 3000 »Fahrzeuge« zugeordnet. Der Geschäftsbereich ist ein Ordnungskriterium der Buchhaltung.
- Spalte **BuKr** (Buchungskreis): Im Umlagezyklus haben Sie den Buchungskreis 1000 »BestRun Germany« als Empfänger angegeben. Dieser Buchungskreis wird hier ausgewiesen.
- Spalten **Plankosten fix** und **KWähr**: In jedem Monat werden die Empfängerobjekte in der Ergebnisrechnung mit 3.200 EUR belastet. Die Summe der Belastungen für das ganze Jahr beträgt 38.400 EUR. Diese Belastung in der Ergebnisrechnung ist die Gegenbuchung zur Entlastung auf Kostenstelle.

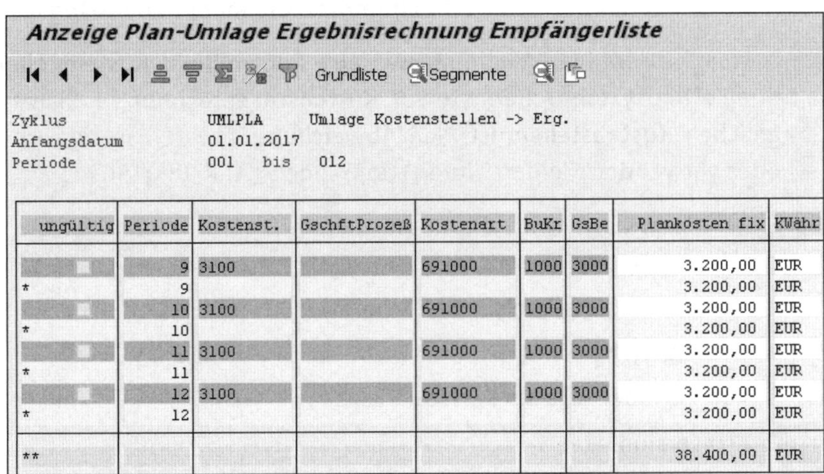

Anzeige Plan-Umlage Ergebnisrechnung Empfängerliste

Grundliste Segmente

Zyklus UMLPLA Umlage Kostenstellen -> Erg.
Anfangsdatum 01.01.2017
Periode 001 bis 012

ungültig	Periode	Kostenst.	GschftProzeß	Kostenart	BuKr	GsBe	Plankosten fix	KWähr
	9	3100		691000	1000	3000	3.200,00	EUR
*	9						3.200,00	EUR
	10	3100		691000	1000	3000	3.200,00	EUR
*	10						3.200,00	EUR
	11	3100		691000	1000	3000	3.200,00	EUR
*	11						3.200,00	EUR
	12	3100		691000	1000	3000	3.200,00	EUR
*	12						3.200,00	EUR
**							38.400,00	EUR

11 Schließen Sie das Protokoll zur Planumlage, indem Sie zweimal auf die Schaltfläche (**Zurück**) klicken.

12 Es erscheint ein Dialogfenster mit der Frage »Möchten Sie die Liste verlassen?«. Bestätigen Sie dieses Dialogfenster mit einem Klick auf die Schaltfläche **Ja**.

13 Anschließend erscheint das Einstiegsbild der Transaktion KEUB (Plan-Umlage ausführen). Schließen Sie die Transaktion mit einem weiteren Klick auf die Schaltfläche **(Zurück)**.

Sie haben den Zyklus für die Planumlage der Senderkostenstelle »Verkauf Motorräder« in die Ergebnisrechnung erfolgreich ausgeführt.

Auf die Transaktion zum Ausführen einer Umlage von Kostenstellen in die Ergebnisrechnung im Ist habe ich schon hingewiesen. Sie finden diese Transaktion so: Folgen Sie dem Pfad **Rechnungswesen ▸ Controlling ▸ Ergebnis- und Marktsegmentrechnung ▸ Istbuchungen ▸ Periodenabschluss ▸ Kostenstellen-/Prozesskosten übernehmen ▸ Umlage** im SAP Easy Access Menü, oder verwenden Sie den Transaktionscode KEU5.

Kostenstellenbericht nach der Umlage anzeigen

Prüfen Sie nun, wie sich die Umlage in die Ergebnisrechnung bei der Senderkostenstelle »Verkauf Motorräder« ausgewirkt hat. Gehen Sie folgendermaßen vor, um das Ergebnis der Planumlage in einem Bericht anzuzeigen:

1 Folgen Sie dem Pfad **Rechnungswesen ▸ Controlling ▸ Kostenstellenrechnung ▸ Infosystem ▸ Berichte zur Kostenstellenrechnung ▸ Plan/Ist-Vergleiche ▸ Kostenstellen: Ist/Plan/Abweichung** im SAP Easy Access Menü, oder verwenden Sie den Transaktionscode S_ALR_87013611.

2 Es erscheint das Selektionsbild zu diesem Bericht. Füllen Sie die einzelnen Felder so aus:

- **Kostenrechnungskreis**: »1000«
- **Geschäftsjahr**: »2017«
- **Von Periode**: »1«, **Bis Periode** »12«
- **Planversion**: »0«
- **oder Wert(e)** (unter **Kostenstellengruppe**): »3100« (Verkauf Motorräder)

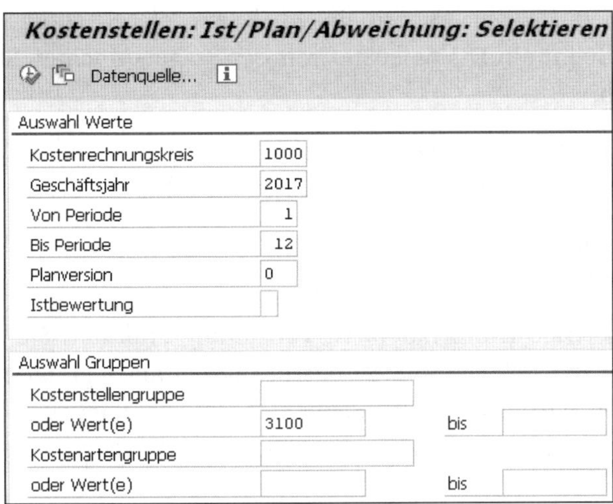

Kostenstellen: Ist/Plan/Abweichung: Selektieren

Datenquelle...

Auswahl Werte

Kostenrechnungskreis	1000
Geschäftsjahr	2017
Von Periode	1
Bis Periode	12
Planversion	0
Istbewertung	

Auswahl Gruppen

Kostenstellengruppe			
oder Wert(e)	3100	bis	
Kostenartengruppe			
oder Wert(e)		bis	

3 Führen Sie den Bericht mit einem Klick auf die Schaltfläche (**Ausführen**) aus. Der Bericht wird angezeigt.

4 Beachten Sie die Spalte **Plankosten**. Die Umlage hat auf dieser Kostenstelle eine Entlastung von –38.400 EUR mit der sekundären Kostenart 691000 »Umlage PA Vertrieb« generiert. Die Über-/Unterdeckung ist null. Die Kostenstelle ist im Plan vollständig verrechnet. Das ist gut so, denn das ist es, was Sie mit der Umlage dieser Kostenstelle in die Ergebnisrechnung erreichen wollten.

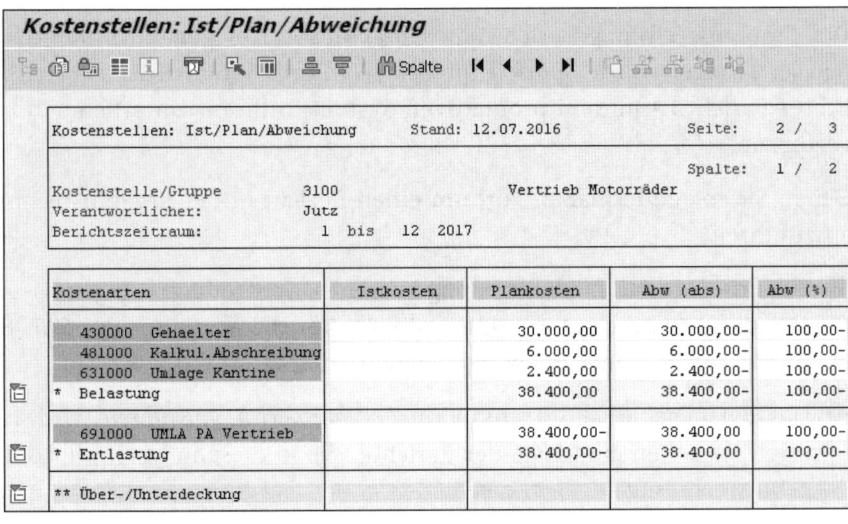

Kostenstellen: Ist/Plan/Abweichung

Spalte

Kostenstellen: Ist/Plan/Abweichung Stand: 12.07.2016 Seite: 2 / 3

Spalte: 1 / 2

Kostenstelle/Gruppe 3100 Vertrieb Motorräder
Verantwortlicher: Jutz
Berichtszeitraum: 1 bis 12 2017

Kostenarten	Istkosten	Plankosten	Abw (abs)	Abw (%)
430000 Gehaelter		30.000,00	30.000,00-	100,00-
481000 Kalkul.Abschreibung		6.000,00	6.000,00-	100,00-
631000 Umlage Kantine		2.400,00	2.400,00-	100,00-
* Belastung		38.400,00	38.400,00-	100,00-
691000 UMLA PA Vertrieb		38.400,00-	38.400,00	100,00-
* Entlastung		38.400,00-	38.400,00	100,00-
** Über-/Unterdeckung				

5 Verlassen Sie den Bericht mit einem Klick auf die Schaltfläche (**Zurück**). Es erscheint ein Dialogfenster mit der Frage »Möchten Sie den Bericht verlassen?«.

6 Bestätigen Sie dieses Dialogfenster wieder mit einem Klick auf die Schaltfläche **Ja**. Jetzt erscheint das Selektionsbild des Berichts.

7 Das Selektionsbild verlassen Sie mit einem weiteren Klick auf die Schaltfläche (**Zurück**).

Die Kostenstelle »Vertrieb Motorräder« ist vollständig entlastet. Sie haben die Kosten dieser Kostenstelle in die Ergebnisrechnung umgelegt und sich in einem Bericht für die Kostenstelle vom Erfolg der Umlage überzeugt. Sehen Sie nun nach, ob die Umlage auch tatsächlich in der Ergebnisrechnung angekommen ist.

13.5 Bericht in der Ergebnisrechnung ausführen

Führen Sie einen Bericht in der Ergebnisrechnung aus, um zu sehen, wo die Umlage der Kostenstelle »Vertrieb Motorräder« ausgewiesen wird. Berichte in der Ergebnisrechnung sind immer kundenindividuelle Berichte. Bei Kostenstellen, Innenaufträgen und Profit-Centern ist das anders. Die Berichte für diese Objekte, die Sie bisher in diesem Buch verwendet haben, sind SAP-Standardberichte. Sie sind in jedem SAP-System verfügbar.

Der Ergebnisrechnungsbericht (auch Ergebnisbericht genannt), den ich Ihnen jetzt zeige, wurde speziell für das Schulungssystem IDES eingerichtet. Dieser Bericht ist in dem produktiven System in Ihrem Unternehmen *nicht* verfügbar.

Gehen Sie folgendermaßen vor, um einen Bericht in der Ergebnisrechnung auszuführen:

1 Folgen Sie dem Pfad **Rechnungswesen ▸ Controlling ▸ Ergebnis- und Marktsegmentrechnung ▸ Infosystem ▸ Bericht ausführen** im SAP Easy Access Menü, oder verwenden Sie den Transaktionscode KE30.

2 Das Einstiegsbild der Transaktion *Ergebnisbericht ausführen* wird angezeigt. Sie sehen eine Liste der Berichte, die in diesem System für die Ergebnisrechnung angelegt wurden.

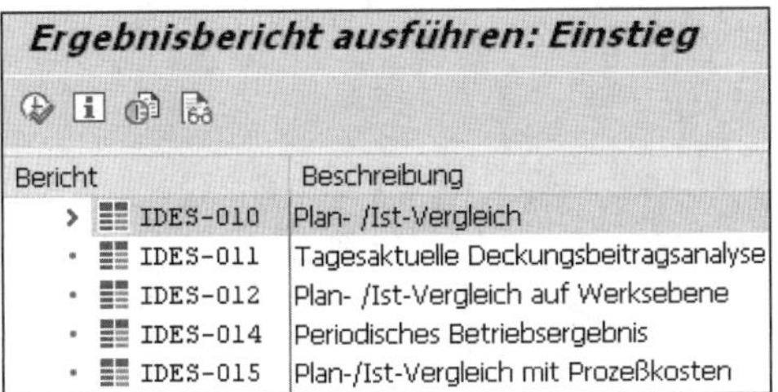

3 Markieren Sie den Bericht IDES-010 »Plan-/Ist-Vergleich« mit einem Klick. Führen Sie den Bericht dann mit einem Klick auf die Schaltfläche (**Ausführen**) aus.

4 Das Selektionsbild für den Bericht »Plan-/Ist-Vergleich« wird angezeigt. Tragen Sie im Bereich **Berichtsselektionen** diese Werte in die einzelnen Felder ein:

- **Von Periode**: »1«
- **Bis Periode**: »12«
- **Geschäftsjahr**: »2017«

Bestätigen Sie Ihre Eingaben mit einem Klick auf die Schaltfläche (**Weiter**) oder mit der Taste [↵]. Die Texte für die Perioden und das Jahr werden eingeblendet.

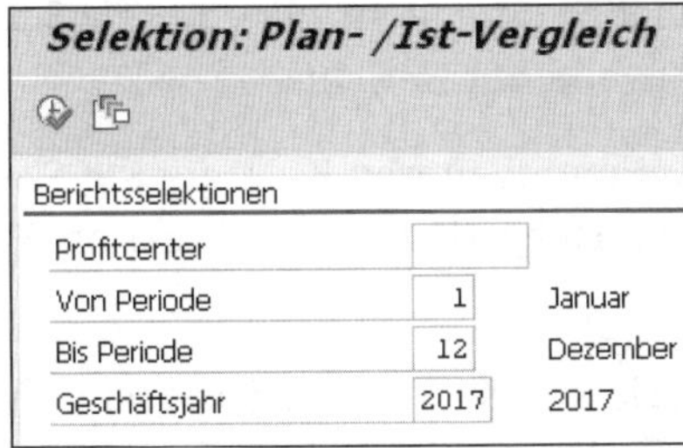

5 Starten Sie den Bericht mit Ihren Selektionen mit einem weiteren Klick auf die Schaltfläche (**Ausführen**).

6 In der Detailliste (unten links) in der Zeile **Vertriebskosten** sehen Sie die 38.400 EUR, die per Umlage von der Kostenstelle »Vertrieb Motorräder« in die Ergebnisrechnung verrechnet wurden.

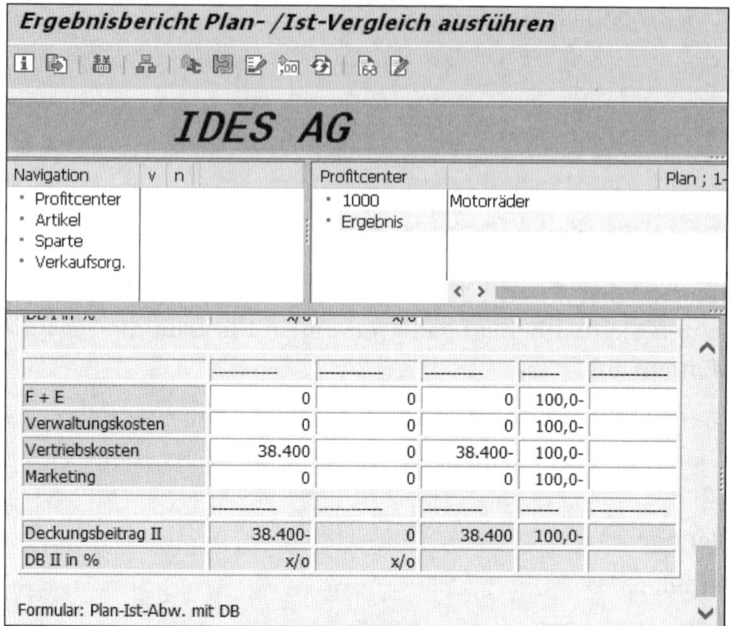

7. Verlassen Sie den Bericht, indem Sie zweimal auf die Schaltfläche (**Zurück**) klicken. Es erscheint ein Dialogfenster mit der Frage »Wollen Sie den Bericht verlassen?«.

8. Bestätigen Sie dieses Dialogfenster wieder mit einem Klick auf die Schaltfläche **Ja**. Jetzt erscheint das Selektionsbild des Berichts.

9. Das Selektionsbild verlassen Sie mit einem weiteren Klick auf die Schaltfläche (**Zurück**). Es erscheint das Einstiegsbild der Transaktion KE30 (Ergebnisbericht ausführen).

10. Das Einstiegsbild der Transaktion verlassen Sie, indem Sie noch einmal auf die Schaltfläche (**Zurück**) klicken.

In diesem Kapitel haben Sie einen ersten Einblick in die Ergebnisrechnung erhalten. Die Kostenstelle »Vertrieb Motorräder« wurde per Umlage in die Ergebnisrechnung verrechnet. In einem Deckungsbeitragsbericht haben Sie die verrechneten Kosten gesehen.

Zur Vertiefung des Themas *Ergebnisrechnung*, aber auch für die Vertiefung des SAP-Controllings im Allgemeinen, empfehle ich Ihnen mein Buch *Praxishandbuch SAP-Controlling*. Das Praxishandbuch ist wie der Grundkurs, den Sie gerade lesen, bei SAP PRESS erschienen.

13.6 Probieren Sie es aus!

HINWEIS

Hinweise zur Übung

Die folgenden Übungen können Sie auf einem SAP IDES (International Demonstration and Education System) selbst durchführen. Die Übungen zu diesem Kapitel bauen aufeinander auf. Sie sind unabhängig von den Übungen in anderen Kapiteln.

Alle Übungen in diesem Kapitel beziehen sich auf den Kostenrechnungskreis 1000 »CO Europe«.

Die Lösungshinweise können Sie auf der Webseite zum Buch unter *https://www.rheinwerk-verlag.de/4140/* herunterladen.

Aufgabe 1

Planen Sie auf der Kostenstelle 3140 »Vertrieb High Tech« primäre Kosten in Höhe von 40.000 EUR mit der Kostenart 43000 »Gehaelter« für das nächste Geschäftsjahr.

Feld	Dateneingabe
Version	0
von Periode	1
bis Periode	12
Geschäftsjahr	2017
Kostenstelle	3140
Kostenart	430000
Plankosten fix	40.000

Aufgabe 2

Überprüfen Sie Ihre Planung der Primärkosten aus Aufgabe 1 mit einem geeigneten Bericht.

Feld	Dateneingabe
Kostenrechnungskreis	1000
Geschäftsjahr	2017

Feld	Dateneingabe
Von Periode	1
Bis Periode	12
Planversion	0
oder Werte(e) (unter Kostenstellengruppe)	3140

Aufgabe 3

Legen Sie einen Umlagezyklus an, mit dem Sie die Kosten der Kostenstelle 3140 »Vertrieb High Tech« in die Ergebnisrechnung, Ergebnisbereich IDEA, verrechnen. Nutzen Sie für die Umlage das Wertfeld VV390 »Vert.Gemeinkst CO-OM« in der Ergebnisrechnung, und ordnen Sie die Kosten zu 100 % dem Buchungskreis 1000 zu. Verwenden Sie für dieses Beispiel die folgenden Daten:

Feld	Dateneingabe
Einstieg	
Zyklus	UMLP2
Anfangsdatum	01.01.2017
Bild »Kopfdaten«	
Text	Uml. Plan, Vertrieb -> Erg.
KostRechKreis	1000
Bezugsgröße	1
Senderversion	0
Erstes Segment der Registerkarte »Kopfdaten«	
Segmentname	SEG01
Text	Vertrieb High Tech
Umlagekostenart	691000
Wertfeld fix	VV390
Wertfeld var.	VV390
Senderwerte, Regel	Gebuchte Beträge

Feld	Dateneingabe
Senderwerte, Anteil in %	100
Empfängerbezugsbasis, Regel	Feste Prozentsätze
Erstes Segment der Registerkarte »Sender/Empfänger«	
Sender, von, Kostenstelle	3140
Sender, von, Kostenart	0
Sender, bis, Kostenart	999999
Empfänger, von, Buchungskreis	1000
Erstes Segment der Registerkarte »Empfängerbezugsbasis«	
Anteil/Prozent	100

Aufgabe 4

Führen Sie den Umlagezyklus UMLP2 aus Aufgabe 3 aus, und prüfen Sie im Protokoll der Ausführung die Angaben zu Sender und Empfänger.

Feld	Dateneingabe
Periode	1
bis	12
Geschäftsjahr	2017
Testlauf	»leer«
Detaillisten	»Haken«
Zyklus, erste Zeile	UMLP2
Anfangsdat, erste Zeile	01.01.2017

Aufgabe 5

Prüfen Sie das Ergebnis der Umlage, die Sie in Aufgabe 4 ausgeführt haben, mit einem geeigneten Bericht für die Kostenstelle 3140 »Vertrieb High Tech«.

Feld	Dateneingabe
Kostenrechnungskreis	1000
Geschäftsjahr	2017
Von Periode	1
Bis Periode	12
Planversion	0
oder Werte(e) (unter Kostenstellengruppe)	3140

Wie hoch sind die Kosten, mit denen die Kostenstelle 3140 »Vertrieb High Tech« entlastet wurde? Mit welcher Kostenart wurde die Kostenstelle entlastet? Handelt es sich bei dieser Kostenart um eine primäre oder eine sekundäre Kostenart? Welchen Kostenartentyp hat diese Kostenart? Wo wurde die Kostenart festgelegt, mit der die Entlastung gebucht ist? Wie hoch ist die Über-/Unterdeckung?

Aufgabe 6

Prüfen Sie das Ergebnis der Umlage, die Sie in Aufgabe 4 ausgeführt haben, mit einem geeigneten Bericht in der Ergebnisrechnung.

Feld	Dateneingabe
Bericht	IDES-010
Von Periode	1
Bis Periode	12
Geschäftsjahr	2017

Welche der Anzeigevarianten wählen Sie, um die umgelegten Kosten zu sehen, die Aufrissliste oder die Detailliste? In welcher Zeile sehen Sie die umgelegten Kosten? Wie hoch ist der Betrag?

A Glossar

Abrechnung Methode zur Verrechnung von Aufträgen (Innenaufträge, Fertigungsaufträge, Produktkostensammler) auf Kostenstellen oder in die Ergebnisrechnung

Absatz Menge verkaufter Materialien

Abschreibung Periodischer (monatlicher oder jährlicher) Wertverlust von Maschinen oder Gebäuden

Aufwand Geld, das ein Unternehmen ausgibt, zum Beispiel für Rohstoffe, Personal, Energie, Wertverlust von Maschinen – hier: Synonym für Kosten

Bilanz Darstellung von Aktiva und Passiva, das heißt von Vermögenswerten, Beständen, Schulden und Eigenkapital eines Unternehmens

Buchungskreis Organisationseinheit, die rechtlich selbstständig ist und einen eigenen Abschluss in der Finanzbuchhaltung erstellt

Controllingobjekt Sammelbegriff für Kostenstelle, Innenauftrag, Fertigungsauftrag, Produktkostensammler und Ergebnisobjekt

CO-Objekt Kurz für Controllingobjekt

Customizing Anpassung des ERP-Systems an den Kundenwunsch; (Kunde = Benutzer der Software SAP ERP, also der SAP-Kunde)

Ergebnis Umsatz minus Kosten – Synonym für Gewinn

Ergebnisbereich Organisationseinheit für die Erstellung von Ergebnisrechnungen im Controlling

Ergebnisobjekt Kombination von Merkmalen in der Ergebnisrechnung

Erlös Geld, das ein Unternehmen für den Verkauf seiner Produkte oder Dienstleistungen einnimmt – hier: Synonym für Umsatz

ERP Central Component (ECC) Kern der ERP-Software von SAP

ERP Steht für Enterprise Resource Planning; Software für die Planung und Ist-Abwicklung des laufenden Geschäfts mit Buchhaltung, Kostenrechnung, Materialwirtschaft, Vertriebsabwicklung etc.

FI-Konto Stammsatz im Finanzwesen zur Gliederung von GuV und Bilanz – Synonym für Sachkonto

Gewinn- und Verlustrechnung Darstellung von Erlös, Aufwand und Gewinn aus der Sicht der Finanzbuchhaltung

Gewinn Umsatz minus Kosten – Synonym für Ergebnis

GuV Kurz für Gewinn- und Verlustrechnung

Innenauftrag Stammdatum im Controlling; Projekt oder Maßnahmen, die Kosten verursachen

Ist Tatsächlich eingetretene Absätze, Erlöse, Kosten und Leistungen

Kennzahl Datenspalte für Absatz, Umsatz oder Kosten (in CO-PA: Wertfeld; in BW: Kennzahl)

Komponente Baustein der Software SAP ERP (auch Modul genannt)

Kosten Geld, das ein Unternehmen ausgibt, zum Beispiel für Rohstoffe, Personal, Energie, Wertverlust von Maschinen – hier: Synonym für Aufwand

Kosten, fix Kosten, die unabhängig von der produzierten Menge entstehen

Kosten, variabel Kosten, die proportional zur Produktionsmenge steigen und fallen

Kostenart, primär Stammdatum im Controlling; Kopie derjenigen FI-Konten, die Aufwand oder Erlös repräsentieren

Kostenart, sekundär Stammdatum im Controlling; angelegt, um Verrechnungen zwischen Controllingobjekten zu ermöglichen

Kostenrechnungskreis Organisationseinheit, in der Kostenstellen und Innenaufträge geführt werden

Kostenstelle Stammdatum im Controlling; wird definiert für Personen, die an einem bestimmten Ort in einem Unternehmen vergleichbare Tätigkeiten ausführen

Leistungsart Stammdatum im Controlling; Verrechnungseinheit für Leistungen von Kostenstellen

Leistungsverrechnung Methode zur Verrechnung von Kosten auf der Basis von Leistungsarten

Merkmal Schlüssel zur Identifizierung von Daten in der Ergebnisrechnung; Beispiele: Kunde, Material, Land, Produktgruppe

Organisationseinheit Element in einer Unternehmensstruktur

Plan Vorschau auf Absätze, Erlöse, Kosten und Leistungen

Planungslayout Erfassungsmaske für die manuelle Planung

Profit-Center Organisatorische Einheit im Unternehmen, für die Erlöse und Kosten aus verschiedenen Bereichen zusammengeführt werden

R/3 Frühere Bezeichnung des Produkts von SAP, das heute als SAP ERP angeboten wird

Sachkonto Stammdatum im Finanzwesen zur Gliederung von GuV und Bilanz – Synonym für FI-Konto

SAP Systeme, Anwendungen und Produkte in der Datenverarbeitung; deutsches Softwarehaus mit Hauptsitz in Walldorf, Baden-Württemberg

Umlage, in die Ergebnisrechnung Methode zur Verrechnung von Kostenstellen in die Ergebnisrechnung

Umlage, zwischen Kostenstellen Methode zur Verrechnung von Kosten zwischen Kostenstellen

Umsatz Geld, das ein Unternehmen für den Verkauf seiner Produkte oder Dienstleistungen einnimmt – hier: Synonym für Erlös

Werk Organisationseinheit, die Materialien einkauft, lagert, produziert oder verkauft

Wertfeld Datenspalte für Absatz, Umsatz oder Kosten in der Ergebnisrechnung

Zyklus Speichert die Rechenregeln, nach denen Umlagen ausgeführt werden

B Menüpfade und Transaktionscodes

B.1 Buchhaltung

Aktion	Menüpfad	Transaktionscode
Sachkonto bearbeiten	**Rechnungswesen ▸ Finanzwesen ▸ Hauptbuch ▸ Stammdaten ▸ Sachkonten ▸ Einzelbearbeitung ▸ Zentral**	FS00

B.2 Kostenartenrechnung

Aktion	Menüpfad	Transaktionscode
Kostenrechnungskreis setzen	**Rechnungswesen ▸ Controlling ▸ Kostenartenrechnung ▸ Umfeld ▸ Kostenrechnungskreis setzen**	OKKS
Kostenart anlegen primär	**Rechnungswesen ▸ Controlling ▸ Kostenartenrechnung ▸ Stammdaten ▸ Kostenart ▸ Einzelbearbeitung ▸ Anlegen primär**	KA01
Kostenart anlegen sekundär	**Rechnungswesen ▸ Controlling ▸ Kostenartenrechnung ▸ Stammdaten ▸ Kostenart ▸ Einzelbearbeitung ▸ Anlegen sekundär**	KA06
Kostenart ändern	**Rechnungswesen ▸ Controlling ▸ Kostenartenrechnung ▸ Stammdaten ▸ Kostenart ▸ Einzelbearbeitung ▸ Ändern**	KA02
Kostenart anzeigen	**Rechnungswesen ▸ Controlling ▸ Kostenartenrechnung ▸ Stammdaten ▸ Kostenart ▸ Einzelbearbeitung ▸ Anzeigen**	KA03

Aktion	Menüpfad	Transaktionscode
Kostenarten anzeigen	**Rechnungswesen ▸ Controlling ▸ Kostenartenrechnung ▸ Stammdaten ▸ Kostenart ▸ Sammelbearbeitung ▸ Anzeigen**	KA23
Kostenartengruppe anlegen	**Rechnungswesen ▸ Controlling ▸ Kostenartenrechnung ▸ Stammdaten ▸ Kostenartengruppe ▸ Anlegen**	KAH1
Kostenartengruppe ändern	**Rechnungswesen ▸ Controlling ▸ Kostenartenrechnung ▸ Stammdaten ▸ Kostenartengruppe ▸ Ändern**	KAH2
Kostenartengruppe anzeigen	**Rechnungswesen ▸ Controlling ▸ Kostenartenrechnung ▸ Stammdaten ▸ Kostenartengruppe ▸ Anzeigen**	KAH3

B.3 Kostenstellenrechnung, Stammdaten

Aktion	Menüpfad	Transaktionscode
Kostenrechnungskreis setzen	**Rechnungswesen ▸ Controlling ▸ Kostenstellenrechnung ▸ Umfeld ▸ Kostenrechnungskreis setzen**	OKKS
Kostenstelle anlegen	**Rechnungswesen ▸ Controlling ▸ Kostenstellenrechnung ▸ Stammdaten ▸ Kostenstelle ▸ Einzelbearbeitung▸ Anlegen**	KS01
Kostenstelle ändern	**Rechnungswesen ▸ Controlling ▸ Kostenstellenrechnung ▸ Stammdaten ▸ Kostenstelle ▸ Einzelbearbeitung ▸ Anlegen**	KS02

Aktion	Menüpfad	Transaktionscode
Kostenstelle anzeigen	**Rechnungswesen ▸ Controlling ▸ Kostenstellenrechnung ▸ Stammdaten ▸ Kostenstelle ▸ Einzelbearbeitung ▸ Anlegen**	KS03
Standardhierarchie ändern	**Rechnungswesen ▸ Controlling ▸ Kostenstellenrechnung ▸ Stammdaten ▸ Standardhierarchie ▸ Ändern**	OKEON
Standardhierarchie anzeigen	**Rechnungswesen ▸ Controlling ▸ Kostenstellenrechnung ▸ Stammdaten ▸ Standardhierarchie ▸ Anzeigen**	OKENN
Kostenstellengruppe anlegen	**Rechnungswesen ▸ Controlling ▸ Kostenstellenrechnung ▸ Stammdaten ▸ Kostenstellengruppe ▸ Anlegen**	KSH1
Kostenstellengruppe ändern	**Rechnungswesen ▸ Controlling ▸ Kostenstellenrechnung ▸ Stammdaten ▸ Kostenstellengruppe ▸ Ändern**	KSH2
Kostenstellengruppe anzeigen	**Rechnungswesen ▸ Controlling ▸ Kostenstellenrechnung ▸ Stammdaten ▸ Kostenstellengruppe ▸ Anzeigen**	KSH3
Leistungsart anlegen	**Rechnungswesen ▸ Controlling ▸ Kostenstellenrechnung ▸ Stammdaten ▸ Leistungsart ▸ Einzelbearbeitung ▸ Anlegen**	KL01
Leistungsart ändern	**Rechnungswesen ▸ Controlling ▸ Kostenstellenrechnung ▸ Stammdaten ▸ Leistungsart ▸ Einzelbearbeitung ▸ Ändern**	KL02
Leistungsart anzeigen	**Rechnungswesen ▸ Controlling ▸ Kostenstellenrechnung ▸ Stammdaten ▸ Leistungsart ▸ Einzelbearbeitung ▸ Anzeigen**	KL03
Statistische Kennzahlen anlegen	**Rechnungswesen ▸ Controlling ▸ Kostenstellenrechnung ▸ Stammdaten ▸ Statistische Kennzahlen ▸ Einzelbearbeitung ▸ Anlegen**	KK01

Aktion	Menüpfad	Transaktionscode
Statistische Kennzahlen ändern	**Rechnungswesen ▸ Controlling ▸ Kostenstellenrechnung ▸ Stammdaten ▸ Statistische Kennzahlen ▸ Einzelbearbeitung ▸ Ändern**	KK02
Statistische Kennzahlen anzeigen	**Rechnungswesen ▸ Controlling ▸ Kostenstellenrechnung ▸ Stammdaten ▸ Statistische Kennzahlen ▸ Einzelbearbeitung ▸ Anzeigen**	KK03

B.4 Kostenstellenrechnung, Planung

Aktion	Menüpfad	Transaktionscode
Planerprofil setzen	**Rechnungswesen ▸ Controlling ▸ Kostenstellenrechnung ▸ Planung ▸ Planerprofil setzen**	KP04
Kosten/Leistungsaufnahmen ändern	**Rechnungswesen ▸ Controlling ▸ Kostenstellenrechnung ▸ Planung ▸ Kosten/Leistungsaufnahmen ▸ Ändern**	KP06
Kosten/Leistungsaufnahmen anzeigen	**Rechnungswesen ▸ Controlling ▸ Kostenstellenrechnung ▸ Planung ▸ Kosten/Leistungsaufnahmen ▸ Anzeigen**	KP07
Leistungserbringung/Tarife ändern	**Rechnungswesen ▸ Controlling ▸ Kostenstellenrechnung ▸ Planung ▸ Leistungserbringung/Tarife ▸ Ändern**	KP26
Leistungserbringung/Tarife anzeigen	**Rechnungswesen ▸ Controlling ▸ Kostenstellenrechnung ▸ Planung ▸ Leistungserbringung/Tarife ▸ Anzeigen**	KP27

Aktion	Menüpfad	Trans-aktions-code
Statistische Kennzahlen ändern	**Rechnungswesen ▸ Controlling ▸ Kostenstellenrechnung ▸ Planung ▸ Statistische Kennzahlen ▸ Ändern**	KP46
Statistische Kennzahlen anzeigen	**Rechnungswesen ▸ Controlling ▸ Kostenstellenrechnung ▸ Planung ▸ Statistische Kennzahlen ▸ Anzeigen**	KP47
Umlage Plan	**Rechnungswesen ▸ Controlling ▸ Kostenstellenrechnung ▸ Planung ▸ Verrechnungen ▸ Umlage**	KSUB
Tarifermittlung	**Rechnungswesen ▸ Controlling ▸ Kostenstellenrechnung ▸ Planung ▸ Verrechnungen ▸ Tarifermittlung**	KSPI

B.5 Kostenstellenrechnung, Ist-Buchungen

Aktion	Menüpfad	Trans-aktions-code
Manuelle Umbuchung Kosten erfassen	**Rechnungswesen ▸ Controlling ▸ Kostenstellenrechnung ▸ Istbuchungen ▸ Manuelle Umbuchung Kosten ▸ Erfassen**	KB11N
Manuelle Umbuchung Kosten anzeigen	**Rechnungswesen ▸ Controlling ▸ Kostenstellenrechnung ▸ Istbuchungen ▸ Manuelle Umbuchung Kosten ▸ Anzeigen**	KB13N
Manuelle Umbuchung Kosten stornieren	**Rechnungswesen ▸ Controlling ▸ Kostenstellenrechnung ▸ Istbuchungen ▸ Manuelle Umbuchung Kosten ▸ Stornieren**	KB14N

Aktion	Menüpfad	Transaktionscode
Leistungsverrechnung erfassen	**Rechnungswesen ▸ Controlling ▸ Kostenstellenrechnung ▸ Istbuchungen ▸ Leistungsverrechnung ▸ Erfassen**	KB21N
Leistungsverrechnung anzeigen	**Rechnungswesen ▸ Controlling ▸ Kostenstellenrechnung ▸ Istbuchungen ▸ Leistungsverrechnung ▸ Anzeigen**	KB23N
Leistungsverrechnung stornieren	**Rechnungswesen ▸ Controlling ▸ Kostenstellenrechnung ▸ Istbuchungen ▸ Leistungsverrechnung ▸ Stornieren**	KB24N
Statistische Kennzahlen erfassen	**Rechnungswesen ▸ Controlling ▸ Kostenstellenrechnung ▸ Istbuchungen ▸ Statistische Kennzahlen ▸ Erfassen**	KB31N
Statistische Kennzahlen anzeigen	**Rechnungswesen ▸ Controlling ▸ Kostenstellenrechnung ▸ Istbuchungen ▸ Statistische Kennzahlen ▸ Anzeigen**	KB33N
Statistische Kennzahlen stornieren	**Rechnungswesen ▸ Controlling ▸ Kostenstellenrechnung ▸ Istbuchungen ▸ Statistische Kennzahlen ▸ Stornieren**	KB34N
Umlage Ist	**Rechnungswesen ▸ Controlling ▸ Kostenstellenrechnung ▸ Periodenabschluss ▸ Einzelfunktionen ▸ Verrechnungen ▸ Umlage**	KSU5

B.6 Kostenstellenrechnung, Berichte

Aktion	Menüpfad	Transaktionscode
Kostenstelle: Ist/Plan/Abweichung	**Rechnungswesen ▸ Controlling ▸ Kostenstellenrechnung ▸ Infosystem ▸ Berichte zur Kostenstellenrechnung ▸ Plan/Ist-Vergleiche ▸ Kostenstellen: Ist/Plan/Abweichung**	S_ALR_87013611

Aktion	Menüpfad	Trans-aktions-code
Statistische Kennzahlen	**Rechnungswesen ▸ Controlling ▸ Kostenstellenrechnung ▸ Infosystem ▸ Berichte zur Kostenstellenrechnung ▸ Plan/Ist-Vergleiche ▸ Zusätzliche Merkmale ▸ Bereich: Statistische Kennzahlen**	S_ALR_87013618
Planungs-übersicht	**Rechnungswesen ▸ Controlling ▸ Kostenstellenrechnung ▸ Infosystem ▸ Berichte zur Kostenstellenrechnung ▸ Planungsberichte ▸ Kostenstellen: Planungsübersicht**	KSBL

B.7 Innenaufträge

Aktion	Menüpfad	Trans-aktions-code
Order Manager	**Rechnungswesen ▸ Controlling ▸ Innenaufträge ▸ Stammdaten ▸ Order Manager**	KO04
Auftrags-gruppe anlegen	**Rechnungswesen ▸ Controlling ▸ Innenaufträge ▸ Stammdaten ▸ Auftragsgruppe ▸ Anlegen**	KOH1
Auftrags-gruppe ändern	**Rechnungswesen ▸ Controlling ▸ Innenaufträge ▸ Stammdaten ▸ Auftragsgruppe ▸ Ändern**	KOH2
Auftrags-gruppe anzeigen	**Rechnungswesen ▸ Controlling ▸ Innenaufträge ▸ Stammdaten ▸ Auftragsgruppe ▸ Anzeigen**	KOH3
Planerprofil setzen	**Rechnungswesen ▸ Controlling ▸ Innenaufträge ▸ Planung ▸ Planerprofil setzen**	KP04
Kosten/Leistungsaufnahmen ändern	**Rechnungswesen ▸ Controlling ▸ Innenaufträge ▸ Planung ▸ Kosten/Leistungsaufnahmen ▸ Ändern**	KPF6

Aktion	Menüpfad	Transaktionscode
Kosten/Leistungsaufnahmen anzeigen	**Rechnungswesen ▸ Controlling ▸ Innenaufträge ▸ Planung ▸ Kosten/Leistungsaufnahmen ▸ Anzeigen**	KPF7
Auftragsabrechnung Plan	**Rechnungswesen ▸ Controlling ▸ Innenaufträge ▸ Planung ▸ Verrechnungen ▸ Abrechnung ▸ Einzelverarbeitung**	KO9E
Manuelle Umbuchung Kosten erfassen	**Rechnungswesen ▸ Controlling ▸ Innenaufträge ▸ Istbuchungen ▸ Manuelle Umbuchung Kosten ▸ Erfassen**	KB11N
Manuelle Umbuchung Kosten anzeigen	**Rechnungswesen ▸ Controlling ▸ Innenaufträge ▸ Istbuchungen ▸ Manuelle Umbuchung Kosten ▸ Anzeigen**	KB13N
Manuelle Umbuchung Kosten stornieren	**Rechnungswesen ▸ Controlling ▸ Innenaufträge ▸ Istbuchungen ▸ Manuelle Umbuchung Kosten ▸ Stornieren**	KB14N
Leistungsverrechnung erfassen	**Rechnungswesen ▸ Controlling ▸ Innenaufträge ▸ Istbuchungen ▸ Leistungsverrechnung ▸ Erfassen**	KB21N
Leistungsverrechnung anzeigen	**Rechnungswesen ▸ Controlling ▸ Innenaufträge ▸ Istbuchungen ▸ Leistungsverrechnung ▸ Anzeigen**	KB23N
Leistungsverrechnung stornieren	**Rechnungswesen ▸ Controlling ▸ Innenaufträge ▸ Istbuchungen ▸ Leistungsverrechnung ▸ Stornieren**	KB24N
Auftragsabrechnung Ist	**Rechnungswesen ▸ Controlling ▸ Innenaufträge ▸ Periodenabschluss ▸ Abrechnung ▸ Einzelverarbeitung**	KO88

Aktion	Menüpfad	Transaktionscode
Auftrag: Ist/Plan/ Abweichung	**Rechnungswesen ▸ Controlling ▸ Innenaufträge ▸ Infosystem ▸ Berichte zu Innenaufträgen ▸ Plan/Ist-Vergleiche ▸ Auftrag: Ist/Plan/Abweichung**	S_ALR_87012993

B.8 Profit-Center-Rechnung

Aktion	Menüpfad	Transaktionscode
Kostenrechnungskreis setzen	**Rechnungswesen ▸ Controlling ▸ Profit-Center-Rechnung ▸ Umfeld ▸ Kostenrechnungskreis setzen**	OKKS
Profit-Center anlegen	**Rechnungswesen ▸ Controlling ▸ Profit-Center-Rechnung ▸ Stammdaten ▸ Profit-Center ▸ Einzelbearbeitung ▸ Anlegen**	KE51
Profit-Center ändern	**Rechnungswesen ▸ Controlling ▸ Profit-Center-Rechnung ▸ Stammdaten ▸ Profit-Center ▸ Einzelbearbeitung ▸ Ändern**	KE52
Profit-Center anzeigen	**Rechnungswesen ▸ Controlling ▸ Profit-Center-Rechnung ▸ Stammdaten ▸ Profit-Center ▸ Einzelbearbeitung ▸ Anzeigen**	KE53
Standardhierarchie ändern	**Rechnungswesen ▸ Controlling ▸ Profit-Center-Rechnung ▸ Stammdaten ▸ Standardhierarchie ▸ Ändern**	KCH5N
Standardhierarchie anzeigen	**Rechnungswesen ▸ Controlling ▸ Profit-Center-Rechnung ▸ Stammdaten ▸ Standardhierarchie ▸ Anzeigen**	KCH6N
Profit-Center-Gruppe anlegen	**Rechnungswesen ▸ Controlling ▸ Profit-Center-Rechnung ▸ Stammdaten ▸ Profit-Center-Gruppe ▸ Anlegen**	KCH1

Aktion	Menüpfad	Transaktionscode
Profit-Center-Gruppe ändern	**Rechnungswesen ▸ Controlling ▸ Profit-Center-Rechnung ▸ Stammdaten ▸ Profit-Center-Gruppe ▸ Ändern**	KCH2
Profit-Center-Gruppe anzeigen	**Rechnungswesen ▸ Controlling ▸ Profit-Center-Rechnung ▸ Stammdaten ▸ Profit-Center-Gruppe ▸ Anzeigen**	KCH3
Zuordnungsübersicht	**Rechnungswesen ▸ Controlling ▸ Profit-Center-Rechnung ▸ Stammdaten ▸ Zuordnungsübersicht**	1KE4
Profit-Center: Plan/Ist/Abweichung	**Rechnungswesen ▸ Controlling ▸ Profit-Center-Rechnung ▸ Infosystem ▸ Berichte zur Profit-Center-Rechnung ▸ Listorientierte Berichte ▸ PrCtr-Gruppe: Plan/Ist/Abweichung**	S_ALR_87013340

B.9 Ergebnis- und Marktsegmentrechnung

Aktion	Menüpfad	Transaktionscode
Ergebnisbereich setzen	**Rechnungswesen ▸ Controlling ▸ Ergebnis- und Marktsegmentrechnung ▸ Umfeld ▸ Ergebnisbereich setzen**	KEBC
Kostenrechnungskreis setzen	**Rechnungswesen ▸ Controlling ▸ Ergebnis- und Marktsegmentrechnung ▸ Umfeld ▸ Kostenrechnungskreis setzen**	OKKS
Umlage Plan	**Rechnungswesen ▸ Controlling ▸ Ergebnis- und Marktsegmentrechnung ▸ Planung ▸ Planungsintegration ▸ Kostenstellen-/Prozessplanung übernehmen ▸ Umlage**	KEUB

Aktion	Menüpfad	Transaktionscode
Umlage Ist	**Rechnungswesen ▸ Controlling ▸ Ergebnis- und Marktsegmentrechnung ▸ Istbuchungen ▸ Periodenabschluss ▸ Kostenstellen-/ Prozesskosten übernehmen ▸ Umlage**	KEU5
Ergebnisbericht ausführen	**Rechnungswesen ▸ Controlling ▸ Ergebnis- und Marktsegmentrechnung ▸ Infosystem ▸ Bericht ausführen**	KE30

C Der Autor

Uwe Brück versteht sich als Vermittler zwischen Controlling und EDV. In beiden Disziplinen ist er gleichermaßen zu Hause. Sein praxisnahes Fachwissen gibt er in Vorträgen, Seminaren und Büchern weiter. Der Allgäuer hat Wirtschaftsinformatik studiert und war 10 Jahre bei der Hochland SE tätig, einem der größten Käsehersteller in Europa. Zuletzt war er dort verantwortlich für das Controlling mit SAP und das Berichtswesen an neun Standorten in sechs Ländern. Seit 2002 ist Uwe Brück selbstständiger Berater, Trainer und Referent. Auf seine Kompetenz und Erfahrung vertrauen internationale Unternehmen bei der Gestaltung ihrer Controllingprozesse. Uwe Brück ist zertifizierter SAP-Berater. Es gelingt ihm, Expertenwissen klar und verständlich zu formulieren. Er schlägt Brücken zwischen Controlling und EDV – klug, mit Leidenschaft und mit einer Prise Humor.

Index

A

B

C

D

E

F

G

H

I

K

L

M

O

P

Q

R

S

V

W

Z